PROF. PIETRO BURGATTI

ORDINARIO NELLA REGIA UNIVERSITÀ DI BOLOGNA

LEZIONI

DI

MECCANICA RAZIONALE

SECONDA EDIZIONE

« La meccanica è il paradiso delle scienze matematiche, perchè con quella si viene al frutto matematico ».

LEONARDO DA VINCI

BOLOGNA

NICOLA ZANICHELLI

EDITORE

Bologna - Coop. Tip. Azzoguidi - 1-1919

AI MIEI VALOROSI SCOLARI

CADUTI SUI GLORIOSI CAMPI DI BATTAGLIA

QUESTO LIBRO

CHE PRIMA SCRISSI PER LORO

CON L'AMORE DI PADRE A FIGLIUOLI

OGGI

COME A VIVI

PERCHÈ IMMORTALI

NELLE SACRE MEMORIE DELLA PATRIA

CON GRATO ANIMO D'ITALIANO

DEDICO

PREFAZIONE
ALLA PRIMA EDIZIONE

Queste sono, con poche aggiunte e varianti, le lezioni che ho dettate per sei anni nella R. Università di Bologna. Le ho pubblicate per offrire ai miei studenti una guida sicura, e agli altri studiosi italiani, cui occorra imparare o rammentare qualche nozione di meccanica, un libro italiano.

Nei fondamenti ho seguito quasi sempre la via classica, senza rendermi troppo schiavo di quel moderno rigore scientifico, che in materia di fondamenti è più spesso apparente che reale. Ogni scienza ha le sue radici più profonde nella metafisica, dalla quale assorbì il suo più vital nutrimento. Lo sradicarla interamente è fatica non so se vana, certo non sempre opportuna, quando si miri alla prima educazione scientifica dei giovani inesperti.

La materia è, nel complesso, quella insegnata ordinariamente in tutte le Università del Regno; l'ordine quello ritenuto didatticamente il più vantaggioso. La forma è ispirata all'intendimento di condurre lo studioso alla comprensione, alla spiegazione e alla previsione dei fenomeni meccanici; e d'istruirlo circa il modo di trattare rigorosamente le varie questioni che si presentano nella scienza e nella tecnica. A tal fine, senza invadere il campo della meccanica applicata, ho cercato di non scostarmi troppo dai suoi confini, onde tenermi collegato con essa.

Ho poi supposta nel lettore quella buona preparazione matematica che fu insigne tradizione delle Università italiane. È ben vero — purtroppo! — che al presente si vuol discendere da quel piedestallo scientifico che una lunga esperienza provò solidissimo, per cercare nel basso una base più comoda e più accessibile alla mediocrità. Ma in basso c'è la nebbia, dico io; e il desiderio di sole ritornerà.

Tutta la materia è divisa in quattro parti, delle quali discorrerò brevemente.

In tempi in cui la mole degli studi è immensa, sì che non basta quasi la vita a percorrere intero un sol ramo dello scibile, l'economia del pensiero, segnatamente pei giovani chiamati presto all'azione nel mondo, diventa una necessità assoluta. Il metodo cartesiano, talvolta eccellente, tal altra indispensabile nelle applicazioni, è poco agile e più spesso ingombrante per lo sviluppo generale delle teorie fisiche; maschera i concetti tra i labirinti de' suoi calcoli; nei quali i giovani, sovente poco esperti, o si smarriscono per sempre, oppure, preoccupati di vincerne le artificiose difficoltà, perdono di vista i fondamentali principî; talchè, liberata col tempo la mente da quella pesante armatura analitica, non resta loro che poche idee e non tutte precise.

A togliere sì grave inconveniente provvede, economizzando e rischiarando il pensiero, il calcolo vettoriale; del quale ho dato in due introduzioni i primi elementi, nella forma recentemente elaborata con fine acume e con bell'arte dai Professori Burali-Forti e Marcolongo (1).

La generalità di questo calcolo che parla e scrive una lingua comune a tutti i rami della fisica-matematica; la sua chiara e spesso eloquente concisione; la sua speditezza nel tradurre le idee in formule e le formule in idee; la sua singolar proprietà di tener congiunte l'intuizione e la logica, la sintesi e l'analisi; fanno di esso uno strumento scientifico e didattico di primissimo ordine. Per queste ragioni, seguendo l'esempio d'altri autori e insegnanti, l'ho adottato pienamente, ad esso collegando, dove è utile, l'analisi cartesiana.

La prima parte, suddivisa in cinque capitoli, contiene la cinematica. *Premessa agli altri argomenti della meccanica, ne costituisce un'ottima introduzione; da sola, fornisce*

(1) « Elementi di *Calcolo vettoriale* », Zanichelli, 1909.

una dottrina necessaria allo studio dei meccanismi. A questo doppio carattere è ispirato lo svolgimento e la scelta degli esempî illustrativi. Perciò ho insistito, nei primi tre capitoli, sui concetti di velocità e accelerazione; sui caratteri dei movimenti più semplici; sulle relazioni dei moti considerati rispetto a due osservatori situati in condizioni diverse, e sulle più utili conseguenze di quei concetti e di quelle relazioni; mentre negli altri due ho trattato con qualche larghezza il moto d' una figura piana e il moto d' un solido intorno a un punto fisso.

La schietta proprietà di certe locuzioni, che ho sostituite ad altre comunemente usate, varranno, credo, a rendere più limpidi i concetti e più sicure le deduzioni.

Nella seconda parte è trattata la statica. *Introdotto il concetto di forza nella sua più intuitiva natura di pressione e trazione; indi, dimostrata la perfetta corrispondenza tra l' equivalenza fisica dei sistemi di forze e l' equivalenza geometrica dei sistemi di vettori che le rappresentano; ho esposto, in due successivi capitoli, i due noti metodi per la risoluzione dei problemi d' equilibrio: l'uno, quasi intuitivo, fondato sul concetto di reazione dei vincoli, talvolta assai pratico e sbrigativo; l' altro, più filosofico e generale e fecondo, basato sul classico principio dei lavori virtuali. I due metodi sono illustrati con alcuni esempi; e son posti in luce i sostanziali cambiamenti che avvengono nelle condizioni d'equilibrio quando occorra tener conto degli attriti.*

Un ultimo capitolo tratta dell' equilibrio dei fili flessibili e inestendibili liberi, o distesi sopra una superficie; analizzando le varie questioni che si possono presentare nelle applicazioni.

La dinamica *è tutta nella terza parte. Illustrate le leggi fondamentali di* NEWTON; *indi discorso con qualche ampiezza delle dimensioni delle grandezze fisiche e della loro utilità; viene svolta nel primo capitolo la dinamica del punto materiale libero, e applicata ai problemi più classici e più semplici della balistica e della meccanica celeste. Circa questi ultimi, benchè non interessino un gran numero di lettori, ho creduto far cosa utile agli studenti di matematica, fisica e astronomia dedicare a suo luogo un intero capitolo al problema dei tre corpi, come introduzione agli studi più elevati della meccanica celeste. Con che non s' accresce di molto la mole del libro; ed essendo argomento indipendente, il trascurarlo non nuoce punto alla progressiva lettura.*

Tutti gli altri capitoli son dedicati alla dinamica dei sistemi vincolati. Il punto di vista dell' energetica vi predomina. Dedotte dal principio di D'ALEMBERT *l' equazioni differenziali di* LAGRANGE *e di* HAMILTON, *e quindi i principî fondamentali relativi all' energia, al centro di massa e alla coppia d' impulso; che sono poi largamente illustrati con considerazioni teoriche ed esempi concreti; ne son fatte parecchie applicazioni ai problemi più comuni e importanti; segnatamente allo studio del movimento dei solidi mobili intorno a un asse o a un punto fisso. Chiude questa parte un capitolo sul moto relativo e sul problema degli urti.*

La quarta ed ultima parte vuol essere, per gli studiosi di matematica e fisica, un' introduzione alla fisica-matematica propriamente detta; per quelli d' ingegneria, una premessa teorica agli studî d' idraulica e delle costruzioni. Completati in una introduzione gli elementi dell' analisi vettoriale già esposti in principio, e stabilite alcune formule d' uso corrente, son poi svolti brevemente i principî della meccanica dei corpi continui deformabili, fluidi o solidi. Qui, data la brevità dell' esposizione, son fuse insieme la cinematica, la statica e la dinamica; e la scelta degli argomenti e dei metodi è fatta con criteri di semplicità e d' opportunità.

Termina il libro un discorso storico *(l' ho messo in fine, perchè logicamente è quello il suo posto) scritto non tanto per soddisfare la curiosità dei giovani e per aumentare il loro capitale di cultura, quanto per eccitarli allo studio glorificando le fatiche dei grandi fondatori della meccanica. Non è dunque una storia propriamente detta nè espositiva, nè critica, e tanto meno una bibliografia; bensì una rapida corsa attraverso i secoli per rintracciare nelle opere dei sommi pensatori i successivi progressi della meccanica. Perciò l' ho intitolato discorso, e non storia o cenno storico. Il lettore dotto non vi troverà nulla che possa intessarlo; io l'ho scritto pei giovani.*

Per non ingrossare oltre misura il volume del libro non ho aggiunto alla fine dei capitoli o delle parti esercizi e soluzioni. A questa mancanza, non lieve in un libro scolastico, intendo riparare pubblicando in un volumetto a parte una raccolta di problemi con tutte le soluzioni; il quale sarà forse utile a un maggior numero di studiosi.

Reco a mia special ventura l'aver avuto a revisore l'amico prof. R. Marcolongo dell' Università di Napoli, dottissimo in questa materia; e m'è caro rendergliene grazie pubblicamente. Il lettore, che conosca l'opera di Lui [1], *vedrà quanto io gli debba. Volendo fare soprattutto opera d'insegnante, ho ripensato ed elaborato per mio conto quel tanto di buono che ho studiato negli scritti altrui, sacrificando la vanità di parere originale al desiderio d'essere utile. Con questo desiderio, che è diventato speranza, offro al pubblico studioso questo libro.*

Bologna, ottobre 1914.

Prof. PIETRO BURGATTI

(1) « Meccanica razionale » Hoepli, 1905.
« Theoretische Mechanik » Deutsch von U. E. Timerding; Teubner, 1911.

PREFAZIONE

ALLA SECONDA EDIZIONE

La buona accoglienza, che ha avuto presso gli studiosi la prima edizione di questo libro, ha spinto la solerte Ditta Zanichelli a intrapprenderne subito una seconda, malgrado le non lievi difficoltà dei tempi presenti. In questa non ho fatto che pochi ritocchi e qualche aggiunta, conformemente ai benevoli consigli di alcuni amici e scolari; al doppio fine di rendere più rigorose certe teorie e di completare la trattazione di alcuni argomenti d' utilità pratica.

Ringrazio in particolare il Prof. BURALI-FORTI *de' suoi preziosi suggerimenti, ai quali devo il perfezionamento apportato alla teoria dei vettori esposta nell' introduzione.*

Bologna, dicembre 1918.

Prof. PIETRO BURGATTI

LEZIONI

DI

MECCANICA RAZIONALE

INTRODUZIONE

ELEMENTI DI CALCOLO VETTORIALE

SOMMARIO — 1. Grandezze vettoriali; notazioni — 2. Somma di vettori — 3. Prodotto scalare e sue proprietà — 4. Prodotto vettoriale e sue proprietà — 5. Rappresentazione cartesiana dei vettori — 6. Operatore *i* — 7. Derivate di punti e vettori — 8. Applicazioni geometriche — 9. Campi scalari, vettoriali e potenziali; gradiente — 10. Vettore-applicato; momento d'un vettore-applicato; sue proprietà — 11. Equivalenza dei sistemi di vettori-applicati — 12. Invariante; momento rispetto a un asse — 13. Riduzione dei sistemi di vettori-applicati — 14. Coppie — 15. Conclusione generale; asse centrale.

1. Una grandezza determinata da un numero che la misura in una certa scala, cioè dal numero che rappresenta il rapporto di essa alla grandezza della stessa specie presa per unità, si chiama *grandezza scalare* (1). La misura d'una grandezza scalare è un problema che si risolve sperimentalmente per mezzo di speciali strumenti e di metodi adeguati allo scopo.

Nella meccanica e nelle sue applicazioni scientifiche e tecniche, oltre alle grandezze scalari, occorre considerare esplicitamente altre grandezze, non più determinate da un sol numero; bensì da un numero, da una direzione e da un verso (o senso). Sono chiamate *grandezze vettoriali*, o semplicemente *vettori*.

(1) Dal verbo inglese *to scale*, misurare.

Se A e B rappresentano due punti dello spazio, la coppia di punti (A, B) dà l'*immagine geometrica* d'un vettore. Il numero positivo che misura la lunghezza del segmento AB definisce il *modulo* o la *grandezza* del vettore; la retta AB la *direzione* del vettore; il senso da A a B il *verso* del vettore. In tale rappresentazione diremo qualche volta, per pura comodità, che A è l'origine del vettore.

Come vi sono grandezze scalari di specie diverse (aree, masse, energie ecc.), così vi sono grandezze vettoriali di natura diverse (velocità, accelerazioni, momenti ecc.); ma son tutte rappresentabili nel modo sopradetto. Per questa ragione, prescindendo da qualunque teoria fisica, si può parlare in generale di vettori come di enti geometrici, e istituire per essi un calcolo speciale, adatto alle varie applicazioni cui deve servire.

Dalla definizione risulta che i tre elementi grandezza, direzione e verso caratterizzano un vettore; per conseguenza due vettori sono *uguali*, quando hanno la stessa grandezza, direzione e verso, qualunque sia, nella suddetta rappresentazione, la loro relativa posizione nello spazio. Per es., se da un punto C scelto ad arbitrio si tira un segmento CD parallelo ed uguale ad AB, restandogli così attribuito il verso da C a D; le coppie di punti (C, D) e (A, B) rappresentano vettori uguali. Due vettori si dicono *contrari* od *opposti* quando non differiscono che per il verso. Così le coppie (A, B) e (B, A) rappresentano vettori opposti.

Il vettore definito dai punti A e B, col verso da A a B si suole indicare con la notazione $B - A$ (B meno A). La condizione d'uguaglianza dei due vettori sopra indicati si scrive come in algebra,

$$B - A = D - C. \tag{1}$$

Qui i segni algebrici godonò delle proprietà formali dell'algebra. Invero, da (1) si trae algebricamente

$$B - D = A - C,$$

la quale ha anche un significato nell'interpretazione vettoriale; giacchè esprime che il vettore rappresentato dalla coppia di punti (D, B) è uguale a quello rappresentato da (C, A); il che è vero.

Anche l'uguaglianza algebricamente vera

$$B - A = -(A - B) \tag{2}$$

ha un significato vettoriale: esprime che i due vettori rappresentati da (A, B) e (B, A) sono opposti.

Dalla (1) con le regole dell'algebra si ricava pure

$$B = A + (D - C); \tag{3}$$

alla quale si può dare questa interpretazione: il punto B coincide con l'estremo d'un vettore uguale a $(D - C)$ avente l'origine in A. È appunto questa operazione, mediante la quale dal punto A si perviene al punto B, e che si chiama ***somma di punto con vettore***, che fece pensare al nome ***vettore*** (vector), derivato da *vehere* (trasportare). Ne segue in particolare

$$A + (B - A) = B;$$

come in algebra.

Poichè un dato vettore ha infinite immagini geometriche mediante coppie di punti, è utile sovente indicarlo con una lettera sola, anche quando siano stabiliti i due punti che lo rappresentano. Per evitare ogni equivoco e poter giudicare a colpo d'occhio che s'ha da fare con grandezze vettoriali, noi useremo, salvo dichiarazione contraria, una lettera minuscola in grassetto; per esempio: $\boldsymbol{a}$, $\boldsymbol{u}$, $\boldsymbol{v}$....

La grandezza (o modulo) d'un vettore $\boldsymbol{u}$ si rappresenterà con mod $\boldsymbol{u}$, o semplicemente con la medesima lettera in corsivo, ossia con u, quando non vi sia luogo ad equivoci. Le (1), (3) assumono allora questa forma:

$$\boldsymbol{u} = \boldsymbol{v}, \quad B = A + \boldsymbol{v}. \tag{3'}$$

2. Sia m un numero reale positivo o negativo. Moltiplicare un vettore u per m significa costruire [1] un altro vettore v, avente la stessa direzione, lo stesso verso o verso opposto di u, secondo che m è positivo o negativo, e di grandezza uguale a mu; cioè al modulo di u moltiplicato per il valore assoluto di m. Si scriverà

$$v = mu. \tag{4}$$

In particolare $-u$ indicherà il vettore opposto ad u.

Siano dati n vettori $u_1 u_2 .... u_n$; cioè un *sistema* di vettori. Da un punto A qualunque (Fig. 1) tiriamo il vettore $A_1 - A$ uguale ad u_1; da A_1 il vettore $A_2 - A_1$ uguale a u_2, e così via; da A_{n-1} il vettore uguale a u_n. Il vettore $u = A_n - A$, geometricamente rappresentato dagli estremi di questa spezzata, si chiama *somma geometrica* o *risultante* dei vettori dati. Per indicare ciò si usa ancora il segno algebrico di somma, e si scrive

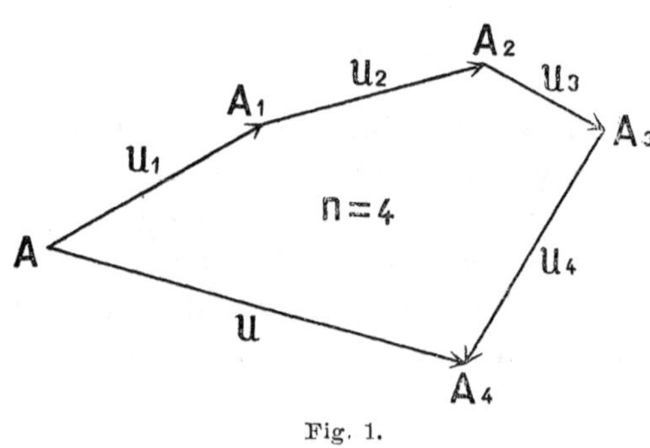

Fig. 1.

$$u = u_1 + u_2 + ... + u_n. \tag{5}$$

Con l'altra notazione si scriverebbe

$$A_n - A = (A_1 - A) + (A_2 - A_1) + ... + (A_n - A_{n-1}),$$

che è pur vera algebricamente.

La somma geometrica gode dei due principi *commutativo* ed *associativo*, come la somma algebrica; è per questa ragione che si adopera lo stesso segno algebrico. Infatti, è

[1] Per rappresentare geometricamente un vettore occorre una costruzione; perciò si usano le frasi: *costruire un vettore*, *tirare un vettore*, ecc.

facile persuadersi che il vettore risultante dei dati è indipendente dall'ordine con cui si seguono i vettori nella costruzione della spezzata, e che ad un numero qualunque dei vettori dati si può sostituire il loro risultante, senza che muti il risultato finale.

Con la notazione $u_1 - u_2$ si deve intendere la somma dei due vettori u_1 e $-u_2$. Allora si vede che per la (5) valgono tutte le leggi formali della somma algebrica.

Se l'estremo A_n coincide con A la somma è nulla; dunque,

$$u_1 + u_2 + ... + u_n = 0;$$

da cui

$$-u_s = u_1 + ... + u_{s-1} + u_{s+1} + ... + u_n;$$

ossia, uno qualunque dei vettori dati è opposto al vettore risultante dei rimanenti.

3. Chiamasi *prodotto scalare* di due vettori u e v il *numero*

$$uv \cos(u, v),$$

prodotto dei loro moduli per il coseno del loro angolo. Si rappresenta con la notazione $u \times v$, e si legge « *u scalare v* » [1]. È positivo o negativo secondo che l'angolo formato dalle direzioni dei vettori, nel loro verso, è minore o maggiore di $\frac{\pi}{2}$. Il segno $\times$ è quello ordinario della moltiplicazione, che si suole quasi sempre sottintendere in algebra; ma qui, per evitare equivoci, sarà sempre scritto. Si ha dunque per definizione

$$u \times v = uv \cos(u, v). \tag{6}$$

Si può anche dire: il *prodotto scalare* di due vettori è il prodotto del modulo d'uno d'essi pel numero (positivo o negativo) che misura la proiezione del secondo sul

[1] Altri Autori lo chiamano *prodotto interno*, e leggono « *u* interno *v* ».

primo [1]. Di qui segue immediatamente che per questo prodotto vale la proprietà commutativa, ossia,

$$u \times v = v \times u;$$

ed inoltre

$$m(u \times v) = mu \times v = u \times mv;$$

appunto come in algebra. Ma risulta $u \times v = 0$ in due casi: quando, come in algebra, è $u = 0$ oppure $v = 0$; ma ancora quando u e v sono ortogonali; ossia, quando è

$$\cos(u, v) = 0.$$

Ne consegue che $u \times v = 0$ è la condizione d'ortogonalità dei vettori non nulli u e v.

Dal noto teorema delle proiezioni si ricava subito l'uguaglianza, algebricamente vera,

$$(7) \qquad (a + b) \times c = a \times c + b \times c.$$

Infatti, la proiezione di $a + b$ su c è uguale alla proiezione di a più quella di b.

Si noti che l'espressione $a \times b \times c$ non ha significato, tanto considerata uguale a $(a \times b) \times c$, quanto a $a \times (b \times c)$; perchè $(a \times b)$ e $(b \times c)$ sono numeri. Invece l'espressione $(a \times b)c$ significa il prodotto del vettore c pel numero $(a \times b)$.

Poichè, come si è visto, il prodotto scalare gode delle proprietà fondamentali del prodotto ordinario, possiamo in luogo di $a \times a$ adoperare la notazione a^2, e si ha evidentemente $a^2 = (\text{mod } a)^2 = a^2$. Dopo ciò è manifesta l'esattezza delle formule seguenti:

$$(a \pm b)^2 = a^2 \pm 2\, a \times b + b^2$$
$$(a + b) \times (a - b) = a^2 - b^2.$$

[1] La proiezione d'un vettore sopra un altro è sempre una grandezza scalare misurata dal prodotto del modulo del vettore proiettato per il coseno dell'angolo formato dai due vettori (numero, dunque, pos. o neg.). Ma qualche volta occorre considerare quella proiezione come un vettore, attribuendogli la direzione, (non il verso, che resta definito dal segno) del vettore sul quale si è proiettato. In tali casi, a scanso d'equivoci, useremo esplicitamente la parola *vettore-proiezione*.

4. Siano u e v due vettori. Preso un punto qualunque P (Fig. 2), tiriamo per esso due vettori uguali a u e v, e costruiamo su questi, come lati, un parallelogramma, la cui area sarà misurata da

$$uv \operatorname{sen}(u, v), \quad \operatorname{ang}(u, v) < \pi.$$

Ciò posto, tiriamo un terzo vettore w tale che

1°, la sua grandezza sia misurata dal numero $uv \operatorname{sen}(u, v)$;

2°, la sua direzione sia normale a u e v; risulti dunque

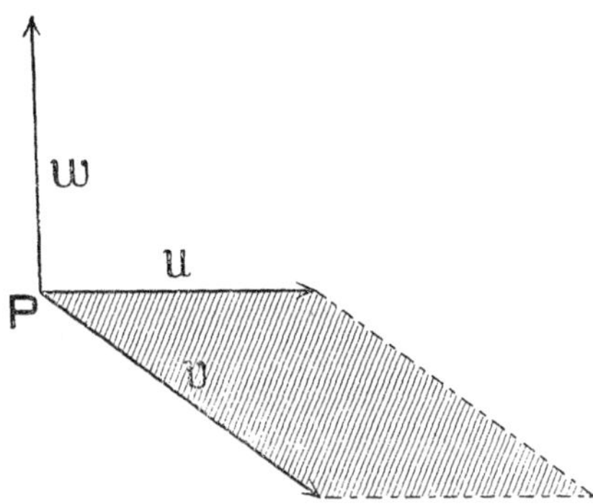

Fig. 2.

$$w \times u = 0; \quad w \times v = 0;$$

3°, il suo verso sia tale, che un osservatore, disposto lungo w e rivolto a u, abbia v alla sua destra.

Questo vettore w, considerato come il risultato di una operazione diretta tra u e v, si chiama *prodotto vettoriale* (¹) di u per v, e si indica con la notazione $u \wedge v$, che si legge « *u vettore v* ».

Evidentemente $v \wedge u$ rappresenta il vettore opposto a w (per la convenzione 3° circa il senso); perciò

$$u \wedge v = - v \wedge u;$$

la quale dimostra che non sussiste per questo prodotto la *proprietà commutativa.* Il prodotto vettoriale è nullo quando uno dei vettori è nullo, o quando son paralleli.

È anche evidente che si ha

$$m(u \wedge v) = mu \wedge v = u \wedge mv.$$

(¹) Altri autori lo chiamano *prodotto esterno* e leggono « *u esterno v* ».

Sussiste invece la proprietà distributiva; ossia, ha luogo l'uguaglianza geometrica

$$(8)\quad (u_1+u_2+\dots+u_n)\wedge v=u_1\wedge v+u_2\wedge v+\dots+u_n\wedge v.$$

Per dimostrarla, osserviamo anzitutto che il vettore w si può anche ottenere nel modo seguente. Si conducano per P due vettori uguali a u e v ed un piano normale ad u. Su questo si proietti v; così si otterrà un vettore-proiezione di grandezza v sen (u, v). Indi, alteratolo nel rapporto di 1 a u, affinchè diventi di grandezza uv sen (u, v), lo si faccia ruotare nel piano di 90° da sinistra verso destra, rispetto ad un osservatore disposto nel senso di u. È evidente che si otterrà il vettore w. Si può anche tirare il piano normale a v, proiettarvi u, alterarlo nel rapporto di 1 a v e farlo ruotare da destra verso sinistra di 90°. Ciò posto, tiriamo per P i vettori $u_1, u_2, \dots u_n$, ed il loro risultante

$$u=u_1+u_2+\dots+u_n;$$

poi il vettore v e il piano normale a v. Proiettando tutti i vettori su questo piano; alterandoli nel rapporto di 1 a v, e facendoli ruotare di 90° da destra a sinistra, rispetto ad un osservatore lungo v, si ottengono, per l'osservazione precedente, i vettori

$$u\wedge v,\quad u_1\wedge v,\quad u_2\wedge v \dots u_n\wedge v.$$

Ma la proiezione del risultante u è uguale alla somma geometrica dei vettori-proiezione ottenuti dai singoli vettori u_s; e tale proprietà permane dopo l'alterazione e la rotazione di 90°; per conseguenza risulta

$$(u_1+u_2+\dots+u_n)\wedge v=u_1\wedge v+u_2\wedge v+\dots u_n\wedge v;$$

che è identica alla (8).

Dati i tre vettori $u_1 u_2 u_3$, possiamo formare i prodotti vettoriali

$$(u_1\wedge u_2)\wedge u_3;\quad u_1\wedge(u_2\wedge u_3).$$

Sono due vettori, ma in generale diversi; per conseguenza il prodotto vettoriale non gode della ***proprietà associativa.*** Invero, basta osservare che, condotti i tre vettori per P, il vettore $(u_1 \wedge u_2) \wedge u_3$ giace nel piano di u_1 e u_2; mentre $u_1 \wedge (u_2 \wedge u_3)$ giace in quello di u_2 e u_3. Da ciò risulta che la notazione $u_1 \wedge u_2 \wedge u_3$ è priva di significato. Occorre indicare con una parentesi come sono associati i vettori.

Limitatamente alle precedenti definizioni, sono anche prive di significato le notazioni: $(a \times b) \wedge c$ e $a \wedge (b \times c)$; mentre sono due grandezze scalari $(a \wedge b) \times c$ e $a \times (b \wedge c)$, e si ha

$$a \wedge b \times c = a \times b \wedge c;$$

perchè ciascuno dei due membri vale il numero (col segno) che misura il volume del parallelepipedo che ha gli spigoli uguali ai tre vettori. Qui il togliere la parentesi non dà luogo ad equivoci. *I segni dei prodotti scalari e vettoriali, quando si seguono, sono dunque invertibili.*

Se due vettori sono uguali, per es. $a = b$, o $a = c$, si ha evidentemente

$$a \wedge a \times c = 0, \quad a \wedge b \times a = 0.$$

Nel caso dei tre vettori disuguali, la condizione $a \wedge b \times c = 0$ esprime che i tre vettori dati, se si rappresentano con la stessa origine, stanno in uno stesso piano; perchè risulta nullo il volume del parallelepipedo con gli spigoli uguali a a, b, c. Si dirà che sono *complanari.*

5. Sia i un dato vettore ed u un altro vettore parallelo al vettore dato. Se x indica il rapporto delle grandezze dei due vettori (quella di u divisa per quella di i), pensato positivo o negativo, secondo che abbiano lo stesso verso o non, si ha manifestamente $u = xi$.

Insieme ad i siano dati altri due vettori j e k, in modo che la terna i, j, k non sia complanare $(i \wedge j \times k \neq 0)$. Tirando per l'origine di u tre assi paralleli ai tre vettori dati, si vede chiaramente che è sempre possibile, e in un modo solo, considerare $\boldsymbol{u}$ quale risultante di tre vettori $\boldsymbol{u}_1$, $\boldsymbol{u}_2$, $\boldsymbol{u}_3$ aventi la direzione di quegli assi [1]; talchè si avrà

$$\boldsymbol{u} = \boldsymbol{u}_1 + \boldsymbol{u}_2 + \boldsymbol{u}_3 .$$

Ma se x, y, z sono i rapporti dei moduli di $\boldsymbol{u}_1 \boldsymbol{u}_2 \boldsymbol{u}_3$ a quelli di $\boldsymbol{i}\,\boldsymbol{j}\,\boldsymbol{k}$ rispettivamente, con le convenzioni dette di sopra, risulta

$$\boldsymbol{u}_1 = x\boldsymbol{i}, \quad \boldsymbol{u}_2 = y\boldsymbol{j}, \quad \boldsymbol{u}_3 = z\boldsymbol{k},$$

e quindi

(9) $$\boldsymbol{u} = x\boldsymbol{i} + y\boldsymbol{j} + z\boldsymbol{k}.$$

Quando $\boldsymbol{i}\,\boldsymbol{j}\,\boldsymbol{k}$ sono a due a due ortogonali, di grandezza unitaria e disposti rispettivamente, in una origine comune O, come gli assi Ox, Oy, Oz nell'ordinario sistema cartesiano, prendono il nome di *vettori fondamentali.* Per essi risulta

(10) $$\begin{cases} \boldsymbol{i}\times\boldsymbol{j} = \boldsymbol{j}\times\boldsymbol{k} = \boldsymbol{k}\times\boldsymbol{j} = 0 \\ \boldsymbol{i}^2 = \boldsymbol{j}^2 = \boldsymbol{k}^2 = 1 \end{cases}$$

(11) $$\begin{cases} \boldsymbol{i}\wedge\boldsymbol{j} = -\boldsymbol{j}\wedge\boldsymbol{i} = \boldsymbol{k}, \; \boldsymbol{j}\wedge\boldsymbol{k} = -\boldsymbol{k}\wedge\boldsymbol{j} = \boldsymbol{i}, \; \boldsymbol{k}\wedge\boldsymbol{i} = -\boldsymbol{i}\wedge\boldsymbol{k} = \boldsymbol{j} \\ \boldsymbol{i}\wedge\boldsymbol{i} = \boldsymbol{j}\wedge\boldsymbol{j} = \boldsymbol{k}\wedge\boldsymbol{k} = 0. \end{cases}$$

In questo caso le x, y, z nella (9) rappresentano *le proiezioni di $\boldsymbol{u}$ sugli assi* (grandezze scalari). Si deduce quindi

$$\boldsymbol{u}^2 = u^2 = (x\boldsymbol{i} + y\boldsymbol{j} + z\boldsymbol{k})^2 = x^2 + y^2 + z^2, \quad u = \sqrt{x^2 + y^2 + z^2},$$

che è la grandezza di $\boldsymbol{u}$. La (9) dà *la rappresentazione cartesiana dei vettori.*

Indicando con

$$\boldsymbol{v} = x_1\boldsymbol{i} + y_1\boldsymbol{j} + z_1\boldsymbol{k}$$

un altro vettore, risulta dalle formule precedenti ((7) e (10))

(12) $$\boldsymbol{u}\times\boldsymbol{v} = (x\boldsymbol{i} + y\boldsymbol{j} + z\boldsymbol{k})\times(x_1\boldsymbol{i} + y_1\boldsymbol{j} + z_1\boldsymbol{k}) = xx_1 + yy_1 + zz_1;$$

che dà *la rappresentazione cartesiana del prodotto scalare.*

[1] Posto $\boldsymbol{u} = B - A$, basta costruire un parallelepipedo avente la diagonale AB e gli spigoli paralleli a $\boldsymbol{i}$, $\boldsymbol{j}$, $\boldsymbol{k}$.

Inoltre da

$$\boldsymbol{u} \wedge \boldsymbol{v} = (x\boldsymbol{i} + y\boldsymbol{j} + z\boldsymbol{k}) \wedge (x_1\boldsymbol{i} + y_1\boldsymbol{j} + z_1\boldsymbol{k}),$$

in virtù delle (8) e (11) si deduce

$$(13) \qquad \boldsymbol{u} \wedge \boldsymbol{v} = (yz_1 - zy_1)\boldsymbol{i} + (zx_1 - xz_1)\boldsymbol{j} + (xy_1 - yx_1)\boldsymbol{k},$$

che dà la ***rappresentazione cartesiana del prodotto vettoriale.*** Si noti che i coefficienti di $\boldsymbol{i}\,\boldsymbol{j}\,\boldsymbol{k}$ sono i minori della matrice

$$\left| \begin{matrix} x & y & z \\ x_1 & y_1 & z_1 \end{matrix} \right|.$$

Infine, quando sia $\boldsymbol{u} = P - O$, risulta per la (3′)

$$(14) \qquad P = O + x\boldsymbol{i} + y\boldsymbol{j} + z\boldsymbol{k};$$

e in questo caso x, y, z sono anche le coordinate cartesiane di P rispetto alla terna fondamentale con l'origine in O.

Indicando poi con

$$\boldsymbol{w} = x_2\boldsymbol{i} + y_2\boldsymbol{j} + z_2\boldsymbol{k}$$

un terzo vettore, si ottiene subito, per le cose dette,

$$(15) \qquad \boldsymbol{u} \wedge \boldsymbol{v} \times \boldsymbol{w} = \left| \begin{matrix} x & y & z \\ x_1 & y_1 & z_1 \\ x_2 & y_2 & z_2 \end{matrix} \right|.$$

6. Sia $\boldsymbol{k}$ un vettore unitario normale ad un piano fisso, ed $\boldsymbol{u} = M - O$ un vettore nel piano. Il vettore $\boldsymbol{k} \wedge \boldsymbol{u}$, immaginato con l'origine in O, è lo stesso vettore $\boldsymbol{u}$ ruotato nel piano di 90° da sinistra a destra. Questo vettore, che si deduce da $\boldsymbol{u}$ con una rotazione di 90° in un dato piano, la giacitura del piano ed il senso della rotazione essendo individuati dal vettore unitario $\boldsymbol{k}$, si rappresenta con $i\boldsymbol{u}$.

Il simbolo d'operazione i ha dunque un ufficio analogo a quello di una manovella che facesse ruotare $\mathbf{u}$ d'un angolo retto in un dato senso ed in un dato piano [1].

Riapplicando l'operazione i si ottiene il vettore $-\mathbf{u}$ opposto di $\mathbf{u}$, cioè

$$ii\mathbf{u} = i^2\mathbf{u} = -\mathbf{u}.$$

Dunque le potenze di i godono della stessa proprietà (ma soltanto le potenze) dell'ente algebrico $i = \sqrt{-1}$; per questa ragione si adopera lo stesso simbolo.

Considerati per O i tre vettori fondamentali $\mathbf{i}$, $\mathbf{j}$, $\mathbf{k}$, si ha evidentemente (nel piano normale a $\mathbf{k}$)

$$\mathbf{j} = i\mathbf{i}.$$

Sia ora $P - O$ un vettore nel piano di $\mathbf{i}$ e $\mathbf{j}$; risulta

$$P - O = x\mathbf{i} + y\mathbf{j} = x\mathbf{i} + yi\mathbf{i};$$

onde, scrivendo

(16) $$P - O = (x + iy)\mathbf{i},$$

$x + iy$ apparisce come un simbolo (simile a quello dei numeri complessi) indicante l'operazione per cui dal vettore unitario $\mathbf{i}$ si ottiene il vettore $P - O$.

Meglio si vede ciò introducendo le coordinate polari ρ e φ di P, per modo che risulti

$$x = \rho \cos\varphi, \quad y = \rho \operatorname{sen}\varphi;$$

perchè allora si ha

(16') $$P - O = \rho(\cos\varphi + i \operatorname{sen}\varphi)\mathbf{i} = \rho e^{i\varphi}\mathbf{i};$$

la quale indica che $P - O$ si ottiene da $\mathbf{i}$ con una rotazione di un angolo φ, dopo averlo moltiplicato per ρ [2].

(1) Da non confondersi con l'$\mathbf{i}$ (in grassetto) introdotto precedentemente.

(2) L'esponenziale $e^{i\varphi}$ s'introduce per analogia con le quantità complesse, conformemente a una nota formula d'Eulero.

Da questa si ricava

(17) $$P = O + \rho e^{i\varphi} \boldsymbol{i}.$$

Se ρ è costante e φ varia da O a 2π il punto P descrive una circonferenza di centro O e raggio ρ; talchè l'equazione precedente può chiamarsi l'*equazione vettoriale del cerchio.*

7. Sia t una variabile che assume tutti i valori compresi in un certo intervallo. Se ad ogni valore di t corrisponde un'unica posizione di un punto P (nel qual caso le sue coordinate cartesiane, polari, ecc. sono funzioni di t) si dirà che P è funzione di t e si indicherà con $P(t)$.

Poichè al valore t corrisponde il punto $P(t)$, e a $t+h$ il punto $P(t+h)$, questi due punti definiscono il vettore $P(t+h) - P(t)$. Anche

$$\frac{1}{h}(P(t+h) - P(t)),$$

è un vettore, il quale, quando h tende a zero, (ossia, quando il punto $P(t+h)$ s'avvicina indefinitamente a $P(t)$) varia nei suoi elementi; ma in massima converge verso un vettore limite. Lo indicheremo per il momento con $\boldsymbol{u}$, e scriveremo

$$\lim_{h=0} \frac{1}{h}(P(t+h) - P(t)) = \boldsymbol{u}.$$

La perfetta analogia tra queste nozioni e quelle ben note sulle derivate delle funzioni numeriche suggerisce di chiamare *$\boldsymbol{u}$ la derivata di P rispetto a t* e d'indicarla col noto simbolo $\frac{dP}{dt}$, o $P'(t)$. Si dirà allora brevemente: *la derivata di un punto è un vettore.*

Sia ora $\boldsymbol{u}$ un vettore i cui elementi variano al variare di t; si dirà che $\boldsymbol{u}$ è funzione di t, e si indicherà con $\boldsymbol{u}(t)$. Coi due vettori $\boldsymbol{u}(t)$ e $\boldsymbol{u}(t+h)$ si può costruire il terzo vettore

$$\frac{1}{h}(\boldsymbol{u}(t+h) - \boldsymbol{u}(t)).$$

Esso varia al variare di h, ed in massima tende a un valore limite al convergere di h a zero. Indicandol pel momento con v, scriveremo

$$\lim_{h=0} \frac{1}{h}(u(t+h) - u(t)) = v.$$

L'analogia di sopra indicata sussistendo ancora, hiameremo v la *derivata del vettore u rispetto a t*, e ad tteremo il simbolo $\frac{du}{dt}$. Allora si dirà brevemente: *la deri ata di un vettore è un vettore.*

Così la derivata di $\frac{dP}{dt}$ è un vettore. La indicheremo con $\frac{d^2P}{dt^2}$; derivata seconda del punto P. Manifestamente *le derivate d'ordine qualunque di punti e vettori sono vettori.*

È poi evidente, per la definizione stessa, che nel ca di $u = P(t) - O$, ove O è un punto invariabile, risulta $\frac{du}{dt} =$

Se m è un numero e u un vettore, pel nuovo vet $v = mu$ si ha evidentemente

$$\frac{dv}{dt} = m\frac{du}{dt}.$$

Così pure, se

$$u(t) = u_1(t) + u_2(t) + \dots u_n(t),$$

si deduce facilmente, come nel calcolo differenziale ordinar

$$\frac{du}{dt} = \frac{du_1}{dt} + \frac{du_2}{dt} + \dots + \frac{du_n}{dt}.$$

Siano $P(t)$ e $Q(t)$ due punti variabili con t; anche il vettore $u = Q(t) - P(t)$ varia con t. Potendosi scrivere $u = (Q - O) - (P - O)$, ove O è un punto invariabile, si deduce immediatamente, per le cose precedenti,

$$\frac{du}{dt} = \frac{dQ}{dt} - \frac{dP}{dt}.$$

Riguardo alle derivate dei prodotti scalari e vettoriali, quando i fattori sono funzioni di t, con i ragionamenti usati negli elementi del calcolo differenziale, si ottengono subito le due formule seguenti:

$$(18)\quad \begin{aligned} \frac{d(u \times v)}{dt} &= \frac{du}{dt} \times v + \frac{dv}{dt} \times u, \\ \frac{d(u \wedge v)}{dt} &= \frac{du}{dt} \wedge v + u \wedge \frac{dv}{dt}. \end{aligned}$$

Ora supponiamo che la posizione di P dipenda da n variabili indipendenti $q_1 q_2 \dots q_n$. Diremo che P è funzione di $q_1 q_2 \dots q_n$, e scriveremo

$$P = P(q_1 q_2 \dots q_n).$$

La parte principale (infinitesima dell'ordine delle dq_s) del vettore

$$P(q_1 + dq_1, \quad q_2 + dq_2 \dots q_n + dq_n) - P(q_1 q_2 \dots q_n)$$

sarà chiamata, come nel calcolo ordinario, il differenziale di P, e si rappresenterà con dP. È un vettore, che ha un'espressione lineare rispetto agli incrementi dq_s. Notando che quando varia solo q_s si ha, per le cose dette,

$$(dP)_s = \frac{\partial P}{\partial q_s} dq_s,$$

risulta chiaramente

$$(19)\quad dP = \sum_{s=1}^{n} \frac{\partial P}{\partial q_s} dq_s.$$

Se poi le q_s sono tutte funzioni d'una variabile t, subito si deduce

$$(19')\quad \frac{dP}{dt} = \sum_{s=1}^{n} \frac{\partial P}{\partial q_s} \frac{dq_s}{dt}.$$

Infine, scrivendo la stessa formula per un altro punto Q,

si ottiene per sottrazione

$$\frac{du}{dt} = \sum_{s=1}^{n} \frac{\partial u}{\partial q_s} \frac{dq_s}{dt}, \tag{20}$$

essendo $\boldsymbol{u}$ il vettore rappresentato dai punti P e Q.

Consideriamo la rappresentazione cartesiana di P. Mediante le (14) e (19′) si ottiene successivamente:

$$\frac{dP}{dt} = \frac{dx}{dt} \boldsymbol{i} + \frac{dy}{dt} \boldsymbol{j} + \frac{dz}{dt} \boldsymbol{k},$$

$$\frac{dP}{dt} = \frac{\partial P}{\partial y} \frac{dx}{dt} + \frac{\partial P}{\partial y} \frac{dy}{dt} + \frac{\partial P}{\partial z} \frac{dz}{dt};$$

dal paragone delle quali si deduce anche

$$\frac{\partial P}{\partial x} = \boldsymbol{i}, \quad \frac{\partial P}{\partial y} = \boldsymbol{j}, \quad \frac{\partial P}{\partial z} = \boldsymbol{k}. \tag{21}$$

Si conclude pertanto che *la derivata d'un punto è un vettore che ha per proiezioni sugli assi le derivate delle coordinate del punto.* Le stesse conclusioni valgono per un vettore, cambiando la parola punto con vettore.

8. Come applicazione delle nozioni precedenti, consideriamo ora una curva C, e indichiamo con s la lunghezza dell'arco di curva che separa un suo punto generico P da un altro suo punto fisso O; arco contato positivamente in un dato senso, negativamente nel senso opposto. Lungo la curva, P è funzione di s. Dalla definizione

$$\frac{dP}{ds} = \lim_{h=0} \frac{P(s+h) - P(s)}{h},$$

risulta chiaramente che $\frac{dP}{ds}$ *è un vettore unitario che ha la direzione e il senso della tangente positiva alla curva* P;

giacchè il vettore

$$\frac{P(s+h)-P(s)}{h}$$

ha la direzione e il verso della corda che unisce $P(s)$ con $P(s+h)$, ed ha per grandezza il rapporto di quella corda all'arco che sottende. Porremo talvolta

$$\frac{dP}{ds}=t. \tag{22}$$

Questo vettore è funzione di s. Costruendo ora il vettore $t(s+h)-t(s)=Q-P$, come in figura (Fig. 3); e considerando la formula di definizione

$$\frac{d^2P}{ds^2}=\frac{dt}{ds}=\lim_{h=0}\frac{t(s+h)-t(s)}{h};$$

si vede chiaramente che il vettore $\frac{dt}{ds}$ è nel piano osculatore in P alla curva. Inoltre, da $t\times t=1$ deducendosi $t\times\frac{dt}{ds}=0$, risulta ch'esso è diretto secondo la normale principale (nel senso positivo); perciò indicando con n un vettore unitario nella detta direzione e senso, si potrà scrivere

$$\frac{d^2P}{ds^2}=\frac{dt}{ds}=\frac{1}{\rho}n. \tag{23}$$

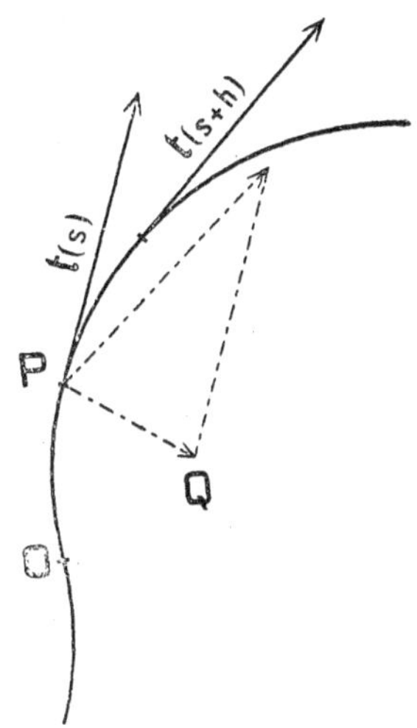

Fig. 3.

La grandezza $\frac{1}{\rho}$ del vettore $\frac{dt}{ds}$ è chiamata la *curvatura* della curva in P e ρ il *raggio di curvatura.* Le sue proprietà geometiche son note al lettore, che deve saper già gli elementi della geometria differenziale; e perciò non ne diremo altro.

Nella rappresentazione cartesiana le proiezioni di t

sugli assi (coseni di direzione della tangente) sono, per un teorema precedente,

$$\frac{dx}{ds}, \quad \frac{dy}{ds}, \quad \frac{dz}{ds};$$

quelle di $\boldsymbol{n}$ (coseni di direzione della normale principale) sono

$$\rho\frac{d^2x}{ds^2}, \quad \rho\frac{d^2y}{ds^2}, \quad \rho\frac{d^2z}{ds^2}.$$

Notiamo infine che, quando s è funzione di un'altra variabile t, risultano dalle (19') e (20) le formule importanti:

$$\frac{dP}{dt}=\frac{dP}{ds}\frac{ds}{dt}=\frac{ds}{dt}\boldsymbol{t}; \tag{24}$$

$$\frac{d^2P}{dt^2}=\frac{d^2s}{dt^2}\boldsymbol{t}+\frac{ds}{dt}\cdot\frac{d\boldsymbol{t}}{ds}\frac{ds}{dt}=\frac{d^2s}{dt^2}\boldsymbol{t}+\frac{1}{\rho}\left(\frac{ds}{dt}\right)^2\boldsymbol{n}; \tag{25}$$

la prima delle quali pone in evidenza la grandezza e la direzione di $\frac{dP}{dt}$; la seconda le proiezioni di $\frac{d^2P}{dt^2}$ sulla tangente, normale e binormale alla curva in P.

9. Sia S un campo a tre dimensioni luogo dei punti P, e φ od $\boldsymbol{u}$ una grandezza scalare o vettoriale variabile da punto a punto del campo. Si suol dire che φ è una *funzione scalare di* P, e $\boldsymbol{u}$ una *funzione vettoriale di* P; e si scrive

$$\varphi=\varphi(P), \quad \boldsymbol{u}=\boldsymbol{u}(P).$$

Noi supporremo sempre che siano funzioni variabili con continuità. Il campo S, pensato quale campo d'esistenza di φ od $\boldsymbol{u}$, prende il nome di *campo scalare o campo vettoriale.*

Ciò posto, sia data una funzione vettoriale $\boldsymbol{u}(P)$. Passando dal punto P al punto vicinissimo $P+dP$ (dP è un vettore), può avvenire che il prodotto scalare $\boldsymbol{u}(P)\times dP$, per qualunque dP, sia uguale all'incremento che subisce una funzione scalare $\varphi(P)$ nel passaggio da P a $P+dP$.

In altri termini, può darsi che esista una $\varphi(P)$ tale, che per ogni P ed ogni spostamento dP abbia luogo l'uguaglianza

$$(e) \qquad d\varphi = u(P) \times dP.$$

In questo caso si dice che $u(P)$ *deriva da un potenziale* $\varphi(P)$. Il campo vettoriale S diventa anche il campo d'esistenza d'una funzione $\varphi(P)$, definita dalla (e); perciò è chiamato *un campo potenziale*; e φ prende il nome di *potenziale del campo.*

Le superficie $\varphi(P) = \text{cost.}$, luogo dei punti ove φ ha il medesimo valore, si chiamano *le superficie equipotenziali.* Per ogni punto ne passa, in massima, una sola.

La direzione del vettore u in un punto qualunque P è normale alla superficie equipotenziale che passa per quel punto. Invero, per ogni spostamento dP sulla detta superficie risulta $d\varphi = 0$; e quindi, per la (e), $u \times dP = 0$; la quale dimostra l'asserto.

Consideriamo la detta normale n diretta verso la regione in cui φ cresce, e sia dn uno spostamento lungo n. Risulta dalla (e)

$$d\varphi = u dn, \quad u = \frac{d\varphi}{dn};$$

la quale esprime che la grandezza di u in ogni punto P è la derivata di φ lungo la normale alla superficie equipotenziale che passa per P; onde si conclude: *Se un campo vettoriale è un campo potenziale e φ è il potenziale del campo, il vettore è normale in ogni punto alla superficie equipotenziale che passa per quel punto; è diretto verso la regione in cui φ cresce, ed ha per grandezza la derivata di φ lungo quella normale.*

Benchè, dato $u(P)$, non esista sempre una φ soddisfacente alla (e); data invece una $\varphi(P)$, esiste sempre un vettore $u(P)$ che soddisfa alla (e); perchè si potrà sempre, in ogni punto P, costruire un vettore normale in P alla superficie $\varphi = \text{cost}$ che passa per quel punto, nel senso di φ crescente e di grandezza $\frac{d\varphi}{dn}$ (ammesso, naturalmente, l'esistenza di questa derivata). Questo vettore, funzione di P e dipendente da φ, si chiama il *gradiente* di φ, e lo si indica con grad φ. Esso è dunque definito da

$$d\varphi = \operatorname{grad} \varphi \times dP. \tag{26}$$

Dopo ciò il teorema precedente può anche enunciarsi così: *Un campo vettoriale* $\boldsymbol{u}(P)$ *è un campo potenziale quando esiste una funzione* $\varphi(P)$ *soddisfacente alla condizione*

$$\boldsymbol{u}(P) = \operatorname{grad} \varphi(P).$$

Riferendo il campo ad assi cartesiani, le proiezioni sugli assi di grad φ sono rappresentate in ogni punto da $\frac{\partial\varphi}{\partial x}, \frac{\partial\varphi}{\partial y}, \frac{\partial\varphi}{\partial z}$. Infatti, indicando pel momento con X, Y, Z le proiezioni di grad φ, la (26) diventa

$$\frac{\partial\varphi}{\partial x} dx + \frac{\partial\varphi}{\partial y} dy + \frac{\partial\varphi}{\partial z} dz = X dx + Y dy + Z dz;$$

da cui

$$X = \frac{\partial\varphi}{\partial x}, \quad Y = \frac{\partial\varphi}{\partial y}, \quad Z = \frac{\partial\varphi}{\partial z};$$

le quali dimostrano l'asserto. Ne risulta

$$\operatorname{grad} \varphi = \frac{\partial\varphi}{\partial x} \boldsymbol{i} + \frac{\partial\varphi}{\partial y} \boldsymbol{j} + \frac{\partial\varphi}{\partial z} \boldsymbol{k},$$

quale *rappresentazione cartesiana di* grad φ.

È manifesto che grad si può considerare come un simbolo operatorio, che permette di dedurre da una funzione φ un vettore $\boldsymbol{v}$ (in S). La (26) è l'equazione della sua definizione. Sotto questo aspetto risultano evidenti le formule seguenti:

$$\operatorname{grad} m\varphi = m \operatorname{grad} \varphi, \quad \operatorname{grad}(\varphi_1 + \varphi_2 + \ldots) = \operatorname{grad} \varphi_1 + \operatorname{grad} \varphi_2 + \ldots$$
$$\operatorname{grad}(\varphi_1\varphi_2) = \varphi_1 \operatorname{grad} \varphi_2 + \varphi_2 \operatorname{grad} \varphi_1, \quad \operatorname{grad} F(\varphi) = F'(\varphi) \operatorname{grad} \varphi;$$

nelle quali m è un costante, F' la derivata di F rispetto a φ.

10. Associando a un vettore u un punto A dello spazio, si ottiene un nuovo ente, variabile al variare del punto e del vettore; il quale, occorrendo, sarà indicato col simbolo (A, u). Per rappresentare geometricamente il vettore u quando è un elemento del nuovo ente, si usa prendere per origine lo stesso punto A; talchè u verrà rappresentato da $B - A$, e sarà $(A, u) = (A, B - A)$. Questa utile usanza ha suggerito l'appellativo di *vettore-applicato* [1] per il nuovo ente, e le denominazioni di *punto d'applicazione* e di *asse del vettore-applicato* che si danno rispettivamente ad A ed alla retta AB (che ha la direzione di u) col verso da A a B.

Per definizione due vettori-applicati (A, u) e (C, v) sono uguali solo quando $A = C$, $u = v$.

Si definisce *momento d'un vettore-applicato* (A, u) *rispetto a un dato punto* Q il prodotto vettoriale $(A - Q) \wedge u$. È dunque un vettore perpendicolare al piano definito da Q e dall'asse di (A, u); di grandezze (Fig. 4)

$$u \bmod (A - Q) \operatorname{sen} \beta = u \bmod (A - Q) \operatorname{sen} \alpha = ud;$$

diretto in guisa che un osservatore coi piedi in Q, e disposto nello stesso senso, vede il verso dell'asse da sinistra a destra. Per la sua rappresentazione geometrica, che è sempre quella ordinaria dei vettori, è utile anche qui scegliere il dato punto Q come uno dei due punti rappresentativi; onde scriveremo

$$(A - Q) \wedge u = M - Q.$$

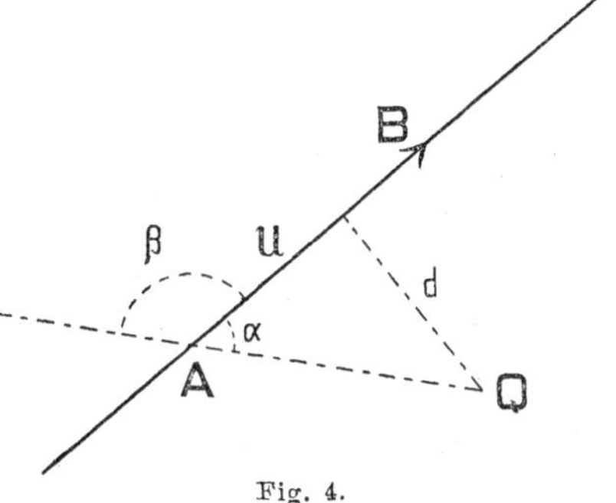

Fig. 4.

[1] Inteso come un solo e nuovo sostantivo, e non come abbreviazione di *vettore che è applicato*; giacchè la qualificazione di applicato lascierebbe all'ente il carattere di puro vettore; mentre esso è una funzione (binaria) di un punto e di un vettore.

È manifesto che gli elementi di $M - Q$ (grandezza, direzione e verso) non mutano per uno scorrimento di A lungo l'asse del vettore-applicato.

Dalla definizione segue che

$$(M - Q) \times u = 0;$$

e inversamente; $M - Q$ non può essere il momento rispetto a Q d'un vettore-applicato (A, u), se non risulta $(M - Q) \times u = 0$.

Rispondiamo ora alla questione seguente: Un vettore-applicato risulta determinato dal suo momento $M - Q$ rispetto a un dato punto Q e dal suo vettore u? Essendo, per le cose dette,

$$\text{mod}\,(M - Q) = ud;$$

poichè son dati mod $(M - Q)$ e u, resta determinato d. Allora centro in Q e nel piano perpendicolare a $M - Q$, si tracci una circonferenza di raggio d. Pel significato di d, l'asse del vettore-applicato sarà una tangente a questa circonferenza; e precisamente quell'unica tangente che ha la direzione e il verso di u e che è disposto rispetto a $M - Q$ nel modo che deve essere, secondo la data definizione di momento. Dopo ciò, il punto A del vettore-applicato potrà scegliersi ad arbitrio su quell'asse. Concludiamo pertanto: *il momento e il vettore determinano il vettore-applicato a meno d'uno scorrimento del punto d'applicazione sull'asse.*

Ne consegue che, dati un punto Q e due vettori $M - Q$ e u soddisfacenti alla condizione $(M - Q) \times u = 0$, esiste sempre una retta parallela ad u tale che, scelto ad arbitrio un suo punto A, il vettore-applicato (A, u) ha per momento rispetto a Q il vettore $M - Q$.

11. Parecchi vettori-applicati (o, come suol dirsi, un *sistema* di vettori-applicati) si dicono *concorrenti* quando hanno lo stesso punto d'applicazione; *paralleli* quando tutti i loro vettori hanno la stessa direzione. Così (A, u) e (A, v) sono concorrenti; (A, u) e (C, mu) son paralleli.

Se (A_1, u_1), $(A_2, u_2) .... (A_n, u_n)$ denotano un sistema di n vettori-applicati, il vettore

$$u = u_1 + u_2 + ... + u_n$$

è chiamato *il vettore risultante del sistema*, e il vettore

$$M - O = \Omega = (A_1 - O) \wedge u_1 + (A_2 - O) \wedge u_2 + ... + (A_n - O) \wedge u_n$$

il *momento risultante* rispetto ad O.

Quando il sistema è formato di vettori-applicati concorrenti; cioè, quando $A_1 = A_2 = ... = A_n = A$; risulta

$$(A-O) \wedge u_1 + (A-O) \wedge u_2 + ... + (A-O) \wedge u_n = (A-O) \wedge (u_1 + u_2 + ... + u_n);$$

la quale esprime che *il momento risultante rispetto a un punto qualunque di n vettori-applicati concorrenti è uguale al momento rispetto allo stesso punto del vettore-applicato definito dal comun punto d'applicazione e dal vettore risultante.*

Quando invece i vettori-applicati del dato sistema son paralleli; quando cioè $u_s = m_s v$ $(s = 1, 2 .... n)$; risulta

$$(A_1 - 0) \wedge m_1 v + (A_2 - 0) \wedge m_2 v + ... + (A_n - 0) \wedge m_n v = \left[\sum_{s=1}^{n} m_s (A_s - 0) \right] \wedge v;$$

la quale insieme a

$$u_1 + u_2 + ... + u_n = (m_1 + m_2 + ... + m_n) v$$

esprime che *il momento risultante e il vettor risultante di n vettori-applicati paralleli sono tra loro perpendicolari* (supposto, naturalmente, che sia $m_1 + m_2 + ... + m_n \neq 0$; vale a dire $u_1 + u_2 + ... + u_n \neq 0$).

Due sistemi di vettori-applicati si dicono *equivalenti* quando hanno uguali il vettore risultante ed il momento risultante rispetto ad uno stesso punto, che chiameremo *origine*. Indicando i due sistemi con (A_1, u_1), $(A_2, u_2) .... (A_n, u_n)$ e (B_1, v_1), $(B_2, v_2) .... (B_m, v_m)$, per l'equivalenza devono aver luogo le uguaglianze:

$$\boldsymbol{u}_1 + \boldsymbol{u}_2 + \dots + \boldsymbol{u}_n = \boldsymbol{v}_1 + \boldsymbol{v}_2 + \dots \boldsymbol{v}_m$$

$$(A_1 - O) \wedge \boldsymbol{u}_1 + \dots + (A_n - O) \wedge \boldsymbol{u}_n =$$
$$= (B_1 - O) \wedge \boldsymbol{v}_1 + \dots + (B_m - O) \wedge \boldsymbol{v}_m.$$

Orbene, sia Q una nuova origine; in generale si ha

$$A_s - O = (Q - O) + (A_s - Q), \quad B_s - O = (Q - O) + B_s - Q);$$

talchè, sostituendo nella seconda uguaglianza, poi sviluppando e tenendo conto della prima, risulta subito

$$(A_1 - Q) \wedge \boldsymbol{u}_1 + \dots + (A_n - Q) \wedge \boldsymbol{u}_n =$$
$$= (B_1 - Q) \wedge \boldsymbol{v}_1 + \dots + (B_m - Q) \wedge \boldsymbol{v}_m.$$

Questa uguaglianza prova che la definizione dell'equivalenza è indipendente dall'origine, purchè i momenti risultanti dei due sistemi siano calcolati rispetto alla stessa origine.

12. Considerando ora un sol sistema di vettori-applicati (il primo di quelli considerati di sopra) poniamo

$$\boldsymbol{u}_1 + \boldsymbol{u}_2 + \dots + \boldsymbol{u}_n = \boldsymbol{u}$$
$$(A_1 - O) \wedge \boldsymbol{u}_1 + \dots + (A_n - O) \wedge \boldsymbol{u}_n = M - O$$
$$I = (M - O) \times \boldsymbol{u}.$$

In massima fra il vettore risultante e il momento risultante d'un sistema non ha luogo la relazione $I = 0$, vera invece per un sol vettore-applicato; ma può aver luogo in particolare (per es. quando i vettori-applicati son paralleli, come si è visto). In questo caso, e in questo solo, esistono, come sappiamo (n. 10), infiniti punti A, il cui luogo è una retta, tali che il vettore-applicato $(A, \boldsymbol{u})$ ha per momento rispetto ad O il vettore dato $M - O$. Allora questo $(A, \boldsymbol{u})$ è il sistema dato hanno uguali il vettore risultante e il momento risultante; perciò sono equivalenti. Vale dunque la seguente proposizione: *affinchè un sistema di vettori-applicati sia equivalente ad un sol vettore-applicato è necessario e basta che sia nullo il prodotto scalare del vettore risultante per il momento risultante.*

Per un dato sistema questo prodotto scalare I (il quale, dunque, è in massima diverso da zero) è un *invariante*; ossia, conserva lo stesso valore qualunque sia l'origine O. Infatti, se O' è una nuova origine si ha

$$A_s - O = (A_s - O') + (O' - O);$$

e quindi

$$(A_s - O) \wedge u_s = (A_s - O') \wedge u_s + (O' - O) \wedge u_s, \quad (s = 1, 2 \ldots. n).$$

Sommando relativamente all'indice s, si ottiene

$$(M - O) = (M' - O') + (O' - O) \wedge u; \tag{27}$$

dove $M' - O'$ rappresenta il momento risultante rispetto ad O'. Di qui intanto si deduce che il momento risultante varia in generale col mutare dell'origine, e si mantiene immutato sol quando $(O' - O) \wedge u = 0$; cioè, quando l'origine si sposta lungo l'asse condotto per O parallelamente al vettore risultante. Inoltre, moltiplicando scalarmente per u, e notando che

$$(O' - O) \wedge u \times u = (O' - O) \times u \wedge u = 0,$$

si deduce

$$(M - O) \times u = (M' - O') \times u;$$

la quale dimostra appunto *l'invarianza* del prodotto scalare I.

Ora poniamo $M - O = v$; si ha

$$(M - O) \times u = uv \cos(u, v);$$

e poichè u non varia mutando l'origine, invariato resterà anche il prodotto

$$v \cos(u, v);$$

per conseguenza, *la proiezione del momento risultante sul vettore risultante è costante.*

Non basta. Se $M_1 - O_1$ ed $M_2 - O_2$ sono rispettivamente i momenti risultanti rispetto ad O_1 e O_2, per la (27) si ha

$$(M_1 - O_1) + (O_1 - O) \wedge \boldsymbol{u} = (M_2 - O_2) + (O_2 - O) \wedge \boldsymbol{u}.$$

Detto $\boldsymbol{i}$ il vettore unitario parallelo a $O_2 - O_1$, moltiplichiamo scalarmente questa uguaglianza per $\boldsymbol{i}$; si ottiene

$$\begin{aligned}(M_1 - O_1) \times \boldsymbol{i} &= (M_2 - O_2) \times \boldsymbol{i} + (O_2 - O) \wedge \boldsymbol{u} \times \boldsymbol{i} - (O_1 - O) \wedge \boldsymbol{u} \times \boldsymbol{i} \\ &= (M_2 - O_2) \times \boldsymbol{i} + (O_2 - O_1) \times \boldsymbol{u} \wedge \boldsymbol{i}.\end{aligned}$$

Ma $\boldsymbol{u} \wedge \boldsymbol{i}$ è normale a $\boldsymbol{i}$ e perciò anche a $O_2 - O_1$; per conseguenza

$$(O_2 - O_1) \times \boldsymbol{u} \wedge \boldsymbol{i} = 0;$$

e quindi resta

$$(M_1 - O_1) \times \boldsymbol{i} = (M_2 - O_2) \times \boldsymbol{i}.$$

Questa prova che *la proiezione sull'asse $O_1 O_2$ del momento del sistema rispetto ad un punto dell'asse non varia al variare del punto sull'asse.* Tale proiezione suol chiamarsi *momento del sistema rispetto all'asse* (è una grandezza scalare).

13. Riguardo all'invariante di un sistema possono darsi tre casi:

1°) che sia diverso da zero;

2°) che sia nullo; ma diverso da zero il vettore risultante;

3°) che sia nullo, perchè è nullo il vettore risultante.

Nel secondo caso il sistema è equivalente ad un unico vettore-applicato, come fu già detto. È il caso, per esempio, d'un sistema di vettori-applicati paralleli, quando il vettore risultante non è nullo.

Nel primo caso invece il sistema è *sempre equivalente a un sistema di due soli vettori-applicati.* Infatti, indichiamoli con $(A_1, \boldsymbol{u}_1)$ e $(A_2, \boldsymbol{u}_2)$ e siano $\boldsymbol{u}$ e $M - O$ il vettore risultante ed il momento risultante rispetto a O del sistema dato. Per l'equivalenza deve essere

$$(o)\qquad \begin{aligned} &u = u_1 + u_2 \\ &M - O = (A_1 - O) \wedge u_1 + (A_2 - O) \wedge u_2. \end{aligned}$$

Moltiplicando scalarmente la prima per $M - O$ e la seconda per u_2, si ottiene

$$\begin{aligned} &(M - O) \times u = (M - O) \times u_1 + (M - O) \times u_2, \\ &(M - O) \times u_2 = (A_1 - O) \wedge u_1 \times u_2; \end{aligned}$$

le quali insieme con l'equazione

$$(M - O) \times u_1 = (M_1 - A_1) \times u_1 + (A_1 - O) \wedge u \times u_1$$

dedotta dalla (27) mediante la moltiplicazione scalare per u_1 (fatto $O' = A_1$), permettono di ricavare

$$\begin{aligned} (M - O) \times u &= (M_1 - A_1) \times u_1 + (A_1 - O) \times (u \wedge u_1 + u_1 \wedge u_2) = \\ &= (M_1 - A_1) \times u_1 + (A_1 - O) \times \{(u - u_2) \wedge u_1\}. \end{aligned}$$

Ma

$$(u - u_2) \wedge u_1 = u_1 \wedge u_1 = 0;$$

per conseguenza

$$(M - O) \times u = (M_1 - A_1) \times u_1.$$

Se a è un vettore unitario avente la direzione e il verso di u_1, si ha

$$u_1 = u_1 a;$$

perciò dalla precedente si ricava

$$u_1 = \frac{(M - O) \times u}{(M_1 - A_1) \times a},$$

che dà la grandezza di u_1, scelto che sia ad arbitrio (A_1, a); tale tuttavia che il momento $(M_1 - A_1) \times a$ del sistema rispetto all'asse di (A_1, a) risulti diverso da zero.

Noto così (A_1, u_1) la prima delle (*o*) determina gli elementi di u_2 e la seconda il suo momento $(A_2 - O) \wedge u$ rispetto all'origine; e allora, per le cose dette, il vettore-applicato (A_2, u_2) resta pienamente determinato, a meno d'uno scorrimento lungo il suo asse del punto d'applicazione.

Sistemi di due vettori equivalenti al sistema dato ve ne sono dunque infiniti, potendosi scegliere a piacere l'asse di uno dei vettori (fra quelli rispetto ai quali è diverso da zero il momento del sistema).

14. Consideriamo adesso il terzo caso: il vettore risultante del sistema è nullo. Ciò avviene evidentemente per un sistema di due vettori-applicati paralleli, ma coi punti di applicazione distinti e coi vettori uguali e opposti; sistema semplice ed importante, che si suol distinguere col nome di *coppia*.

Il momento di una coppia rispetto ad un punto Q è indipendente dalla posizione del punto. Invero, se la coppia è formata dai vettori-applicati (A_1, u) e $(A_2, -u)$, il suo momento è dato da

$$(A_1 - Q) \wedge u - (A_2 - Q) \wedge u = (A_1 - A_2) \wedge u,$$

che non dipende da Q.

Di qui risulta ancora:

1) che la grandezza del vettore momento, detta anche *momento della coppia*, è $u \bmod (A_1 - A_2) \operatorname{sen} \beta$, ove β è l'angolo di $A_1 - A_2$ con u; ossia è uguale a ud, essendo d la distanza degli assi dei due vettori-applicati; distanza che si chiama *il braccio della coppia*;

2) che la sua direzione è normale al *piano della coppia* (il piano $A_1 B_1 A_2$, quando u sia rappresentato con $B_1 - A_1$); e in tal senso, che un osservatore nello stesso verso, situato in A_2, vede il senso del vettore $u = B_1 - A_1$ da sinistra a destra.

Il vettore momento in discorso, per la proprietà di cui

gode, si chiama semplicemente *asse della coppia.* È evidente che *tutte le coppie aventi ugual asse sono equivalenti.* Ne segue che si può spostare una coppia nel suo piano o in piani paralleli; si può alterare il suo braccio e la grandezza del vettore, lasciando costante il prodotto ud; perchè in tal modo non muta il suo asse.

Dalle considerazioni precedenti risulta che *ogni sistema di vettori-applicati avente il risultante nullo è equivalente ad una coppia.* Infatti, si può sempre costruire un vettore $M - O$ uguale al momento risultante del sistema dato rispetto ad O. Ogni coppia che ha per asse questo vettore è equivalente al sistema dato.

Notiamo infine che più coppie sono equivalenti ad una coppia sola che ha per asse la somma geometrica (risultante) degli assi delle coppie date. Ciò è evidente.

15. Riunendo insieme le osservazioni precedenti si perviene subito alla conclusione generale che *un sistema di vettori-applicati è sempre equivalente a un vettore-applicato e a una coppia*; l'uno o l'altra potendo in particolare risultar zero. Il primo è definito da (O, u), se O è l'origine scelta e u il vettor risultante; la seconda dal momento risultante $M - O$, assunto quale suo *asse.* Invero, il nuovo sistema formato da (O, u) e dalla detta coppia ha per risultante u e per momento risultante rispetto ad O

$$(M - O) + (O - O) \wedge u = M - O;$$

appunto come il sistema dato.

Variando l'origine, varia il momento risultante, e per conseguenza l'asse della coppia equivalente; ma per quanto fu detto, la proiezione dell'asse della coppia sul vettore risultante è invariabile. Ciò che varia è la proiezione di quell'asse sopra un piano normale al vettore risultante. Può questa proiezione essere nulla per una conveniente scelta dell'origine? Occorrerà che il momento risultante $M_1 - O_1$ rispetto alla nuova origine O_1 diventi parallelo al vettore risultante $\boldsymbol{u}$; ossia,

$$M_1 - O_1 = m\boldsymbol{u};$$

od anche, per la formula (27),

$$(M - O) - (O_1 - O) \wedge \boldsymbol{u} = m\boldsymbol{u}.$$

Moltiplicando scalarmente per u, si deduce

$$m = \frac{(M - O) \times \boldsymbol{u}}{u^2} = \frac{I}{u^2},$$

perchè

$$(O_1 - O) \wedge u \times \boldsymbol{u} = 0.$$

Dopo ciò si ricava

$$(O_1 - O) \wedge \boldsymbol{u} = -\frac{I}{u^2}\boldsymbol{u} + (M - O) = \boldsymbol{v},$$

ove con $\boldsymbol{v}$ rappresentiamo il vettor noto del secondo membro. Questa esprime anzitutto che $\boldsymbol{v}$, e quindi $(O_1 - O) \wedge \boldsymbol{u}$, è complanare con u e $M - O$; perciò $O_1 - O$ è in un piano (P) passante per O e normale a $\boldsymbol{v}$. Inoltre, uguagliando i moduli dei due membri, si deduce

$$\rho \operatorname{sen} \alpha = \frac{v}{u},$$

ove $\rho = \operatorname{mod}(O_1 - O)$ e $\alpha = \operatorname{ang}(O_1 - O, u)$. Ma nel piano (P) i parametri ρ e α rappresentano evidentemente le coordinate polari del punto O_1 (polo O, asse polare parallelo ad $\boldsymbol{u}$); perciò quest'equazione definisce il luogo dei punti O_1; il quale è una retta parallela all'asse polare e distante $\frac{v}{u}$ da O. Si concludè: *esistono infiniti punti, il cui luogo è una retta, che, scelti come origine, permettono di sostituire il sistema dato con un sistema equivalente di un vettore-applicato e di una coppia ad assi paralleli.* Quella retta si chiama *asse centrale.* Il modo di costruirlo, determinati u e $M - O$, risulta immediatamente dalle considerazioni precedenti.

Quando, in particolare, il sistema ha l'invariante nullo, ma il risultante diverso da zero, cotesta coppia è nulla; per modo che l'asse centrale è l'asse dell'unico vettore-applicato, al quale è equivalente il sistema.

CINEMATICA

CAPITOLO I

SOMMARIO — 1. Equazioni del moto — 2. Velocità nel moto rettilineo — 3. Velocità nel moto curvilineo — 4. Accelerazione nel moto rettilineo; moti oscillatorï — 5. Accelerazione nel moto curvilineo; odografo; esempi — 6. Velocità e accelerazione in coordinate polari; velocità areale; applicazioni.

1. Tutte le proprietà dei movimenti che dipendono esclusivamente dalle nozioni di spazio e tempo si chiamano *proprietà cinematiche*, e la dottrina che le analizza, le raccoglie e le collega in una teoria logica si chiama *cinematica*.

Per unità di lunghezza si adotta generalmente il *centimetro*; per unità di tempo il *secondo* di tempo solare medio.

Si chiama *sistema invariabile* o *rigido* un insieme di punti le cui mutue distanze non cambiano col tempo. In natura non esistono sistemi o corpi perfettamente rigidi; ma quando hanno variazioni lentissime e piccolissime, possono, sotto certi rispetti, utilmente considerarsi come tali.

Un punto è *mobile* rispetto ad un sistema invariabile quando le sue distanze dai punti del sistema variano col tempo; oppure, un punto P è mobile rispetto a un osservatore in O quando il vettore $P-O$ varia col tempo. Questo fatto si esprime in simboli scrivendo

$$P-O=u(t). \tag{1}$$

Si chiama *l'equazione del moto*, perchè definisce in ogni istante la posizione di P. Per determinare gli elementi di $P - O$ l'osservatore potrà riferirsi ad una terna d'assi cartesiani ortogonali $(Oxyz)$ collegata con quel sistema rigido, al quale è unito egli stesso. Se x, y, z sono le coordinate di P al tempo t, l'equazione (1) equivale alle tre equazioni scalari:

$$x = x(t), \quad y = y(t), \quad z = z(t); \tag{2}$$

che si chiamano *l'equazioni del moto* riferito alla terna $(Oxyz)$. Per ciò che seguirà, le funzioni $u(t)$, $x(t)$, $y(t)$, $z(t)$ saranno continue e due volte derivabili per qualunque valore di t.

Occorre notare che ciascuna delle (2), considerata da sola, definisce, in ogni istante, la posizione della proiezione di P sopra il rispettivo asse Ox, Oy, Oz; perciò esse rappresentano separatamente l'equazioni del moto delle proiezioni di P sui singoli assi cartesiani.

Il luogo geometrico delle posizioni del punto è la *traiettoria del mobile*. Le sue equazioni sono le (2) stesse. Indicando con s l'arco di traiettoria contato a partire da una certa origine, positivo in un senso, negativo nel senso opposto, l'equazioni del moto si possono anche rappresentare con

$$x = x(s), \quad y = y(s), \quad z = z(s), \quad s = f(t). \tag{2'}$$

Le prime tre son *l'equazioni geometriche della traiettoria*; la quarta è *l'equazione del moto sulla traiettoria*. Il moto si dice *diretto*, se avviene nel senso di s crescente; *retrogrado* nel senso contrario; e si chiama *rettilineo* quando la traiettoria è una retta.

2. Consideriamo dapprima il moto rettilineo. Se il mobile percorre spazi uguali in tempi qualunque uguali, si dice che ha *un moto uniforme*. Sia M la posizione del mobile al tempo t; M_1 quella al tempo $t+1$; M_2 quella

al tempo $t+2$, ecc. Se risulta

$$MM_1 = M_1M_2 = M_2M_3 = ... = v,$$

si dice che il punto si muove con la *velocità* v. *La velocità nel moto uniforme è dunque una grandezza* sui generis *misurata dallo spazio percorso nell'unità di tempo. L'unità di velocità è la velocità d'un punto che percorre un centimetro in un secondo.*

Sia O un punto della retta a partire dal quale si misurano le distanze, positive in un senso, negative nell'opposto. Se A è la posizione del mobile quando si comincia a contare il tempo, ed è $OA = a$, la sua distanza da O alla fine del tempo t è data da

$$s = a + vt; \tag{3}$$

ritenendo v positivo o negativo, secondo che il moto è diretto o retrogrado. Questa è *l'equazione del moto uniforme.* Viceversa; ogni equazione come la (3) rappresenta un moto uniforme, la cui velocità è misurata dal valore assoluto di v. Il senso del moto è indicato dal segno di v, e la sua posizione nell'istante iniziale è definita dall'ascissa a (posizione iniziale).

Quando gli spazi percorsi in tempi uguali non sono uguali, il moto si dice *vario.* L'equazione

$$s = f(t),$$

non lineare come la (3), è l'equazione d'un moto vario qualunque. In questo per definire con precisione la velocità occorre un passaggio al limite. Invero, sia M la posizione del mobile al tempo t, M_1 quella al tempo $t+\tau$; lo spazio percorso nel tempo τ è

$$MM_1 = f(t+\tau) - f(t).$$

Il rapporto

$$\frac{f(t+\tau) - f(t)}{\tau},$$

detto *velocità media*, misurerebbe effettivamente la velocità, se il moto fosse uniforme; ma non essendo tale, il suo valore varia con τ. Solamente il valore limite per $\tau = 0$ è unico e determinato. D'altra parte, il moto considerato tanto meno differisce da un moto uniforme quanto più piccolo è l'intervallo τ. È dunque naturale e logico assumere quel valore limite come misura *della velocità del mobile all' istante t.*

Essendo

$$\lim_{\tau=0} \frac{f(t+\tau) - f(t)}{\tau} = f'(t) = \frac{ds}{dt}, \tag{4}$$

si dirà brevemente che *la velocità è la derivata dello spazio rispetto al tempo.* Il moto è diretto o retrogrado, secondo che $\frac{ds}{dt}$ è positiva o negativa. Negli istanti in cui il moto cambia di senso deve essere $\frac{ds}{dt} = 0$, e viceversa.

Sia per esempio, il moto vario definito dall'equazione

$$s = a + bt + \frac{ct^2}{2}.$$

Alla fine del tempo t la sua velocità è espressa da

$$v = b + ct.$$

Per $t = 0$ è $v = b$; b è dunque la velocità che possedeva il mobile nell'istante iniziale. Per $t = -\frac{b}{c}$ è $v = 0$; perciò, supposto $b < 0$, $c > 0$, nell'intervallo $t = 0$, $t = -\frac{b}{c}$ il moto è retrogrado, e da $t = -\frac{b}{c}$ in poi è diretto. Supposto invece $b > 0$, $c > 0$, il moto è sempre diretto.

3. Supponiamo ora P animato di un moto curvilineo qualunque. Poichè la sua posizione dipende da t, sarà P funzione di t. Indicando con τ un intervallo di tempo molto piccolo, il vettore

$$\frac{P(t+\tau)-P(t)}{\tau}$$

si chiama la *velocità media* del punto nell'intervallo τ, perchè la sua grandezza misura la velocità che avrebbe il punto se percorresse con moto uniforme la piccola corda congiungente $P(t)$ con $P(t+\tau)$ (corda che poco differisce dall'arco, se τ è molto piccolo), e la sua direzione dà approsimativamente una direzione media del moto.

Orbene, riferendoci a quanto abbiam detto di sopra, è logico definire la *velocità del mobile all'istante t* come il limite della velocità media per $\tau = 0$. Essendo per cose note (introd. (24))

$$\lim_{\tau=0} \frac{P(t+\tau)-P(t)}{\tau} = \frac{dP}{dt} = \frac{dP}{ds}\frac{ds}{dt} = \frac{ds}{dt}\mathbf{t} \tag{5}$$

possiamo anche dire che la *velocità è la derivata del punto rispetto al tempo* [1]. È dunque rappresentata da un vettore, la cui grandezza è il valore assoluto di $\frac{ds}{dt}$, diretto come la tangente in P alla traiettoria; nel verso positivo o negativo, secondo il segno di $\frac{ds}{dt}$. Perciò il moto è diretto quando $\frac{ds}{dt} > 0$, retrogrado quando $\frac{ds}{dt} < 0$; cambia di senso negli istanti in cui $\frac{ds}{dt}$ s'annulla.

Nel moto rettilineo la direzione del moto non varia, e perciò basta una grandezza scalare a rappresentarne la velocità, quante volte sia data *a priori* cotesta direzione; nel moto curvilineo invece varia anche la direzione del moto in ogni istante, e perciò la velocità è rappresentata da un vettore. Moltiplicata per dt, essa dà, nel primo caso, lo spazietto infinitesimo che il punto percorre sulla retta nel-

[1] Si ricordi che $\mathbf{t}$ è il vettore unitario che rappresenta la tangente positiva alla traiettoria (vedi introd.).

l'intervallo di tempo dt; nel secondo caso, il vettore infinitesimo che bisogna aggiungere a P per ottenere la posizione del punto alla fine del tempo $t + dt$. Perciò si dice che la velocità definisce lo ***stato di moto***, o lo ***stato cinetico*** del punto; ossia, quello stato *sui generis* in virtù del quale il punto possiede, per dir così, la capacità di cambiar posto in una certa maniera.

Quando il punto è riferito a un sistema d'assi cartesiani, le proiezioni sugli assi della velocità $\frac{dP}{dt}$ sono evidentemente (v. introd.)

$$\frac{dx}{dt},\quad \frac{dy}{dt},\quad \frac{dz}{dt},$$

e la sua grandezza è

$$\sqrt{\left(\frac{dx}{dt}\right)^2 + \left(\frac{dy}{dt}\right)^2 + \left(\frac{dz}{dt}\right)^2}.$$

Si noti che le dette proiezioni rappresentano anche le velocità del moto delle proiezioni di P sui tre assi.

4. Giacchè la velocità varia in generale in grandezza e direzione da istante a istante, occorre esaminare il modo di questa variazione. Quando il moto è rettilineo non uniforme la velocità varia solo in grandezza. Cominciamo da questo caso semplice.

Quando la velocità in intervalli di tempi uguali, ma qualunque, subisce incrementi o decrementi uguali, il moto si chiama *uniformemente vario*. Sia v la grandezza della velocità al tempo t; $v + j$ al tempo $t + 1$; $v + 2j$ al tempo $t + 2$, ecc. si dice che j è *l'accelerazione* del mobile.

L'accelerazione nel moto rettilineo uniformemente vario è dunque una grandezza sui generis *misurata dall'incremento o decremento della velocità nell'unità di tempo.*

L'unità d'accelerazione è l'accelerazione d'un moto nel quale la velocità cresce di un centimetro in un secondo. Per esempio, nella caduta dei gravi nel vuoto la velocità cresce di 980 cm. in un secondo; perciò *l'accelerazione della gravità* è uguale 980 unità di accelerazione.

Se b rappresenta la velocità (in grandezza e senso) posseduta dal mobile quando si comincia a contare il tempo, la sua velocità al tempo t (in grandezza e senso) è data da

$$v = b + jt.$$

Il moto si dice *accelerato o ritardato*, secondo che j è positiva o negativa. Osservando poi che deve essere

$$v = \frac{ds}{dt};$$

la posizione del mobile al tempo t risulta determinata dalla relazione

$$s = a + bt + j\frac{t^2}{2}; \tag{6}$$

ove a è lo *spazio iniziale* (distanza del punto dall'origine all'inizio del tempo).

Più generalmente consideriamo un moto rettilineo, ma qualunque. Sia $v(t)$ la velocità al tempo t, $v(t+\tau)$ quella al tempo $t+\tau$, essendo τ molto piccolo. Se nell'intervallo di tempo τ il moto fosse uniformemente vario, la sua accelerazione sarebbe data da

$$\frac{v(t+\tau) - v(t)}{\tau},$$

la quale perciò si chiama *accelerazione media* nell'intervallo τ. Orbene, si chiama *accelerazione del mobile all'istante* t il limite di questa accelerazione media, quando τ tende a zero. Essendo

$$\lim_{\tau=0} \frac{v(t+\tau) - v(t)}{\tau} = \frac{dv}{dt} = \frac{d^2s}{dt^2}, \tag{7}$$

si dirà che *l'accelerazione è la derivata della velocità, o la derivata seconda dello spazio rispetto al tempo.* Il moto è accelerato o ritardato, secondo che la velocità (cioè la sua grandezza, astrazione fatta dal senso del moto) cresce o decresce col tempo.

Esempio. L'equazione

$$s = a \operatorname{sen} \frac{2\pi t}{T} \qquad (a > 0,\ T > 0) \tag{8}$$

definisce sopra una retta un moto vario, in cui la velocità è definita in ogni istante da

$$v = \frac{ds}{dt} = \frac{2\pi a}{T} \cos \frac{2\pi t}{T},$$

e la sua accelerazione da

$$j = \frac{dv}{dt} = -\frac{4\pi^2 a}{T^2} \operatorname{sen} \frac{2\pi t}{T} = -\frac{4\pi^2}{T^2} s. \tag{9}$$

Essendo $v = 0$ per

$$t = (2k+1)\frac{T}{4}, \qquad (k = 0,\ 1,\ 2....),$$

si vede che il moto è oscillatorio intorno all'origine, descrivendo il mobile sempre lo stesso segmento rettilineo $AB = 2a$ con moto alternativamente diretto e retrogrado della medesima durata $\frac{T}{2}$. La velocità è nulla agli estremi A e B, massima nell'origine; cresce quando il mobile va dagli estremi all'origine; decresce quando va dall'origine agli estremi; perciò il moto è accelerato nel primo caso, ritardato nel secondo. L'accelerazione è proporzionale alla distanza del punto dall'origine. Per ogni oscillazione le circostanze del moto sono identiche. Questo moto dicesi *oscillatorio* (o *vibratorio*) *armonico.*

La durata T d'una intera oscillazione si chiama *periodo*; $2a$ *l'ampiezza*; $\alpha = \frac{2\pi t}{T}$ *la fase.* Più generalmente

$$s = a \operatorname{sen}\left(\frac{2\pi t}{T} + \alpha_0\right)$$

è l'equazione d'un moto armonico; ove α_0 è *la fase iniziale*, perchè definisce la posizione iniziale del punto (per $t = 0$, $s = a \operatorname{sen} \alpha_0$).

Anche l'equazione

$$(10) \qquad s = ae^{-pt} \operatorname{sen} qt \qquad (a, p, q > 0)$$

definisce sopra una retta un moto oscillatorio. Invero, risulta $s = 0$ per $t = k\frac{\pi}{q}$, $(k = 0, 1, 2....)$; il che dimostra che il mobile passa infinite volte per l'origine, e che l'intervallo di tempo tra due passaggi successivi è sempre $\frac{\pi}{q}$.

Calcolando la velocità, si trova

$$v = ae^{-pt}(q \cos qt - p \operatorname{sen} qt);$$

la quale s'annulla per

$$qt = \alpha + k\pi; \qquad (k = 0, 1, 2....)$$

ove α è il più piccolo angolo che soddisfa l'equazione

$$q \cos \alpha - p \operatorname{sen} \alpha = 0.$$

Per questi valori di t, si ha

$$s_k = ae^{-\frac{p}{q}(k\pi + \alpha)} \operatorname{sen}(\alpha + k\pi); \qquad (k = 0, 1, 2....)$$

la quale dimostra che l'ampiezza delle oscillazioni va sempre diminuendo, perchè s_k decresce col crescere di k. Il moto cambia di senso ad intervalli di tempo sempre uguali a $\frac{\pi}{q}$. Si chiama *moto oscillatorio smorzato*.

L'accelerazione è definita in ogni istante da

$$j = \frac{dv}{dt} = -pv - ae^{-pt}(q^2 \operatorname{sen} qt + pq \cos qt).$$

Ma si ha identicamente

$$q^2 \operatorname{sen} qt + pq \cos qt = (q^2 + p^2) \operatorname{sen} qt + p(q \cos qt - p \operatorname{sen} qt);$$

per conseguenza

$$(11) \qquad j = -[2pv + (p^2 + q^2)s];$$

la quale esprime che in un moto oscillatorio smorzato l'accelerazione è la somma di due accelerazioni: una proporzionale alla distanza del mobile dall'origine (come nel moto oscillatorio armonico); un'altra proporzionale alla velocità. È questa seconda accelerazione che produce lo smorzamento delle oscillazioni.

Inversamente; se in un moto rettilineo l'accelerazione ubbidisce a cotesta legge, mediante l'integrazione dell'equazione

$$\frac{d^2s}{dt^2} + 2p\frac{ds}{dt} + (p^2 + q^2)s = 0,$$

colle condizioni $s = 0$ e $v = aq$ per $t = 0$, si deduce

$$s = ae^{-pt} \operatorname{sen} qt.$$

5. Consideriamo infine un moto curvilineo qualunque. Il vettore velocità varia col tempo. Sia τ un intervallo di tempo sufficientemente piccolo. Il vettore (Fig. 5)

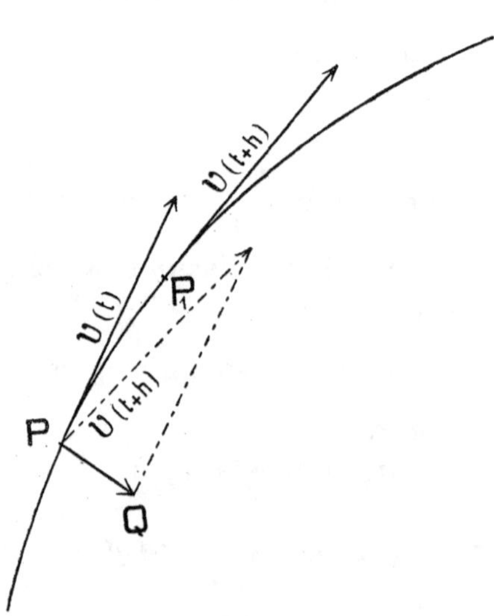

Fig. 5.

$$\frac{v(t+\tau) - v(t)}{\tau} = \frac{Q - P}{\tau},$$

si chiama *accelerazione media* nell'intervallo τ, perchè rappresenta l'accrescimento medio che subisce il vettore velocità nell'intervallo τ. Orbene, il limite di questa accelerazione media, quando τ tende a zero, si chiama *accelerazione del mobile* all'istante t.

Essendo

$$\lim_{\tau=0} \frac{v(t)+\tau)-v(t)}{\tau} = \frac{dv}{dt} = \frac{d^2P}{dt^2},$$

ne risulta che *l'accelerazione in un moto qualunque è la derivata del vettore velocità rispetto al tempo, o la derivata seconda del punto rispetto al tempo.*

Moltiplicata per dt dà il vettore infinitesimo che bisogna aggiungere alla velocità al tempo t per ottenere la velocità al tempo $t+dt$. In sostanza, essa misura, in un certo modo, la rapidità con cui varia lo stato cinetico del punto. Ciò si vede più chiaramente ancora, imaginando condotto per un punto fisso O un vettore $M-O$, il quale si muova intorno ad O e si alteri in guisa che sia in ogni istante uguale alla velocità v posseduta da P. Infatti, in questa imagine il punto M descrive, in corrispondenza a P, una certa curva con la velocità

$$\frac{dM}{dt} = \frac{d(M-O)}{dt} = \frac{dv}{dt};$$

che è appunto l'accelerazione di P. Quella curva è chiamata l'*odografo* del moto di P.

Per esempio, in un moto con accelerazione costante si ha

$$\frac{dv}{dt} = \frac{dM}{dt} = ga; \qquad (a^2 = 1 \text{ e cost})$$

perciò, dovendo la velocità di M esser di grandezza e direzione costante, la traiettoria di M, ossia l'odografo di P, sarà un segmento rettilineo.

Rispetto a una terna d'assi cartesiani le proiezioni dell'accelerazione sono evidentemente

$$\frac{d^2x}{dt^2}, \quad \frac{d^2y}{dt^2}, \quad \frac{d^2z}{dt^2},$$

e la sua grandezza è data da

$$\sqrt{\left(\frac{d^2x}{dt^2}\right)^2 + \left(\frac{d^2y}{dt^2}\right)^2 + \left(\frac{d^2z}{dt^2}\right)^2}.$$

È da notarsi che quelle proiezioni sono rispettivamente le accelerazioni dei moti delle proiezioni di P sugli assi.

Indicando con s l'arco di traiettoria, con le convenzioni già dette altrove, la formula

$$\frac{d^2P}{dt^2}=\frac{d^2s}{dt^2}\mathbf{t}+\frac{v^2}{\rho}\mathbf{n} \tag{13}$$

dell'introduzione esprime che l'accelerazione (quando sia rappresentata con un vettore $M-P$) giace nel piano osculatore in P alla traiettoria, e che le sue proiezioni sulla tangente e sulla normale principale in P sono rispettivamente $\frac{d^2s}{dt^2}$ e $\frac{v^2}{\rho}$. La prima di queste, detta *accelerazione tangenziale*, ha il verso di $\mathbf{t}$ o l'opposto, secondo che v cresce o decresce col tempo; la seconda, chiamata *accelerazione centripeta*, è sempre diretta verso il centro di curvatura (ossia come $\mathbf{n}$). Quando occorra, si può anche scrivere

$$\frac{d^2s}{dt^2}=\frac{dv}{dt}=v\,\frac{dv}{ds}.$$

Evidentemente nel moto rettilineo, dove non c'è cambiamento di direzione, tutta l'accelerazione è tangenziale. Trovammo infatti che essa è uguale a $\frac{d^2s}{dt^2}$.

Consideriamo, per trattare un esempio importante, un punto P che descrive una circonferenza di raggio r con velocità di grandezza costante (moto circolare uniforme). In questo caso l'accelerazione tangenziale è nulla, e la centripeta $\frac{v^2}{\rho}$ è costante e diretta sempre verso il centro C. Se s è l'arco descritto nel tempo t, dalla relazione $\frac{ds}{dt}=v$ si ricava (scegliendo opportunamente l'origine degli archi)

$$s=vt.$$

D'altra parte, detto θ il corrispondente angolo al centro, si ha

$$s = r\vartheta;$$

per conseguenza

$$\theta = \frac{v}{r}t.$$

Il numero $\frac{v}{r}$ misura dunque l'angolo descritto dal raggio CP nell'unità di tempo. La grandezza che caratterizza, per dir così, la rapidità con cui avviene il moto circolare di P, e che è appunto misurata da $\frac{v}{r}$, o da $\frac{\theta}{t}$, si chiama *la velocità angolare di* P. Indicandola con ω, si ha

$$\omega = \frac{v}{r} = \frac{\theta}{t}, \quad v = \omega r, \quad \frac{v^2}{\rho} = \omega^2 r.$$

Per esempio, la Terra ruota uniformemente intorno al suo asse; per conseguenza ogni suo punto ha un moto circolare uniforme. Qualunque sia il punto che si considera, risulta sempre

$$\omega = \frac{2\pi}{86164} = 0,0000729;$$

notando che un giorno siderale equivale a 86164 secondi di tempo medio.

Si osservi ancora che il moto della proiezione di P sopra un diametro (scelto il centro come origine) è definito da

$$x = r\cos\theta = r\cos(\omega t + \theta_0);$$

ove θ_0 definisce la posizione iniziale di P. Perciò è un moto oscillatorio armonico.

Un altro esempio semplice e importante è offerto dal moto elicoidale uniforme. Sia P un punto che descrive un'elica cilindrica con velocità costante v. Dalla figura risulta (Fig. 6)

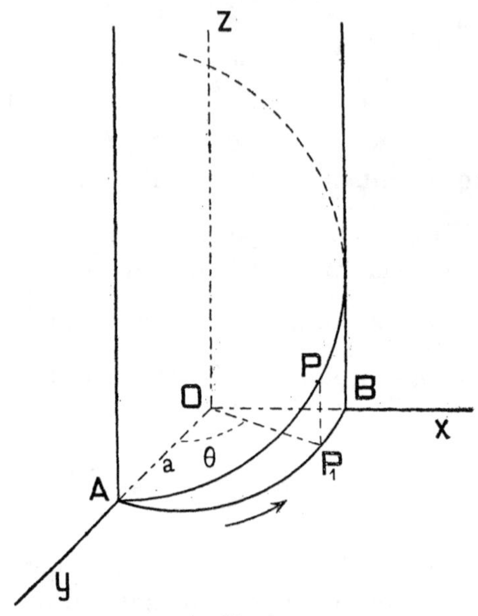

Fig. 6.

$$x = a \operatorname{sen} \theta, \quad y = a \cos \theta, \quad z = h\theta,$$

essendo h una costante; per conseguenza

$$v = \sqrt{\left(\frac{dx}{dt}\right)^2 + \left(\frac{dy}{dt}\right)^2 + \left(\frac{dz}{dt}\right)^2} = \sqrt{a^2 + h^2}\,\frac{d\theta}{dt},$$

da cui

$$\frac{d\theta}{dt} = \frac{\sqrt{a^2 + h^2}}{v}.$$

Questa esprime che il piano passante per l'asse dell'elica e per P ruota con velocità angolare costante. Per l'invariabilità di v l'accelerazione tangenziale è nulla, perciò tutta l'accelerazione è centripeta, diretta secondo la normale al cilindro.

6. Nel caso del moto in un piano è utile sovente conoscere le espressioni delle componenti della velocità e dell'accelerazione secondo il raggio vettore e la normale al raggio vettore, quando si fa uso delle coordinate polari.

Indicando con r ed θ le coordinate di P al tempo t; con a un vettore unitario parallelo al raggio vettore; con n il vettore a ruotato di 90° intorno ad O, si ha per cose note (v. introd. 6).

$$P = O + re^{i\theta}\boldsymbol{i}, \quad a = e^{i\theta}\boldsymbol{i}, \quad n = ia = ie^{i\theta}i\,;$$

da cui, derivando,

$$\frac{dP}{dt} = \frac{dr}{dl} e^{i\theta}\boldsymbol{i} + rie^{i\theta}\frac{d\theta}{dt}\boldsymbol{i} = \frac{dr}{dt}a + r\frac{d\theta}{dt}n\,;$$

ed in modo analogo

$$\frac{d^2P}{dt^2} = \left\{\frac{d^2r}{dt^2} - r\left(\frac{d\theta}{dt}\right)^2\right\}a + \left\{2\frac{dr}{dt}\frac{d\theta}{dt} + r\frac{d^2\theta}{dt^2}\right\}n.$$

Queste formule mostrano che le proiezioni della velocità secondo il raggio vettore e la normale ad esso sono rispettivamente

(14) $$\frac{dr}{dt} \quad \text{e} \quad r\frac{d\theta}{dt},$$

e che le analoghe proiezioni dell'accelerazione sono

(15) $$\frac{d^2r}{dt^2} - r\left(\frac{d\theta}{dt}\right)^2, \quad \text{e} \quad \frac{1}{r}\frac{d}{dt}\left(r^2\frac{d\theta}{dt}\right).$$

La derivata $\frac{d\theta}{dt}$ si chiama la *velocità angolare* all'istante t di P rispetto al polo O. Se la traiettoria è un cerchio col centro in O, $\frac{dr}{dt}$ è nulla, e tutta la velocità si riduce a

$$r\frac{d\theta}{dt};$$

per conseguenza

$$\frac{d\theta}{dt} = \frac{v}{r};$$

espressione che contiene come caso particolare quella già trovata pel moto circolare uniforme.

Quando il mobile percorre la traiettoria, il raggio vettore nel tempo dt descrive il settore infinitesimo

$$dS = \frac{1}{2} r^2 d\vartheta.$$

Orbene, il rapporto di dS a dt, cioè

$$\frac{dS}{dt} = \frac{1}{2} r^2 \frac{d\theta}{dt}, \tag{16}$$

si chiama la *velocità areale* [1]. Se per un certo moto questa velocità risulta costante, le aree descritte dal raggio vettore sono proporzionali ai tempi impiegati a percorrerle. Invero, da

$$\frac{dS}{dt} = c,$$

si deduce

$$S = ct + b.$$

In questo caso la proiezione dell'accelerazione sulla perpendicolare al raggio vettore è nulla, come risulta dalle (15); perciò l'accelerazione è sempre diretta secondo il detto raggio; e viceversa. La sua grandezza è

$$j_r - \frac{d^2r}{dt^2} = r\left(\frac{d\theta}{dt}\right)^2 = \frac{d^2r}{dt^2} - \frac{4c^2}{r^3}.$$

Si dice che l'accelerazione è *centrale*.

Indicando con $r = f(\theta)$ l'equazione della traiettoria, si ha (tenendo sempre presente che l'espressione (16) è

(1) Velocità con cui il raggio vettore descrive le aree.

costante)

$$\frac{dr}{dt}=\frac{dr}{d\theta}\frac{d\theta}{dt}=\frac{dr}{d\theta}\frac{2c}{r^2}=-2c\frac{d\frac{1}{r}}{d\theta},$$

e

$$\frac{d^2r}{dt^2}=-2c\frac{d^2\frac{1}{r}}{d\theta^2}\frac{d\theta}{dt}=-\frac{4c^2}{r^2}\frac{d^2\frac{1}{r}}{d\theta^2};$$

per conseguenza

$$(17)\qquad j_r=-\frac{4c^2}{r^2}\left(\frac{1}{r}+\frac{d^2\frac{1}{r}}{d\theta^2}\right).$$

Per esempio, l'accelerazione del moto d'un pianeta intorno al Sole sarà diretta necessariamente verso il Sole; perchè, secondo una nota legge di KEPLERO, il raggio che va dal Sole al pianeta descrive aree proporzionali al tempo. Se poi si tien presente l'altra legge di KEPLERO, che esprime esser l'orbita planetaria un'ellisse con un fuoco nel Sole, rappresentata dall'equazione

$$r=\frac{p}{1-e\cos\theta},$$

si trova subito, usando la (17),

$$j_r=-\frac{4c^2}{p}\frac{1}{r^2};$$

che è *la legge Newtoniana* delle accelerazioni planetarie.

Cerchiamo i moti per cui l'odografo è una circonferenza di centro C non coincidente con l'origine O. Essendo M un suo punto generico, si avrà

$$M-O=(C-O)+(M-C)=a\boldsymbol{i}+ce^{i\varphi}\boldsymbol{i},$$

ove $a=CO$, $c=CM$, $\boldsymbol{i}$ è il vettore unitario che ha la direzione e il verso di $C-O$, φ l'angolo (contato nel senso concordante con quello dell'operatore i) che CM fa con $\boldsymbol{i}$.

Dunque, se $\boldsymbol{v}$ indica la velocità nel moto che si cerca, sarà sempre

(18) $$\boldsymbol{v} = a\boldsymbol{i} + ce^{i\varphi}\boldsymbol{i};$$

ossia, sarà *il risultante d'un vettore di grandezza e direzione costante* e *d'un altro di grandezza costante.* Per l'accelerazione risulta

$$\frac{d\boldsymbol{v}}{dt} = \frac{d^2(P-O)}{dt^2} = ice^{i\varphi}\frac{d\varphi}{dt}\boldsymbol{i} = -ce^{i\theta}\frac{d\theta}{dt}\boldsymbol{i}$$

posto $\varphi - \frac{\pi}{2} = \theta$ ed essendo P il punto mobile, tale che l'angolo di $P - O$ con $\boldsymbol{i}$ sia θ. Allora $e^{i\theta}\boldsymbol{i}$ è un vettore unitario diretto come $O - P$, perciò l'accelerazione risulta *centrale.* Ne segue che la velocità areale è costante; ossia $r^2\frac{d\vartheta}{dt} = \alpha$ $(r = \mathrm{mod}\,(P - O))$; e perciò sarà

$$\frac{d^2P}{dt^2} = -\frac{c\alpha}{r^2}e^{i\theta}\boldsymbol{i};$$

che esprime la legge di Newton, già ricordata. E viceversa; facilmente si vede come da questa si passi alla (18). La proprietà (18) è dunque *caratteristica* dei moti che ubbidiscono alla legge Newtoniana delle accelerazioni.

In coordinate cartesiane la velocità areale ha l'espressione

$$\frac{1}{2}\left(x\frac{dy}{dt} - y\frac{dx}{dt}\right),$$

perchè scelto il polo come origine e l'asse polare come asse delle x, si ha per cose note

$$dS = \frac{1}{2}(xdy - ydx).$$

Associando ai vettori $\boldsymbol{v}$ e $\boldsymbol{j}$ il punto P che quella velocità e quella accelerazione possiede, si ottengono i due vettori applicati $(P, \boldsymbol{v})$ e $(P, \boldsymbol{j})$. I loro momenti rispetto a un punto O diconsi brevemente *momento della velocità* e *momento dell'accelerazione di P*. Se ora si nota che $(P - O) \wedge v$ ha per proiezioni sugli assi i minori della matrice

$$\left| \begin{matrix} x & y & z \\ \frac{dx}{dt} & \frac{dy}{dt} & \frac{dz}{dt} \end{matrix} \right| ,$$

si conclude che *queste proiezioni sono uguali a due volte le velocità areali delle proiezioni di $P - O$ sui piani coordinati.*

Infine, dalla relazione evidente

$$\frac{d}{dt} \{ P - O) \wedge v \} = (P - O) \wedge \frac{dv}{dt} \tag{19}$$

risulta che *il momento rispetto ad O dell'accelerazione di P è la derivata del momento della velocità.*

CAPITOLO II

SOMMARIO. — 1. Moto di traslazione e stato cinetico di traslazione — 2. Moto di rotazione e stato cinetico di rotazione — 3. Moto elicoidale e stato cinetico elicoidale — 4. Equivalenza dei movimenti — 5. Caso di due successive rotazioni intorno ad assi paralleli — 6. Coppia di rotazioni; caso di una rotazione preceduta o seguita da una traslazione normale all'asse della rotazione; teorema generale — 7. Caso delle rotazioni infinitesime — 8. Rotazioni successive intorno ad assi concorrenti; rotazione preceduta o seguita da una traslazione qualunque — 9. Caso delle rotazioni e traslazioni infinitesime — 10. Passaggio d'un sistema rigido da una posizione ad un'altra.

1. Un determinato sistema invariabile, o corpo rigido, è definito di posizione nello spazio quando son date le posizioni che devono occupare tre dei suoi punti non in linea retta. Perchè, se fosse fissata la posizione di due soli punti A e B, si potrebbe far girare il sistema a piacere intorno alla retta AB; invece ciò viene impedito quando è data anche la posizione che deve occupare un terzo punto C non in linea retta con A e B.

I moti fondamentali di un sistema invariabile possono ridursi a due: *il moto di traslazione* e *il moto di rotazione intorno ad un asse.* Tuttavia è utile considerare anche un terzo moto, che è composto di quelli, ma semplicissimo: *il moto elicoidale.*

Quando un punto passa dalla posizione A alla posizione A_1, il vettore $A_1 - A$ si chiama *lo spostamento* del punto; qualunque sia, del resto, la maniera con cui avviene il passaggio. Se tutti i punti d'un sistema rigido subiscono spostamenti uguali nel passare da una posizione S ad un'altra S_1 (e basta accertarsi che ciò accada per tre punti), si dice che S_1 è ottenuta da S mediante *una traslazione semplice* del corpo. Essa è definita quando è dato il vettore cui devono essere uguali gli spostamenti di tutti i punti.

Consideriamo un moto continuo del sistema, o corpo. Scelte due posizioni qualunque per le quali passa il corpo; se nel passaggio dall'una all'altra gli spostamenti dei suoi punti sono uguali; e se ciò avviene qualunque siano le due posizioni scelte, anche vicinissime; si dice che *il moto continuo è di traslazione*. È evidente che gli archi di traiettoria descritti da due punti qualunque, contati a partire dalle loro posizioni iniziali, sono uguali, e che le tangenti agli estremi sono parallele; perciò *in un moto continuo di traslazione le velocità di tutti i punti sono uguali in ogni istante; e inversamente.*

Supponiamo ora che le velocità dei punti d'un sistema rigido animato d'un movimento qualunque siano tutte uguali *in un certo istante* (ossia, rappresentante da vettori uguali). In quell'istante lo stato di moto del sistema, ossia le sue condizioni riguardo alle velocità, sono quelle stesse che caratterizzano un moto continuo di traslazione. Si esprime ciò dicendo che *in quell'istante il sistema possiede uno stato cinetico di traslazione* (o, passa per uno stato cinetico di traslazione). Questo stato è interamente definito da un vettore rappresentante la velocità comune a tutti i punti del sistema.

2. Consideriamo un sistema rigido avente due punti fissi A e B. Fissa sarà pure la retta AB. Se S ed S_1 sono due posizioni del sistema, esso non potrà passare dall'una all'altra che ruotando intorno ad AB. Quando ciò accade, si dice che il sistema compie *una rotazione semplice intorno all'asse* AB. Stabilito un senso dell'asse, chiameremo *positive* quelle rotazioni che son vedute compiersi da sinistra

verso destra, per un osservatore disposto nel senso dell'asse; *negative* le altre; *ampiezza* della rotazione il più piccolo angolo (fra 0 e 2π) di cui occorre ruotare il sistema nel senso stabilito per condurlo dalla posizione S alla posizione S_1.

Abbiasi ora un sistema animato d'un moto *continuo di rotazione* intorno ad AB. Le traiettorie dei singoli punti sono archi di cerchio col centro sull'asse e in piani normali all'asse; perciò la velocità di un suo punto P è normale al piano passante per P e per l'asse. Se r e r_1 sono le distanze di due punti P e P_1 dall'asse, le loro velocità saranno date da (Cap. I, 6)

$$v = r\frac{d\theta}{dt}, \quad v_1 = r_1\frac{d\theta}{dt};$$

donde risulta

$$\frac{v}{r} = \frac{v_1}{r_1} = \frac{d\theta}{dt} = \omega;$$

la quale esprime che *in un medesimo istante le velocità di due punti stanno fra loro come le distanze dei punti dall'asse.* La $\frac{d\theta}{dt}$ si chiama *la velocità angolare del corpo*; è la velocità d'un punto alla distanza unitaria dall'asse. Data ω, la velocità d'un punto qualunque P è misurata da ωr.

Noi trovammo nel capitolo precedente $\omega = 0{,}0000729$ quale misura della velocità angolare d'un punto qualunque collegato con la Terra; ora possiam dire che quel numero misura *la velocità angolare terrestre.*

In un dato istante rappresenteremo la velocità angolare d'un corpo con un vettore di grandezza ω parallelo all'asse di rotazione e in tal senso, che un osservatore nello stesso verso veda la rotazione compiersi da sinistra a destra. Questo vettore sarà indicato con $\boldsymbol{\omega}$ [1]. Allora,

[1] Qui e altrove useremo anche lettere greche in grassetto per rappresentare vettori.

scelto un punto qualunque O dell' asse, si vede subito che *la velocità di un punto P del sistema è il momento rispetto a P del vettore-applicato* $(O, \boldsymbol{\omega})$; ossia $(O - P) \wedge \boldsymbol{\omega}$. Infatti, essa è misurata da ωr; ha una direzione normale al piano che contiene P e l' asse, ed ha il verso del moto.

Supponiamo che in un dato istante la velocità di ciascun punto del sistema sia il momento rispetto al punto d' un certo vettore-applicato $(O, \boldsymbol{\omega})$. In quell' istante, le condizioni del sistema rispetto alle velocità sono quelle medesime che caratterizzano un moto continuo di rotazione intorno all' asse OA di $(O, \boldsymbol{\omega})$. Si esprime ciò dicendo che in quell' istante il sistema possiede *uno stato cinetico di rotazione* (o, passa per uno stato cinetico di rotazione) definito dal vettore-applicato $(O, \boldsymbol{\omega})$. In tal caso, OA (ossia, l' asse del vettore-applicato) si chiama *l' asse istantaneo di rotazione* [1].

3. Un sistema passi dalla posizione di S ad un' altra S_1 mediante una traslazione $\boldsymbol{\tau}$ seguita da una rotazione θ intorno a un asse parallelo a $\boldsymbol{\tau}$. Evidentemente passerà ancora da S ad S_1 invertendo l' ordine di questi due moti. Ma possiamo anche immaginare che i moti avvengano contemporaneamente; possiamo, cioè, imprimere al sistema un moto continuo di traslazione con velocità parallela a $\boldsymbol{\tau}$, e in pari tempo farlo ruotare con continuità intorno all' asse parallelo a $\boldsymbol{\tau}$; per modo che alla fine d' un certo tempo t risultino contemporaneamente compiute la traslazione τ e la rotazione θ. Il sistema sarà ancora passato da S ad S_1. Questo moto continuo chiamasi *moto elicoidale*, perchè ogni punto descrive un arco di elica intorno all'asse. Ogni elica ha lo stesso *passo*, che si chiama *il parametro* del moto elicoidale.

Supponiamo ora che, in un certo istante, le velocità dei punti d' un sistema rigido animato d' un movimento

[1] Abbreviazione della locuzione più precisa « asse dello stato cinetico elicoidale nel dato istante ».

qualsiasi possano considerarsi come le risultanti di due vettori: uno uguale, per ogni punto, al momento rispetto al punto d'un medesimo vettore-applicato (O, $\boldsymbol{\omega}$) (come in un uno stato cinetico di rotazione); l'altro uguale per tutti i punti e parallelo a $\boldsymbol{\omega}$ (come in uno stato cinetico di traslazione). Si esprime ciò dicendo che in quell'istante il sistema possiede *uno stato cinetico elicoidale* (o, passa per uno stato cinetico elicoidale). L'asse OA di (O, $\boldsymbol{\omega}$) si chiama *l'asse istantaneo elicodale* (1).

4. Quando due movimenti comunicati separatamente ad uno stesso sistema invariabile hanno per effetto di trasportarlo da una data posizione S_1 ad un'altra posizione S_2, si dice che sono *equivalenti*. È evidente che si può anche dire: due movimenti sono equivalenti quando, comunicati successivamente allo stesso sistema invariabile, ma il secondo in senso opposto, hanno per effetto di ricondurre il sistema nella primitiva posizione. In questo paragrafo studieremo brevemente l'equivalenza dei moti fondamentali d'ampiezza finita e infinitesima.

Supponiamo d'imprimere successivamente ad un sistema rigido le traslazioni $\boldsymbol{\tau}_1$, $\boldsymbol{\tau}_2$, $\boldsymbol{\tau}_3 .... \boldsymbol{\tau}_n$; per modo che dalla posizione S esso passi successivamente nelle posizioni S_1, S_2, $S_3 .... S_n$. È chiaro che si potrà anche farlo passare direttamente da S a S_n con una sola traslazione. Dunque, *più traslazioni successive sono equivalenti ad una traslazione unica.* Questa *traslazione risultante* è rappresentata dal risultante dei vettori dati $\boldsymbol{\tau}_1$, $\boldsymbol{\tau}_2 , ... \boldsymbol{\tau}_n$.

Per un'osservazione fatta nella teoria dei vettori, possiamo aggiungere che la traslazione risultante è indipendente dall'ordine di successione delle traslazioni parziali. Viceversa; *ad una data traslazione possiamo sostituire più traslazioni successive che abbiano quella per risultante.* Per es., ad una traslazione $\boldsymbol{\tau}$ che ha le proiezioni τ_x, τ_y, τ_z

(1) Abbreviazione della locuzione più precisa « asse dello stato cinetico elicoidale nel dato istante ».

secondo tre assi, potremo sempre sostituire tre traslazioni τ_x, τ_y, τ_z parallele rispettivamente ai tre assi; il senso delle traslazioni essendo definite dai segni delle proiezioni.

Supponiamo ancora che un sistema compia successivamente le rotazioni $\theta_1, \theta_2, ... \theta_n$ intorno allo stesso asse AB; potendo talune delle θ essere negative, secondo le convenzioni fatte. È evidente che il sistema andrà ad occupare la stessa posizione finale con una rotazione unica uguale alla somma algebrica

$$\theta_1 + \theta_2 + ... + \theta_n;$$

chiamata la *rotazione risultante.*

Se insieme a quelle rotazioni il sistema deve compiere anche delle traslazioni τ_1, $\tau_2 .... \tau_n$ parallele al medesimo asse AB; traslazioni e rotazioni che sono evidentemente, per le cose dette, invertibili a piacere; si potranno comporre insieme tutte le traslazioni e tutte le rotazioni. Si otterranno in tal modo una sola traslazione lungo AB ed una sola rotazione intorno ad AB, equivalenti ai movimenti dati. Quindi, riferendoci a quanto fu spiegato di sopra, si conclude: *parecchi moti di traslazione e di rotazione lungo ed intorno a un medesimo asse equivalgono a un sol moto elicoidale intorno a quell' asse.*

5. Passiamo ora al caso meno evidente delle rotazioni che non avvengono intorno al medesimo asse. E cominciamo a considerare un sistema che compia prima una rotazione d'ampiezza ω_1 intorno a un dato asse; poi una seconda rotazione ω_2 intorno ad un altro asse parallelo al primo. Un piano perpendicolare ai due assi sia il piano del foglio; O_1 e O_2 le loro tracce (Fig. 7). Le frecce

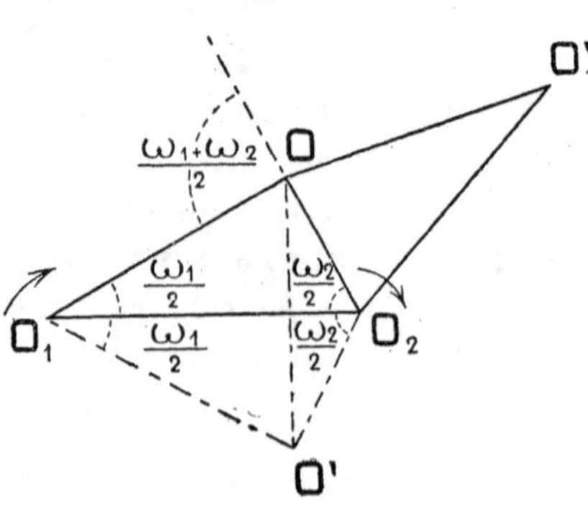

Fig. 7.

indicano il senso delle rotazioni; il quale sarà ora supposto il medesimo per tutte e due.

Tiriamo le rette $O_1 O$ ed $O_2 O$, che fanno rispettivamente gli angoli $\frac{\omega_1}{2}$ ed $\frac{\omega_2}{2}$ con $O_1 O_2$ e s'incontrano in O. Sia O' il simmetrico di O. È facile vedere che *la successione delle due rotazioni date, nell'ordine stabilito, equivale ad una sola rotazione intorno ad un asse parallelo ai dati, avente la traccia in O.*

Infatti, pensiamo l'asse (O_1) invariabilmente collegato al sistema, come fosse parte di esso. Per effetto della prima rotazione esso non muta di posizione; per effetto della seconda andrà in (O_1'), costruendo $O_1 \widehat{O_2} O_1' = \omega_2$. Inoltre, pensando anche l'asse (O) collegato col sistema, per effetto della prima rotazione esso va in (O'); per effetto della seconda ritorna in (O). Dunque, per effetto delle due rotazioni successive, la posizione finale del sistema è tale che l'asse (O) si trova nella sua primitiva posizione, e l'asse (O_1) in (O_1'). Dopo ciò è manifesto che si può giungere alla posizione finale anche facendo ruotare il sistema intorno all'asse (O) d'un angolo $O_1 \widehat{O} O_1' = \omega_1 + \omega_2$, nel senso concordante con quello delle rotazioni date, per modo che (O_1) vada in (O_1'). La proposizione è dimostrata; e possiamo ora completarla affermando che *la rotazione risultante è uguale alla somma delle date, ed è concordante con esse.*

Se si muta l'ordine di successione delle due rotazioni, l'asse della rotazione risultante è (O') invece che (O); ma non mutano l'ampiezza ed il senso. Ciò è evidente. Se poi le due rotazioni sono da destra a sinistra (contrarie a quelle ora supposte) l'asse è (O') nel primo ordine di successione, (O) nel secondo.

Ammettiamo ora che le due rotazioni siano di senso opposto, come indicano le frecce; ed avvenga prima la ω_1, poi la ω_2 (Fig. 8). Si determini il punto O come in figura; costruendo l'angolo $\frac{\omega_2}{2}$ col prolungamento di $O_1 O_2$. Un ragionamento identico al precedente prova che *le due rota-*

zioni, nell' ordine stabilito, equivalgono ad una sola rotazione intorno all' asse (O), nel senso della rotazione maggiore e d'ampiezza $\omega_2 - \omega_1$ (in valore assoluto).

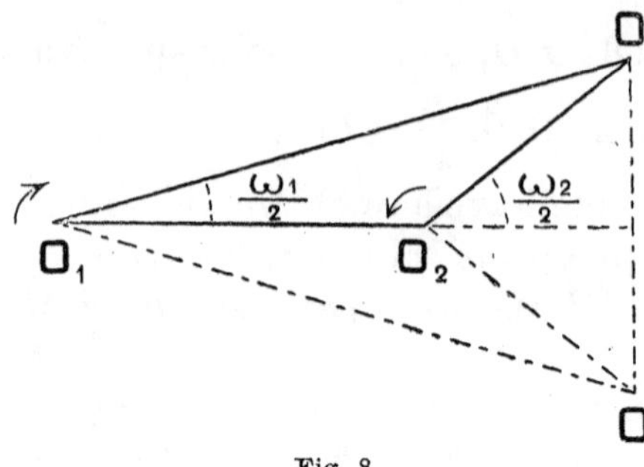

Fig. 8.

Anche riguardo all' ordine di successione valgono le stesse considerazioni di prima.

6. Importante è il caso in cui le due rotazioni, essendo di senso opposto, sono d' ampiezza uguale. Il loro insieme costituisce una *coppia di rotazioni.* Sia ω l' ampiezza comune (Fig. 9). Consideriamo la retta $O_1 L$

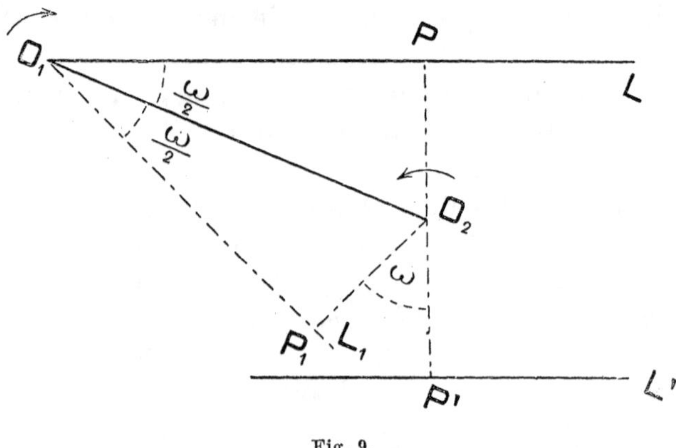

Fig. 9.

che fa l' angolo $\frac{\omega}{2}$ con $O_1 O_2$, e la sua simmetrica $O_1 L_1$ rispetto ad $O_1 O_2$; indi tiriamo da O_2 sopra quelle le perpendicolari $O_2 P$, $O_2 P_1$, e prolunghiamo $O_2 P$ in $O_2 P'$. Risulta manifestamente

$$P\widehat{O_2}P_1 = \pi - \omega,$$

e quindi

$$P'\widehat{O_2}P_1 = \pi - (\pi - \omega) = \omega.$$

Ciò posto, per effetto della prima rotazione intorno ad (O_2) la retta $O_1 L$ passa in $O_1 L_1$; per effetto della seconda intorno ad (O_1) la retta $O_1 L_1$ passa in $P' L'$; la quale, per le costruzioni fatte, risulta parallela ad $O_1 L$. Dunque la posizione finale di $O_1 L$ è $P' L'$ e quella di P è P'. Ne consegue che si può passare dalla prima posizione all'ultima mediante la traslazione PP'; onde si conclude che *una coppia di rotazioni equivale ad una traslazione unica rappresentata dal segmento* $PP' = 2PO_2 = 2r \operatorname{sen} \frac{\omega}{2}$ $(r = O_1 O_2)$, *la cui direzione da* P *a* P' *fa un angolo* $\frac{\pi}{2} - \frac{\omega}{2}$ *con* $O_1 O_2$. L'ordine non muta l'ampiezza della traslazione, ma solo la direzione; come è facile vedere.

Come complemento alle considerazioni precedenti è da considerarsi il caso in cui un sistema compia una traslazione τ ed una rotazione ω intorno a un asse perpendicolare alla direzione di τ. Supponendo l'asse della rotazione normale al piano del foglio, sia O la sua traccia (Fig. 10).

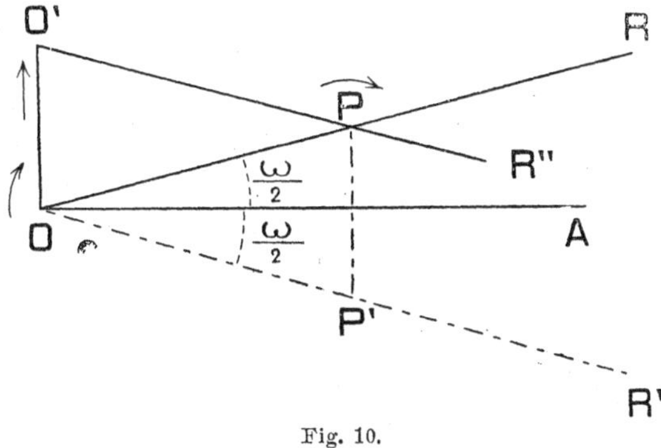

Fig. 10.

Allora la traslazione sarà parallela a questo piano.

Costruiamo $O' - O = \tau$; poi tiriamo la retta OA normale a OO'; e indi le rette OR ed OR' inclinate sopra OA d'un angolo $\frac{\omega}{2}$. Supposto che la rotazione preceda la traslazione, si vede subito che la retta OR (pensata collegata al sistema) passa in OR' per effetto della rotazione; indi in $O'R''$ per effetto della traslazione. Ne consegue che l'asse avente la traccia in P ritorna nella sua primitiva posizione, e la retta PO passa in PO'. Ma questo medesimo risultato s'ottiene direttamente facendo ruotare il sistema d'un angolo ω intorno al detto asse (P), nel senso indicato dalla freccia. Un ragionamento analogo vale ancora quando la traslazione precede la rotazione, e conduce a una conclusione identica, salvo la sostituzione dell'asse (P') all'asse (P). Dunque, in ogni caso, *una rotazione intorno a un asse e una traslazione perpendicolare a quall' asse equivalgono ad una rotazione unica intorno a un asse parallelo al dato e uguale (in grandezza e senso) alla data rotazione.*

Dalle cose dette qui e nei numeri precedenti risulta, senza bisogno d'altre spiegazioni, la conclusione generale seguente: *ad una ordinata successione di n rotazioni intorno ad assi paralleli equivale una sola rotazione intorno a un asse parallelo ai dati e uguale alla somma algebrica delle date rotazioni; oppure, in particolare (quando la detta somma risulta nulla), una sola traslazione perpendicolare alla comune direzione degli assi.*

7. Tornando alla successione di due rotazioni considerata nel n. 5, è utile osservare che con l'impiccolire delle rotazioni ω_1 e ω_2 la traccia O s'accosta sempre più alla congiungente $O_1 O_2$; tanto che, quando ω_1 e ω_2 siano infinitesime, si potrà considerarla sulla congiungente stessa. In tal caso, alla relazione

$$\frac{OO_2}{\operatorname{sen}\frac{\omega_1}{2}} = \frac{OO_1}{\operatorname{sen}\frac{\omega_2}{2}},$$

che si deduce dal triangolo $O_1 O O_2$, si può sostituire quest' altra

$$\frac{OO_2}{\omega_1} = \frac{OO_1}{\omega_2};$$

la quale esprime che *la traccia O cadrà in quel punto che*

divide il segmento $O_1 O_2$ in parti inversamente proporzionali all' ampiezza delle due rotazioni; fra O_1 e O_2, o sul prolungamento di $O_1 O_2$ (dalla parte della rotazione maggiore), secondo che le rotazioni hanno ugual senso, o senso contrario. L' ordine di successione non ha più influenza, perchè anche O' cadrà, evidentemente, in quel medesimo punto.

Per una *coppia di rotazioni infinitesime* il teorema del n. 6 conduce subito, ragionando come sopra, alla conclusione seguente: *una coppia di rotazioni infinitesime equivale a una traslazione infinitesima d' ampiezza $r\omega$ e normale al piano dei due assi.* In modo più breve ed esatto si può dire che *la coppia in discorso equivale a una traslazione rappresentata dal vettore* $\boldsymbol{\omega} \wedge (O_2 - O_1)$; intendendo che un osservatore nel senso di $\boldsymbol{\omega}$ (che è parallelo alla comune direzione degli assi) veda la rotazione intorno ad (O_1) compiersi da sinistra a destra.

Infine, il secondo teorema del n. 6 è pure valido quando la rotazione e la traslazione sono infinitesime; ma, in questo caso, la traccia P dell' asse della rotazione equivalente cade sulla retta OA normale all'asse della rotazione data e a $\boldsymbol{\tau}$.

Queste considerazioni sull' equivalenza dei moti infinitesimi si collegano ad altre riguardanti l' equivalenza degli stati cinetici, come si vedrà nel seguente capitolo.

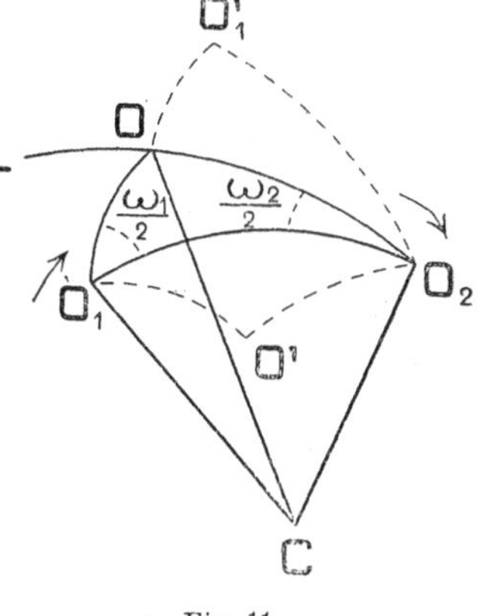

Fig. 11.

8. Supponiamo ora che un sistema invariabile debba compiere successivamente due rotazioni d' ampiezza ω_1 e ω_2, nel medesimo senso, intorno a due assi concorrenti in C (Fig. 11). Centro in questo punto, imaginiamo tracciata una sfera di raggio uno. Essa taglierà gli assi in due punti O_1 e O_2. Siano $O_1 O$ e $O_2 O$ due archi di circolo massimo inclinati

sull'arco $O_1 O_2$ rispettivamente degli angoli $\frac{\omega_1}{2}$ e $\frac{\omega_2}{2}$; e sia O il punto d'incontro. Per effetto della prima rotazione ω_1 intorno a CO_1, l'asse CO, pensato rigidamente collegato col sistema, passa nella posizione simmetrica CO' come indica la figura; per effetto della seconda rotazione ω_2 intorno a CO_2, ritorna evidentemente nella primitiva posizione CO. Per conseguenza la retta CO è comune alla prima e all'ultima posizione del sistema, e nessun scorrimento è avvenuto lungo essa. Si potrà dunque passare dall'una all'altra con una sola rotazione intorno a CO.

Per trovare l'ampiezza ed il senso di questa rotazione, osserviamo che per effetto della prima rotazione l'asse CO_1 resta fermo; per effetto della seconda esso passa in CO_1', essendo sulla sfera $O_1 O_2 O_1' = \omega_2$. Quindi l'effetto finale è che CO_1 passa in CO_1'. Ne consegue che la rotazione risultante intorno a CO è misurata dall'angolo formato dai piani $O_1 CO$ ed $O_1' CO$; ossia, sulla sfera, dall'angolo $O_1 O O_1'$, che denoteremo con ω. Essendo per costruzione

$$\widehat{LOO_1} = \frac{\omega}{2}, \quad \widehat{O_1 O O_2} = \pi - \frac{\omega}{2};$$

dal triangolo sferico $O_1 O O_2$ si trae

$$\cos\left(\pi - \frac{\omega}{2}\right) = -\cos\frac{\omega_1}{2}\cos\frac{\omega_2}{2} + \operatorname{sen}\frac{\omega_1}{2}\operatorname{sen}\frac{\omega_2}{2}\cos\alpha, \quad (\alpha = \widehat{O_1 O_2})$$

ossia

$$\cos\frac{\omega}{2} = \cos\frac{\omega_1}{2}\cos\frac{\omega_2}{2} - \operatorname{sen}\frac{\omega_1}{2}\operatorname{sen}\frac{\omega_2}{2}\cos\alpha;$$

formula che determina l'ampiezza ω della rotazione risultante. Il suo senso è evidentemente concordante con quello delle rotazioni. Dunque, *due rotazioni intorno ad assi concorrenti equivalgono ad una sola rotazione intorno ad un asse concorrente coi dati, che si determina colla costruzione ora spiegata.*

Invertendo l'ordine delle due rotazioni, l'asse della

rotazione risultante muta di posizione e diventa CO'. Se le due rotazioni sono di senso contrario, valgono le stesse considerazioni, con la sola differenza già notata nel caso degli assi paralleli.

Dalle cose dette si deduce la conclusione generale, che *parecchie rotazioni intorno ad assi concorrenti equivalgono ad una sola rotazione intorno ad un asse concorrente coi dati.*

Consideriamo ancora il caso di una rotazione e una traslazione, ma non secondo lo stesso asse, nè secondo assi perpendicolari. Sia (R) l'asse della rotazione, τ il vettore rappresentante la traslazione; e supponiamo che debba avvenire prima la rotazione. Sostituiamo a τ le sue due componenti τ_1 e τ_2, secondo una direzione parallela a (R) ed una normale ad (R). L'ordine di queste due traslazioni è indifferente. Orbene, alla rotazione intorno ad (R) e alla traslazione τ_2 normale a (R) possiamo sostituire una sola rotazione intorno ad un certo asse parallelo ad (R); ma a questa e alla τ_1, che si compie pure parallelamente ad (R), equivale un moto elicoidale: dunque, *alla rotazione e alla traslazione considerate equivale sempre un unico moto elicoidale.* Lo stesso risultato vale per una traslazione seguita da una rotazione.

9. Tornando alla successione di due rotazioni intorno ad assi concorrenti dianzi considerata, è utile osservare che con l'impiccolire delle rotazioni ω_1 e ω_2 la traccia O va accostandosi all'arco O_1O_2; tanto che, quando ω_1 e ω_2 siano infinitesime, potremo considerarla effettivamente sopra O_1O_2. In questo caso la relazione

$$\frac{\operatorname{sen} \widehat{O_1 O}}{\operatorname{sen} \frac{\omega_2}{2}} = \frac{\operatorname{sen} \widehat{O_2 O}}{\operatorname{sen} \frac{\omega_1}{2}} = \frac{\operatorname{sen} \widehat{O_1 O_2}}{\operatorname{sen} \frac{\omega}{2}},$$

che si deduce dal triangolo sferico O_1OO_2, per la piccolezza di ω_1, ω_2 e ω diventa

$$\frac{\operatorname{sen} \widehat{O_1 O}}{\omega_2} = \frac{\operatorname{sen} \widehat{O_2 O}}{\omega_1} = \frac{\operatorname{sen} \widehat{O_1 O_2}}{\omega}.$$

Orbene, se consideriamo (Fig. 12) i due vettori $\boldsymbol{u}_1$ e $\boldsymbol{u}_2$ di grandezza $h\omega_1$ e $h\omega_2$ (h essendo un fattore di proporzionalità), paralleli rispettivamente agli assi CO_1 e CO_2 delle due rotazioni e in tal verso che esse sian vedute compiersi da sinistra a destra; indi, presa l'origine in C, costruiamo la loro risultante $\boldsymbol{u}$, come è indicato in figura; si vede che tra le grandezze di quei vettori (o le stesse grandezze divise per h) e le loro mutue direzioni sussistono appunto le relazioni precedenti. Chiamando per brevità *vettori-rotazione* i vettori-applicati $(C, \boldsymbol{u}_1)$ $(C, \boldsymbol{u}_2)$ $(C, \boldsymbol{u})$, si conclude: *la grandezza, l'asse e il senso della rotazione equivalente alle date son definite dal vettore risultante dei due dati vettori-rotazione.* E più generalmente: *parecchie rotazioni infinitesime intorno ad assi concorrenti equivalgono a una sola rotazione i cui elementi son definiti dal vettore-rotazione risultante dei vettori-rotazione dati.*

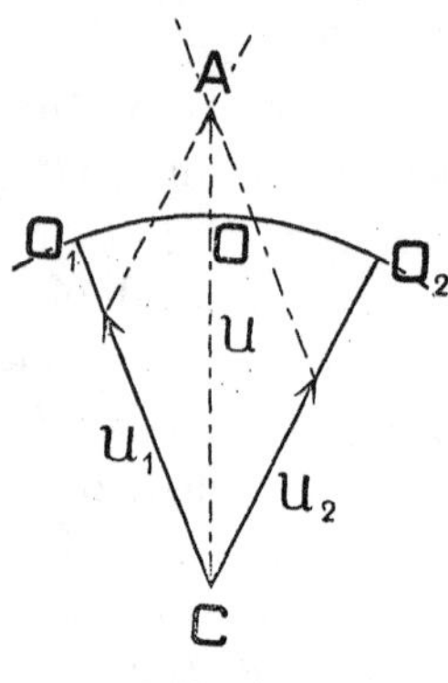

Fig. 12.

Osserviamo infine che l'ultimo teorema del capitolo precedente è ancora valido quando la rotazione e la traslazione sono infinitesime.

10. Come applicazione dei risultati precedenti, consideriamo il moto d'una figura piana nel suo piano (o d'un sistema invariabile le cui sezioni con piani paralleli ad un piano fisso si muovono nei rispettivi piani). La sua posizione è definita, evidentemente, da quella di due dei suoi punti A e B. Limitiamoci dunque alla considerazione di questi.

Sia AB una prima posizione della figura; A_1B_1 una seconda (Fig. 13). Per passare dall'una all'altra si può imprimere ad AB una traslazione che la porti in A_1B'; poi una rotazione intorno ad un asse per A_1 normale al piano, d'ampiezza $B'A_1B_1=\theta$, per modo che vada nella posizione A_1B_1. Ma, per quanto fu detto, la successione di questi due movimenti equivale ad una rotazione unica; onde si conclude: *il passaggio di una figura piana da una posizione ad un' altra nel suo piano si ottiene con una semplice rotazione intorno ad un punto del piano, che si chiama centro di rotazione.*

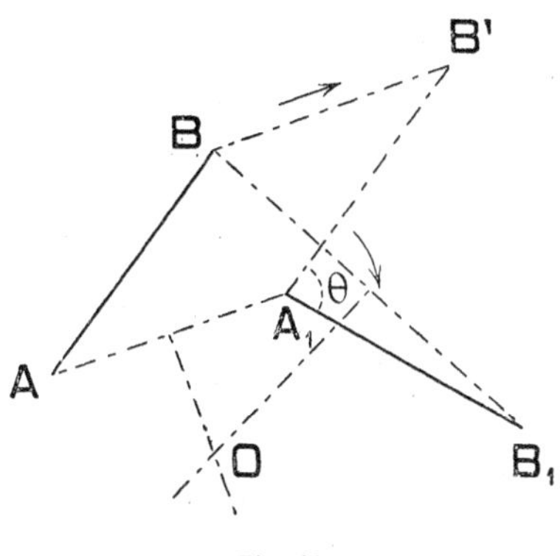

Fig. 13.

È chiaro che quel centro dovrà trovarsi sulla perpendicolare ad AA_1 nel punto medio; perchè nel moto di rotazione il punto A descriverà l'arco di cerchio che ha la corda AA_1. Per la stessa ragione, dovrà trovarsi sulla perpendicolare nel punto medio di BB_1. Dunque, il centro è il punto d'incontro O di quelle due perpendicolari. D qui risulta poi evidente che il passaggio con una sola rotazione non si può fare che in un modo; mentre il passaggio con una traslazione ed una rotazione può farsi in infiniti modi. Se O è a distanza infinita, il passaggio da AB ad A_1B_1 si ottiene con una semplice traslazione.

Consideriamo adesso un sistema rigido avente un punto fisso O. Siano B e C due dei suoi punti (non in linea retta con O) nella prima posizione del sistema; B_1, C_1 gli stessi punti nella seconda posizione. I piani dei triangoli OBC, OB_1C_1 s'incontrano lungo una retta passante per O. Con una certa rotazione intorno ad essa, si potranno far coincidere i due piani; indi, essendo i due triangoli OBC ed OB_1C_1 uguali, con una rotazione intorno ad un asse per O normale al loro piano comune si potranno far coincidere.

In tal guisa tutto il sistema sarà passato dalla prima alla seconda posizione. Ma due rotazioni intorno ad assi concorrenti equivalgono ad una sola rotazione intorno ad un asse concorrente con quelli; per conseguenza, *il passaggio da una posizione ad un' altra d' un sistema rigido avente un punto fisso si ottiene con una sola rotazione intorno ad un asse passante per il punto fisso.*

Poichè in questo moto di rotazione B e C devono descrivere rispettivamente gli archi di cerchio che hanno le corde BB_1 e CC_1, l'asse di rotazione deve trovarsi sui piani normali a BB_1 e CC_1 nei loro punti medi (piani che passano per O), e perciò nella loro intersezione. Si vede ancora che il passaggio con una sola rotazione non si può fare che in un modo; ma con due rotazioni in infiniti modi.

Infine, consideriamo un sistema libero. Siano A, B, C tre dei suoi punti nella prima posizione; A_1, B_1, C_1 i corrispondenti nella seconda posizione. Si può imprimere al sistema una traslazione, per modo che A vada in A_1; dopo di che, avendo le due posizioni un punto in comune, si passerà dall'una all'altra con una rotazione intorno ad un certo asse. Ma abbiamo visto che una traslazione ed una rotazione equivalgono ad un moto elicoidale; per conseguenza, *il passaggio da una posizione ad un' altra qualunque d' un sistema interamente libero si ottiene mediante un moto elicoidale.* In questo teorema sono contenuti, come casi particolari, i due precedenti.

CAPITOLO III

Sommario. — 1. Relazioni fra i moti d'un punto, o corpo, rispetto a due osservatori — 2. Formule di Poisson; velocità di trascinamento — 3. Teorema sulla composizione delle velocità; accelerazioni di trascinamento e di Coriolis, e loro relazione — 4. Analisi dell'accelerazione di trascinamento — 5. Proiezioni sugli assi cartesiani delle precedenti velocità e accelerazioni; esempi — 6. Equivalenza degli stati cinetici.

1. La quiete e il movimento sono fenomeni essenzialmente relativi, perchè dipendono dallo stato di moto di chi li osserva; o, in altri termini, dallo stato di moto del sistema invariabile a cui ci si riferisce per misurare le grandezze che li caratterizzano. Un corpo può essere in quiete rispetto ad un osservatore e in movimento rispetto ad un altro; ed il moto di un medesimo corpo può apparire diverso a due osservatori. A modo di esempio, il movimento di un grave cadente apparisce farsi con legge diversa guardato da due osservatori, uno fermo al suolo, l'altro affacciato al finestrino di un vagone in moto. Occorre perciò esaminare le relazioni che passano fra i movimenti di un medesimo punto o corpo visti da due osservatori situati in condizioni diverse.

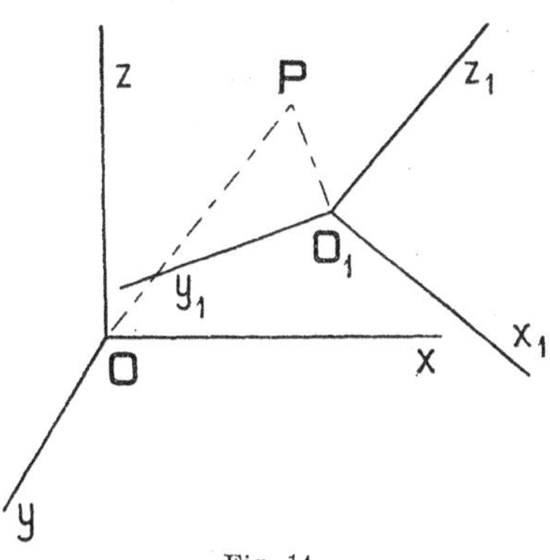

Fig. 14.

Sia $(Oxyz)$ la terna a cui è collegato l'osservatore (O) e alla quale egli riferisce i movimenti che osserva; $(O_1 x_1 y_1 z_1)$ quella collegata con l'osservatore (O_1) (Fig. 14). Le due terne, e quindi i due osservatori, sono in moto l'una rispetto all'altra. Ritenendo che in realtà la prima terna sia fissa e la seconda mobile, si suol chiamare moto assoluto il moto del punto o del corpo rispetto a (O), relativo quello rispetto a (O_1). Ma quell'ipotesi e questa dicitura non offrono vantaggio alcuno in cinematica; perciò qui parleremo semplicemente di moti rispetto ad (O) e ad (O_1).

Riguardo alla misura del tempo ammetteremo che i due osservatori siano muniti di due orologi identici, battenti il secondo di tempo solare medio, e che le condizioni di moto non abbiano influenza alcuna sull'andamento dei due orologi.

Indicheremo con $\boldsymbol{i}$, $\boldsymbol{j}$, $\boldsymbol{k}$, e $\boldsymbol{i}_1$, $\boldsymbol{j}_1$, $\boldsymbol{k}_1$, le due terne di vettori fondamentali che definiscono rispettivamente gli assi cartesiani sopra considerati, e supporremo che questi assi siano sovrapponibili. La seconda terna è definita di posizione rispetto alla prima mediante le coordinate (ξ, η, ζ) dell'origine O_1 e i nove coseni indicati nel quadro seguente; coseni che rappresentano anche le proiezioni dei vettori fondamentali gli uni sugli altri:

(0)

	O_1x_1	O_1y_1	O_1z_1	
Ox	a_1	b_1	c_1	$\boldsymbol{i}$
Oy	a_2	b_2	c_2	$\boldsymbol{j}$
Oz	a_3	b_3	c_3	$\boldsymbol{k}$
	$\boldsymbol{i}_1$	$\boldsymbol{j}_1$	$\boldsymbol{k}_1$	

Tutte queste quantità sono funzioni del tempo.

Sussistono le ben note relazioni:

$$(1)\quad \begin{aligned} \boldsymbol{i}^2&=a_1^2+b_1^2+c_1^2=1\\ \boldsymbol{j}^2&=a_2^2+b_2^2+c_2^2=1\\ \boldsymbol{k}^2&=a_3^2+b_3^2+c_3^2=1 \end{aligned} \qquad (1')\quad \begin{aligned} \boldsymbol{i}_1^2&=a_1^2+a_2^2+a_3^2=1\\ \boldsymbol{j}_1^2&=b_1^2+b_2^2+b_3^2=1\\ \boldsymbol{k}_1^2&=c_1^2+c_2^2+c_3^2=1 \end{aligned}$$

$$(2)\quad \begin{aligned} \boldsymbol{i}\times\boldsymbol{j}&=a_1a_2+b_1b_2+c_1c_2=0\\ \boldsymbol{j}\times\boldsymbol{k}&=a_2a_3+b_2b_3+c_2c_3=0\\ \boldsymbol{k}\times\boldsymbol{i}&=a_3a_1+b_3b_1+c_3c_1=0 \end{aligned} \qquad (2')\quad \begin{aligned} \boldsymbol{i}_1\times\boldsymbol{j}_1&=a_1b_1+a_2b_2+a_3b_3=0\\ \boldsymbol{j}_1\times\boldsymbol{k}_1&=b_1c_1+b_2c_2+b_3c_3=0\\ \boldsymbol{k}_1\times\boldsymbol{i}_1&=c_1a_1+c_2a_2+c_3a_3=0 \end{aligned}$$

e inoltre

$$\boldsymbol{i}\wedge\boldsymbol{j}\times\boldsymbol{k}=\boldsymbol{i}_1\wedge\boldsymbol{j}_1\times\boldsymbol{k}_1=\begin{vmatrix} a_1 & b_1 & c_1 \\ a_2 & b_2 & c_2 \\ a_3 & b_3 & c_3 \end{vmatrix}=1.$$

Ciò posto, sia P un punto in movimento. All'istante t siano (xyz) e $(x_1 y_1 z_1)$ rispettivamente le sue coordinate rispetto a (O) e (O_1). Si ha evidentemente

$$P-O_1=(P-O)-(O_1-O);$$

e quindi, nella rappresentazione cartesiana,

$$x_1\boldsymbol{i}_1+y_1\boldsymbol{j}_1+z_1\boldsymbol{k}_1=(x-\xi)\boldsymbol{i}+(y-\eta)\boldsymbol{j}+(z-\zeta)\boldsymbol{k};$$

la quale esprime appunto la relazione che passa fra i moti di P rispetto a (O) e (O_1). Moltiplicandola scalarmente e successivamente per $\boldsymbol{i}, \boldsymbol{j}, \boldsymbol{k}$; oppure per $\boldsymbol{i}_1, \boldsymbol{j}_1, \boldsymbol{k}_1$; e tenendo presenti il quadro e le relazioni precedenti, si deducono facilmente questi due gruppi di formule:

$$(3)\quad \begin{aligned} x&=\xi+a_1x_1+b_1y_1+c_1z_1 \\ y&=\eta+a_2x_1+b_2y_1+c_2z_1 \\ z&=\zeta+a_3x_1+b_3y_1+c_3z_1 \end{aligned} \qquad (3')\quad \begin{aligned} x_1&=(x-\xi)a_1+(y-\eta)a_2+(z-\zeta)a_3 \\ y_1&=(x-\xi)b_1+(y-\eta)b_2+(z-\zeta)b_3 \\ z_1&=(x-\xi)c_1+(y-\eta)c_2+(z-\zeta)c_3. \end{aligned}$$

Noto il moto di P rispetto ad (O_1) e il moto di questa terna rispetto ad (O), i secondi membri delle (3), e quindi le $x\,y\,z$, risultano note funzioni del tempo; e perciò resta definito il moto di P rispetto ad (O). Inversamente dicasi rispetto alle formule (3').

2. Poichè le direzioni di $\boldsymbol{i}_1$, $\boldsymbol{j}_1$, $\boldsymbol{k}_1$ variano col tempo, cerchiamo un'espressione dei vettori

$$\frac{d\boldsymbol{i}_1}{dt},\quad \frac{d\boldsymbol{j}_1}{dt},\quad \frac{d\boldsymbol{k}_1}{dt}.$$

A tal fine, posto

$$(4)\qquad \frac{d\boldsymbol{j}_1}{dt}\times\boldsymbol{k}_1=p,\quad \frac{d\boldsymbol{k}_1}{dt}\times\boldsymbol{i}_1=q,\quad \frac{d\boldsymbol{i}_1}{dt}\times\boldsymbol{j}_1=r,$$

pensiamo p, q, r quali proiezioni sugli assi di (O_1) d'un vettore $\boldsymbol{\omega}$. Derivando le (2'), si trae

$$(4') \qquad -\boldsymbol{j}_1 \times \frac{d\boldsymbol{k}_1}{dt} = p, \quad -\boldsymbol{k}_1 \times \frac{d\boldsymbol{i}_1}{dt} = q, \quad -\boldsymbol{i}_1 \times \frac{d\boldsymbol{j}_1}{dt} = r.$$

Allora, essendo

$$\boldsymbol{i}_1 \times \frac{d\boldsymbol{i}_1}{dt} = 0, \quad \boldsymbol{j}_1 \times \frac{d\boldsymbol{i}_1}{dt} = r, \quad \boldsymbol{k}_1 \times \frac{d\boldsymbol{i}_1}{dl} = -q,$$

subito si deduce

$$\frac{d\boldsymbol{i}_1}{dt} = r\boldsymbol{j}_1 - q\boldsymbol{k}_1 = \boldsymbol{\omega} \wedge \boldsymbol{i}_1;$$

e in modo analogo,

$$(5) \qquad \frac{d\boldsymbol{j}_1}{dt} = p\boldsymbol{k}_1 - r\boldsymbol{i}_1 = \boldsymbol{\omega} \wedge \boldsymbol{j}_1$$

$$\frac{d\boldsymbol{k}_1}{dt} = q\boldsymbol{i}_1 - p\boldsymbol{j}_1 = \boldsymbol{\omega} \wedge \boldsymbol{k}_1.$$

L'interpretazione di queste formule, dette *formule di Eulero-Poisson*, è assai facile. Indichiamo con L_1, M_1, N_1 tre punti situati rispettivamente sugli assi O_1x_1, O_1y_1, O_1z_1 alla distanza unitaria da O_1; avremo

$$\boldsymbol{i}_1 = L_1 - O_1 \quad \boldsymbol{j}_1 = M_1 - O_1 \quad \boldsymbol{k}_1 = N_1 - O_1;$$

perciò le (5) diventano

$$\frac{dL_1}{dt} = \frac{dO_1}{dt} + (O_1 - L_1) \wedge \boldsymbol{\omega}$$

$$(5') \qquad \frac{dM_1}{dt} = \frac{dO_1}{dt} + (O_1 - M_1) \wedge \boldsymbol{\omega}$$

$$\frac{dN_1}{dt} = \frac{dO_1}{dt} + (O_1 - N_1) \wedge \boldsymbol{\omega}.$$

Queste esprimono che le velocità rispetto ad (O) dei tre

punti L_1, M_1, N_1 collegati con la terna (O_1) sono le risultanti di due vettori: uno rappresentante la velocità di O_1; l'altra rappresentante la velocità che avrebbero i detti punti in uno stato cinetico di rotazione definito dal vettore-applicato $(O_1, \boldsymbol{\omega})$.

Segue di qua che anche la velocità rispetto ad (O) di qualsiasi altro punto M rigidamente collegato con (O_1) è composta allo stesso modo; ossia, è definita dalla formula

$$\frac{dM}{dt} = \frac{dO_1}{dt} + (O_1 - M) \wedge \boldsymbol{\omega}. \tag{6}$$

Invero, essendo

$$M = O_1 + x_1 \boldsymbol{i}_1 + y_1 \boldsymbol{j}_1 + z_1 \boldsymbol{k}_1;$$

ove x_1, y_1, z_1 non variano col tempo; derivando e usando le (5), si trae

$$\frac{dM}{dt} = \frac{dO_1}{dt} + x_1(\boldsymbol{\omega} \wedge \boldsymbol{i}_1) + y_1(\boldsymbol{\omega} \wedge \boldsymbol{j}_1) + z_1(\boldsymbol{\omega} \wedge \boldsymbol{k}_1) =$$
$$= \frac{dO_1}{dt} + \boldsymbol{\omega} \wedge (M - O_1).$$

Poichè la velocità d'ogni punto M collegato con la terna (O_1) è la risultante del vettore $\frac{dO_1}{dt}$ e del momento di $(O_1, \boldsymbol{\omega})$ rispetto ad M, si conclude che *in ogni istante lo stato cinetico della detta terna, o d'un corpo qualunque collegato con essa, rispetto all'osservatore* (O) *è il risultante d'uno stato cinetico di traslazione definito dal vettore* $\frac{dO_1}{dt}$ *e d'uno stato cinetico di rotazione definito dal vettore-applicato* $(O_1, \boldsymbol{\omega})$. Il moto che ha M collegato con (O_1), rispetto ad (O), si chiama *moto di trascinamento*, e la sua velocità in questo moto, definita dalla (6), *velocità di trascinamento.*

Si noti che $\boldsymbol{\omega}$, benchè introdotto mediante le (4), risulta, in virtù della (6), indipendente sì dall'orientamento della terna (O_1), perchè nella (6) non figura che l'origine (O_1);

e sì da questa stessa origine, perchè la (6) non varia scambiando M con O_1, vale a dire assumendo la nuova origine in M.

Sia N un altro punto collegato con (O_1). Posto $M - N = \boldsymbol{v}$, si deduce

$$\frac{d(M-N)}{dt} = \frac{dM}{dt} - \frac{dN}{dt} = (O_1 - M) \wedge \boldsymbol{\omega} - (O_1 - N) \wedge \boldsymbol{\omega};$$

ossia,

$$\frac{d\boldsymbol{v}}{dt} = \boldsymbol{\omega} \wedge \boldsymbol{v}. \tag{7}$$

Osservando che $\boldsymbol{v}$ è costante rispetto all'osservatore (O_1), possiamo dire che la *derivata rispetto ad* (O) *d' un vettore* $\boldsymbol{v}$ *costante rispetto a* (O_1) (come fosse trascinato nel movimento di (O_1)) *è uguale a* $\boldsymbol{\omega} \wedge \boldsymbol{v}$.

3. Sia ora $\boldsymbol{u} = M - N$ un vettore variabile col tempo. La sua legge di variazione rispetto all'osservatore (O) è diversa da quella rispetto all'osservatore (O_1); per conseguenza la derivata di $\boldsymbol{u}$ calcolata dall'osservatore (O) sarà diversa dalla derivata calcolata dall'osservatore (O_1). Indicheremo con $\frac{d\boldsymbol{u}}{dt}$ la prima di queste derivate, con $\left(\frac{d\boldsymbol{u}}{dt}\right)_1$ la seconda. Posto

$$M - N = \boldsymbol{u} = u_1 \boldsymbol{i}_1 + u_2 \boldsymbol{j}_1 + u_3 \boldsymbol{k}_1,$$

derivando si ottiene

$$\frac{d\boldsymbol{u}}{dt} = \left(\frac{du_1}{dt}\boldsymbol{i}_1 + \frac{du_2}{dt}\boldsymbol{j}_1 + \frac{du_3}{dt}\boldsymbol{k}_1\right) + \left(u_1 \frac{d\boldsymbol{i}_1}{dt} + u_2 \frac{d\boldsymbol{j}_1}{dt} + u_3 \frac{d\boldsymbol{k}_1}{dt}\right).$$

Il primo membro rappresenta la derivata di $\boldsymbol{u}$ calcolata dall'osservatore (O); il primo trinomio del secondo membro rappresenta il vettore di proiezioni $\frac{du_1}{dt}, \frac{du_2}{dt}, \frac{du_3}{dt}$ sugli assi della terna (O_1); ossia, la derivata $\left(\frac{d\boldsymbol{u}}{dt}\right)_1$ calcolata dall'osservatore (O_1); il secondo trinomio, in virtù delle (5), non è altro che $\boldsymbol{\omega} \wedge \boldsymbol{u}$. Possiamo dunque enunciare il teorema fondamentale: *la derivata rispetto ad* (O) *d'un vettore variabile* $\boldsymbol{u}$ *è la somma geometrica della derivata rispetto ad* (O_1) *e del vettore* $\boldsymbol{\omega} \wedge \boldsymbol{u}$. In simboli si ha

$$\frac{d\boldsymbol{u}}{dt} = \left(\frac{d\boldsymbol{u}}{dt}\right)_1 + \boldsymbol{\omega} \wedge \boldsymbol{u}. \tag{8}$$

Di qui si deducono due corollari importantissimi.

1° Corollario. Prendiamo $\boldsymbol{u} = P - O_1$, essendo P il generico punto mobile considerato nel numero precedente. Sarà per la (8)

$$\frac{d(P - O_1)}{dt} = \left(\frac{d(P - O_1)}{dt}\right)_1 + \boldsymbol{\omega} \wedge (P - O_1);$$

da cui

$$\frac{dP}{dt} = \left(\frac{dP}{dt}\right)_1 + \left\{\frac{dO_1}{dt} + \boldsymbol{\omega} \wedge (P - O_1)\right\}. \tag{9}$$

giacchè $\left(\frac{dO_1}{dt}\right)_1 = 0$. Ricordando la (6), l'interpretazione di questa formula è manifesta: *la velocità di P rispetto all'osservatore* (O) *è la risultante della velocità di P rispetto all'osservatore* (O_1) *e della sua velocità di trascinamento.* Indicandole ordinatamente con $\boldsymbol{v}$, $\boldsymbol{v}_1$, $\boldsymbol{v}_s$, possiamo scrivere più brevemente:

$$\boldsymbol{v} = \boldsymbol{v}_1 + \boldsymbol{v}_s. \tag{9'}$$

È chiamato *il teorema della composizione delle velocità.*

Per esempio; la velocità d'una barca che attraversa un fiume, rispetto a un osservatore fermo sulla riva, è in ogni istante la risultante della velocità propria della barca (ossia, della velocità di essa barca rispetto a un osservatore trascinato con la corrente) e della velocità della corrente (velocità di trascinamento). Similmente, la velocità d'un aeroplano rispetto a un osservatore fermo al suolo è la risultante della velocità propria dell'aeroplano (quella che avrebbe in aria calma) e della velocità del vento.

Il dire che un punto è animato da due velocità rispetto ad (O) (locuzione sovente usata) significa ch'esso ha una certa velocità rispetto ad un osservatore (O_1), collegato col quale ha un'altra velocità rispetto all'osservatore (O).

Più generalmente, siano tre osservatori collegati rispettivamente con le terne (O), (O_1), (O_2), e P un punto in moto. Risulta evidentemente

$$\boldsymbol{v} = \boldsymbol{v}_1 + \boldsymbol{v}_{s1} \qquad \boldsymbol{v}_1 = \boldsymbol{v}_2 + \boldsymbol{v}_{s2},$$

e quindi

$$\boldsymbol{v} = \boldsymbol{v}_2 + \boldsymbol{v}_{s1} + \boldsymbol{v}_{s2},$$

dove il significato dei simboli è manifesto. Il ragionamento e il risultato si estendono immediatamente al caso di n osservatori.

2° *Corollario.* Poniamo in (8) $\boldsymbol{u} = \left(\frac{dP}{dt}\right)_1 = \boldsymbol{v}_1$; risulta

$$\frac{d\boldsymbol{v}_1}{dt} = \left(\frac{d\boldsymbol{v}_1}{dt}\right)_1 + \boldsymbol{\omega} \wedge \boldsymbol{v}_1;$$

dove

$$\left(\frac{d\boldsymbol{v}_1}{dt}\right)_1 = \left(\frac{d^2P}{dt^2}\right)_1 = \boldsymbol{J}_1$$

rappresenta la derivata seconda di P rispetto all'osservatore (O_1); ossia, l'accelerazione di P rispetto a (O_1). Usando questa formula, dalla (9) si deduce, derivando,

$$\frac{d^2P}{dt^2} = \boldsymbol{J}_1 + \boldsymbol{\omega} \wedge \boldsymbol{v}_1 + \frac{d}{dt}\left\{\frac{dO_1}{dt} + \boldsymbol{\omega} \wedge (P - O_1)\right\}. \tag{10}$$

Ora, sviluppando l'ultima derivata e tenendo conto della (9), si trova

$$\frac{d}{dt}\left\{\frac{dO_1}{dt} + \boldsymbol{\omega} \wedge (P - O_1)\right\} = \frac{d^2O_1}{dt^2} + \frac{d\boldsymbol{\omega}}{dt} \wedge (P - O_1) + \boldsymbol{\omega} \wedge \{\boldsymbol{v}_1 + \boldsymbol{\omega} \wedge (P - O_1$$

$$= \boldsymbol{\omega} \wedge \boldsymbol{v}_1 + \left[\frac{d^2O_1}{dt^2} + \frac{d\boldsymbol{\omega}}{dt} \wedge (P - O_1) + \boldsymbol{\omega} \wedge \frac{d(P - O_1}{dt}\right.$$

ove si è posto $\frac{d(P-O_1)}{dt}$ in luogo di $\boldsymbol{\omega} \wedge (P-O_1)$; il che si può fare giusta la (7), purchè si consideri qui il punto P rigidamente collegato con la terna (O_1). In questa ipotesi l'espressione entro la parentesi quadra non è altro che la derivata della velocità di trascinamento; ossia, *l'accelerazione di trascinamento di P, che indicheremo con* $\boldsymbol{J}_s$. Dopo ciò la (10) diventa

$$\frac{d^2P}{dt^2} = \boldsymbol{J} = \boldsymbol{J}_1 + \boldsymbol{J}_s + 2\boldsymbol{\omega} \wedge \boldsymbol{v}_1. \tag{10'}$$

Questa esprime che l'accelerazione di P rispetto all'osservatore (O) è la risultante di tre vettori, che sono: *l'accelerazione di P rispetto ad* (O_1); *l'accelerazione di trascinamento* (accelerazione del moto di trascinamento di P); *il vettore* $2\boldsymbol{\omega} \wedge \boldsymbol{v}_1$, detto *accelerazione complementare, o di* CORIOLIS. Quest'ultima accelerazione è nulla quando la terna (O_1) non ha moto di rotazione $(\boldsymbol{\omega} = 0)$; quando P è immobile rispetto a (O_1) $[\boldsymbol{v}_1 = 0]$; o quando $\boldsymbol{\omega}$ e $\boldsymbol{v}_1$ sono vettori paralleli.

Per esempio, l'accelerazione d'una barca che attraversa un fiume, rispetto a un osservatore fermo sulla riva, è in ogni istante la risultante dell'accelerazione propria della barca (ossia, dell'accelerazione di essa barca rispetto a un osservatore trascinato con la corrente); dell'accelerazione della corrente (accelerazione di trascinamento); dell'accelerazione di CORIOLIS, dipendente nel modo anzidetto dallo stato cinetico di rotazione della corrente (ammesso che tale stato esista, come, per es., in un tratto curvilineo del fiume) e della velocità della barca rispetto all'attuale direzione della corrente.

4. Circa l'accelerazione di trascinamento occorre osservare ch'essa pure è la risultante di tre vettori, che sono:

1), l'accelerazione $\frac{d^2O_1}{dt^2}$ del punto O_1;

2), il momento $\frac{d\boldsymbol{\omega}}{dt} \wedge (P - O_1)$ dell'*accelerazione angolare* $\frac{d\boldsymbol{\omega}}{dt}$, ossia del vettore-applicato $\left(O_1, \frac{d\boldsymbol{\omega}}{dt}\right)$ rispetto a P;

3), il vettore $\boldsymbol{\omega} \wedge \frac{d(P - O_1)}{dt}$, che si deve considerare uguale a $\boldsymbol{\omega} \wedge (\boldsymbol{\omega} \wedge (P - O_1))$, e che rappresenta un'accelerazione centripeta. Infatti, la grandezza di $\boldsymbol{\omega} \wedge (P - O_1)$ è ωr, dove r è la distanza di P dall'asse di $\boldsymbol{\omega}$; la sua direzione è normale al piano che contiene P e $\boldsymbol{\omega}$; e un osservatore disposto nel suo verso vede il senso di $\boldsymbol{\omega}$ da sinistra a destra. Ne consegue che il vettore $\boldsymbol{\omega} \wedge (\boldsymbol{\omega} \wedge (P - O_1))$ ha la direzione e il verso della perpendicolare abbassata da P sull'asse di $\boldsymbol{\omega}$, e la grandezza $\omega^2 r$. Esso dunque è uguale all'accelerazione centripeta che avrebbe il punto P in un moto di rotazione definito dal vettore $\boldsymbol{\omega}$.

5. Riferendoci ora agli assi cartesiani, calcoleremo le proiezioni sugli assi (O_1) delle velocità e accelerazioni dianzi considerate; il che per le applicazioni è assai utile.

Indicando con u_0, v_0, w_0 le proiezioni di $\frac{dO_1}{dt}$ sui detti assi, la (6) dà per le proiezioni della velocità di trascinamento l'espressioni:

$$u_0 + qz_1 - ry_1, \quad v_0 + rx_1 - pz_1, \quad w_0 + py_1 - qx_1.$$

Aggiungendo a queste rispettivamente $\frac{dx_1}{dt}$, $\frac{dy_1}{dt}$, $\frac{dz_1}{dt}$, si ottengono le proiezioni di $\frac{dP}{dt}$ sugli assi (O_1), conformemente alla (9).

Le proiezioni sugli stessi assi dell'accelerazione J_1 sono $\frac{d^2x_1}{dt^2}$, $\frac{d^2y_1}{dt^2}$, $\frac{d^2z_1}{dt^2}$; e quelle dell'accelerazione complementare sono

$$2\left(q\frac{dz_1}{dt}-r\frac{dy_1}{dt}\right),\quad 2\left(r\frac{dx_1}{dt}-p\frac{dz_1}{dt}\right),\quad 2\left(p\frac{dy_1}{dt}-q\frac{dx_1}{dt}\right).$$

Se infine si osserva che le proiezioni dei due vettori

$$\frac{d\boldsymbol{\omega}}{dt}\wedge(P-O_1),\quad \boldsymbol{\omega}\wedge(\boldsymbol{\omega}\wedge(P-O_1))$$

sono rispettivamente i minori delle matrici

$$\left|\begin{matrix}\frac{dp}{dt} & \frac{dq}{dt} & \frac{dr}{dt}\\ x_1 & y_1 & z_1\end{matrix}\right|,\quad \left|\begin{matrix}p & q & r\\ qz_1-ry_1 & rx_1-pz_1 & py_1-qx_1\end{matrix}\right|;$$

risulta immediatamente, dalle cose dette di sopra, che le proiezioni dell'accelerazioni di trascinamento sono

$$\begin{gathered}\lambda_0+\left(z_1\frac{dq}{dt}-y_1\frac{dr}{dt}\right)+p(px_1+qy_1+rz_1)-x_1\omega^2\\ \mu_0+\left(x_1\frac{dr}{dt}-z_1\frac{dp}{dt}\right)+q(px_1+qy_1+rz_1)-y_1\omega^2\\ \nu_0+\left(y_1\frac{dp}{dt}-x_1\frac{dq}{dt}\right)+r(px_1+qy_1+rz_1)-z_1\omega^2\end{gathered}$$

ove λ_0, μ_0, ν_0 rappresentano le proiezioni di $\frac{d^2O_1}{dt^2}$.

Posto

$$2\varphi=2(\lambda_0x_1+\mu_0y_1+\nu_0z_1)+(px_1+qy_1+rz_1)^2-\omega^2(x_1^2+y_1^2+z_1^2);$$

e indicando con gli accenti le derivate rispetto al tempo, coteste espressioni acquistano la seguente forma semplice:

$$(z_1q'-y_1r')+\frac{\partial\varphi}{\partial x_1},\quad (x_1r'-z_1p')+\frac{\partial\varphi}{\partial y_1},\quad (y_1p'-x_1q')+\frac{\partial\varphi}{\partial z_1}.$$

Esempio. Supponiamo che un punto P sia animato di due moti oscillatori perpendicolari. Ciò vuol dire che P ha un moto oscillatorio lungo $O_1 x_1$, e collegato con questa retta ha pure un moto oscillatorio parallelamente ad Oz (Fig. 15).

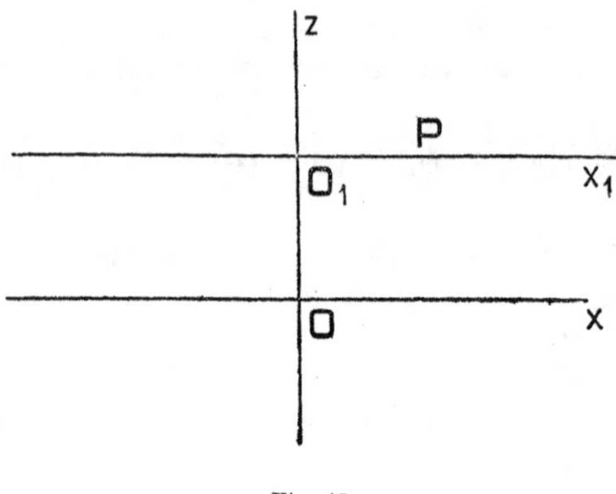

Fig. 15.

Applicando le formule (3) avremo anzitutto

$$x = \xi + a_1 x_1 + c_1 z_1$$
$$z = \zeta + a_3 x_1 + c_3 z_1 .$$

Ma per l'ipotesi fatta risulta

$$a_1 = c_3 = 1, \quad a_3 = 0, \quad \xi = 0, \quad \zeta = c \operatorname{sen}\left(\frac{2\pi t}{T} + \gamma\right),$$
$$x_1 = a \operatorname{sen}\left(\frac{2\pi t}{T_1} + \gamma_1\right), \quad z_1 = 0,$$

per conseguenza

$$x = a \operatorname{sen}\left(\frac{2\pi t}{T_1} + \gamma_1\right) \quad z = c \operatorname{sen}\left(\frac{2\pi t}{T} + \gamma\right);$$

che definiscono il moto di P rispetto agli assi (Oxz). Mediante l'eliminazione di t si ottiene l'equazione della traiettoria.

In particolare, supponiamo che i periodi T e T_1 siano

uguali. Sviluppando, si ottiene

$$\frac{x}{a} = \operatorname{sen} \frac{2\pi t}{T} \cos \gamma_1 + \cos \frac{2\pi t}{T} \operatorname{sen} \gamma_1$$

$$\frac{z}{c} = \operatorname{sen} \frac{2\pi t}{T} \cos \gamma + \cos \frac{2\pi t}{T} \operatorname{sen} \gamma ;$$

da cui

$$\operatorname{sen} \frac{2\pi t}{T} = \frac{\frac{x}{a} \operatorname{sen} \gamma - \frac{z}{c} \operatorname{sen} \gamma_1}{\operatorname{sen} (\gamma - \gamma_1)}$$

$$\cos \frac{2\pi t}{T} = \frac{-\frac{x}{a} \cos \gamma + \frac{z}{c} \cos \gamma_1}{\operatorname{sen} (\gamma - \gamma_1)} ;$$

onde, quadrando e sommando, risulta

$$\left(\frac{x}{a}\right)^2 + \left(\frac{z}{c}\right)^2 - \frac{2xz}{ac} \cos (\gamma - \gamma_1) = \operatorname{sen}^2 (\gamma - \gamma_1) ;$$

che è l'equazione d'un'ellisse col centro in O. La sua forma e posizione dipendono dalle semi-grandezze a e c delle due oscillazioni e dalla differenza $\alpha = \gamma - \gamma_1$ delle fasi iniziali. Quando questa differenza è nulla, o uguale a π, l'ellisse degenera nella retta $z = \frac{c}{a} x$, o nella retta $z = -\frac{c}{a} x$; quando $\alpha = \frac{\pi}{2}$ o a $\frac{3\pi}{2}$, ed è $a = c$ l'ellisse si riduce a una circonferenza. La velocità di P rispetto ad (O) è la risultante delle velocità di P nei due moti oscillatori; e perciò si calcola facilmente.

Se infine si osserva che l'accelerazione di trascinamento si riduce a quella di O_1, e che l'accelerazione complementare è nulla, si riconosce tosto che l'accelerazione rispetto ad (O) è la risultante delle due accelerazioni nei due moti oscillatori parziali. Poichè quest' ultime sono (Cap. I):

$$-\left(\frac{2\pi}{T}\right)^2 x, \quad -\left(\frac{2\pi}{T}\right)^2 z,$$

la risultante avrà la grandezza

$$\left(\frac{2\pi}{T}\right)^2 \sqrt{x^2 + z^2};$$

e la sua direzione sarà definita dai coseni

$$-\frac{x}{\sqrt{x^2+z^2}}, \quad -\frac{z}{\sqrt{x^2+z^2}}.$$

Dunque l'accelerazione è diretta costantemente verso O, ed è proporzionale alla distanza di P da O.

Altro esempio. Sia P un punto mobile nel piano del foglio; e siano, nello stesso piano, Ox e Oy due assi fissi ortogonali; Ox_1 ed Oy_1 una coppia d'assi rotanti intorno ad O nel senso indicato dalla freccia, con velocità angolare costante ω (Fig. 16). In questo caso la velocità di trascinamento è normale ad OP, diretta nel senso indicato in figura, e di grandezza ωr_1; perciò le sue componenti sugli assi mobili sono

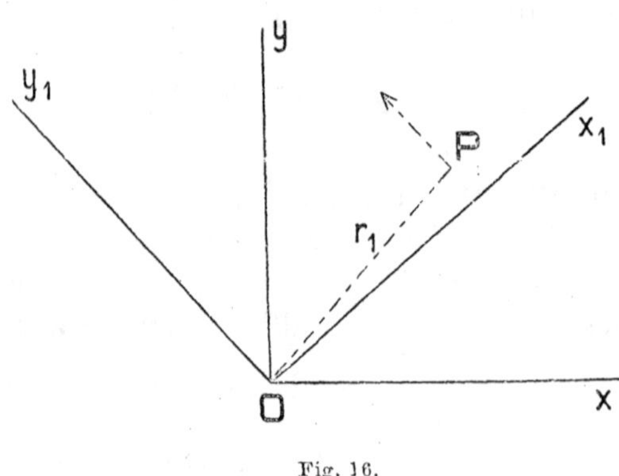

Fig. 16.

$$\omega r_1 \left(-\frac{y_1}{r_1}\right) = -\omega_1 y_1, \quad \omega r_1 \left(\frac{x_1}{r_1}\right) = \omega x_1.$$

Allora, se u e v sono le componenti sugli assi rotanti della velocità di P rispetto agli assi fissi; pel teorema sulla composizione delle velocità risulta

$$u = \frac{dx_1}{dt} - \omega y_1, \quad v = \frac{dy_1}{dt} + \omega x_1.$$

Consideriamo ora le accelerazioni. Essendo il moto di trascinamento rotatorio e uniforme, l'accelerazione di trascinamento si riduce ad una accelerazione centripeta di grandezza $\omega^2 r_1$ e diretta da P verso O; perciò le sue proiezioni sugli assi mobili sono

$$-\omega^2 x_1, \quad -\omega^2 y_1.$$

Circa le componenti dell'accelerazione complementare, sappiamo che sono il doppio dei minori della matrice

$$\left|\begin{array}{ccc} p & q & r \\ \frac{dx_1}{dt} & \frac{dy_1}{dt} & \frac{dz_1}{dt} \end{array}\right|.$$

Ma in questo caso

$$p = q = 0, \quad r = \omega,$$

perciò le dette componenti (secondo gli assi rotanti) sono

$$-\omega \frac{dy_1}{dt}, \quad \omega \frac{dx_1}{dt}.$$

Riferendosi ai teoremi dimostrati, ne consegue che le componenti sugli assi rotanti, dell'accelerazione rispetto all'osservatore fisso con gli assi Ox ed Oy, sono date dalle espressioni

$$\frac{d^2x_1}{dt} - \omega \frac{dy_1}{dt} - \omega^2 x_1$$

$$\frac{d^2y_1}{dt^2} + \omega \frac{dx_1}{dt} - \omega^2 y_1.$$

6. Considerando ancora un sistema rigido in movimento, supporremo che in un dato istante esso possegga uno stato cinetico di rotazione rispetto a un osservatore (O_1); collegato col quale ne possegga un altro rispetto a un secondo osservatore (O_2); e così via, finchè collegato con l'osservatore (O_n) possegga pure uno stato cinetico di rotazione rispetto all'osservatore (O). Siano $(A_1, \boldsymbol{\omega}_1)$

$(A_2, \omega_2) \ldots (A_n, \omega_n)$ i vettori-applicati che definiscono rispettivamente cotesti stati cinetici di rotazione.

Sia P un punto qualunque del sistema rigido. Per ciò che fu detto ne' numeri precedenti possiamo ora affermare che la velocità di P rispetto ad (O) sarà la risultante di n velocità; e precisamente delle velocità che possiede il punto nei singoli stati cinetici di rotazione considerati. Ma ciascuna di quelle è il momento rispetto a P del corrispondente *vettore-applicato*; per conseguenza la velocità di P rispetto ad (O) sarà la somma geometrica di cotesti momenti; ossia, *il momento risultante rispetto a P degli n vettori-applicati*. Esprimeremo brevemente questo risultato e le relative premesse dicendo, che *n stati cinetici di rotazione equivalgono a un certo stato cinetico, in cui la velocità d'ogni punto del corpo è il momento risultante rispetto al punto degli n vettori-applicati, che definiscono i singoli stati cinetici considerati.*

Ora, sapendo che il momento risultante d'un sistema di vettori-applicati rispetto a un punto è uguale al momento risultante rispetto al medesimo punto d'ogni altro sistema equivalente al dato, se ne deduce subito che all'equivalenza nel senso vettoriale corrisponde l'equivalenza nel senso cinetico. Più precisamente: *n stati cinetici di rotazione* (intesi sempre posseduti in un certo istante da un corpo nella maniera spiegata in principio) *sono equivalenti ad altri m stati cinetici di rotazione, quando sono equivalenti i sistemi dei vettori-applicati che li definiscono.*

In particolare, se i vettori-applicati $(A_1, \omega_1) \ldots (A_n, \omega_n)$ sono concorrenti in O, il momento risultante rispetto a P è uguale al momento rispetto a P del risultante degli n vettori; e questo per ogni punto del sistema rigido. Per conseguenza il suo stato cinetico rispetto ad (O) è uno stato cinetico di rotazione definito dal vettore-applicato (O, ω), essendo $\omega = \omega_1 + \omega_2 + \ldots + \omega_n$.

Se, invece, è $n = 2$, e se (A_1, ω_1) e (A_2, ω_2) formano una *coppia di vettori-applicati*, il loro momento risultante rispetto a P è indipendente dalla posizione di P; perciò le velocità di tutti i punti del sistema rigido sono uguali. Dunque, *una coppia di stati cinetici di rotazione equivale a uno stato cinetico di traslazione.*

Tutti questi teoremi provano chiaramente che da ogni risultato ottenuto nella teoria dell'equivalenza dei vettori-applicati se ne può dedurre un altro relativo all'equivalenza degli stati cinetici, cambiando semplicemente la parola *vettore-applicato* con la frase *stato cinetico di rotazione,* e la parola *coppia* con la frase *stato cinetico di traslazione.*

Noi ci limitiamo ora a questa conseguenza importante; *un corpo animato d'un movimento qualunque passa, in ogni istante, per uno stato cinetico elicoidale.* Infatti, la velocità d'un punto P del corpo rispetto a un osservatore (O) è definita, in ogni istante, dalla formula

$$\frac{dO_1}{dt} + \omega \wedge (P - O_1);$$

essendo O_1 un altro punto del corpo. Questa esprime che il corpo può riguardarsi come avente, in ogni istante, due stati cinetici: uno di rotazione (definito da (O_1, ω), rispetto ad un osservatore (O_1)); e, collegato con questo, un altro di traslazione $\left(\text{definito da } \frac{dO_1}{dt}\right)$ rispetto all'osservatore (O). Ora, considerando il sistema formato dal vettore-applicato e dalla coppia avente l'asse uguale a $\frac{dO_1}{dt}$, potremo sempre, per cose note, sostituirlo con un altro sistema equivalente formato da un vettore e una coppia ad assi paralleli. Ad esso corrisponde, nell'interpretazione cinematica, uno stato cinetico di rotazione e uno di traslazione, nel quale le velocità son parallele all'asse istantaneo di rotazione. Ma la simultaneità di questi due stati costituisce appunto uno stato cinetico elicoidale; conformemente all'asserto.

È poi evidente che l'asse istantaneo elicoidale coincide con l'asse *centrale* del sistema formato dal vettore-applicato (O_1, ω) e dalla coppia definita da $\frac{dO_1}{dt}$.

Questa teoria dell'equivalenza degli stati cinetici corrisponde esattamente a quella dell'equivalenza dei moti infinitesimi, studiata nel precedente capitolo; e l'una si può dedurre facilmente dall'altra. Nelle applicazioni possono usarsi tutte e due indifferentemente, come più piace; ma questa offre maggior sicurezza nelle deduzioni, perchè dà al ragionamento una forma più precisa.

CAPITOLO IV

Sommario. — 1. Stato cinetico d'una figura piana mobile nel suo piano; centro istantaneo; calcolo della velocità e accelerazione d'un suo punto, note quelle d'un altro. — 2. Altro caso di determinazione del centro istantaneo; esempio. — 3. Luoghi dei centri istantanei e loro proprietà. — 4. Formola di Savary. — 5. Formule in coordinate cartesiane per la determinazione dei centri istantanei e dei loro luoghi; applicazioni. — 6. Accelerazione dei punti della figura mobile. — 7. Circoli rotolanti. — 8. Curve coniugate. — 9. Ruote a profilo non circolare.

1. Valendosi dei risultati precedenti, studieremo in questo capitolo un moto particolare importante, cioè, il moto d'un sistema rigido i cui punti posseggono in ogni istante velocità parallele a un piano fisso. È manifesto che ciascuna sezione del sistema, ottenuto con un piano parallelo al piano fisso, si muoverà in quel suo piano; perciò lo studio in discorso si riduce a quello del *moto d'una figura piana nel suo piano.*

Fu già dimostrato che lo stato cinetico più generale d'un sistema rigido è, in un istante qualsiasi, uno stato cinetico elicoidale. Nel caso presente, non potendo la figura staccarsi dal suo piano, lo stato cinetico elicoidale dovrà ridursi o a uno stato cinetico di rotazione definito da un vettore ω normale al piano, o a uno stato cinetico di traslazione definito da un vettore τ parallelo al medesimo piano. Ma essendo questo secondo stato molto particolare;

e potendosi d'altra parte immaginarlo come contenuto nel primo, quale caso limite, quando l'asse istantaneo di rotazione è a distanza infinita; si può concludere generalmente che *una figura piana mobile nel suo piano passa, in qualunque istante, per uno stato cinetico di rotazione.*

Sia C la traccia sul piano, in un dato istante, dell'asse istantaneo di rotazione, e P un punto qualunque della figura mobile. Il teorema precedente si traduce nella formula

$$\frac{dP}{dt} = (C - P) \wedge \boldsymbol{\omega} = \boldsymbol{\omega} \wedge (P - C).$$

Il punto C si chiama *il centro istantaneo di rotazione.* La sua posizione varia da istante a istante.

Poichè $\boldsymbol{\omega}$ è normale a un piano fisso, il vettore $\boldsymbol{\omega} \wedge (P-C)$ si ottiene facendo girare $P - C$ di 90° in quel piano e alterandolo nel rapporto di 1 a ω; onde si può anche scrivere (introd. 6)

$$\text{(1)} \qquad \frac{dP}{dt} = \omega i (P - C) \text{ (}^1\text{)}.$$

Giacchè la velocità d'ogni punto P è, nel dato istante, perpendicolare alla congiungente CP, la normale in P alla traiettoria di P passa per il centro istantaneo. Note quindi le traiettorie di due punti P e P_1 della figura mobile e la posizione di questi in un dato istante, si potrà, tirando le normali, determinare il centro istantaneo di rotazione.

(1) La rotazione di 90° si deve fare manifestamente da sinistra a destra rispetto a un osservatore disposto nel verso di $\boldsymbol{\omega}$. Perciò, guardando la pagina del foglio ov'è segnata la figura, l'operatore i indicherà rotazione di 90° da sinistra a destra, se $\boldsymbol{\omega}$ è diretto da questa parte; da destra a sinistra, quando $\boldsymbol{\omega}$ è diretto verso la pagina opposta.

Per esempio, se la figura si muove in guisa che gli estremi A e B d'un suo segmento AB percorrano rispettivamente le Ox, Oy (Fig. 17), il punto d'incontro C delle normali in A e B a quelle rette è, nell'attuale posizione della figura, il centro istantaneo di rotazione.

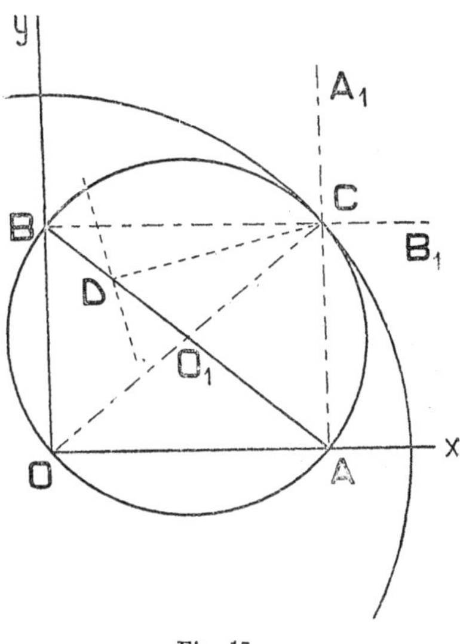

Fig. 17.

Indicando con D un altro punto della medesima figura (ossia, un punto collegato rigidamente con AB), la CD è la normale e DT la tangente alla traiettoria ch'esso descrive, quando la figura si muove nella maniera indicata.

Supponiamo che di uno dei due punti P e P_1, di cui son date le traiettorie e le posizioni, sia pure data la grandezza della velocità; per esempio, la velocità v di P. Allora anche quella di P_1 resta determinata. Infatti, detto C il centro istantaneo, si deduce per le cose dette,

$$v_1 = \omega \cdot CP_1 \quad v = \omega \cdot CP$$

e quindi

$$v_1 = v \frac{CP_1}{CP}.$$

Graficamente si può ottenere v_1 in modo più semplice, senza determinare C. Si osservi anzitutto che la velocità u di P_1 rispetto a un osservatore collegato con P è perpendicolare alla congiungente $P_1 P$; perchè, essendo $\mathrm{mod}(P - P_1)$ costante, P_1 descrive una circonferenza rispetto a P. Inoltre, pel teorema sulla composizione delle velocità, risulta

$$\boldsymbol{v}_1 = \boldsymbol{u} + \boldsymbol{v}.$$

Se dunque si costruisce un triangolo ABC i cui lati sian paralleli alle note direzioni di $\boldsymbol{u}\ \boldsymbol{v}\ \boldsymbol{v}_1$, e si prende $AB = \text{mod}\, \boldsymbol{v} = v$, le grandezze degli altri due lati saranno quelle di $\boldsymbol{u}$ e di $\boldsymbol{v}_1$.

Nota $\boldsymbol{v}_1$, si può calcolare senz'altro l'accelerazione centripeta di P_1. Ma si riesce pure a calcolare la sua accelerazione tangenziale, quando sia nota quella di P. Infatti, siano

$$\boldsymbol{j} = T\boldsymbol{t} + N\boldsymbol{n} \quad \boldsymbol{j}_1 = T_1\boldsymbol{t}_1 + N_1\boldsymbol{n}_1$$

le accelerazioni di P e P_1 decomposte nelle loro parti tangenziali e centripete, e sia

$$\boldsymbol{j}_0 = A\boldsymbol{a} + B\boldsymbol{b}$$

l'accelerazione di P_1 rispetto a un osservatore in moto traslatorio con P, decomposta, essa pure, nella sua parte centripeta $A\boldsymbol{a}$ (diretta come P_1P) e tangenziale $B\boldsymbol{b}$ ($\boldsymbol{b}$ normale ad $\boldsymbol{a}$). Risulta per cose note

$$\boldsymbol{j}_1 = \boldsymbol{j}_0 + \boldsymbol{j},$$

ossia

$$T_1\boldsymbol{t}_1 - T\boldsymbol{t} - B\boldsymbol{b} = \boldsymbol{w},$$

essendo $\boldsymbol{w}$ la risultante delle note accelerazioni centripete. Si deduce

$$T_1(\boldsymbol{t}_1 \times \boldsymbol{a}) - T(\boldsymbol{t} \times \boldsymbol{a}) = \boldsymbol{w} \times \boldsymbol{a},$$

che permette di determinare analiticamente o graficamente T_1 quando è nota T.

2. Sia ora, in generale σ_1 una curva connessa con la figura mobile, e σ la curva inviluppo delle successive posizioni di σ_1. Rappresentiamo con P l'attuale punto di contatto di σ e σ_1, e con C il centro istantaneo (Fig. 19). Un osservatore (O_1) collegato con la figura mobile vedrà il punto P (quale punto di contatto) percorrere la curva σ_1; quindi la velocità di P rispetto a (O_1) è tangente a σ_1. Analogamente; un osservatore (O) fermo nel piano fisso vedrà il punto P (quale punto di contatto) percorrere la σ; perciò la velocità di P rispetto ad (O) è tangente a σ. Ma le σ e σ_1 sono tangenti in P; per conseguenza quelle due velocità hanno la comune direzione della tangente in P a σ e σ_1. Di qui e dal teorema sulla composizione delle velocità (Cap. III) si deduce che la velocità di trascinamento di P sarà, essa pure, diretta secondo quella tangente. D'altra parte sappiamo ch'essa è normale a CP; dunque, *il punto P, ove la curva σ_1 tocca nell'istante attuale il suo inviluppo, è il piede della normale condotta a σ_1 dal centro istantaneo.* E viceversa; *la normale a σ_1, tirata pel punto di contatto P, passa pel centro istantaneo.*

Da questo teorema risulta che il centro istantaneo si potrà determinare non solo quando son conosciute le traiettorie di due punti della figura mobile, come abbiamo osservato di sopra, ma anche quando son note la traiettoria d'un punto e l'inviluppo d'una curva, o l'inviluppo di due curve.

Per esempio, se la retta mobile AB (Fig. 18) rimane sempre tangente alla circonferenza di centro O, mentre un suo punto A descrive la retta (R), il centro istantaneo si troverà, in ogni istante, nell'incontro della normale in A alla retta (R) e della normale in P al cerchio. Per la posizione di AB segnata in figura trovasi dunque in C. Pensando poi AD rigidamente collegata con AB, il piede M

della perpendicolare abbassata da C su AD è il punto

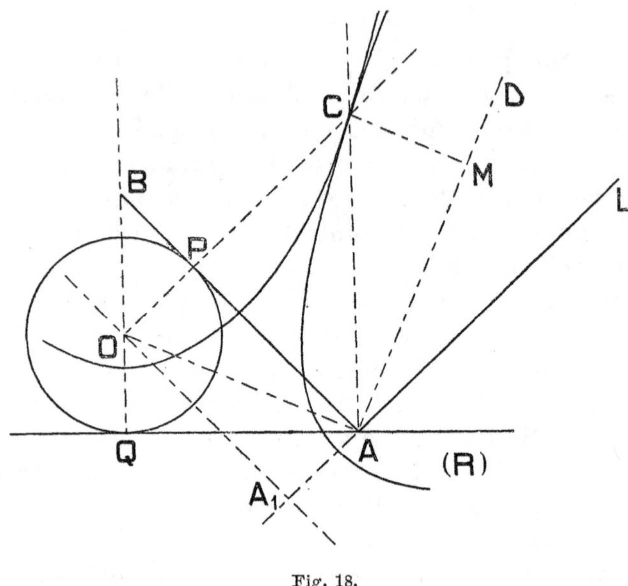

Fig. 18.

ove la retta AD tocca, nell' attuale posizione, il suo inviluppo.

3. Data una figura piana mobile in un piano rispetto a un osservatore (O), imaginiamo il piano sdoppiato in due piani sovrapposti: uno fisso con l' osservatore, l' altro collegato con la figura e mobile con essa. Si può realizzare questa imagine disegnando la figura sopra un foglio di carta, e facendola poi strisciare nel dato modo sopra una tavoletta fissata con l' osservatore.

Ammettendo di poter segnare in ogni istante con la punta d' uno spillo il centro istantaneo di rotazione, si otterranno sulla tavoletta e sul foglio due successioni infinite di forellini, delineanti due curve S e S_1. Esse rappresenteranno dunque rispettivamente il luogo geometrico dei punti della tavoletta e del foglio che diventeranno successivamente centri istantanei.

Ripetendo il movimento della figura, dopo aver tracciate quelle curve, si dovrà vedere necessariamente la curva S_1 *rotolare* sulla curva S. Infatti, durante il moto le due curve avranno in ogni istante, per la loro stessa definizione, un punto in comune: l'attuale centro istantaneo. Sia indicato con C, in un dato istante. L'osservatore (O) vedrà il punto C (quale punto comune alle due curve) spostarsi lungo la S; mentre un altro osservatore (O_1) collegato con la figura lo vedrà spostarsi lungo la S_1. D'altra parte il punto C, pensato appartenente alla figura, avrà nel dato istante una velocità di trascinamento nulla, perchè coincide con l'attuale centro istantaneo; per conseguenza, in virtù del noto teorema sulla composizione delle velocità, le velocità di C rispetto ad (O_1) e a (O) saranno costantemente uguali (uguaglianza in senso vettoriale). Se ne deduce che le due curve saranno sempre tangenti (ossia, che S è l'inviluppo delle successive posizioni di S_1) e che l'arco descritto da C su S_1 in un intervallo qualunque di tempo sarà uguale al corrispondente arco descritto su S nel medesimo intervallo. Dunque la curva S_1 *rotolerà senza strisciare* sulla curva S.

Risulta pertanto dimostrata la seguente proposizione fondamentale: *quando una figura piana si muove in un piano, esiste una curva collegata con la figura, che rotola senza strisciare sul suo inviluppo. La curva e l'inviluppo sono rispettivamente il luogo dei punti collegati con la figura e dei punti del piano che diventano successivamente centri istantanei di rotazione.*

Inversamente: *si può sempre riprodurre il moto d'una figura piana sopra un piano mediante il rotolamento d'una certa curva collegata con la figura sopra un'altra curva fissa nel piano.*

Nel primo degli esempi precedenti (Fig. 17), rammentando la costruzione che si deve ripetere in qualunque istante per determinare la posizione del centro C, si comprende facilmente che un osservatore situato sopra il segmento AB e mobile con esso vedrà sempre i centri C

sulla circonferenza di diametro AB, perchè l'angolo in C sarà sempre retto; mentre un altro osservatore fermo in O vedrà i detti centri sopra una circonferenza di centro O e raggio AB; giacchè per costruzione risulterà sempre $OC = AB$. Queste due circonferenze sono, nell'esempio considerato, le due curve S_1 e S del teorema precedente. Quando il segmento AB si muove nella maniera indicata, la circonferenza di centro O_1 collegata con AB rotola senza strisciare sulla circonferenza fissa di centro O. E viceversa: provocando cotesto rotolamento, il diametro AB della circonferenza mobile si muoverà coi suoi estremi rispettivamente sugli assi Ox e Oy.

Il lettore vedrà facilmente che anche gli estremi di ogni altro diametro del cerchio mobile descrivono, durante il moto, due rette ortogonali.

Nel secondo degli esempi precedenti (Fig. 18), essendo costantemente, per costruzione $AC = OC$; perchè

$$\widehat{POA} = 90° - \widehat{PAO} = 90° - \widehat{OAQ} = \widehat{CAO};$$

un osservatore fermo in O vedrà in ogni istante il punto C ugualmente distante dal punto O e dalla retta (R); ossia, sopra una parabola col fuoco in O e la direttrice in (R); mentre un osservatore collegato con AB, rispetto al quale tanto il punto A, quanto la retta OA_1 parallela e unita ad AB sono fermi, vedrà sempre il punto C ugualmente distante dal punto A e dalla retta OA_1; ossia, sopra una parabola col fuoco in A e la direttrice in OA_1. Durante il moto questa seconda parabola, collegata con AB, rotola sulla prima.

Tornando al caso generale e all'imagine dei due piani sovrapposti, importa notare che come l'osservatore (O) vede muovere in un certo modo il piano della figura, così l'osservatore (O_1) collegato con questa vedrà muovere in un cert'altro modo il piano di (O). I due moti si possono chiamare *inversi*. Rispetto ad (O) è la curva S_1 che rotola sopra S; rispetto ad (O_1) è la S che rotola sopra S_1.

Nel primo degli esempi sopra citati, l'osservatore (O_1) collegato con AB vedrà gli estremi A e B fissi; le rette Ox e Oy muoversi come lati d'un angolo rigido che passano costantemente per A e B; la circonferenza grande rotolare sulla piccola. Perciò si conclude: facendo rotolare il cerchio esterno sul cerchio interno, i diametri Ox e Oy si muoveranno passando sempre rispettivamente per i punti fissi A e B. Questo secondo moto è *l'inverso* del primo.

4. Torniamo a considerare una curva σ_1 collegata con la figura mobile (Fig. 19). Sia σ la curva inviluppo delle sue successive posizioni; e siano, in un dato istante, P il punto di contatto, M e M_1 i rispettivi centri di curvatura, C il centro istantaneo, **ω** il vettore che definisce lo stato cinetico di rotazione.

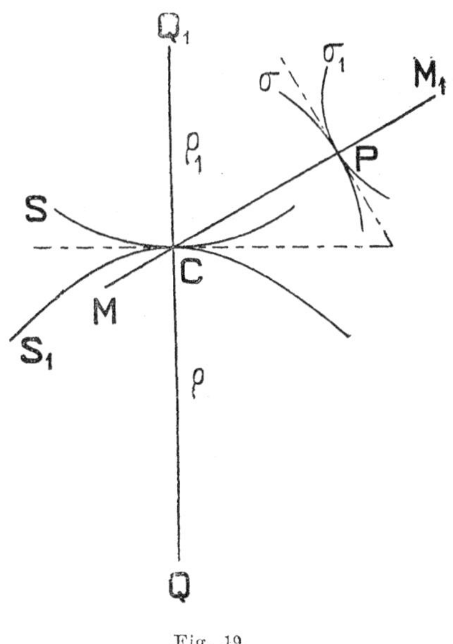

Fig. 19.

Dopo un tempo piccolissimo saranno P' e P'_1 i punti di σ e σ_1 che verranno in contatto [1]. È manifesto che tale contatto si può ottenere girando la σ_1 intorno a M_1 finchè P_1' coincida con P, poi rotandola intorno a M finchè il punto di contatto riesca in P'. Ciò dimostra in sostanza che lo stato cinetico della figura equivale al risultante di due stati cinetici di rotazione, aventi rispettivamente per centri istantanei M e M_1. Se li rappresentiamo coi vettori **ω**$'$ e **ω**$_1'$, avremo le condizioni

[1] Il lettore è pregato di segnare in figura sopra σ e σ_1, e in prossimità di P, i punti P' e P'_1; così potrà seguir meglio il ragionamento.

d'equivalenza (Cap. III, n. 6)

$$\boldsymbol{\omega}' + \boldsymbol{\omega}_1' = \boldsymbol{\omega}$$

$$(M - C) \wedge \boldsymbol{\omega}' + (M_1 - C) \wedge \boldsymbol{\omega}_1' = 0.$$

Sottraendo la seconda dalla prima moltiplicata vettorialmente per $M_1 - C$, si deduce

$$[(M_1 - C) - (M - C)] \wedge \boldsymbol{\omega}' = (M_1 - C) \wedge \boldsymbol{\omega}.$$

Introduciamo ora tre vettori unitari $\boldsymbol{k}$, $\boldsymbol{n}$, $\boldsymbol{t}$, paralleli rispettivamente a $\boldsymbol{\omega}$, $M - C$, $(M - C) \wedge \boldsymbol{\omega}$ (talchè sarà $\boldsymbol{t} = \boldsymbol{n} \wedge \boldsymbol{k}$); poi indichiamo con r e r_1 le distanze di M e M_1 da C. L'equazione precedente diventa

$$(\pm r_1 - r)\boldsymbol{n} \wedge \boldsymbol{\omega}' = \pm r_1 \boldsymbol{n} \wedge \boldsymbol{\omega} = \pm r_1 \omega \boldsymbol{t};$$

ove si prenderà il segno superiore, o l'inferiore, secondo che M_1 sta dalla medesima parte, o dalla parte opposta di M rispetto a C. Ma indicando con $\boldsymbol{u}$ la velocità di C nel primo dei due stati cinetici considerati, risulta ovviamente

$$\boldsymbol{u} = (M - C) \wedge \boldsymbol{\omega}' = r \cdot \boldsymbol{n} \wedge \boldsymbol{\omega}';$$

per conseguenza si potrà anche scrivere

$$(\pm r_1 - r)\frac{\boldsymbol{u}}{r} = \pm r_1 \omega \boldsymbol{t},$$

da cui

$$\omega \boldsymbol{t} = \left(\frac{1}{r} \mp \frac{1}{r_1}\right) \boldsymbol{u};$$

od anche

$$\omega = \left(\frac{1}{r} \mp \frac{1}{r_1}\right) u;$$

purchè si attribuisca a u il segno positivo, quando i vettori u e $\boldsymbol{t}$ (che son paralleli) hanno lo stesso verso; il negativo, quando hanno verso opposto.

Nel caso particolare in cui le curve σ e σ_1 coincidono con le curve S e S_1 luoghi dei centri istantanei, r, r_1 e u diventano rispettivamente i raggi di curvatura ρ e ρ_1 di S e S_1 e la velocità v di C, considerato quale punto di contatto (ferme restando, circa il segno, le stesse convenzioni fatte per u). Talchè, in questo caso, sarà

$$\omega = v\left(\frac{1}{\rho} \mp \frac{1}{\rho_1}\right); \tag{2}$$

relazione importante fra la velocità angolare di rotolamento e la velocità del punto di contatto C.

Paragonando questa con la precedente, si ottiene

$$\left(\frac{1}{r} \mp \frac{1}{r_1}\right) u = \left(\frac{1}{\rho} \mp \frac{1}{\rho_1}\right) v. \tag{2'}$$

Ma fra u e v esiste una relazione molto semplice. Per determinarla, consideriamo la coppia degli assi Mx_1, My_1 paralleli (con lo stesso verso) rispettivamente ai vettori $\boldsymbol{t}$ e $\boldsymbol{u}$, e mobili in modo che M e My, riescano sempre coincidenti col centro di curvatura e con la normale a σ nel punto di contatto P. Evidentemente lo stato cinetico ch'essa possiede in questo istante è quello stesso che fu definito di sopra mediante il vettore $\boldsymbol{\omega}'$; così che la velocità di trascinamento di C (quando C sia collegato a quella coppia d'assi) è rappresentata appunto dal vettore $\boldsymbol{u}$. Allora, notando che rispetto agli assi fissi il punto C percorre la S, ed ha attualmente la velocità che indicammo con $\boldsymbol{v}$; per il noto teorema sulla composizione della velocità risulta

$$\boldsymbol{v} = \boldsymbol{v}_1 + \boldsymbol{u};$$

dove $\boldsymbol{v}_1$ è la velocità di C (percorrente la S) rispetto ai precedenti assi mobili; velocità diretta secondo My_1, giacchè C (allineato sempre con M e P) rimane sempre su quell'asse. Perciò, moltiplicando scalarmente per $\boldsymbol{t}$, si deduce

$$\boldsymbol{v} \times \boldsymbol{t} = \boldsymbol{u} \times \boldsymbol{t};$$

ossia

$$v \cos \varphi = u;$$

in cui φ è l'angolo che fanno le normali (positive) CM e CQ, e u e v hanno i segni concordanti con le convenzioni fatte di sopra.

Questa relazione provvede alla semplificazione della (2'); la quale perciò diventa

$$\left(\frac{1}{r} \mp \frac{1}{r_1}\right) \cos \varphi = \left(\frac{1}{\rho} \mp \frac{1}{\rho_1}\right); \tag{3}$$

dove non c'è più traccia di elementi cinematici. È chiamata *la formula di* Savary.

Noti il secondo membro, l'angolo φ e la distanza r, essa permette di calcolare r_1; ossia, fornisce la posizione del centro di curvatura della curva che è o l'inviluppo di σ_1, o la traiettoria d'un punto P, quando si supponga la σ_1 ridotta a questo punto. Ma si presta anche a un'interpretazione geometrica molto semplice, dalla quale si deduce una costruzione dei detti centri eseguibile con la riga e il compasso. Invero, stando al caso della figura, e prendendo perciò i segni positivi nei due membri della (3), essa può scriversi nella forma:

$$r_1\left(\frac{r}{\rho} - \cos \varphi\right) = r\left(-\frac{r_1}{\rho_1} + \cos \varphi\right). \tag{3}$$

Ma, tirando le rette QM e $M_1 Q_1$ e prolungandole sino all'incontro della normale CA a MM_1 [1], dal trian-

[1] Si noti che in figura i due punti d'incontro sono coincidenti; ma nel corso del ragionamento si suppongono distinti, e sono indicati con la lettera A per la retta QM, A_1 per la retta $Q_1 M_1$.

golo CQM risulta (Fig. 20)

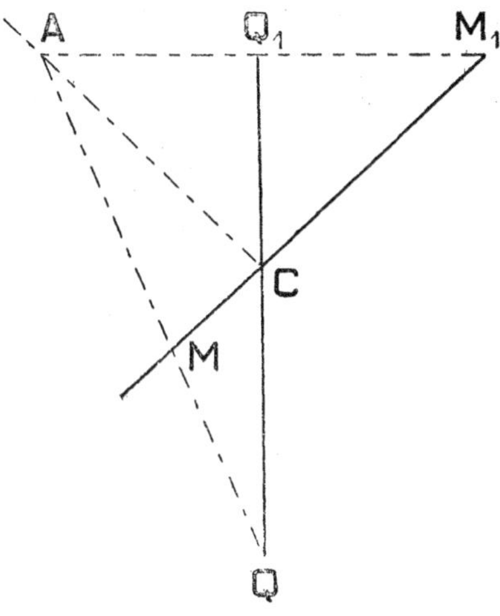

Fig. 20.

$$\frac{r}{\rho} = \frac{\operatorname{sen}(\widehat{AMC} - \varphi)}{\operatorname{sen} \widehat{AMC}} = \cos\varphi - \operatorname{sen}\varphi \operatorname{cotg} \widehat{AMC};$$

ossia,

$$\frac{r}{\rho} - \cos\varphi = - \operatorname{sen}\varphi \operatorname{cotg} \widehat{AMC};$$

e dal triangolo $CQ_1 M_1$, in modo simile,

$$\frac{r_1}{\rho_1} - \cos\varphi = \operatorname{sen}\varphi \operatorname{cotg} A_1 \widehat{M_1} C.$$

Per conseguenza la (3′) si riduce a

$$r_1 \operatorname{cotg} \widehat{AMC} = r \operatorname{cotg} A_1 \widehat{M_1} C,$$

ossia,

$$r \operatorname{tang} \widehat{AMC} = r_1 \operatorname{tang} A_1 \widehat{M_1} C;$$

equivalente a

$$CA = CA_1,$$

come mostra la figura. Dunque la formula di SAVARY esprime semplicemente il fatto che i punti d'incontro delle

QM e M_1Q_1 con la CL coincidono. Di qui la costruzione seguente: *dati i punti C, Q, Q_1, M_1, che hanno il significato detto di sopra, si prolunghi la congiungente M_1Q_1 sino ad incontrare la perpendicolare a CM_1; indi si congiunga questo punto d'incontro col centro Q; il punto ove questa congiungente interseca la CM_1 (o il suo prolungamento) è il centro di curvatura M dell'inviluppo di σ_1, o della traiettoria di M_1, se la σ_1 si riduce a M_1.*

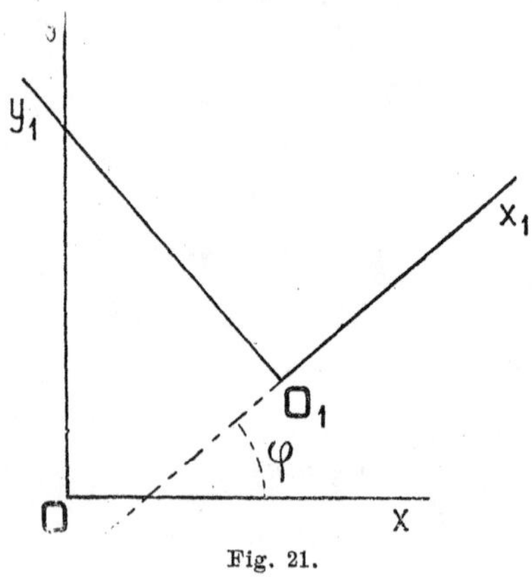

Fig. 21.

5. Per trovare delle formule semplici atte al calcolo delle coordinate del centro istantaneo di rotazione rispetto a una coppia d'assi fissi (nel piano fisso) e a una coppia d'assi mobili (collegati con la figura), indichiamo con φ l'angolo di cui deve ruotare da sinistra a destra la coppia d'assi mobili per diventare parallela a quella degli assi fissi (Fig. 21). I coseni degli angoli delle due coppie di assi (o dei vettori fondamentali) sono dati dal quadro seguente:

	x_1	y_1	
x	$\cos\varphi$	$-\operatorname{sen}\varphi$	$\boldsymbol{i}$
y	$\operatorname{sen}\varphi$	$\cos\varphi$	$\boldsymbol{j}$
	$\boldsymbol{i}_1$	$\boldsymbol{j}_1$	

Dette a e b le coordinate dell'origine mobile O_1, è chiaro che la posizione della figura mobile è definita dai tre parametri a, b, φ. Perciò

$$a = a(t), \quad b = b(t), \quad \varphi = \varphi(t);$$

oppure

$$a = f_1(\varphi), \quad b = f_2(\varphi), \quad \varphi = f_3(t),$$

si possono considerare come *l'equazioni del moto della figura.*

Ammettiamo che il moto avvenga nel senso di φ crescente; onde sarà $\frac{d\varphi}{dt} > 0$. Dalla formula (1), cambiando P in O_1 si ottiene

$$(3) \qquad C - O_1 = \frac{1}{\omega} i \frac{dO_1}{dt} = \frac{1}{\omega} i \frac{dO_1}{d\varphi} \frac{d\varphi}{dt} = i \frac{dO_1}{d\varphi};$$

perchè $\frac{d\varphi}{dt}$ (velocità angolare) è uguale ad ω ed ha lo stesso segno. Qui, per le ipotesi fatte, l'operatore i fa girare i vettori da destra a sinistra (vedi nota al n. 1). Si passa al calcolo delle coordinate ξ e η di C rispetto agli assi fissi, notando che

$$(o) \qquad O_1 = O + a\boldsymbol{i} + b\boldsymbol{j}, \quad i\boldsymbol{i} = \boldsymbol{j}, \quad i\boldsymbol{j} = -\boldsymbol{i}.$$

Invero, si ottiene subito dalla (3)

$$(4) \qquad \xi = a - \frac{db}{d\varphi}, \quad \eta = b + \frac{da}{d\varphi};$$

dalle quali eliminando φ si dedurrà l'equazione in coordinate cartesiane $F(\xi, \eta) = 0$ della curva S *luogo dei centri istantanei nel piano fisso.*

Per calcolare le coordinate ξ_1 e η_1 di C rispetto agli assi mobili, basta moltiplicare la (3) scalarmente una volta per $\boldsymbol{i}_1$, un'altra per $\boldsymbol{j}_1$ e tener conto delle (o) e del quadro precedente. Si trova

$$\xi_1 = i \frac{dO_1}{d\varphi} \times \boldsymbol{i}_1 = \frac{da}{d\varphi} \boldsymbol{j} \times \boldsymbol{i}_1 - \frac{db}{d\varphi} \boldsymbol{i} \times \boldsymbol{i}_1$$

$$\eta_1 = i \frac{dO_1}{d\varphi} \times \boldsymbol{j}_1 = \frac{da}{d\varphi} \boldsymbol{j} \times \boldsymbol{j}_1 - \frac{db}{d\varphi} \boldsymbol{i} \times \boldsymbol{j}_1$$

ossia

$$(5)\qquad \begin{aligned} \xi_1 &= \frac{da}{d\varphi}\,\mathrm{sen}\,\varphi - \frac{db}{d\varphi}\cos\varphi \\ \eta_1 &= \frac{da}{d\varphi}\cos\varphi + \frac{db}{d\varphi}\,\mathrm{sen}\,\varphi. \end{aligned}$$

L' eliminazione di φ condurrà all' equazione $F_1(\xi_1\eta_1) = 0$ della curva S_1 *luogo dei centri istantanei rispetto all' osservatore collegato con la figura.*

Nel primo degli esempi trattati in principio (Fig. 17), prendendo AB per asse O_1y_1, la normale in A verso destra per asse O_1x_1, si ha (posto $AB = l$)

$$a = l\,\mathrm{sen}\,\varphi, \quad b = 0;$$

e quindi per le (4) e (5)

$$\xi = l\,\mathrm{sen}\,\varphi, \quad \xi_1 = l\cos\varphi\,\mathrm{sen}\,\varphi = \frac{l}{2}\,\mathrm{sen}\,2\varphi$$

$$\eta = l\cos\varphi, \quad \eta_1 = l\cos^2\varphi = \frac{l}{2}(1 + \cos 2\varphi).$$

Eliminando φ, si ottengono l' equazioni

$$\xi^2 + \eta^2 = l^2, \quad \xi_1{}^2 + \left(\eta_1 - \frac{l}{2}\right)^2 = \frac{l^2}{4};$$

che rappresentano le due circonferenze trovate prima con altre considerazioni.

Nel secondo esempio (Fig. 18), assumendo AL e AB per assi mobili ed essendo $\widehat{LAB} = \varphi$, si deduce

$$a = AP = r\,\mathrm{tang}\,\theta, \quad b = 0;$$

posto $OP = r$, $\frac{\pi}{4} + \frac{\varphi}{2} = \theta$. Quindi risulta, per le (4) e (5),

$$\xi = r\,\mathrm{tang}\,\theta, \quad \eta = \frac{r}{2}\frac{1}{\cos^2\theta};$$

$$\xi_1 = \frac{r\,\mathrm{sen}\,\varphi}{2\cos^2\theta} = -\frac{r\cos 2\theta}{2\cos^2\theta} = \frac{r}{2}(\mathrm{tang}^2\,\theta - 1)$$

$$\eta_1 = \frac{r\cos\varphi}{2\cos^2\theta} = \frac{r\,\mathrm{sen}\,2\theta}{2\cos^2\theta} = r\,\mathrm{tang}\,\theta.$$

Eliminando θ, si ottiene

$$\xi^2 = r(2\eta - r), \quad \eta_1{}^2 = r(2\xi_1 + r);$$

che rappresentano le due parabole già trovate in altro modo.

Se si vuole determinare l'equazione della traiettoria descritta da un punto P collegato con la figura mobile, rispetto alla quale la sua posizione sia definita dalle coordinate x_1 e y_1, basta eliminare φ fra le relazioni

$$x = a + x_1 \cos\varphi - y_1 \operatorname{sen}\varphi$$
$$y = b + x_1 \operatorname{sen}\varphi + y_1 \cos\varphi,$$

dopo aver sostituito ad a e b le loro espressioni in funzione di φ. Queste relazioni non sono altre che le note formule di passaggio da una coppia d'assi ad un'altra, che si compendiano nella relazione evidente

$$P - O = (O_1 - O) + (P - O_1).$$

Così, nel primo esempio, la traiettoria d'un punto di AB di coordinate (o, y_1) è definita dalle formule

$$x = l \operatorname{sen}\varphi - y_1 \operatorname{sen}\varphi = (l - y_1)\operatorname{sen}\varphi, \quad y = y_1 \cos\varphi;$$

ossia, da

$$\left(\frac{x}{l - y_1}\right)^2 + \left(\frac{y}{y_1}\right)^2 = 1.$$

È dunque un'ellisse. Poichè un'ellisse può sempre considerarsi quale traiettoria d'un punto appartenente a un segmento AB mobile come si è detto, la costruzione di SAVARY permette di determinare graficamente il centro di curvatura in un punto d'una ellisse qualunque.

Nel secondo esempio, la traiettoria d'un punto (x_1, o) di AL è definita dalle formule

$$x = r \operatorname{tang}\theta + x_1 \operatorname{sen} 2\theta, \quad y = -x_1 \cos 2\theta,$$

Essendo

$$\operatorname{tang}\theta = \frac{1 \operatorname{sen} 2\theta}{2\cos^2\theta} = \frac{\operatorname{sen} 2\theta}{1 + \cos 2\theta} = \frac{x_1 \operatorname{sen} 2\theta}{x_1 - y},$$

si deduce

$$x = x_1 \operatorname{sen} 2\theta \left(\frac{r}{x_1 - y} + 1\right), \quad y = - x_1 \cos 2\theta;$$

da cui eliminando θ,

$$y^2 + \left(\frac{x_1 - y}{r + x_1 - y}\right)^2 x^2 = x_1^2;$$

che rappresenta una curva algebrica del quart' ordine (concoide).

6. Passiamo ora allo studio delle accelerazioni dei punti della figura mobile (accelerazione di trascinamento). Nel capitolo precedente fu già fatta un' analisi generale dell' accelerazione di trascinamento; perciò si potrebbero applicare quei risultati al caso presente; ma è più semplice procedere direttamente nel modo che segue. Dalla formula (I)

$$\frac{dP}{dt} = \omega i(P - C)$$

si ottiene, derivando,

$$\text{(6)} \qquad \frac{d^2P}{dt^2} = \frac{d\omega}{dt} i(P - C) + \omega i \left(\frac{dP}{dt} - \frac{dC}{dt}\right)$$

$$= \frac{d\omega}{dt} i(P - C) - \omega^2 (P - C) - \omega i \frac{dC}{dt}.$$

Indichiamo con t e n rispettivamente (Fig. 22) due vettori unitari sulla tangente (nel senso del moto) e sulla normale (verso C) alla traiettoria di P; con r la grandezza di $P - C$; con T e N le proiezioni del vettore $- i \frac{dC}{dt}$ sulle direzioni di t e n; avremo

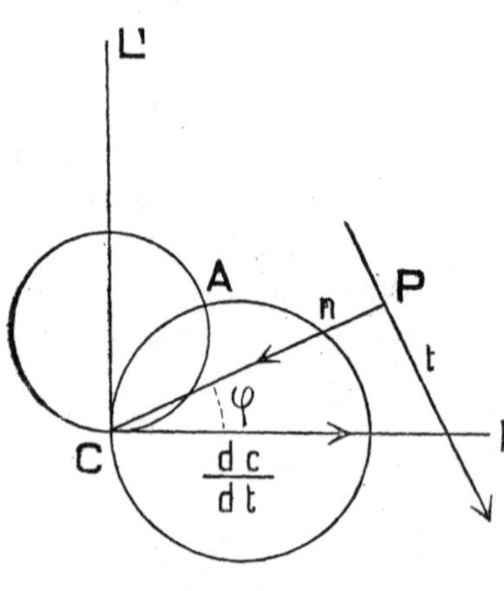

Fig. 22.

$$- (P - C) = rn,$$

$$i(P - C) = rt,$$

$$- i \frac{dC}{dt} = Tt + Nn;$$

e quindi

$$\frac{d^2P}{dt^2} = \left(r\frac{d\omega}{dt} + \omega T\right)t + (r\omega^2 + \omega N)n\,;$$

la quale dimostra che le accelerazioni tangenziale e centripeta di P sono rispettivamente

$$j_t = r\frac{d\omega}{dt} + \omega T, \quad j_n = r\omega^2 + \omega N.$$

Indicando con φ l'angolo PCL (CL tangente comune alle curve luoghi dei centri C) e con v la grandezza di $\frac{dC}{dt}$, facilmente si trova

$$T = -v\cos\varphi, \quad N = -v\,\mathrm{sen}\,\varphi,$$

e quindi

$$j_t = r\frac{d\omega}{dt} - \omega v\cos\varphi, \quad j_n = r\omega^2 - \omega v\,\mathrm{sen}\,\varphi.$$

Cerchiamo i punti della figura che hanno in questo istante l'accelerazione tangenziale nulla. Saranno definiti dall'equazione

$$r\frac{d\omega}{dt} - \omega v\cos\varphi = 0,$$

ove r e φ sono le loro coordinate polari rispetto a CL, preso come asse polare (polo C). Posto

$$\omega v : \frac{d\omega}{dt} = 2l,$$

l'equazione

$$r = 2l\cos\varphi$$

rappresenta una circonferenza di raggio l, passante per C e col centro sopra CL.

Analogamente; i punti della figura che hanno attualmente l'accelerazione normale nulla sono definiti dall'equazione

$$r = \frac{v}{\omega}\,\mathrm{sen}\,\varphi,$$

che rappresenta una circonferenza di raggio $\frac{v}{2\omega}$ passante per C e col centro sopra CL' normale a CL.

Quelle due circonferenze s'intersecano (oltre che nel centro istantaneo) nel punto A; il quale perciò ha l'accelerazione totale $\frac{d^2A}{dt^2}$ nulla. Concludiamo pertanto: *Esistono in ogni istante punti del piano mobile (o della figura mobile) che hanno nulla o l'accelerazione tangenziale, o l'accelerazione normale, e che si trovano rispettivamente sopra le due circonferenze definite di sopra. Esiste perciò un punto d'accelerazione totale nulla, detto il polo delle accelerazioni, che è determinato dall'intersezione di quelle due circonferenze.*

Poichè per il polo A è $\frac{d^2A}{dt^2} = 0$, si ha per la (6), sostituito A a P,

$$\frac{d\omega}{dt} i(A - C) - \omega^2(A - C) - \omega i \frac{dC}{dt} = 0.$$

Sottraendola dalla (6) stessa, si deduce

$$\frac{d^2P}{dt^2} = \frac{d\omega}{dt} i(P - A) - \omega^2(P - A).$$

Ma questa non è altro che la derivata di

$$\frac{dP}{dt} = \omega i(P - A),$$

quando il punto A sia considerato come fisso $\left(\frac{dA}{dt} = 0\right)$; ossia, la derivata della velocità di P in un moto di rotazione intorno ad A. Dunque, *rispetto alle accelerazioni, tutto avviene, in un dato istante, come se la figura ruotasse effettivamente intorno al polo A.*

7. Sono importanti per le applicazioni ai meccanismi quei moti delle figure piane che si ottengono mediante il rotolamento d'una circonferenza S'_c sopra un'altra S_c. Il

moto si dice *epicicloidale,* quando le circonferenze stanno da bande opposte rispetto alla comune tangente; *ipocicloidale,* quando stanno dalla medesima parte. Nel primo caso le curve descritte dai punti della figura (cioè, dai punti collegati col cerchio mobile) son chiamate *epicicloidi*; nel secondo caso *ipocicloidi.*

In questi moti i punti che stanno sopra S_c' descrivono dell'epicicloidi (Fig. 23), o, delle ipocicloidi (Fig. 24), aventi delle cuspidi sulla circonferenza S_c. Codeste curve

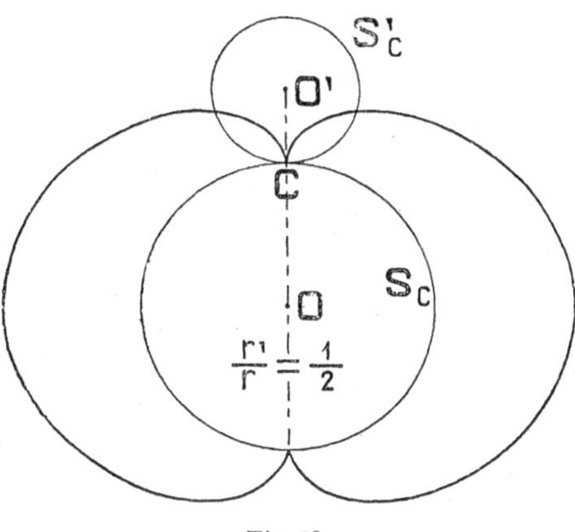

Fig. 23.

son chiuse o aperte, secondo che il rapporto dei raggi è un numero razionale o irrazionale. La Fig. 23 rappresenta un'epicloide a due cuspidi; la Fig. 24 un'ipocicloide a tre cuspidi.

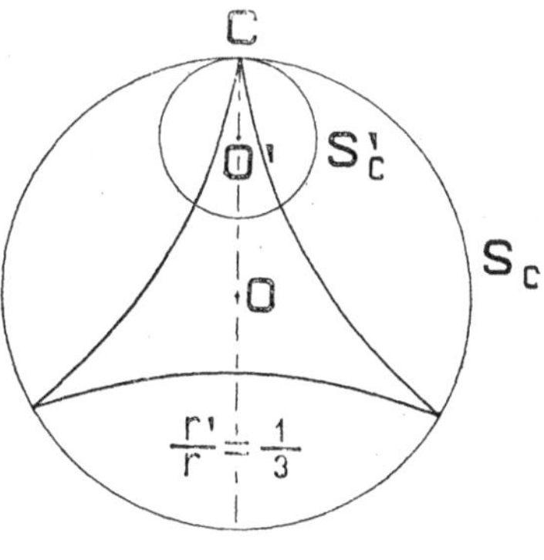

Fig. 24.

Anche i diametri di S_c' inviluppano curve dello stesso tipo. Invero, è facile dimostrare, che se in un dato istante si traccia la circonferenza tangente a S_c nel centro istantaneo e passante pel punto di contatto M d'un dato diametro di S_c' col suo inviluppo; e la si fa poi rotolare sopra S_c; l'epicicloide descritta da M coincide con l'inviluppo del dato diametro nel primitivo moto. Il lettore se ne persuaderà quando avrà letto il paragrafo seguente.

Supposta costante la velocità ω di rotolamento, anche la velocità $\frac{dC}{dt}$ di C risulta costante, in virtù della (2); e le formule precedenti, circa le accelerazioni, diventano

$$A - C = -\frac{i}{\omega}\frac{dC}{dt}, \quad \frac{d^2P}{dt^2} = -\omega^2(P - A).$$

La prima esprime che il luogo dei poli delle accelerazioni è una circonferenza concentrica alla S_c; la seconda che, in un dato istante, le accelerazioni dei punti connessi con S_c sono accelerazioni centripete rispetto al polo A corrispondente a quell'istante.

Quando la S_c è una retta (raggio infinito) il moto è detto *cicloidale*, e *cicloidi* son chiamate le traiettorie dei punti collegati col cerchio mobile. Per solito le proprietà di queste curve sono esposte nei trattati di calcolo infinitesimale; riteniamo perciò che sian note al lettore.

Qui faremo osservare che la costruzione di Savary permette di determinare graficamente i centri di curvatura d'una epi- o ipocicloide qualunque.

In verità, nei meccanismi i cerchi (O) e (O') (Fig. 23) (reali o fittizî) non sono l'uno fisso e l'altro mobile; bensì mobili ambedue intorno ad O e O'. Ed anzi il cerchio (O) comunica per contatto il suo moto ad (O'), in senso inverso; così che, a cagione del puro rotolamento, fra le velocità angolari sussiste la relazione

$$(o) \qquad r\omega = r'\omega'.$$

Ma è facile convincersi che il moto di (O') rispetto ad (O), che è poi quel che più importa, è un moto epicicloidale. Infatti, un osservatore collegato con (O) vedrà il cerchio (O') animato da due movimenti di rotazione: uno intorno ad O, in un certo verso, con velocità ω'; un altro intorno ad O, nel medesimo verso, con velocità ω (perchè (O) e (O') separatamente hanno rotazioni di verso opposto). Talchè, nel tempo infinitesimo dt, il cerchio (O') dovrà compiere due rotazioni $\omega' dt$ e ωdt nel medesimo senso intorno a due assi normali al piano rispettivamente in O' e O. Ma è noto che tale successione (o simultaneità) di rotazioni equivale a una sola rotazione $(\omega + \omega')dt$ intorno a un asse parallelo a quelli, con la traccia nel punto che divide il segmento OO' in parti inversamente proporzionali a ω e ω'; ossia, in virtù della (o), a r e r'. Quel punto, centro istantaneo dell'unica rotazione, è precisamente il punto di contatto delle due circonferenze. Ciò prova che, rispetto all'osservatore collegato con (O), la circonferenza S_c' rotola (senza strisciare) sulla S_c. Analogo ragionamento vale pel caso della Fig. 24.

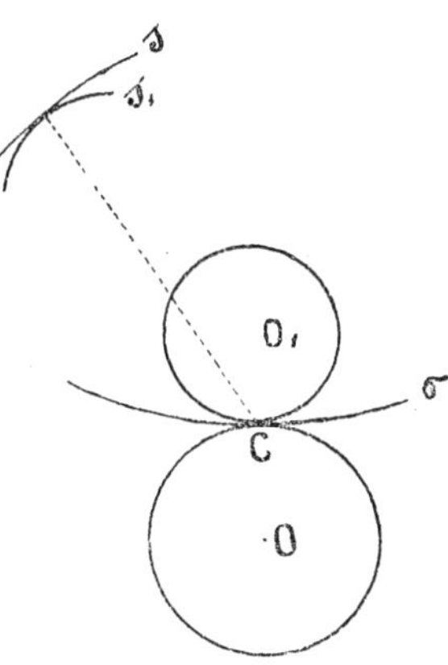

Fig. 24 bis.

8. Insieme alle circonferenze di centro (O) e (O_1) del numero precedente, consideriamo una curva σ rotolante essa pure sulla circonferenza (O) contemporaneamente al circolo (O_1), per modo che C sia in ogni istante il comune punto di contatto. Un punto M rigidamente collegato con σ descriverà una curva (s) nel piano del cerchio fisso e una curva (s_1) in quello del cerchio mobile (O_1). Supponiamo d'aver descritte queste curve. Essendo C il centro istantaneo tanto rispetto al rotolamento di σ su (O), quanto rispetto a quello di σ su (O_1), la retta CM sarà normale a (s) e (s_1); perciò queste due curve risulteranno tangenti in M. E questo vale in ogni istante. E poichè la curva (s_1) è collegata con (O_1) (nel piano di (O_1)) e la (s) con (O), ne consegue che nel rotolamento del primo cerchio sul secondo la curva (s_1) inviluppperà la curva (s). Se dunque

chiamiamo *coniugate* due curve quando una è l'inviluppo dell'altra trascinata in un moto di rotolamento (come appunto le (s) e (s_1)), possiamo concludere: *una coppia di curve coniugate rispetto al rotolamento d'un cerchio sopra un altro si possono sempre ottenere quali traiettorie d'un medesimo punto collegato con una curva* σ, *quando si faccia rotolare questa curva separatamente sopra le due date circonferenze.* Questo teorema trova una importante applicazione nel tracciamento dei profili delle ruote dentate.

9. Non meno importante per lo studio dei meccanismi è l'esaminare se sia possibile il mutuo rotolamento di due curve S e S_1 rotanti (in uno stesso piano) intorno a due punti fissi O e O_1 (Fig. 25). O, in termini più concreti, se sia possibile con una ruota a profilo curvilineo (non circolare) comunicare per contatto una rotazione a un'altra ruota a profilo pure curvilineo.

È manifesto, per le cose dette di sopra, che, ammessa quella possibilità, il moto di S_1 rispetto ad un osservatore collegato con S sarà un moto di rotolamento (senza strisciamento), pel quale il punto O_1 descriverà una circonferenza di centro O. Talchè la questione si riduce a questa: è possibile determinare due curve S e S_1 tali che, facendo rotolare la S_1 sulla S, un punto collegato con S_1 descriva una circonferenza?

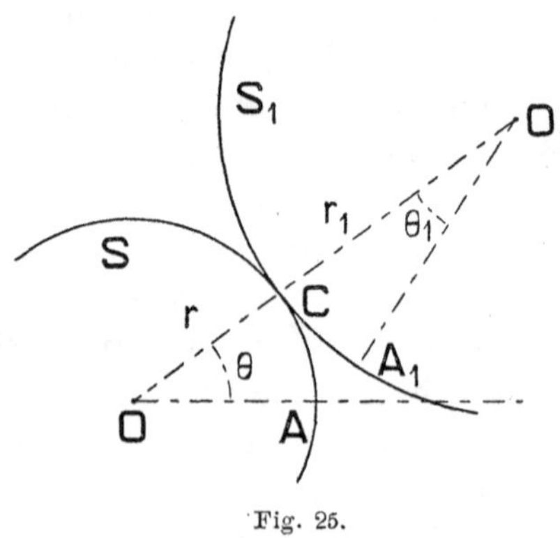

Fig. 25.

Riferiamo (Fig. 25) la curva S al polo O e all'asse polare OA; la curva S_1 al polo O_1 e all'asse polare O_1A_1; A e A_1, essendo i punti delle curve che coincidevano nel comun punto di contatto al tempo $t = 0$. Siano rispettivamente, in questi riferimenti,

$$r = \varphi(\theta), \quad r_1 = \varphi_1(\theta_1)$$

le loro equazioni. Naturalmente, il centro istantaneo C risulterà allineato con O e O_1; perchè, per ipotesi, O_1 descrive una circonferenza di centro O.

Posto

$$OO_1 = a(\text{cost}), \quad \text{arco } AC = s, \quad \text{arco } A_1C = s_1,$$

in ogni istante sarà

$$r + r_1 = a,$$

e, a cagione del puro rotolamento,

$$s = s_1;$$

dalle quali si trae

$$dr = -dr_1, \quad ds = ds_1.$$

Rammentando l'espressione dell'elemento d'arco in coordinate polari, si può scrivere più esplicitamente

$$dr = -dr_1, \quad dr^2 + r^2 d\theta^2 = dr_1^{\,2} + r_1^{\,2} d\theta_1^{\,2};$$

dalle quali si deduce

$$r d\theta = \pm r_1 d\theta_1;$$

e quindi

$$d\theta_1 = \pm \frac{r}{r_1} d\theta = \pm \frac{\varphi(\theta)}{a - \varphi(\theta)} d\theta;$$

da cui

$$\theta_1 = \int_0^\theta \frac{\varphi(\theta)}{a - \varphi(\theta)} d\theta \text{ [1]}.$$

Quest'equazione e

$$r_1 = a - \varphi(\theta)$$

definiscono θ_1 e r_1 in funzione di θ. L'eliminazione di θ, quando sarà eseguibile, darà in coordinate polari l'equazione di S_1.

Rimane pertanto provato che, *data una curva qualunque S, è possibile, in massima, determinare un'altra curva S_1 tale che, nel rotolamento di S_1 sopra S, un punto collegato con S_1 descriva una circonferenza (o un arco di*

[1] Nel caso della figura si dovrà tenere il segno positivo.

circonferenza) di dato centro e dato raggio. La risoluzione del problema dipende da una semplice quadratura.

È intuitivo, e risulta anche dalla simmetria dell'equazioni $r + r_1 = a$, $s = s_1$, che, tenendo fissa la S_1 e facendo rotolare la S, il punto O collegato con S descriverà una circonferenza di centro O_1 e raggio a. Onde, da questa osservazione e dal teorema precedente, si ritorna alla cercata proprietà di due ruote a profili curvilinei, mobili intorno a due punti fissi, che si comunicano per contatto le loro rotazioni. È poi ovvio che le velocità angolari delle rotazioni son vincolate dalla relazione

$$r \frac{d\theta}{dt} = r_1 \frac{d\theta_1}{dt}.$$

Come esempio, prendiamo per curva S la spirale logaritmica

$$r = e^{m\theta}.$$

Si ha in questo caso

$$\theta_1 = \int_0^\theta \frac{e^{m\theta}\, d\theta}{a - e^{m\theta}} = -\frac{1}{m} \int_0^\theta \frac{d(a - e^{m\theta})}{a - e^{m\theta}}$$

$$= -\frac{1}{m} \left\{ \log\,(a - e^{m\theta}) - \log\,(a - 1) \right\}$$

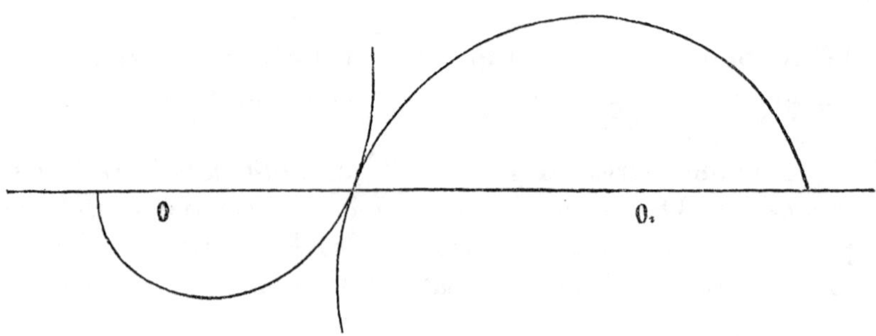

Fig. 25 bis.

Associandola con la relazione

$$r_1 = a - e^{m\theta},$$

si ricava

$$r_1 = (a - 1)e^{-m\theta_1};$$

che rappresenta un' altra spirale logaritmica, com'è segnato in figura.

CAPITOLO V

SOMMARIO — 1. Moto d'un corpo intorno a un punto fisso; asse istantaneo di rotazione — 2. Moto d'una figura sferica sulla sua sfera; coni della poloide e dell'erpoloide — 3. Esempio; moto di precessione regolare — 4. Moto d'un ellissoide che ha il centro fisso e che rotola sopra un piano fisso — 5. Angoli Euleriani; espressioni delle componenti della velocità angolare — 6. Moto d'un corpo interamente libero; gradi di libertà d'un corpo.

1. Il moto d'un corpo rigido intorno a un punto fisso offre un'altra bella applicazione dei principi generali della cinematica, ed è uno studio teoricamente importante e praticamente utile.

Sia O_1 il punto fisso. La velocità, in ogni istante, d'un qualunque punto P del corpo, rispetto a un osservatore fisso nello spazio, è la velocità di trascinamento, definita dalla formula

$$\frac{dP}{dt} = \frac{dO_1}{dt} + \boldsymbol{\omega} \wedge (P - O_1).$$

Ma, per l'immobilità di O_1, essa si riduce a

$$(1) \qquad \frac{dP}{dt} = \boldsymbol{\omega} \wedge (P - O_1) = (O_1 - P) \wedge \boldsymbol{\omega};$$

la quale esprime che *in ogni istante il corpo passa per uno stato cinetico di rotazione definito dal vettore-applicato* $(O_1, \boldsymbol{\omega})$.

L'asse di $(O_1, \boldsymbol{\omega})$ si chiama, come è noto, *l'asse istantaneo di rotazione*, e la grandezza di $\boldsymbol{\omega}$ *la velocità angolare*. Il vettore $\boldsymbol{\omega}$ varia da istante a istante.

Giacchè, in un dato istante, la velocità d'ogni punto P del corpo è perpendicolare al piano passante per P e per l'asse istantaneo, il piano normale in P alla traiettoria descritta da P passa per l'asse istantaneo. Note quindi le traiettorie di due punti del corpo e la posizione di essi punti nel dato istante, si potrà, tirando i piani normali, determinare l'asse istantaneo.

L'analogia che già si vede apparire fin d'ora con le proprietà del moto delle figure piane si rende anche più manifesta e più utile, osservando che al moto d'un corpo intorno a un punto fisso può sostituirsi il moto d'una figura sferica sulla sfera. Invero, tutti i punti equidistanti da O_1 (per es., alla distanza a) formano una figura sferica giacente sopra una sfera di raggio a e centro O_1; la quale, per qualunque movimento del corpo, sempre giacerà su quella sfera. E inversamente; quella figura sferica, o sezione sferica del corpo, muovendosi in un certo modo sulla sfera e trascinando seco tutto il corpo, comunica a questo un determinato movimento. È dunque indifferente parlare di moto d'un corpo intorno a un punto fisso, o d'una figura sferica sulla sua sfera. Ma questo secondo movimento ha analogie più manifeste col moto d'una figura piana; essendo questo un caso limite di quello, quando si fa tendere all'infinito il raggio della sfera. Tanto che, se si osserva che gli assi istantanei intersecano la detta sfera in punti, e i fasci dei loro piani in circoli massimi; si capisce chiaramente che si passerà dalle proprietà del moto d'una figura piana a quelle del moto d'una figura sferica sostituendo alle rette i circoli massimi, alla geometria e trigonometria piane le sferiche. Onde, nel caso presente, basterà enunciare quelle proprietà senz'altre dimostrazioni.

2. Immaginiamo dunque una figura sferica mobile sulla sua sfera. In un dato istante, i circoli massimi normali alle traiettorie dei punti della figura, nell'attuale posizione di quei punti, passano tutti per un sol punto, detto il ***polo istantaneo.*** Così che il polo si potrà determinare quando sian conosciute le traiettorie di due punti. Viceversa; congiungendo il polo con un punto P della figura mediante un arco di circolo massimo, questo risulta normale alla traiettoria di P.

Sia σ una curva della figura sferica (curva sferica). Le sue successive posizioni durante il moto inviluppcranno un'altra curva sferica σ_1. In ogni istante, il circolo massimo normale a σ e σ_1 nel loro punto di contatto passa per il polo istantaneo. Così che il polo si potrà anche determinare quando son noti gl'inviluppi di due curve, o l'inviluppo di una curva e la traiettoria di un punto. Viceversa, tirando dal polo il circolo massimo normale a una curva σ, si determina l'attuale punto di contatto di σ col suo inviluppo.

Pensiamo ora la superficie sferica sdoppiata in due superficie sovrapposte; una fissa, l'altra collegata con la figura sferica e mobile con essa. I punti della superficie fissa che diventano successivamente poli istantanei stanno sopra una curva S, detta *l'erpoloide sferica*; i punti della superficie mobile che vanno successivamente a coincidere col polo istantaneo formano un'altra curva S_1, detta la *poloide sferica.* In ogni istante, quelle due curve hanno un punto in comune, nel quale son tangenti: l'attuale polo istantaneo. Durante il moto della figura, la poloide sferica, collegata con essa, rotola (senza strisciare) sopra l'erpoloide. E viceversa: *si può sempre riprodurre qualsiasi moto d'una figura sferica sulla sua sfera facendo rotolare una curva collegata con la figura sopra un'altra curva fissa sulla sfera.*

Ritornando ora a considerare il corpo avente un punto fisso O_1, al quale appartiene la figura sferica in discorso; e notando che in ogni istante la retta passante pel punto fisso e pel polo non è altro che l'asse istantaneo; si vede facilmente che, durante l moto del corpo, il cono che ha per vertice O_1 e per direttrice la poloide sferica (cono collegato col corpo e luogo delle rette del corpo che vanno successivamente a coincidere con l'asse istantaneo) rotola sul cono avente lo stesso vertice e per direttrice l'erpoloide sferica (cono fisso nello spazio, luogo degli assi istantanei). Talchè si viene infine alla conclusione, *che un moto qualunque d'un corpo intorno a un punto fisso si può sempre riprodurre mediante il rotolamento d'un cono collegato col corpo sopra un cono fisso nello spazio.* Il primo cono si chiama *il cono della poloide,* il secondo *il cono dell'erpoloide.*

3. Come esempio, consideriamo il triangolo isoscele MON mobile intorno al vertice fisso O (Fig. 26), in modo che gli altri vertici N e M degli angoli uguali descrivono rispettivamente i circoli concentrici e uguali, situati in piani normali, CA e CB. Il moto è equivalente, sulla sfera di centro O e raggio $OM{=}ON$, a quello dell'arco di circolo massimo MN di lunghezza invariabile, i cui estremi percorrono i due circoli massimi AC e BC.

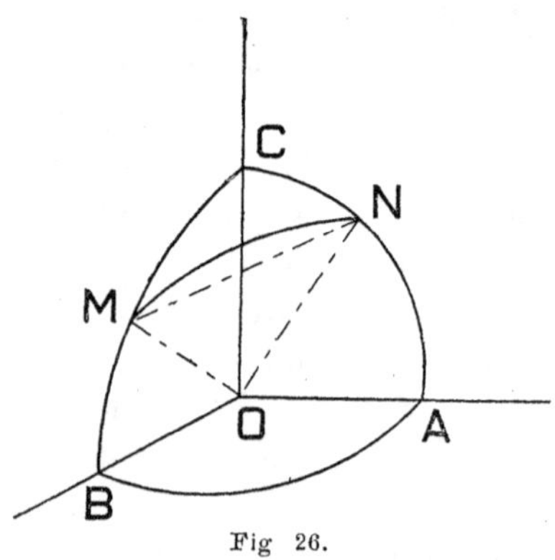

Fig 26.

Nella posizione attuale della figura, l'incontro dei due circoli massimi normali in M e N ai circoli dati è il polo istantaneo. Si riconosce senz'altro spiegazioni (e soccorre, a meglio intendere, l'analogia col primo esempio del precedente capitolo) che l'erpoloide e la poloide sferiche son circoli minori della sfera. Congiungendo tutti i loro punti con O si ottengono i due coni, mediante i quali, a norma del teorema precedente, si può riprodurre il moto del triangolo, quale è stato definito di sopra.

Consideriamo ancora, per trattare un caso semplice e importante, un corpo dotato d'un moto rotatorio uniforme intorno a una sua retta OA (Fig. 27), la quale ruoti in pari tempo (trasportando seco il corpo) intorno a una retta fissa OB con velocità angolare costante e sotto inclinazione pure costante. Indicando con $\boldsymbol{\omega}_1$ e $\boldsymbol{\omega}_2$ i vettori che rappresentano in grandezza, direzione e verso coteste rotazioni, è manifesto che, in ogni istante, lo stato cinetico del corpo è il risultante dei due stati cinetici di rotazione definiti dai *vettori-applicati* $(O, \boldsymbol{\omega}_1)$ e $(O, \boldsymbol{\omega}_2)$; e perciò è esso pure uno stato cinetico di rotazione; la rotazione essendo definita dal vettore $\boldsymbol{\omega} = \boldsymbol{\omega}_1 + \boldsymbol{\omega}_2$. L'asse OC di $(O, \boldsymbol{\omega})$ è dunque l'asse istantaneo. Per l'ipotesi fatta, la sua inclinazione rispetto a OA e OC e la grandezza di $\boldsymbol{\omega}$ son costanti; per conseguenza i luoghi delle sue posizioni, tanto rispetto a un osservatore collegato con OA, quanto rispetto a un altro con OB, son due coni rotondi. Il considerato moto si può dunque ottenere facendo rotolare con velocità angolare costante un cono rotondo connesso col corpo sopra un altro cono rotondo fisso nello spazio. Un moto siffatto è chiamato *un moto di precessione regolare*; la retta AB è *l'asse della precessione* e ω_2 *la velocità di precessione.*

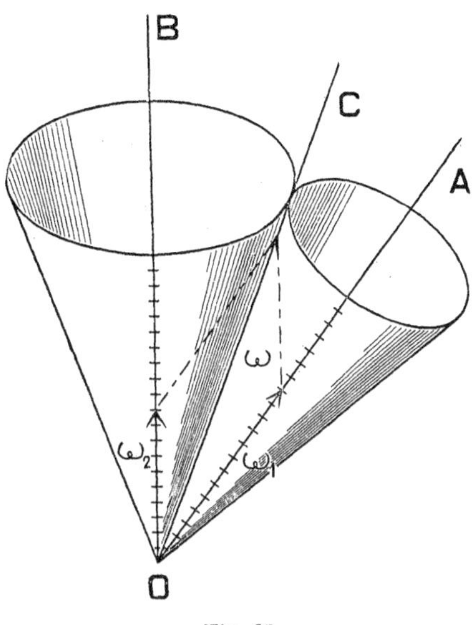

Fig. 27.

Posto

$$\text{ang}\,(\boldsymbol{\omega}_1 \boldsymbol{\omega}_2) = \theta, \quad \text{ang}\,(\boldsymbol{\omega}\,\boldsymbol{\omega}_1) = \beta_1, \quad \text{ang}\,(\boldsymbol{\omega}\,\boldsymbol{\omega}_2) = \beta_2$$

si ha manifestamente

$$\frac{\omega}{\text{sen}\,\theta} = \frac{\omega_2}{\text{sen}\,\beta_1} = \frac{\omega_1}{\text{sen}\,\beta_2}, \quad \omega^2 = \omega_1^2 + \omega_2^2 + 2\omega_1\omega_2 \cos$$

da cui

$$\operatorname{sen}\beta_1 = \frac{\omega_2}{\omega}\operatorname{sen}\theta, \quad \operatorname{sen}\beta_2 = \frac{\omega_1}{\omega}\operatorname{sen}\theta$$

e perciò

$$\operatorname{tang}\beta_1 = \frac{\operatorname{sen}\theta}{\cos\theta + \frac{\omega_1}{\omega_2}}, \quad \operatorname{tang}\beta_2 = \frac{\operatorname{sen}\theta}{\cos\theta + \frac{\omega_2}{\omega_1}}.$$

Discutendo queste formule, nel caso di $\theta < \frac{\pi}{2}$, poi nei seguenti:

$$\pi > \theta > \frac{\pi}{2} \qquad \frac{\omega_1}{\omega_2} < |\cos\theta| \qquad \frac{\omega_2}{\omega_1} > |\cos\theta|$$

$$» \qquad \frac{\omega_1}{\omega_2} > |\cos\theta| \qquad \frac{\omega_2}{\omega_1} < |\cos\theta|$$

$$» \qquad \frac{\omega_1}{\omega_2} > |\cos\theta| \qquad \frac{\omega_2}{\omega_1} > |\cos\theta|$$

$$\frac{\omega_1}{\omega_2} = |\cos\theta| \text{ oppure } \frac{\omega_2}{\omega_1} = |\cos\theta|;$$

si vedrà facilmente che i due coni possono essere dalla stessa banda e da bande opposte rispetto al comun piano tangente; e la loro apertura può variare da zero a 180°; per modo che un cono può anche diventare un piano.

A mo' d'esempio, la terra si muove intorno al suo baricentro O come intorno a un punto fisso. Sia OB la perpendicolare al piano dell'orbita terrestre diretta nell'emisfero Nord. L'asse della terra è inclinato di 23°,28′ rispetto a OB, e, mantenendo questa inclinazione, gira intorno a OB uniformemente in senso contrario a quello della rotazione terrestre, compiendo un giro in 26.000 anni circa. In pari tempo la terra ruota intorno al suo asse e compie una intera rotazione in 24 ore. Dunque essa è animata intorno a O d'un moto di precessione regolare. È quel fenomeno che gli astronomi chiamano *la precessione degli equinozï.*

Prendendo come unità di tempo il giorno (24 ore), si ha

$$\omega_1 = 2\pi \qquad \omega_2 = \frac{2\pi}{365 \times 26.000};$$

e però ω_2 è piccolissimo rispetto a ω_1. Ne consegue che l'apertura del cono della poloide è assai piccolo; invero la formula precedente dà

$$\text{tang}\, \beta_1 = \frac{\text{sen}\,(23°, 28')}{\cos\,(23°, 28') + 365 \times 26.000}.$$

4. Abbiasi un corpo mobile intorno a punto fisso O, e il suo moto sia definito dalla condizione, che una data superficie F_1 collegata con esso resti costantemente tangente a una cert'altra superficie F fissa nello spazio, rotolando su questa senza strisciare.

Indicando con C il punto di contatto, in un dato istante, OC è l'asse istantaneo. Infatti, se il vettore che definisce l'attuale stato cinetico di rotazione del corpo fosse $M - O$, non diretto secondo OC, si potrebbe decomporlo in due vettori, uno diretto secondo OC, l'altro secondo OL perpendicolare ad OC; e queste due direzioni sarebbero quelle degli assi istantanei di due stati cinetici di rotazione, equivalenti, nel loro insieme, allo stato attuale. Ma, in tal caso, il punto C possederebbe una velocità normale al piano di C e OL; la quale, se fosse diretta nel comun piano tangente alle due superficie produrrebbe uno strisciamento di F_1 su F; se fosse diretta al difuori produrrebbe il loro distacco. Tutto questo è contrario all'ipotesi; per conseguenza non può sussistere che lo stato cinetico definito da un vettore diretto secondo OC.

I luoghi dei successivi punti C sulle due superficie son due curve σ_1 e σ. I coni che hanno il vertice O e per direttrici quelle due curve sono rispettivamente i coni della poloide e dell'erpoloide. L'un cono rotola sull'altro, quando la F_1 rotola sulla F; e viceversa.

Come esempio importante, consideriamo il moto di rotolamento sopra un piano d' un ellissoide che ha il suo centro fisso. Sia d la data distanza del piano dal centro fisso O; la quale, naturalmente, sarà non più grande del semiasse maggiore dell'ellissoide, e non più piccola del minore. È manifesto che il luogo dei punti C di contatto sull'ellissoide, che chiameremo semplicemente *poloide* (qui senza l'aggettivo sferica), coincide col luogo dei punti nei quali i piani tangenti sono alla medesima distanza d da O.

Dette a, b, c le grandezze dei semi-assi; e posto per brevità

$$\frac{1}{a^2}=A, \quad \frac{1}{b^2}=B, \quad \frac{1}{c^2}=C, \quad \frac{1}{d^2}=D;$$

dall'equazione dell'ellissoide nella forma canonica

$$Ay^2+By^2+Cz^2=1, \tag{2}$$

si deduce

$$Ax\xi+By\eta+Cz\xi=1,$$

quale equazione del suo piano tangente nel punto (x, y, z); ξ, η, ζ essendo le coordinate correnti. Poichè d è la distanza di questo piano da O, risulterà

$$d=\frac{1}{\sqrt{A^2x^2+B^2y^2+C^2z^2}};$$

ossia

$$D=A^2x^2+B^2y^2+C^2z^2;$$

od anche, per la (2),

$$(A-D)Ax^2+(B-D)By^2+(C-D)Cz^2=0; \tag{3}$$

la quale, insieme all'equazione dell'ellissoide, rappresenta appunto il luogo dei punti C, i cui piani tangenti distano di d da O; vale a dire la poloide. Da sola rappresenta invece un cono del second'ordine, che è il cono della poloide.

Facendo variare d, variano il cono e la poloide; e si otterranno in tal modo tutte le possibili poloidi corrispondenti alle varie distanze del dato piano fisso da O. Stabiliamo che sia $a < b < c$, e quindi $A > B > C$; poi attribuiamo a d successivamente tutti i valori compresi fra a e b; talchè D varierà con continuità da A a B.

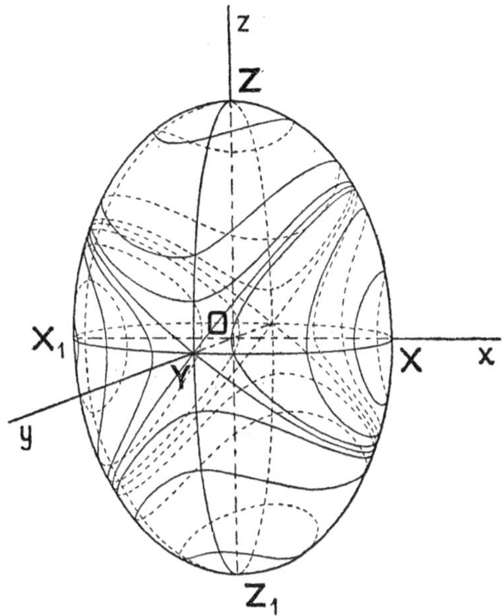

Fig. 28.

Per $D = A$ la (3) è solo soddisfatta da $y = 0$, $z = 0$, perchè diventa un'equazione quadratica a termini negativi; perciò la poloide si riduce ai due punti X e X_1. È del resto evidente senz'altro che questi sono i soli punti in cui i piani tangenti hanno la minima distanza a da O (Fig. 28).

Sia ora $A > D > B$. Eliminando la x fra (3) e (2), si ottiene, dopo qualche semplificazione,

$$B(A - B)y^2 + C(A - C)z^2 = A - D;$$

che rappresenta la proiezione della poloide sul piano yz. I coefficienti son positivi; perciò è l'equazione d'una ellisse col centro in O e gli assi lungo Oy e Oz. Imaginando il cilindro avente per direttrice quest'ellisse e le generatrici parallele ad Ox, si vede chiaramente che la sua intersezione con l'ellissoide, cioè la poloide, è composta di due curve chiuse, situate simmetricamente rispetto al piano yz e circondanti rispettivamente sulla superficie i due punti X e X_1.

Per $D = B$ la (3') diventa

$$A(A - B)x^2 + C(C - B)z^2 = 0;$$

la quale, avendo i coefficienti di segno opposto, si spezza nell'equazioni di due piani passanti per Oy. Perciò la corrispondente poloide è composta di due sezioni piane (ellissi), intersecantesi nei punti Y e Y_1, simmetricamente situate rispetto ai piani principali.

Quando D è inferiore a B e varia da B a C, un ragionamento analogo a quello di sopra fa vedere che le poloidi son formate di due curve chiuse, simmetricamente disposte rispetto al piano xy e circondanti rispettivamente i punti Z e Z_1; ai quali punti esse si riducono quando D diventa uguale a C. La Fig. 28 dà un'imagine di tutta la famiglia delle poloidi.

Il moto di rotolamento studiato in questo esempio troverà una interpretazione concreta nella dinamica dei corpi rigidi.

In massima quando un corpo si muove restando a contatto (in un sol punto) con una superficie σ, il suo moto risulta quale combinazione d'un moto di strisciamento con un moto di rotolamento. È utile qualche volta scindere quest'ultimo moto in altri due, come fanno per lo più gli autori francesi: *un moto di rotolamento propriamente detto,* definito in ogni istante da uno stato cinetico di rotazione il cui asse istantaneo è nel piano tangente alle superficie in contatto; *un moto di prillamento* (*pivotement* dicono i francesi) intorno alla normale comune. Ciò risulta dal fatto che il vettore $\boldsymbol{\omega}$ che definisce la rotazione può sempre considerarsi, e in un sol modo, come il risultante di due vettori rispettivamente paralleli al pian tangente e alla normale comune alle superficie in contatto.

5. Per lo studio quantitativo delle grandezze che caratterizzano un moto d'un corpo intorno a un punto fisso, occorre anzitutto saper definire, per mezzo di opportuni parametri, la posizione del corpo rispetto a un sistema di riferimento.

Sia $(Oxyz)$ una terna fissa nello spazio; $(Ox_1 y_1 z_1)$ un'altra terna rigidamente collegata col corpo; l'origine comune O essendo il punto fisso. È manifesto che la posizione della seconda terna rispetto alla prima definisce anche la posizione del corpo; e viceversa. Basta dunque considerare quella terna in luogo del corpo. La sua posizione è determinata dai nove coseni che i suoi assi fanno con gli assi fissi; pei quali adotteremo le notazioni già usate nel n. 1 del Cap. III. Ma, come fu notato in quel capitolo, cotesti nove parametri non sono indipendenti, bensì legati da sei relazioni; il che rende assai complicato il loro impiego nei calcoli. Perciò si usano generalmente, e sono davvero utilissimi, certi altri parametri indipendenti, detti *angoli Euleriani* (da EULERO), che ora definiremo in modo preciso.

Poichè il piano $(x_1 y_1)$ taglierà il piano (xy) secondo una retta (L) per O normale a Oz e Oz_1 (Fig. 29); indi-

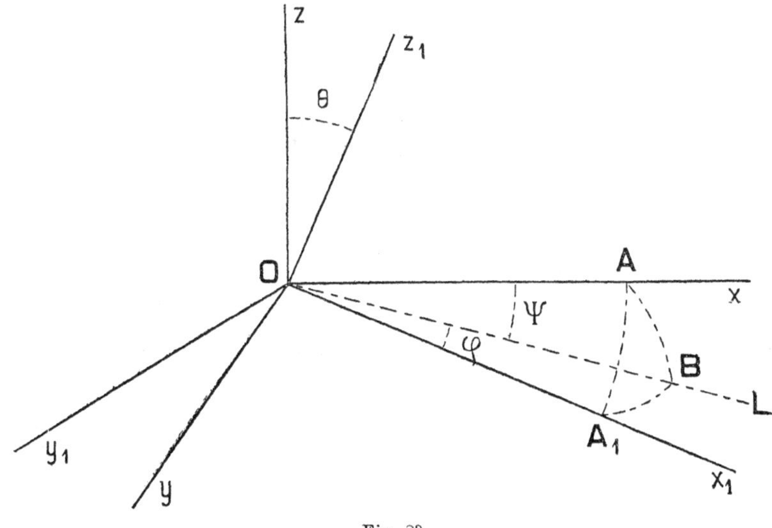

Fig. 29.

chiamo con OL quella parte di (L) lungo la quale un osservatore, guardando Oz, vede Oz_1 alla sua destra. Sia, dopo ciò, ψ l'angolo di cui deve rotare Ox nel senso positivo (da sinistra a destra rispetto a un osservatore lungo Oz) per sovrapporsi a OL; θ l'angolo di cui deve rotare Oz, sempre nel senso indicato (rispetto a un osservatore lungo OL), per sovrapporsi a Oz_1; e φ l'angolo di cui deve rotare OL, nel senso indicato (rispetto a Oz_1) per coincidere con Ox_1.

È chiaro che, data una posizione della terna mobile, quei tre angoli restano perfettamente determinati. Ma inversamente: dati i valori di θ, φ, ψ, rimane determinata univocamente la posizione della terna $(Ox_1y_1z_1)$. Invero, nel piano (xy) si giri la Ox verso Oy d'un angolo ψ, e sia OL questa posizione; poi, nel piano per Oz normale alla OL si giri Oz da sinistra verso destra (rispetto a un osservatore lungo OL) d'un angolo θ, e sia Oz_1 la retta ottenuta; indi, condotto per OL un piano normale a Oz_1, si giri OL su questo piano nel senso positivo (rispetto a Oz_1) d'un angolo φ, e sia Ox_1 la retta ottenuta; infine, si tiri una Oy_1 che formi con Ox_1 e Oz_1 una terna ortogonale come la $(Oxyz)$. Avremo in tal modo un'unica terna $(Ox_1y_1z_1)$ che fa con la terna fissa gli angoli θ, φ, ψ della grandezza data. Si vede inoltre che per ottenere tutte le posizioni possibili della terna mobile bisogna far variare φ e ψ tra zero e 2π, θ tra zero e π.

Di solito ciascuno dei tre parametri si distingue con un nome speciale: θ è chiamata *la nutazione*, o *l'inclinazione; φ la longitudine della linea nodale* (OL linea nodale), o *l'angolo di precessione*; ψ *l'azimut*. Per un dato moto del corpo gli angoli Euleriani risultano determinate funzioni del tempo; e viceversa.

Naturalmente i nove coseni si esprimeranno in funzione di questi angoli. Per ottenerne l'espressione basta tracciare una sfera di centro O e raggio uno, e considerare il triangolo sferico ABA_1. Si ha, per una nota formula di trigonometria sferica,

$$a = \cos AA_1 = \cos AB \cos A_1B + \operatorname{sen} AB \operatorname{sen} A_1B \cos (ABA_1);$$

Ma

$$AB = \psi, \quad A_1B = \varphi, \quad ABA_1 = 180^\circ - \theta;$$

quindi

$$a_1 = \cos\varphi \cos\psi - \operatorname{sen}\varphi \operatorname{sen}\psi \cos\theta.$$

In modo analogo si trova

$$b_1 = -\operatorname{sen}\varphi \cos\psi - \cos\varphi \operatorname{sen}\psi \cos\theta$$
$$c_1 = \operatorname{sen}\psi \operatorname{sen}\theta,$$

considerando successivamente i triangoli formati con le traccie di OL, Ox, Oy_1, e di OL, Ox, Oz_1. Ripetendo poi lo stesso calcolo pei triangoli che si ottengono dai precedenti mutando x in y e z, si hanno l'espressioni degli altri coseni; e precisamente

$$\begin{cases} a_2 = \cos\varphi \operatorname{sen}\psi + \operatorname{sen}\varphi \cos\psi \cos\theta \\ b_2 = -\operatorname{sen}\varphi \operatorname{sen}\psi + \cos\varphi \cos\psi \cos\theta \\ c_2 = -\cos\psi \operatorname{sen}\theta. \end{cases}$$

$$\begin{cases} a_3 = \operatorname{sen}\varphi \operatorname{sen}\theta \\ b_3 = \cos\varphi \operatorname{sen}\theta \\ c_3 = \cos\theta. \end{cases}$$

Anche le proiezioni p, q, r sugli assi $(Ox_1y_1z_1)$ del vettore $\boldsymbol{\omega}$, che definisce in un dato istante lo stato cinetico del corpo, si possono esprimere semplicemente mediante gli angoli Euleriani e le loro derivate. Invero, tale stato può sempre considerarsi come il risultato di tre stati cinetici di rotazione, i cui assi istantanei siano OL, Oz, Oz_1. Ma è manifesto che in ciascuno di questi stati la velocità angolare è misurata rispettivamente da

$$\frac{d\theta}{dt}, \quad \frac{d\psi}{dt}, \quad \frac{d\varphi}{dt};$$

perciò, se $\boldsymbol{l}$ è un vettore unitario su OL, sarà

$$\boldsymbol{\omega} = \frac{d\theta}{dt}\boldsymbol{l} + \frac{d\varphi}{dt}\boldsymbol{k}_1 + \frac{d\psi}{dt}\boldsymbol{k};$$

da cui, moltiplicando scalarmente per $\boldsymbol{i}_1$, e notando che

$$\boldsymbol{l} \times \boldsymbol{i}_1 = \cos\varphi; \quad \boldsymbol{k}_1 \times \boldsymbol{i}_1 = 0, \quad \boldsymbol{k} \times \boldsymbol{i}_1 = a_3 = \operatorname{sen}\varphi \operatorname{sen}\theta,$$

si trae

$$p = \frac{d\psi}{dt} \operatorname{sen}\varphi \operatorname{sen}\theta + \frac{d\theta}{dt} \cos\varphi;$$

e, in modo simile,

$$q = \frac{d\psi}{dt} \cos\varphi \operatorname{sen}\theta - \frac{d\theta}{dt} \operatorname{sen}\varphi$$

$$r = \frac{d\psi}{dt} \cos\theta + \frac{d\varphi}{dt};$$

che sono le formule cercate.

Se si vogliono l'espressioni delle componenti p_1, q_1, r_1 di $\boldsymbol{\omega}$ sugli assi fissi basta procedere come sopra; ma moltiplicare scalarmente e successivamente per $\boldsymbol{i}$, $\boldsymbol{j}$, $\boldsymbol{k}$. Si trova

$$p_1 = \boldsymbol{i} \times \boldsymbol{\omega} = \frac{d\theta}{dt} \boldsymbol{l} \times \boldsymbol{i} + \frac{d\varphi}{dt} \boldsymbol{k}_1 \times \boldsymbol{i} + \frac{d\psi}{dt} \boldsymbol{k} \times \boldsymbol{i};$$

ossia

$$p_1 = \frac{d\theta}{dt} \cos\psi + \frac{d\varphi}{dt} \operatorname{sen}\psi \operatorname{sen}\theta,$$

giacchè

$$\boldsymbol{l} \times \boldsymbol{i} = \cos\psi, \quad \boldsymbol{k}_1 \times \boldsymbol{i} = c_1 = \operatorname{sen}\psi \operatorname{sen}\theta, \quad \boldsymbol{k} \times \boldsymbol{i} = 0.$$

E similmente

$$q_1 = \frac{d\theta}{dt} \operatorname{sen}\psi - \frac{d\varphi}{dt} \cos\psi \operatorname{sen}\theta$$

$$r_1 = \frac{d\theta}{dt} \cos\theta + \frac{d\psi}{dt}.$$

6. Per terminare questi studi di cinematica, accenneremo brevemente al moto d'un sistema rigido completamente libero. Vedemmo già che, in un dato istante, lo stato cinetico del corpo è uno stato cinetico elicoidale. Esso varia da istante a istante, e perciò varia contemporaneamente anche *l'asse istantaneo elicoidale*.

Consideriamo tutte le rette del sistema mobile che vanno successivamente a coincidere con gli assi istantanei elicoidali. Il loro luogo geometrico sarà una superficie rigata, che indicheremo con S_1. Similmente, consideriamo le rette dello spazio che diventano successivamente assi istantanei. Il loro luogo sarà un'altra superficie rigata S.

Le superficie S_1 e S si riducono a due coni nel caso, già studiato, del corpo mobile intorno a un punto fisso; a due cilindri nell'altro caso del corpo mobile parallelamente a un piano fisso (moto equivalente a quello d'una figura piana).

Durante il movimento, la S_1, che è collegata col corpo, ha in ogni istante una generatrice in comune con S, che è l'attuale asse istantaneo elicoidale. Ciò è evidente. Orbene, lungo la comune generatrice le due superficie son tangenti; ossia, i piani tangenti all'una sono, nei medesimi punti, tangenti anche all'altra. Infatti, siano (O) e (O_1) due osservatori; il primo fisso con S, l'altro mobile con S_1. Considerando un punto qualunque H dell'attuale generatrice comune, la velocità $\boldsymbol{v}_s$ di trascinamento di H e le sue velocità $\boldsymbol{v}_0$ e $\boldsymbol{v}_1$ rispetto agli osservatori (O) e (O_1) sono in uno stesso piano che passa per la generatrice. In uno stesso piano, perchè $\boldsymbol{v}_0$ è la risultante di $\boldsymbol{v}_1$ e $\boldsymbol{v}_s$; passante per la generatrice, perchè $\boldsymbol{v}_s$ è evidentemente diretta secondo l'asse istantaneo elicoidale. D'altra parte, $\boldsymbol{v}_0$ e $\boldsymbol{v}_1$ sono rispettivamente nei piani tangenti in H a S e S_1; perciò quei due piani coincidono. Così è posta in evidenza la verità della seguente proposizione: *il moto continuo d'un corpo rigido interamente libero si può sempre riprodurre mediante un opportuno moto di rotolamento e strisciamento d'una superficie rigata connessa col corpo sopra un'altra rigata fissa nello spazio.*

Rispetto a una terna d'assi scelta comunque nello spazio, la posizione d'un corpo interamente libero è definita dalle tre coordinate d'un suo punto O_1, e dagli angoli Euleriani che una terna collegata col corpo e con l'origine in O_1 fa con la terna di riferimento. Questo risulta chiaramente dalle cose dette nel numero precedente e nel Cap. III.

Quando per definire la posizione d'un corpo nello spazio son necessari e sufficienti m parametri indipendenti, si dice che il corpo, o sistema, *ha m gradi di libertà*. Il corpo interamente libero ha sei gradi di libertà; il corpo mobile intorno a un punto fisso ne ha tre; una figura piana mobile comunque nel suo piano (o corpo mobile parallelamente a un piano) ne ha pure tre (Cap. IV).

Consideriamo, per citare un altro esempio, una figura piana, i cui movimenti nel suo piano sono vincolati dalla sola condizione, che un dato punto resti costantemente sopra una data curva S. È manifesto che tale condizione si traduce in una relazione

$$f(a, b, \varphi) = 0$$

fra i tre parametri a, b, φ, atti a definire la posizione d'una figura piana mobile comunque nel suo piano. Ne consegue che un parametro è funzione degli altri due; i soli indipendenti; perciò la data figura ha due gradi di libertà.

Completeremo queste nozioni nei seguenti capitoli.

STATICA

CAPITOLO I

Sommario. — 1. Concetto di forza — 2. Definizioni e postulati — 3. Risultante di forze applicate in un punto — 4. Equivalenza dei sistemi di forze — 5. Forze parallele; centro delle forze parallele — 6. Baricentri e centri di gravità — 7. Forze in un piano.

1. La teoria svolta fin qui avrà persuaso il lettore che per studiare le proprietà geometriche del moto e costruire la cinematica bastano un sistema di riferimento e un orologio, scelti comunque. Ma queste nozioni primitive di spazio e tempo non bastano più quando si deve passare allo studio fisico del moto: occorre introdurre altri concetti, fra i quali quello di *forza*.

L'uomo ha acquistato dall'esperienza quotidiana la nozione di forza considerando lo sforzo muscolare necessario per deformare i corpi, e imprimere o impedir loro un movimento. Di qui è nata in lui la convinzione che tutte le circostanze che determinano moto, o son capaci a determinarlo, son della stessa natura d'uno sforzo muscolare; perciò le ha chiamate col nome generico e volgare di forze. Convinzione giusta o falsa questa, non importa; giacchè nello stato presente della scienza cotesta idea soggettiva della forza non si può eliminare, senza correre il rischio di vagare nell'astratto e di condannare all'impotenza la nostra bella facoltà d'intuizione, sorgente fecondissima d'ogni progresso. Del resto, e per fortuna, non occorre conoscere l'essenza della forza per costruire la scienza della meccanica; basta precisarne la sua natura come grandezza fisica e sottoporla a misura. È ciò che ora faremo.

Abbiasi un filo perfettamente elastico attaccato per un'estremità a una parete rigida. Agendo con la mano all'altra estremità si riesce con uno sforzo dei muscoli a tenderlo (ossia ad allungarlo di una certa quantità) ed a mantenerlo in tale *tensione* esercitando continuatamente lo stesso sforzo; e se si cede, il filo s'accorcia, e si prova la sensazione d'essere tirati verso la parete da un braccio invisibile. Perciò si dice che *la tensione del filo elastico è una forza* (cioè, un *quid* paragonabile a uno sforzo muscolare). Come misura di questa forza si può prendere il numero che misura l'allungamento del filo. Scelto un filo campione, la tensione d'ogni altro filo si potrà misurare con opportuni paragoni col filo campione. Essa verrà così rappresentata da un numero. In pratica si sostituisce al filo campione un altro sistema elastico, detto *dinamometro*. Questo apparecchio è troppo noto perchè occorra qui descriverlo; e del resto nella nostra teoria ci possiamo sempre riferire al filo campione.

Orbene, in generale si chiama *forza* ogni agente fisico, o circostanza, o condizione fisica, o variazioni di esse, i cui effetti si possono riprodurre o impedire mediante tensioni di fili (possibilità effettiva, o puramente logica). Tali effetti son sempre fenomeni di moto o, in particolare, di quiete.

Applichiamo nel punto A di un dato corpo C un filo in tensione, l'altra estremità B essendo naturalmente applicata a un altro corpo. L'effetto che produce su C (o che tende a produrre) cotesta tensione dipende (come l'esperienza insegna) dal punto d'applicazione A e dalla direzione AB del filo. Inoltre equivale, per le cose dette, ad uno sforzo nel senso da A verso B. Per conseguenza la tensione d'un filo è una grandezza caratterizzata da un numero (valore della tensione), da una direzione e da un verso; ossia è una grandezza vettoriale; e la sua azione non dipende soltanto da essa grandezza, ma anche dal punto su cui direttamente agisce.

Di qui e dalla definizione precedente risulta in generale che ogni forza, considerata come grandezza fisica, è caratterizzata da *un vettore-applicato*. Il punto è detto *il punto d'applicazione della forza*, e la direzione *la linea d'azione della forza*. La grandezza della forza suol chiamarsi *l'intensità*. Per illustrare questi concetti esamineremo alcune delle principali forze che agiscono in natura.

Ogni corpo, in qualunque luogo della Terra, abbandonato nell'aria cade al suolo (salvo casi artificiali). Per impedirne la caduta occorre uno sforzo; e perciò noi diciamo che i corpi *pesano*. Se fissiamo l'estremità d'un filo elastico in alto e sospendiamo all'altra estremità un corpo; indi abbassiamo il corpo lentamente; vediamo che la caduta avviene fino a un certo allungamento del filo; dopo di che il corpo rimane fermo, e il filo diretto secondo *la verticale*. La tensione del filo impedisce ogni ulteriore abbassamento che il *peso* tenderebbe a produrre. D'altra parte il filo si può mantenere in quella tensione, invece che col corpo, per mezzo della tensione d'un altro filo elastico attaccato per una estremità a quello e per l'altra al suolo. Dunque il peso è una forza, detta, più propriamente, *forza di gravità*; e quindi una grandezza caratterizzata da un vettore e da un punto. La grandezza del vettore è propriamente detta il *peso*; la sua direzione è quella della verticale; ed il senso, o verso, è dall'alto in basso. Circa il suo punto d'applicazione vedremo più precisamente in seguito.

L'esperienza dimostra che il peso di un corpo varia da luogo a luogo della terra, ma che *il rapporto dei pesi di due corpi in un medesimo luogo è indipendente dal luogo*.

Consideriamo ora un corpo avente un piccolissimo foro chiuso da un elemento di superficie ΔS, e supponiamo che questo elemento ceda al più piccolo sforzo. Immergendo il corpo in un fluido (nell'acqua, per esempio), l'elemento ΔS penetra nel foro. Si esprime questo fatto dicendo che il fluido *preme*, o esercita una *pressione* snll'elemento ΔS.

Ma si può impedire ogni movimento del ΔS mediante la tensione d'un filo applicato in un punto di ΔS e agente in una determinata direzione. Dunque la *pressione* esercitata da un fluido sugli elementi superficiali di un corpo che vi sia immerso è una *forza* rappresentabile (come grandezza fisica) mediante un vettore-applicato uguale e opposto a quello rappresentante la tensione del filo, nel modo detto di sopra.

Lo stesso dicasi della *pressione* esercitata da un corpo C sopra un altro C_1, quando questi corpi sono a contatto. Essa è equivalente alla tensione d'un filo, e perciò è una *forza.*

Abbiansi due sferette materiali A e B; la prima fissa rispetto al suolo, l'altra mobile. Esperimentando in condizioni opportune e con mezzi delicatissimi (condizioni e mezzi realizzati da Cavendish), si vede che la B si muove, come se una mano invisibile la traesse verso A. In un dato momento si può impedire un ulteriore avvicinamento mediante la tensione di un filo applicato in B e avente la direzione e il verso di $B - A$. Dunque l'ignota azione esercitata dalla materia di A su quella di B è un *quid* della natura d'una forza, detta forza *d'attrazione.* Di essa parleremo più precisamente in seguito.

Non occorre indugiare dippiù sulla nozione di forza. Il lettore ne acquisterà a mano a mano una conoscenza più ampia e precisa nella teoria e nelle applicazioni che andremo svolgendo.

Poichè le forze sono grandezze della medesima natura, o, come suol dirsi, *grandezze omogenee,* una qualunque può esser scelta per unità di forza. Nella pratica si usa, con somma utilità e semplicità, misurare le forze in chilogrammi; ossia, si sceglie per unità di misura delle forze un determinato peso. La graduazione dei dinamometri corrisponde appunto a chilogrammi e frazioni di chilogramma.

È ben vero che il peso d'un determinato corpo varia da luogo a luogo della terra; ma, per la piccolezza delle variazioni, non ne nascono inconvenienti nella pratica.

Invece per le misure scientifiche, ove occorre una grande precisione, si adotta un'altra unità invariabile, come sarà detto nella dinamica.

2. Un sistema materiale immobile rispetto a un corpo è detto essere in *equilibrio* rispetto a quel corpo. Lo studio delle condizioni cui devono soddisfare le forze agenti sopra un dato sistema affinchè questo sia in equilibrio forma l'oggetto della *Statica*. Qui, fino a dichiarazione contraria, parleremo esclusivamente di sistemi in equilibrio rispetto al suolo. E per sistemi materiali intenderemo più precisamente corpi rigidi, o liberi, o aventi un punto o un asse fisso, o punti d'appoggio mutui o con corpi fissi; oppure collegati tra loro con fili flessibili e inestendibili, o con aste di peso trascurabile, od anche con cerniere sferiche o cilindriche, ecc.; detti in generale *sistemi vincolati*; i *vincoli* essendo quei legami ora accennati che limitano la mobilità dei corpi.

Abbiasi un sistema invariabile o corpo rigido qualunque. Se un dato sistema di forze applicato a quel corpo non turba il suo stato di equilibrio, o non modifica il suo stato di moto, si dice, prescindendo dal corpo, *che quelle forze si fanno equilibrio*. In questo senso si può parlare di equilibrio di forze in modo astratto. È ciò che faremo in questo capitolo.

Noi ci proponiamo di determinare le condizioni per l'equilibrio d'un qualunque sistema di forze. A tal fine occorre premettere alcuni postulati e varie considerazioni, che risultano dalle nozioni precedenti e da secolari esperienze volgari e scientifiche.

1°) L'azione di due forze ugnali ed opposte applicate alle stesso punto d'un sistema in equilibrio, o in moto, è nulla; perciò tali due forze si possono pensare aggiunte o soppresse. Due forze opposte applicate allo stesso punto, ma disuguali, non si possono equilibrare.

2°) Se due sistemi di forze mantengono separatamente un sistema rigido in equilibrio, l'equilibrio ha ancora luogo quando agiscono simultaneamente. Perciò in un sistema rigido in equilibrio, si potrà sempre pensare aggiunto o soppresso un sistema di forze che da solo mantenga l'equilibrio.

Da questi due postulati segue che il punto d'applicazione di una forza, può pensarsi trasportato in un altro punto qualunque della sua linea d'azione, purchè questo sia invariabilmente collegato col primo. E invero, se AB è la linea d'azione d'una forza **F** applicata in A, e se B è collegato rigidamente con A, si possono applicare in B due forze uguali ed opposte **F** e — **F**. Allora la **F** applicata in A e la — **F** applicata in B, si possono sopprimere; talchè resta la sola **F** applicata in B [1].

3°) L'azione di parecchie forze sopra un punto può essere annullata da una sola forza; o, in altri termini, esiste una forza capace di mantenere in equilibrio parecchie forze applicate a uno stesso punto, quando queste non siano da sole in equilibrio. La forza uguale e contraria a questa si chiama *la risultante delle forze considerate.* Essa è unica.

4°) La risultante di parecchie forze applicate in un punto non muta sostituendo a due forze la loro risultante, o a una forza altre due che abbiano questa per risultante. La prima operazione suol chiamarsi *composizione delle forze*; la seconda *decomposizione delle forze.* Se tutte le forze hanno la stessa linea d'azione la risultante ha la stessa linea d'azione, e la sua intensità è uguale alla somma algebrica delle intensità delle forze date (attribuendo il segno positivo alle intensità delle forze agenti in un senso, il negativo a quelle nel senso opposto).

5°) Una forza agente da sola sopra un corpo mobile intorno a un punto fisso o a un asse fisso non può lasciare il corpo in equilibrio, se la sua linea d'azione non incontra il punto o l'asse.

[1] Di qui in poi rappresenteremo con lettere maiuscole diritte e in grassetto i vettori che, insieme a un punto, caratterizzano le forze. La stessa lettera, pure maiuscola e diritta, ma in carattere sottile, rappresenterà la corrispondente intensità della forza. In sostanza F = mod **F**.

6°) Un corpo, che esercita sopra un altro una pressione o trazione, riceve da questo una pressione o trazione uguale e contraria; o, come suol dirsi, l'azione e la reazione, la pressione e la repulsione sono sempre uguali ed opposte. Per esempio, un piano orizzontale sopporta da parte d'un peso, che vi è appoggiato, una pressione; ma il piano stesso reagisce determinando ugual pressione sul corpo e impedendone la caduta. Similmente, due corpi che tendono un filo esercitano mutualmente una ugual trazione l'uno sull'altro.

7°) L'equilibrio d'un sistema libero, o vincolato in modo qualsiasi, non è turbato dall'aggiunta di nuovi vincoli che ne limitino maggiormente la mobilità.

Una prima conseguenza che si trae da questi postulati è che un corpo libero non può essere in equilibrio per effetto di due forze aventi linee d'azione diverse. Infatti, l'equilibrio sussisterebbe ancora rendendo fisso un punto di una delle forze (non comune all'altra); il che è contrario al quinto postulato. Per questa ragione e per gli altri postulati risulta che due forze si fanno equilibrio solo quando sono uguali ed opposte con la stessa linea d'azione.

Consideriamo ora il caso di tre forze. Perchè si facciano equilibrio occorre che siano in uno stesso piano, passino per uno stesso punto, e una di esse sia uguale e contraria alla risultante delle altre due. Infatti, se non fossero nello stesso piano, sarebbe ancora possibile l'equilibrio fissando una retta incontrante due delle forze e non la terza; contrariamente al quinto postulato. Se pur stando in un piano, non fossero concorrenti, si potrebbe fissare il punto d'incontro di due di esse; dopo di che l'altra produrrebbe certamente moto (in particolare se due fossero parallele, pure la terza deve essere parallela a quelle). E infine, passando per uno stesso punto (il punto potrebbe anche essere a distanza infinita) e facendosi equilibrio, l'azione d'una delle due forze deve certamente annullare quella delle altre due.

Abbiamo detto che due forze con linee d'azioni diverse

non possono mantenere un corpo libero in equilibrio. Ora possiamo aggiungere che, se non s'incontrano, non possono neppure ammettere una risultante. Infatti, se l'ammettessero, le due forze e la risultante dovrebbero essere in un piano e concorrenti (o parallele); il che è contro l'ipotesi.

Parecchie forze applicate in un punto e agenti tutte da una stessa parte d'un piano passante per quel punto, non possono farsi equilibrio. Infatti, rendendo fissa una retta del piano, ciascuna forza tende a far ruotare il piano intorno a quella retta nello stesso senso, e perciò anche il loro insieme. Lo stesso dicasi se quelle forze stanno in un piano e tutte da una stessa parte di una retta passante per il loro punto d'applicazione.

Di qui si deduce che tre forze in equilibrio (e perciò nello stesso piano e concorrenti ([1])) devono essere disposte in guisa che una cada nell'angolo formato dalle direzioni inverse delle altre due; per conseguenza la risultante di due forze concorrenti agirà in una direzione compresa nell'angolo formato dalle altre due.

3. Passiamo alla ricerca della risultante di due forze applicate in un punto. Anzitutto consideriamo il caso di due forze uguali applicate in O, agenti secondo OA e OB (Fig. 30). La loro risultante, dovendo agire entro l'angolo AOB sarà, per ragioni di simmetria, diretta secondo la bisettrice OC. Sia P l'intensità comune delle due forze, e θ l'angolo $AOC = COB$. Qual'è la intensità R della risultante? È chiaro che essa varierà al variare di P e θ; onde si potrà scrivere

$$R = f(P, \theta).$$

Mutando l'unità di forza, per modo che P diventi aP; anche R deve diventare aR; sarà perciò

$$f(aP, \theta) = af(P, \theta)$$

([1]) Lasciamo ora da parte il caso delle forze parallele.

la quale esprime che R è lineare e omogenea di primo grado rispetto a P. Dunque

$$(o) \qquad R = P\varphi(\theta).$$

Quando θ è nullo, risulta $R = 2P$, perchè in tal caso le forze hanno la stessa direzione; e quando è $\theta = \frac{\pi}{2}$ risulta $R = 0$, perchè le forze sono opposte; perciò deve essere $\varphi(0) = 2$ e $\varphi\left(\frac{\pi}{2}\right) = 0$. È poi ragionevole ammettere che φ sia finita e continua insieme alle sue derivate prima e seconda

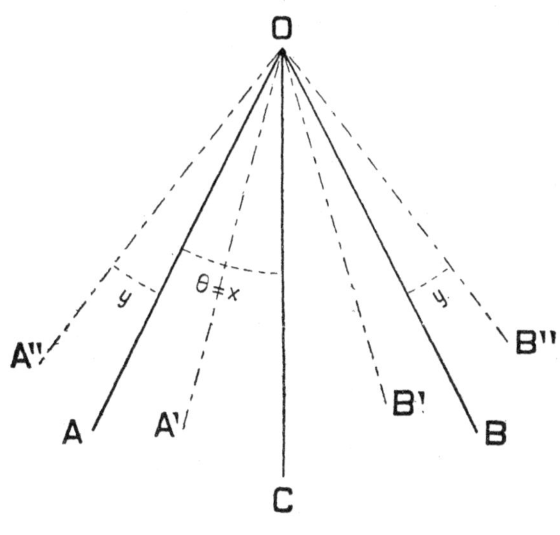

Fig. 30.

Ciò posto, tiriamo per O le quattro rette OA', OA'', OB', OB'', tali che sia

$$A''\widehat{O}A = A'\widehat{O}A = B'\widehat{O}B = B''\widehat{O}B = y,$$

e pensiamole come le linee d'azione di quattro forze uguali e d'intensità P. Per comodo poniamo $\theta = x$. La risultante delle forze agenti secondo OA' e OB' agirà secondo OC, e la sua intensità sarà misurata (conformemente alla (o)) da $P\varphi(x-y)$; quella delle altre due forze secondo OA'' e OB'' agirà pure lungo OC con un' intensità $P\varphi(x+y)$; per conseguenza la grandezza della risultante totale, agente secondo OC, sarà

$$P\varphi(x-y)+P\varphi(x+y).$$

D' altra parte, la risultante delle forze agenti secondo OA' e OA'', e quella delle forze agenti secondo OB' e OB'' hanno la stessa intensità $P\varphi(y)$ e agiscono rispettivamente secondo OA ed OB; per conseguenza la loro risultante agirà secondo OC con un' intensità $P\varphi(y)\varphi(x)$. Ma la risultante di quelle quattro forze essendo unica, dovrà essere necessariamente

$$\varphi(x)\cdot\varphi(x)=\varphi(x-y)+\varphi(x+y). \tag{1}$$

La questione proposta è così ridotta a questo problema analitico: determinare le funzioni φ soddisfacenti all' equazione funzionale (1), e scegliere fra esse quell' unica atta a rappresentare, moltiplicata per P, l'intensità della risultante.

Si noti anzitutto che φ deve essere funzione pari, perchè, mutando y in $-y$ nella (1), il secondo membro non muta, e perciò non deve mutare il primo; il che richiede appunto che sia $\varphi(y)=\varphi(-y)$.

Deriviamo la (1) prima due volte rispetto ad x, poi due volte rispetto ad y. In queste due operazioni distinte i secondi membri risultano uguali; perciò, scrivendo l' uguaglianza dei primi, si ha

$$\varphi''(x)\varphi(y)=\varphi(x)\varphi''(y),$$

ossia

$$\frac{\varphi''(x)}{\varphi(x)}=\frac{\varphi''(y)}{\varphi(y)}.$$

Poichè le variabili x e y possono assumere, indipendentemente l' una dall' altra, qualsiasi valore, questa uguaglianza esprime che il rapporto $\frac{\varphi''(x)}{\varphi(x)}$ si conserva costante; perciò potremo scrivere

$$\frac{\varphi''(x)}{\varphi(x)} = c,$$

ove c può essere nulla, positiva o negativa. Se fosse nulla si avrebbe, integrando, $\varphi(x) = ax + b$; soluzione non accettabile, perchè non è funzione pari; e se fosse $c = k^2$, risulterebbe

$$\varphi(x) = ae^{kx} + be^{-kx},$$

con $a = b$, onde avere una funzione pari. Ma anche questa soluzione non è accettabile, perchè non soddisfa alla condizione $\varphi\left(\frac{\pi}{2}\right) = 0$.

Dunque c deve essere negativa. Posto $c = -k^2$, risulta integrando

$$\varphi(x) = a \operatorname{sen} kx + b \cos kx;$$

ove a e b sono costanti arbitrarie. Anzitutto bisognerà porre $a = 0$, affinchè φ sia funzione pari; poi $b = 2$, affinchè sia $\varphi(0) = 2$; talchè sarà

$$\varphi(x) = 2 \cos kx.$$

Ma dev'essere pure verificata la condizione

$$\varphi\left(\frac{\pi}{2}\right) = 2 \cos \frac{\pi}{2} k = 0.$$

Ciò richiede che sia $k = 2s + 1$. D'altra parte $\cos(2s+1)x$ si annulla per $x = \frac{\pi}{2}\frac{1}{2s+1}$; e perciò per questo valore di x, che è minore di $\frac{\pi}{2}$ quando s è maggiore di zero, si dovrebbe annullare la risultante; il che è assurdo. Ne consegue $s = 0$, ossia $k = 1$. Con ciò la φ soddisfa a tutte le proprietà volute, e si ha infine

$$(2) \qquad R = 2P \cos \theta .$$

Concludiamo: *la risultante di due forze d'uguale grandezza* P *applicate nello stesso punto, le cui linee d'azione fanno tra loro un angolo* 2θ, *agisce secondo la bisettrice di quest'angolo con un'intensità misurata da* $2P \cos \theta$.

Considerando la rappresentazione geometrica delle forze, e notando che

$$\frac{P}{R} = 2 \cos \theta = \frac{2 \operatorname{sen} \theta \cos \theta}{\operatorname{sen} \theta} = \frac{\operatorname{sen} 2\theta}{\operatorname{sen} \theta},$$

si vede che la risultante è rappresentata dalla diagonale del rombo costruito sulle due forze, cioè dalla *somma geometrica delle due forze.* Notiamo ancora che dato θ si può sostituire ad *R* due forze uguali d'intensità $P = \frac{R}{2 \cos \theta}$.

Consideriamo ora due forze d'intensità diverse P e Q applicate in *O* e agenti secondo direzioni tra loro perpendicolari. Costruito il rettangolo di lati P e Q (Fig. 31), tiriamo

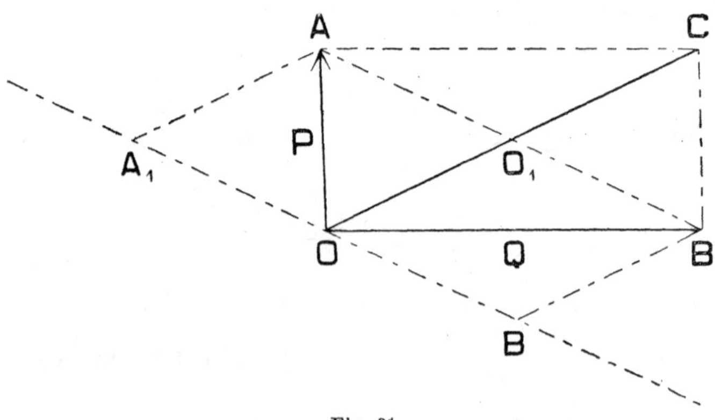

Fig. 31.

per *O* la parallela alla diagonale *AB*, e per *A* e *B* le parallele alla *OC*. Le due figure OA_1AO_1 e OB_1BO_1 sono rombi.

Ne consegue che alla forza P possiamo sostituire le due forze rappresentate dai vettori $A_1 - O$, $O_1 - O$; alla Q le forze rappresentate da $B_1 - O$, $O_1 - O$; tutte forze che hanno la stessa intensità. Ma le forze $A_1 - O$ e $B_1 - O$ essendo opposte si possono sopprimere; dopo di che restano due forze uguali a $O_1 - O$, le quali equivalgono fisicamente a una forza sola rappresentata da $C - O$. Dunque, *la risultante di due forze concorrenti e perpendicolari è rappresentata dalla diagonale del rettangolo che ha per lati i vettori rappresentanti le due forze.*

Inversamente; data una forza e due direzioni perpendicolari giacenti in uno stesso piano con la forza, esistono sempre due forze parallele a quelle direzioni che hanno per risultante la forza data. Le loro intensità son misurate dalle proiezioni ortogonali della forza sopra le due direzioni.

Se le due forze date P e Q non sono perpendicolari, come è indicato nella Fig. 32, si potrà sostituire alla P le

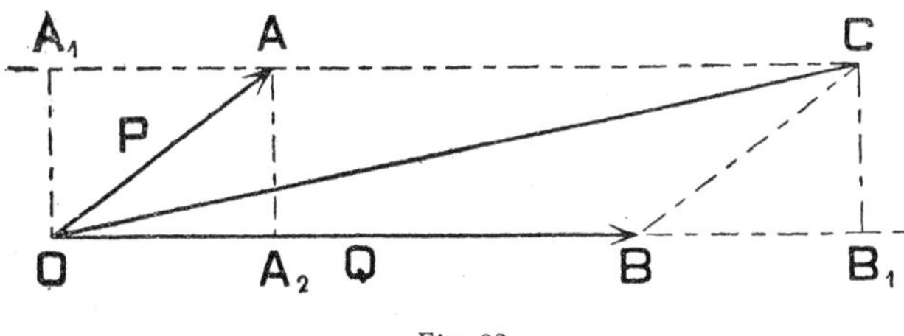

Fig. 32.

due forze ortogonali rappresentate da $A_1 - O$ e $A_2 - O$. Quest'ultima, avendo la stessa direzione e lo stesso verso di Q, si somma con Q; talchè $A_2 - O$ e Q equivalgono alla sola forza rappresentata da $B_1 - O$. Dunque le due forze date equivalgono alle due forze ortogonali $A_1 - O$ e $B_1 - O$, e quindi anche alla loro risultante rappresentata da $C - O$. Si conclude pertanto: *la risultante di due forze qualunque concorrenti è rappresentata dalla diagonale del parallelogramma che ha per lati i vettori rappresentanti le forze date.*

Inversamente; data una forza e due direzioni qualunque giacenti in uno stesso piano con la forza, esistono sempre due forze parallele a quelle direzioni che hanno per risultante la forza data.

In virtù di questi teoremi e del quarto postulato si viene alla conclusione generale che *la risultante di parecchie forze concorrenti coincide in grandezza, direzione e verso col risultante dei vettori che rappresentano le forze.* In altri termini, *le forze concorrenti si compongono e si decompongono come i vettori che le rappresentano*, O ancora, *l'equivalenza fisica delle forze applicate a un punto corrisponde all'equivalenza geometrica dei vettori che le rappresentano.*

In particolare, a n forze applicate in O si possono sostituire tre sole forze secondo tre assi ortogonali Ox, Oy, Oz. Se $\alpha_s \beta_s \gamma_s$ indicano i coseni di direzione della generica forza $\mathbf{F}_s$ rispetto agli assi dati, le tre forze in discorso sono definite in grandezza e senso da

$$X = \sum_{s=1}^{n} \mathrm{F}_s \alpha_s, \quad Y = \sum_{s=1}^{n} \mathrm{F}_s \beta_s, \quad Z = \sum_{s=1}^{n} \mathrm{F}_s \gamma_s.$$

La risultante di queste deve coincidere con la risultante $\mathbf{R}$ delle forze date; onde sarà di grandezza

$$\mathrm{R} = \sqrt{X^2 + Y^2 + Z^2},$$

e agirà nella direzione e nel verso definiti dai coseni

$$\alpha = \frac{X}{\mathrm{R}}, \quad \beta = \frac{Y}{\mathrm{R}}, \quad \gamma = \frac{Z}{\mathrm{R}}.$$

4. Sia dato ora un sistema di n forze non concorrenti ($n > 2$), e prendiamo in considerazione tre sole forze del sistema. Se due di esse sono in un piano e concorrenti, sostituendole con la loro risultante, le tre forze saranno ridotte a due sole. Se sono parallele, aggiungendo al sistema due forze uguali e contrarie, nella maniera indicata in figura (Fig. 33), si potranno sostituire con due forze concorrenti;

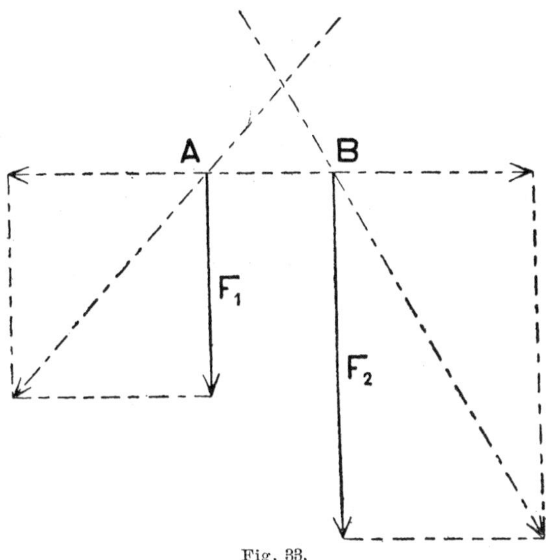

Fig. 33.

e indi con una forza sola; con che le tre forze si riducono ancora a due.

Se, infine, le forze non sono due a due in uno stesso piano, si può sempre per un punto A_1 della linea d'azione di $\mathbf{F}_1$ tirare una retta (R) che si appoggi alle linee d'azione delle altre due (Fig. 34). Allora, scelti su queste due punti

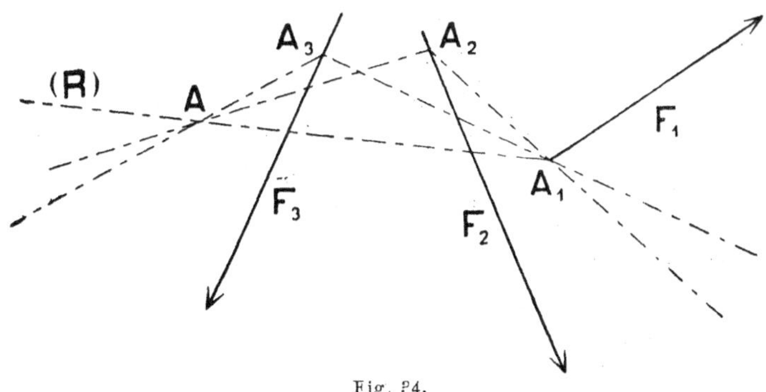

Fig. 34.

A_2 e A_3 e un punto A sopra (R), le rette A_3A, e A_2A_1 stanno in un piano con $\mathbf{F}_3$, e le rette A_2A, A_2A_1 in un piano con $\mathbf{F}_2$; perciò le $\mathbf{F}_3$ e $\mathbf{F}_2$ si potranno decomporre in due altre rispettivamente secondo quelle direzioni. Così si otterranno due forze concorrenti in A e tre concorrenti in A_1, sostituibili con le loro risultanti. Dunque, anche in questo caso, le tre forze si riducono a due sole.

Questo ragionamento prova che il dato sistema, qualunque esso sia, può sempre essere ridotto a $n - 1$ forze, indi a $n - 2$, e così via; e infine a un sistema di due sole forze. Il quale, essendo ottenuto mediante semplici scorrimenti di forze lungo la loro linea d'azione, e composizione e decomposizione di forze concorrenti, sarà sì *fisicamente* (ossia circa gli effetti) e sì *geometricamente* (ossia in astratto, quale sistema di vettori-applicati) *equivalente* al sistema dato.

La riduzione sopradetta si può fare in infiniti modi; il che vuol dire in sostanza che a due forze si possono sempre sostituire altre due forze equivalenti; ma è ben manifesto che se in un modo si perviene a due forze uguali ed opposte con la stessa linea d'azione, allo stesso risultato si giungerà in qualunque altro modo. In quel caso il sistema dato è in equilibrio, e il risultante e il momento risultante dei vettori che li rappresentano son nulli. Pertanto si conclude: *se un sistema di forze è in equilibrio, son nulli il risultante e il momento risultante del sistema di vettori-applicati che lo rappresenta; e viceversa.*

In generale, diremo che due sistemi di forze sono *fisicamente equivalenti,* quando il sistema complessivo delle forze dell'uno e delle forze dell'altro cambiate semplicemente di senso è in equilibrio. In tal caso, per questo sistema complessivo son nulli il risultante e il momento risultante del sistema di vettori-applicati che lo rappresenta. Perciò, indicando con $\mathbf{R}$ e Ω il risultante e il momento risultante rispetto ad O dei vettori-applicati rappresentanti il primo sistema di forze, con $\mathbf{R}_1$ e Ω_1 le analoghe grandezze del secondo sistema, risulta

$$\mathbf{R} - \mathbf{R}_1 = 0 \qquad \Omega - \Omega_1 = 0;$$

da cui

$$\mathbf{R} = \mathbf{R}_1 \qquad \Omega = \Omega_1$$

E viceversa; da queste ultime uguaglianze si passa alle precedenti. Possiamo dunque enunciare la seguente proposizione fondamentale: *due sistemi di forze sono fisicamente equivalenti quando sono geometricamente equivalenti i sistemi di vettori-applicati che li rappresentano.* Dopo ciò si potranno tradurre senz'altro i risultati ottenuti nella teoria dei vettori in altrettanti relativi alle forze, sostituendo semplicemente alla parola vettore-applicato la parola forza.

Qui basterà citare i due principali teoremi: 1°, *un sistema di forze è sempre equivalente a una forza e a una coppia (l'una o l'altra potendo, in particolare, esser nulla)*; 2°, *un sistema di forze è sempre equivalente a una forza e a una coppia con l'asse parallelo alla forza; basta a ciò scegliere per origine un punto dell'asse centrale.* Si noti che la forza deve essere applicata in quel punto rispetto al quale vien calcolato il momento risultante.

In coordinate cartesiane, se $X_s Y_s Z_s$ son le proiezioni sugli assi della generica forza $\mathbf{F}_s$ del sistema dato, e $L_s M_s N_s$ le analoghe proiezioni del suo momento rispetto all'origine (momenti rispetto agli assi), la forza e la coppia equivalente sono definite dalle formule

$$X = \sum_s X_s, \quad X = \sum_s Y_s, \quad Z = \sum_s Z_s$$
$$L = \sum_s L_s, \quad M = \sum_s M_s, \quad N = \sum_s N_s.$$

Le proiezioni XYZ della forza e le proiezioni LMN della coppia si chiamano *le sei coordinate del sistema di forze.* Esse definiscono il sistema, secondo la teoria dell'equivalenza.

È qui il luogo di far notare l'importanza della nozione di coppia. La coppia risultante d'un sistema di forze offre una imagine fisica di quell'ente puramente geometrico che abbiamo chiamato momento risultante. Il teorema fondamentale enunciato di sopra, secondo il quale per l'equilibrio d'un corpo rigido libero occorre che sian nulli separatamente la forza e il momento risultanti, acquista, colla sostituzione del concetto di coppia a quello di momento, una forma più intuitiva, e direi quasi evidente. Giacchè è manifesto che mentre la forza tende a imprimere al libero corpo una traslazione, la coppia tende invece a produrre un moto di rotazione; moti, dunque, che non possono compensarsi a vicenda. Dal chè segue che forza e coppia sono due enti fisici irreducibili l'uno all'altro. Essi costituiscono gli elementi essenziali della teoria dei sistemi di forze, come i moti di traslazione e rotazione sono gli elementi costitutivi della cinematica dei corpi rigidi.

5. Esiste un caso particolare che importa considerare a parte: il caso d'un sistema di forze parallele. Per cose note, un sistema di vettori-applicati paralleli ha l'invariante nullo; perciò, se il risultante è diverso da zero, equivale a un sol vettore-applicato. Dunque, *un sistema di forze parallele a risultante non nullo è equivalente a un'unica forza*. La linea d'azione di questa forza è l'asse centrale (introduzione 14); l'intensità è la somma algebrica dell'intensità delle forze date, attribuendo il segno positivo a quelle che agiscono in un senso, il negativo a quelle nel senso opposto; il verso è definito dal segno di quella somma.

Indichiamo con a un vettore unitario parallelo alla direzione comune delle forze; con $\mathrm{F}_1 \mathrm{F}_2 \ldots \mathrm{F}_n$ le intensità delle forze, prese col segno positivo quelle che hanno il senso di a, col negativo le altre; con F l'intensità della risultante, con la stessa convenzione circa il segno. Preso un punto O, il momento del sistema rispetto ad O sarà

$$(A_1 - O) \wedge \mathrm{F}_1 a + (A_2 - O) \wedge \mathrm{F}_2 a + \ldots + (A_n - O) \wedge \mathrm{F}_n a,$$

ove $A_1 A_2 \ldots A_n$ sono i punti d'applicazione delle forze; ossia,

$$\sum_s \mathrm{F}_s (A_s - O) \wedge a.$$

Ora, se O_1 è un punto dell'asse centrale, il momento rispetto ad O_1 sarà zero; perciò avremo (introd. (27))

$$\sum_s F_s(A_s - O) \wedge a = (O_1 - O) \wedge Fa$$

ossia

$$[\sum_s F_s(A_s - O) - F(O_1 - O)] \wedge a = 0.$$

Questa definisce i punti O_1 dell'asse centrale. Uno dei punti si ottiene uguagliando a zero il primo fattore; ossia, ponendo

$$F(O_1 - O) = \sum_s F_s(A_s - O).$$

Si suol prendere questo punto per punto d'applicazione della risultante. Offre il vantaggio d'essere indipendente da a; ossia, rimane invariato per qualunque altro orientamento delle forze intorno ai loro punti d'applicazione (restando, s'intende, parallele). È chiamato *il centro delle forze parallele*. La formula dunque che definisce cotesto centro O_1 è

$$7)\quad O_1 - O = \frac{F_1(A_1 - O) + F_2(A_2 - O) + \dots + F_n(A_n - O)}{F_1 + F_2 + \dots + F_n} = \frac{\Sigma F_s(A_s - O)}{\Sigma F_s}$$

quando risulti $F = F_1 + F_3 + \dots + F_n \neq 0$. Nel caso opposto la risultante è nulla, e il sistema dato equivale a una coppia. Se le dette forze son pesi, si ha $F_s = m_s g$, in cui m_s è la massa e g l'accelerazione della gravità (Dinamica, Cap. I); per conseguenza

$$O_1 - O = \frac{\sum_s m_s(A_s - O)}{\sum_s m_s}.$$

Il punto O_1 è chiamato in questo caso *il centro delle masse*, o *il baricentro*.

In particolare, per due sole forze la formula (7) scritta nella forma

$$F_1(A_1 - O_1) + F_2(A_2 - O_1) = 0,$$

esprime che i due vettori $A_1 - O_1$ e $A_2 - O_1$ hanno la stessa direzione; verso opposto o no, secondo che le due forze hanno ugual senso o senso contrario; e grandezze definite dalla proporzione

$$\text{mod}\,(A_1 - O_1) : \mathrm{F}_2 = \text{mod}\,(A_2 - O_1) : \mathrm{F}_1,$$

i numeri F_1 e F_2 essendo presi in valore assoluto. Ciò significa che O_1 è allineato con A_1 e A_2; sul segmento A_1A_2, o sul suo prolungamento, secondo che le forze hanno ugual senso o senso opposto (e in questo caso dalla parte della forza maggiore); e in tal posizione che O_1A_1 e O_1A_2 stanno nel rapporto inverso delle grandezze delle forze. È *il principio della leva,* che storicamente costituì il primo fondamento della statica.

6. Molto importante è il caso in cui le forze parallele sono infinitesime, ma in numero infinito. Questo caso si ottiene imaginando un volume V suddiviso in elementi infinitesimi dV, sollecitati ciascuno da una forza μdV parallela a una data direzione fissa. Indicando con M un punto del generico elemento dV, con O un punto fisso, e con G il centro di queste forze parallele, la formula (7) dà

$$G - O = \frac{\int_V \mu (M - O) dV}{\int_V \mu dV}; \tag{8}$$

giacchè le somme infinite equivalgono qui a integrali estesi al dato volume. In massima μ è funzione di M. Cotesto punto si chiama *il baricentro di* V *relativo alle forze* μdV. Se μ è costante, esso sparisce dalla formula; e allora G chiamasi semplicemente *il baricentro del volume.*

Quando il volume è occupato da un corpo materiale di densità μ, μdV è proporzionale al peso dell'elemento, e G vien chiamato più propriamente *il centro di gravità del corpo.* Si assume quale punto d'applicazione del peso, ossia della forza di gravità agente sul corpo. Le stesse considerazioni valgono per una superficie o una linea (corpi di spessore o di sezioni piccolissime, se non materiali); estendendo gli integrali della formula precedente alla superficie o alla linea, invece che al volume.

La formula (8) riduce la determinazione dei baricentri o dei centri di gravità di figure o corpi qualunque al calcolo d'integrali tripli, doppi o semplici. Ma in molti casi, segnatamente quando le figure o i corpi hanno piani, punti e assi di simmetria, si giunge a cotesta determinazione con semplici considerazioni geometriche. Per esempio, il lettore vedrà immediatamente che il baricentro dell'area d'un triangolo è nel punto d'incontro delle mediane; quello del volume d'un prisma, o d'un cilindro, nel mezzo della retta che unisce i baricentri delle basi parallele; quello d'una piramide, o di un cono, ai tre quarti della retta che dal vertice va al baricentro della base; ecc.

Quando si abbia una figura o un solido omogeneo limitato da faccie piane e curve, si può sempre decomporlo in parti di forma conveniente e determinare rispettivamente i loro centri di gravità $G_1 G_2 .... G_n$. Il centro di gravità G dell'intera figura o solido sarà il centro delle forze parallele applicate in $G_1 G_2 .... G_n$ e rispettivamente proporzionali alle aree o ai volumi delle singole parti.

Come applicazione diretta della formula (8) cerchiamo il centro di gravità dell'arco di circolo AB (Fig. 35), formato di materiale omogeneo. Diviso l'arco in elementi uguali ds, ogni elemento ha massa μds (μ costante). Per ragioni di simmetria si vede, senza far calcoli, che il centro di gravità sarà sulla retta Oy, che va dal centro O alla metà dell'arco; e per la formula (8) la

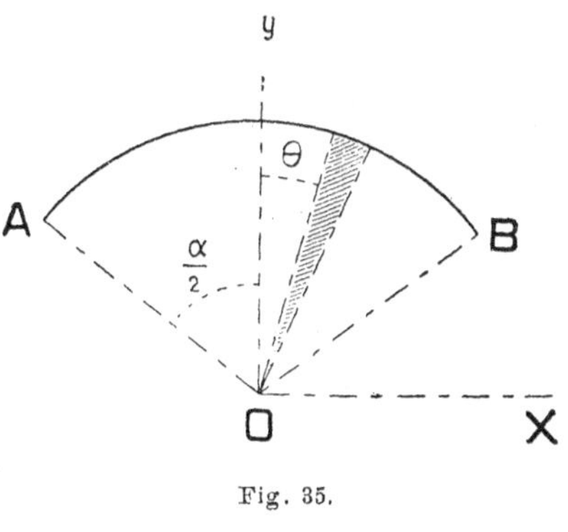

Fig. 35.

sua distanza da O sarà data da

$$\eta = \frac{1}{\mu l}\int \mu y ds;$$

ove l è la lunghezza totale dell'arco, y l'ordinata d'un suo punto generico; l'integrale essendo esteso a tutto l'arco AB. Introduciamo l'angolo θ segnato in figura contato positivamente da y verso B, negativamente nel senso opposto; e sia r il raggio del cerchio. Si ha

$$y = r\cos\theta \qquad ds = rd\theta,$$

e quindi

$$\eta = \frac{r^2}{l}\int_{-\frac{\alpha}{2}}^{\frac{\alpha}{2}} \cos\theta d\theta = 2\frac{r^2}{l}\operatorname{sen}\frac{\alpha}{2} = \frac{2r}{\alpha}\operatorname{sen}\frac{\alpha}{2}.$$

In particolare, per una semicirconferenza ($\alpha = \pi$) risulta

$$\eta = \frac{2r}{\pi}.$$

Si voglia ora determinare il centro di gravità del settore AOB, ossia, d'una sottil lamina omogenea avente la forma di un settore circolare. Dividiamo il dato settore in settori infinitesimi uguali; uno di essi sia quello tratteggiato in figura. Per la sua piccolezza può considerarsi come un triangolo isoscele; quindi il suo baricentro giace alla distanza $\frac{2}{3}r$ da O (vedi considerazioni precedenti). Il luogo di questo baricentro è un arco $A'B'$ di raggio $\frac{2}{3}r$ e che sottende l'angolo α. Per ciò il baricentro del settore coinciderà con il baricentro di quest'arco. Avremo dunque, applicando la formula precedente

$$\eta_1 = \frac{4r}{3\alpha}\operatorname{sen}\frac{\alpha}{2}.$$

Per un semicerchio risulta

$$\eta_1 = \frac{4r}{3\pi}.$$

7. Consideriamo infine il caso, frequentissimo nelle applicazioni, di un sistema di forze con le linee d'azioni tutte in un piano (si chiamano forze agenti in un piano). Esso equivale o a una sola forza, o a una sola coppia. Infatti, rispetto a un punto O del piano, il sistema dato equivale a una forza $(O, \mathbf{F})$ e a una coppia $\mathbf{\Omega}$; ma è chiaro che l'asse di $\mathbf{\Omega}$ risulta normale a $\mathbf{F}$, se $\mathbf{F}$ e $\mathbf{\Omega}$ son diverse da zero. Perciò il sistema equivale a una sola forza. L'equivalenza a una sola coppia accade quando risulta $\mathbf{F} = 0$. Quella forza, o questa coppia, si possono determinare graficamente nel modo che segue.

Siano $\mathbf{F}_1$, $\mathbf{F}_2$, $\mathbf{F}_3$, $\mathbf{F}_4$ le forze rappresentate nel piano del foglio (Fig. 36). Costruiamo la spezzata $A_1 A_2 A_3 A_4 A_5$,

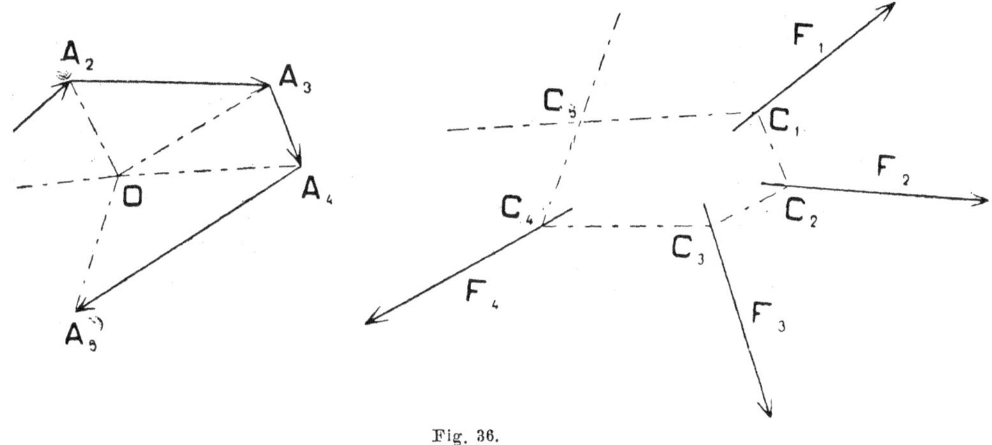

Fig. 36.

i cui punti estremi A_1 e A_5 definiscono il vettore $A_5 - A_1$ rappresentante la somma geometrica $\mathbf{F}$ delle forze date. È chiamato *il poligono delle forze.* Supponiamo per ora che A_5 non coincida con A_1; onde sarà $\mathbf{F} \neq 0$, e il sistema equivarrà a una sola forza il cui vettore è rappresentato da $A_5 - A_1$. Ma questo non basta a definire la forza; occorre determinare la sua linea d'azione (ossia un suo punto d'applicazione).

A tal fine congiungiamo un punto O qualunque con A_1, A_2, A_3, A_4, A_5, poi costruiamo il così detto *poligono funicolare* (vedine la ragione al Cap. IV) nel modo che segue. Dal punto C_1 di $\mathbf{F}_1$ tiriamo una parallela a OA_2 fino a incontrare la linea d'azione di $\mathbf{F}_2$; da questo punto d'incontro C_2 una parallela a OA_3 fino all'incontro di $\mathbf{F}_3$; e da C_3 una parallela a OA_4 fino a incontrare la $\mathbf{F}_4$ in un certo punto C_4. Ciò fatto, se da C_1 e C_4 si tirano due rette rispettivamente parallele a OA_1 e OA_5, il loro incontro C_5 è un punto della linea d'azione della risultante $\mathbf{F}$, ossia il punto d'applicazione di $\mathbf{F}$. Infatti, decomponendo la $\mathbf{F}_1$ secondo C_1C_5 e C_1C_2, si vede dal poligono delle forze che quest'ultima componente e la $\mathbf{F}_2$ danno una risultante diretta secondo C_2C_3 (che è parallela ad OA_3); e questa e la $\mathbf{F}_3$ una risultante secondo C_3C_4; la quale infine combinata con $\mathbf{F}_4$ dà una forza diretta secondo C_4C_5. In tal modo il sistema s'è ridotto a due forze dirette secondo C_1C_5 e C_4C_5; perciò C_5 è un punto della loro risultante, e quindi di $\mathbf{F}$.

Quando il poligono delle forze è chiuso, OA_5 coincide con OA_1; perciò nella costruzione precedente il punto C_5 va a distanza infinita, e le due forze dirette secondo C_1C_5 e C_4C_5, alle quali si riduce il sistema, diventano parallele. D'altra parte dovranno essere uguali, altrimenti ammetterebbero una risultante, e il poligono delle forze sarebbe aperto, contrariamente all'ipotesi. Dunque esse rappresentano la coppia $\mathbf{\Omega}$ a cui è equivalente il sistema.

Ma può accadere che le C_1C_5 e C_4C_5 coincidano con la congiungente C_1C_4; nel qual caso il poligono funicolare si dice *chiuso*. Allora le due forze alle quali si riduce il sistema hanno la stessa linea d'azione. Dippiù devono essere uguali, pel ragionamento che precede; perciò si fanno equilibrio. Ne consegue: *la condizione,* diciamo, *grafica per l'equilibrio d'un sistema di forze in un piano è che il poligono delle forze e il corrispondente poligono funicolare riescan chiusi.*

Per fare un caso particolare importante, supponiamo che le forze date sian parallele; per esempio, le $\mathbf{F}_1\mathbf{F}_2\mathbf{F}_3\mathbf{F}_4\mathbf{F}_5$ rappresentate in figura (Fig. 36bis). Manifestamente il poligono delle forze si riduce al segmento rettilineo $ABCDEL$, e la risultante è rappresentata da $L - A$. Scelto il punto O e tirati i segmenti OA, OB ecc., costruiamo nella maniera già indicata il poligono funicolare $C_1 C_2 .... C_5$. Il punto C_6 sarà il punto d'applicazione della risultante $\mathbf{F} = \mathrm{L} - A$.

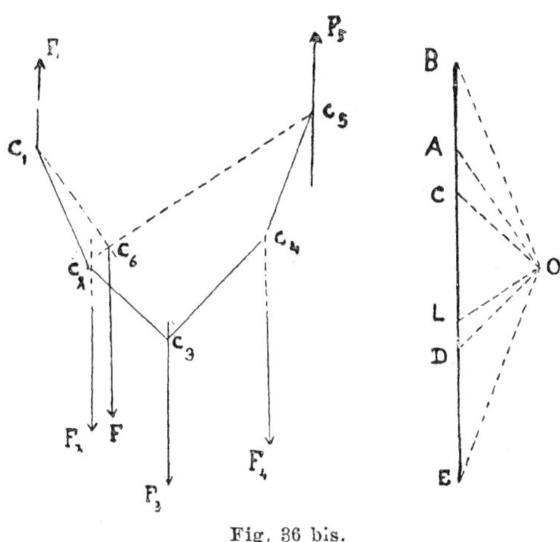

Fig. 36 bis.

CAPITOLO II

Sommario — 1. Equilibrio d'un corpo rigido avente un punto fisso, o un asse fisso, o un punto d'appoggio; considerazioni varie — 2. Metodo generale per la risoluzione dei problemi d'equilibrio; esempi illustrativi — 3. Considerazioni sull'attrito; coefficiente d'attrito; problemi d'equilibrio quando si tien conto degli attriti.

1. Fu detto già che il problema della statica consiste nel determinare le condizioni necessarie e sufficienti per l'equilibrio d'un sistema qualsiasi di punti o corpi comunque vincolati, sollecitati da un sistema di forze. Le considerazioni svolte nel precedente capitolo ci pongono ora in grado di risolvere facilmente questo problema in un gran numero di casi.

Tralasciando il caso del corpo rigido libero, che è stato già studiato precedentemente, passiamo a considerare un corpo mobile intorno a un punto fisso O. Scelto O come origine, il sistema di forze è equivalente a una forza $\mathbf{R}$ applicata in O e a una coppia Ω. La forza non ha effetto, perchè O è fisso; ma la coppia tende a far ruotare il corpo intorno a un asse per O. Per l'equilibrio deve dunque essere $\Omega = 0$. In altri termini: *per l'equilibrio di un corpo avente un punto fisso è necessario e basta (la sufficienza è evidente) che sia nullo il momento del sistema rispetto al punto fisso.*

Se X, Y, Z, L, M, N, sono le coordinate del sistema di forze rispetto a una terna d'assi con l'origine in O, l'equazioni scalari per l'equilibrio, equivalenti a $\mathbf{\Omega}=0$, sono

$$L=0, \quad M=0, \quad N=0.$$

Abbia il corpo un asse fisso AB. Scelto come origine un punto O di AB, il sistema delle forze agenti equivale a una forza applicata in O e una coppia $\mathbf{\Omega}$, la quale può pensarsi decomposta in due: una $\mathbf{\Omega}_1$ con l'asse lungo AB, l'altra $\mathbf{\Omega}_2$ con l'asse normale ad AB. La forza e la coppia $\mathbf{\Omega}_2$ non hanno effetto; mentre la $\mathbf{\Omega}_1$ tende a far ruotare il corpo intorno ad AB. Per l'equilibrio è dunque necessario che sia $\mathbf{\Omega}=0$.

Tutta la coppia $\mathbf{\Omega}$ (s'intende l'asse della coppia) è uguale al momento del sistema rispetto ad O; la sua componente $\mathbf{\Omega}_1$ sopra AB ha per grandezza il momento del sistema rispetto ad AB; perciò si conclude: *per l'equilibrio di un corpo avente un asse fisso è necessario e basta* (*la sufficienza è evidente*) *che sia nullo il momento del sistema di forze rispetto all'asse fisso.*

Scelta una terna d'assi aventi AB per asse delle z, e indicate nel modo solito le coordinate del sistema rispetto a questa terna, l'equazione per l'equilibrio è

$$N=0.$$

Sia ora il corpo appoggiato in O (un sol punto d'appoggio) a un corpo fisso (C), e sia ON la normale comune in O alle superficie limitanti i due corpi; superficie che supporremo perfettamente levigate. Rispetto al punto O il sistema delle forze agenti equivale a una forza $\mathbf{R}$ applicata in O e a una coppia $\mathbf{\Omega}$. La forza può essere decomposta nelle due forze $\mathbf{R}_2$ e $\mathbf{R}_1$ rispettivamente dirette secondo ON e nel pian tangente. La coppia tende a far rotolare il corpo mobile sul corpo fisso, e la forza $\mathbf{R}_1$ a farlo strisciare. Poichè nulla s'oppone a questi movimenti (data la perfetta levigatezza e rigidezza delle superficie) per l'equilibrio dovrà essere

$$\Omega = 0 \quad \mathbf{R}_1 = 0 .$$

Non basta; la $\mathbf{R}_2$ non produrrà effetto se è diretta in modo da comprimere il corpo sopra (C); ma distaccherà il corpo se è diretta in senso opposto; perciò per l'equilibrio la $\mathbf{R}_2$ dovrà essere diretta verso (C).

In conclusione, il sistema delle forze agenti deve essere equivalente a una sola forza diretta secondo la normale comune in O e verso (C); o più esplicitamente, *per l'equilibrio d'un corpo appoggiato in un punto a un corpo fisso è necessario e basta che il momento delle forze rispetto al punto di appoggio sia nullo, e che la forza risultante sia diretta secondo la normale comune ai due corpi e verso il corpo fisso.*

Presa una terna d'assi con l'origine nel punto d'appoggio e l'asse delle z secondo la normale comune, positivo verso il corpo fisso; e indicando nel solito modo le coordinate del sistema di forze, l'equazioni per l'equilibrio sono:

$$X = Y = 0, \quad Z > 0, \quad L = M = N = 0 .$$

Da questi semplici problemi risulta chiaro che si possono cercare le condizioni per l'equilibrio d'un sistema vincolato esaminando prima, quali siano gli spostamenti che il sistema può compiere compatibilmente co' suoi vincoli; poi, quali relazioni devono intercedere fra la posizione del sistema e le forze sollecitanti (o fra le sole forze sollecitanti) affinchè quegli spostamenti non possono compiersi. Questa via è in massima assai difficile a seguirsi, quando si abbiano a studiare sistemi complicati; ma in taluni casi, semplici come i problemi precedenti, essa conduce alla mèta nella maniera più facile e sbrigativa.

Abbiasi, per esempio, un'asta omogenea appoggiata per le sue estremità a due aste fisse, inclinate comunque, e sia sollecitata dalla sola forza di gravità; le tre aste stando in un piano verticale (Fig. 37). Sia G il centro di

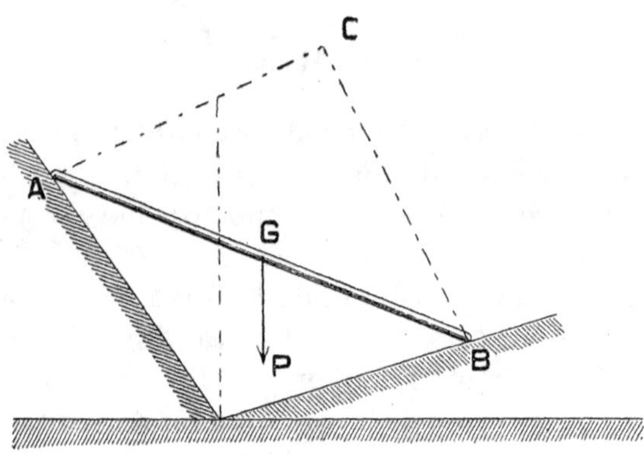

Fig. 37.

gravità dell'asta (il punto medio), e P il peso. Nella posizione attuale dell'asta, C è il centro istantaneo di rotazione. Se non è in equilibrio, assumerà tosto, per effetto della forza, uno stato cinetico di rotazione intorno a C; che è il solo stato di moto ch'essa possa acquistare. Affinchè questo non accada è necessario e basta che la linea d'azione della forza (ossia, la verticale per G) passi per C; giacchè, rispetto a un moto iniziale, l'asta si trova nelle stesse condizioni d'un corpo avente un punto fisso in C.

Se mediante tale condizione si vuol determinare l'angolo θ che l'asta, nella posizione d'equilibrio, deve fare con OB, basta esprimere che la retta definita dai punti G e C è parallela alla verticale ([1]). A tal fine, ricorrendo a formule date nella cinematica, si calcolano le coordinate ξ e η del centro istantaneo C rispetto ad OB e alla sua perpendicolare, assunti come assi Ox e Oy. Si trova facilmente

$$\xi = \frac{2l}{\operatorname{sen}\alpha} \operatorname{sen}(\theta + \alpha), \quad \eta = -\frac{2l}{\operatorname{sen}\alpha} \cos(\theta + \alpha) \qquad (AB = 2l).$$

([1]) Nella figura si scriva O nel punto d'incontro delle rette inclinate, e E all'estremità della verticale condotta per O.

Le coordinate di G rispetto agli stessi assi sono

$$\xi_1 = l \cos \theta \qquad \eta_1 = l \operatorname{sen} \theta .$$

Se dunque il coefficiente angolare $(\xi - \xi_1):(\eta - \eta_1)$ della retta GC deve essere uguale a quella di OE; detta β l'inclinazione di OB sopra OE, si avrà

$$\begin{aligned}\operatorname{tang} \beta &= - \frac{2 \operatorname{sen} (\theta + \alpha) - \cos \theta \operatorname{sen} \alpha}{2 \cos (\theta + \alpha) + \operatorname{sen} \theta \operatorname{sen} \alpha} \\ &= \frac{2 \operatorname{sen} \theta \cos \alpha + \cos \theta \operatorname{sen} \alpha}{\operatorname{sen} \theta \operatorname{sen} \alpha - 2 \cos \theta \cos \alpha} = \frac{2 \operatorname{tang} \theta + \operatorname{tang} \alpha}{1 - 2 \operatorname{tang} \theta \operatorname{tg} \alpha};\end{aligned}$$

la quale definisce appunto θ in funzione di α e β.

Altro esempio. — Un piccolo anello C, scorrevole lungo un filo fissato agli estremi A e B, è sollecitato da una forza. Qual'è la condizione per l'equilibrio?

Anzitutto la forza deve agire nel piano ACB; se no, non incontrando AB, farebbe girare il filo intorno ad AB. In tale ipotesi l'anello, scorrendo lungo il filo (che deve restar teso), descriverebbe una ellisse di fuochi A e B (s'intende il punto di contatto dell'anello col filo). Perchè dunque non possa muoversi occorrerà che la direzione della forza sia, nella posizione che si considera, normale a quella ellisse in C; ossia, per note proprietà dell'ellisse, bisettrice dell'angolo ACB e diretta all'esterno.

Tutt'altro accade se l'anello non è scorrevole, ma legato al filo stesso. In questo caso l'equilibrio è assicurato dalla sola condizione che la forza agisca nel piano ABC e tenda il filo. Perchè, decomponendo la forza in due dirette come AC e BC, queste non hanno altro effetto che di tendere separatamente le due porzioni di filo, e perciò non possono produrre movimento alcuno.

2. Abbiamo detto che per l'equilibrio d'un corpo avente un punto fisso O è necessario e basta che il sistema delle forze agenti equivalga a una sola forza $\mathbf{R}$ passante per O. Ciò vale a dire che la $-\mathbf{R}$ applicata in O annulla l'azione di tutte le altre forze, e perciò manterrebbe il corpo in equilibrio anche se O non fosse fisso. Dunque, dal punto di vista fisico dell'equilibrio, l'azione del punto fisso equivale a quello della forza $-\mathbf{R}$. Ma c'è dippiù: la $-\mathbf{R}$ misura effettivamente l'azione del punto fisso sul corpo. Invero, essendo l'azione del corpo (pressione o trazione) sul punto fisso misurata da $\mathbf{R}$, per un principio stabilito la reazione di questo sol corpo è misurata da $-\mathbf{R}$.

Similmente; se un corpo è in equilibrio appoggiato a un altro corpo fisso, la sua azione su questo è una pressione normale $\mathbf{R}$, ammesso che le superficie in contatto siano perfettamente levigate; quindi l'effetto del punto d'appoggio equivale alla forza $-\mathbf{R}$ applicata in quel punto. Così pure, se un corpo è collegato a un altro corpo mediante un filo flessibile e inestendibile, ed ha luogo l'equilibrio (il filo perciò sarà teso), si potrà tagliare il filo in un punto A e mantenere tuttavia l'equilibrio del primo corpo mediante una certa forza $\mathbf{T}$ applicata in A, diretta secondo il filo ed in tal verso da tenderlo. Questa $\mathbf{T}$ rappresenta l'azione esercitata per mezzo del filo dal secondo corpo sul primo. Si chiama la *tensione del filo*. La forza $-\mathbf{T}$, pure applicata in A, rappresenta invece l'azione del primo corpo sul secondo, e mantiene questo in equilibrio. Lo stesso dicasi quando il filo è sostituito da un'asta AB di peso trascurabile; ma in tal caso il verso di $\mathbf{T}$ può essere quello di $B - A$, o l'opposto.

Ammettendo, conformemente all'esperienza, che in generale l'azione dei vincoli sia equivalente all'azione di forze, dette *le reazioni dei vincoli*, le considerazioni precedenti suggeriscono un metodo generale per la determinazione delle condizioni per l'equilibrio d'un sistema materiale qualunque, e ne danno pure esatta ragione.

Abbiasi un sistema materiale di corpi e punti mobili vincolati tra loro e con corpi fissi, nella maniera generale indicata già nel capitolo precedente; e sia esso in equilibrio sotto l'azione d'un dato sistema di forze.

Consideriamo il corpo (o punto) C del sistema, e isoliamolo da tutti gli altri, sostituendo ai suoi vincoli le reazioni. A tal fine, all'azione di ogni punto fisso o di collegamento si penserà sostituita una certa forza applicata in esso punto; ogni filo si penserà tagliato vicino al punto d'attacco, e sostituite le tensioni alla sua azione; si penseranno soppressi i contatti fra corpi e aggiunte certe forze che ne faccian le veci; e così via, sino a che il corpo C non sia reso perfettamente libero.

Ciò fatto, scriviamo le note equazioni per l'equilibrio di questo corpo libero, che è ora soggetto non solo alle forze date, ma anche a quelle introdotte in sostituzione dei vincoli. Indi operiamo allo stesso modo e successivamente per tutti i corpi e punti del sistema dato, tenendo presente che le azioni mutue di due corpi sono sempre uguali ed opposte. In tal modo otterremo alla fine un certo numero di equazioni contenenti alcune quantità note ed altre incognite: le prime relative al sistema dato e alle forze direttamente applicate; le seconde relative alle forze introdotte in luogo dei vincoli. Orbene, eliminando tra quelle equazioni le quantità incognite, si troveranno un certo numero di relazioni tra le sole quantità note; relazioni che dovranno manifestamente essere soddisfatte, affinchè l'equilibrio possa effettivamente sussistere. Son chiamate *l'equazioni per l'equilibrio del sistema.*

Le rimanenti equazioni serviranno per determinare le quantità incognite, cioè le reazioni dei vincoli. Talune di queste forze dovranno agire in un determinato senso; perciò le quantità atte a determinare quel senso dovranno risultare col segno che loro compete. Così si otterranno certe disuguaglianze, che devono pure essere soddisfatte perchè l'equilibrio sussista.

Questo procedimento è in massima, caso per caso, di facile applicazione e conduce speditamente alla soluzione dei problemi d'equilibrio. Lo illustreremo con alcuni esempi.

1) Sia C un corpo avente un punto fisso O; C_1, un altro corpo mobile intorno a un asse fisso AB. I due corpi siano collegati mediante un filo flessibile e inestendibile PP_1 (di peso trascurabile, e che sarà teso) e sollecitati ciascuno

da un sistema di forze (Fig. 38).

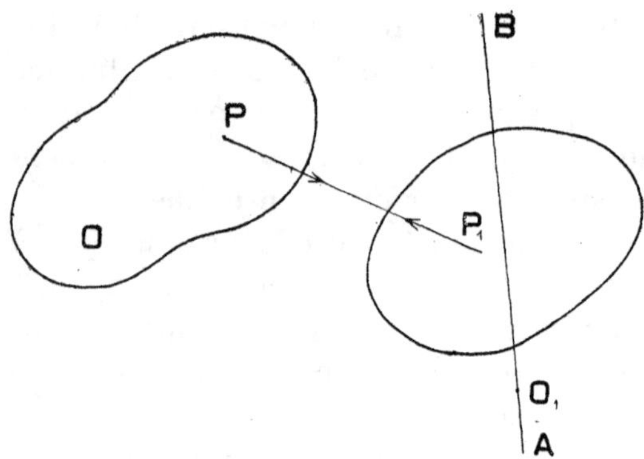

Fig. 38.

Indichiamo con **R** e $M - O = \Omega$, $\mathbf{R}_1$ e $M_1 - O_1 = \Omega_1$ la risultante e il momento risultante delle forze rispettivamente agenti su C e su C_1: con $\boldsymbol{a}$ un vettore unitario parallelo a PP_1 da P verso P_1; $\boldsymbol{b}$ un altro vettore unitario parallelo a AB.

Pensiamo ora tagliato il filo vicinissimo a P e P_1. Non si turberà l'equilibrio applicando in P una forza $\tau\boldsymbol{a}$ uguale alla tensione del filo, e in P_1 la forza contraria $-\tau\boldsymbol{a}$ (τ grandezza della tensione). Allora C è un corpo avente un punto fisso e sollecitato dalle forze date e da $\tau\boldsymbol{a}$. La condizione per l'equilibrio è, come sappiamo,

$$(e) \qquad \Omega + (P - O) \wedge \tau\boldsymbol{a} = 0.$$

Il corpo C_1 ha un asse fisso, ed è sollecitato dalle forze date e da $-\tau\boldsymbol{a}$; perciò la condizione per l'equilibrio si ottiene annullando il momento di queste forze rispetto all'asse; dunque

$$[\Omega_1 - (P_1 - O_1) \wedge \tau\boldsymbol{a}] \times \boldsymbol{b} = 0.$$

Di qui si trae

$$\Omega_1 \times \boldsymbol{b} = \tau \cdot (P_1 - O_1 \wedge \boldsymbol{a} \times \boldsymbol{b};$$

e quindi

$$\tau = \frac{\Omega_1 \times b}{(P_1 - O_1) \wedge a \times b}.$$

Questa formula dà la grandezza della tensione del filo nello stato d'equilibrio. Il numeratore è il momento rispetto all'asse delle forze date agenti su C_1; il dominatore è il momento di a rispetto all'asse di b, o viceversa. A calcolo fatto questo rapporto deve risultar positivo, perchè τ rappresenta il modulo di un vettore.

Portando in (e) il valore trovato di τ, si ottiene

$$\Omega + \frac{\Omega_1 \times a}{(P_1 - O_1) \wedge a \times b}(P - O) \wedge a = 0;$$

relazione fra tutte quantità date, che rappresenta, insieme a $\tau > 0$, la condizione per l'equilibrio del sistema considerato.

2) Torniamo a considerare il problema dell'asta, risoluto alla fine del paragrafo precedente. Nei punti d'appoggio immaginiamo applicate le reazioni $\mathbf{R}$ e $\mathbf{R}_1$ rispettivamente normali alle due rette fisse e tolti gli appoggi. L'asta deve essere in equilibrio sotto l'azione delle tre forze $\mathbf{P}$, $\mathbf{R}$ e $\mathbf{R}_1$, che stanno in uno stesso piano. Occorre perciò che esse passino per uno stesso punto. Il punto d'incontro di $\mathbf{R}$ e $\mathbf{R}_1$ è precisamente il centro istantaneo di rotazione; talchè si ritrova la condizione già ottenuta con altro ragionamento.

3) Una trave carica di pesi può ruotare intorno ad O (ove è collegata a cerniera con una parete verticale) in un piano verticale; ma l'equilibrio è assicurato da una fune legata in A e in B, come è indicato in figura (Fig. 39). Si vuol calcolare la tensione della fune.

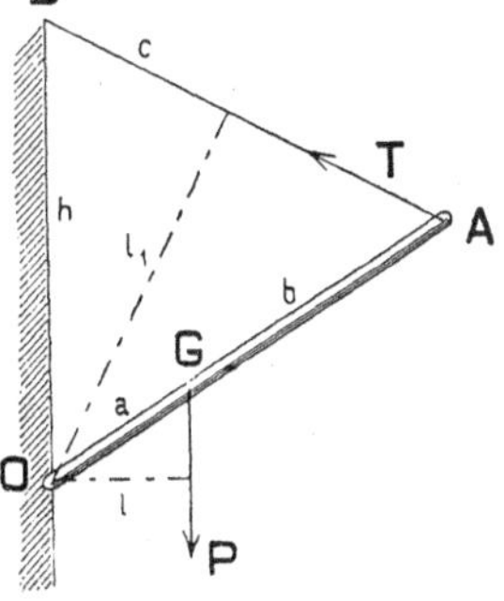

Fig. 39.

Sia $\mathbf{P}$ la risultante dei pesi applicati in G. Immaginiamo la fune tagliata in A e sostituita con la forza $\mathbf{T}$ rappresentante la tensione. La trave dev'essere in equilibrio sotto l'azione delle forze **P** e **T**. Poichè la trave non può ruotare che intorno ad O, per l'equilibrio è necessario e basta che la somma dei momenti di **T** e **P** rispetto ad O sia nulla. Dunque

$$\mathrm{P}l - \mathrm{T}l_1 = 0;$$

ossia

$$\mathrm{T} = \frac{l}{l_1}\,\mathrm{P},$$

ove l e l_1 sono le perpendicolari abbassate da O sulle linee d'azioni di **P** e **T**. Ma dalla figura si deduce facilmente la relazione

$$\frac{l}{l_1} = \frac{a \operatorname{sen} BOA}{(a+b) \operatorname{sen} BAO} = \frac{ca}{h(a+b)};$$

quindi la formula

$$\mathrm{T} = \frac{ca}{h(a+b)}\,\mathrm{P}$$

risolve il problema proposto.

4) Abbiasi un filo; supposto flessibile, inestendibile e di peso trascurabile, sollecitato da forze alle due estremità A e E, e in alcuni punti intermedi B, C, D, come è indicato in figura (Fig. 49). Se l'equilibrio ha luogo, i diversi tratti di filo saran tesi; talchè la figura d'equilibrio sarà una linea poligonale, detta *poligono funicolare*.

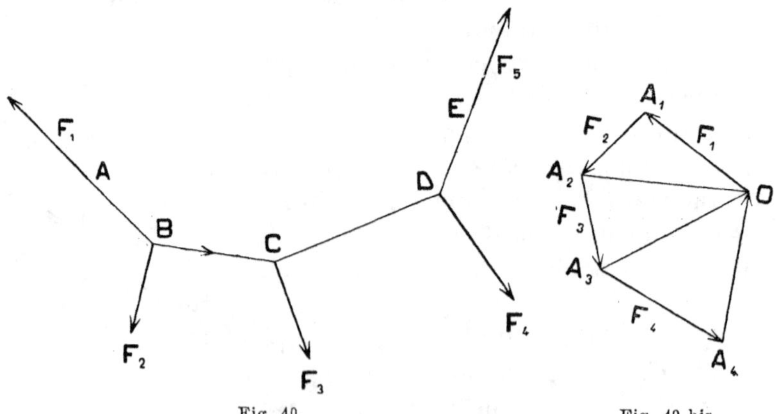

Fig. 40. Fig. 40 bis.

Le forze $\mathbf{F}_1$ e $\mathbf{F}_5$ agenti agli estremi dovranno essere rispettivamente dirette secondo $A - B$ e $E - D$; altrimenti rendendo, per esempio, fisso B (con che non si turba l'equilibrio) la componente di $\mathbf{F}_1$ normale ad AB farebbe girare intorno a B.

Trasportiamo il punto d'applicazione di $\mathbf{F}_1$ in B (il che non altera nulla); indi, tagliato il tratto di filo BC in prossimità di B, surroghiamo la sua azione con quella d'una forza $\boldsymbol{\tau}_1$ rappresentante la sua tensione (diretto da B verso C). Dopo ciò il punto B dovrà rimanere ancora in equilibrio; il che richiede che $\boldsymbol{\tau}_1$ sia uguale ed opposta alla risultante di $\mathbf{F}_1$ e $\mathbf{F}_2$ (in particolare dunque BC sarà nel piano di AB e di $\mathbf{F}_2$). Seguitando lo stesso ragionamento si vede che la tensione $\boldsymbol{\tau}_2$ del lato CD, da C verso D, sarà uguale ed opposta alla risultante di $\mathbf{F}_3$ e di $-\boldsymbol{\tau}_1$, ossia di $\mathbf{F}_3, \mathbf{F}_2, \mathbf{F}_1$; e la $\mathbf{F}_5$ uguale ed opposta alla risultante di $\mathbf{F}_4$ e di $-\boldsymbol{\tau}_2$, ossia di $\mathbf{F}_4\mathbf{F}_3\mathbf{F}_2\mathbf{F}_1$. Talchè, costruito il poligono delle forze, come è indicato in figura, esso risulterà chiuso, e le diagonali OA_2 e OA_3, insieme ai lati OA_1 e OA_4, rappresenteranno in grandezza le tensioni dei vari tratti di filo, e in direzione le loro rispettive direzioni.

Il lettore avrà già notata l'analogia fra queste considerazioni e quelle svolte alla fine del capitolo precedente, riguardo al problema grafico della composizione delle forze agenti in un piano. La teoria dei poligoni funicolari sta appunto a fondamento dei metodi grafici escogitati per la risoluzione dei problemi d'equilibrio che più di frequente si presentano nelle applicazioni; metodi che si trovano spiegati nei trattati di *statica grafica*.

3. Considerando superficie di corpi in contatto, noi abbiamo supposto che fossero perfettamente levigate e indeformabili. Se questa supposizione conduce sovente a risultati sufficientemente approssimati, in molti altri casi essa è troppo lontana dalla realtà per potersi accettare; perchè in natura tutti i corpi sono più o meno deformabili, e le superficie che li limitano più o meno scabrose.

La scabrosità delle superficie in contatto e le deformazioni ch'esse subiscono per effetto delle pressioni danno luogo a fenomeni conosciuti sotto il nome di *fenomeni d'attrito*; i quali, dal punto di vista meccanico, obbediscono a leggi semplici, enunciate, come sintesi di molte esperienze, da COULOMB e MORIN.

Consideriamo un peso P (per esempio, un parallelepipedo) appoggiato colla sua base sopra un piano inclinato, e sostenuto per mezzo di un filo da un peso di grandezza Q, come è indicato in figura (Fig. 41).

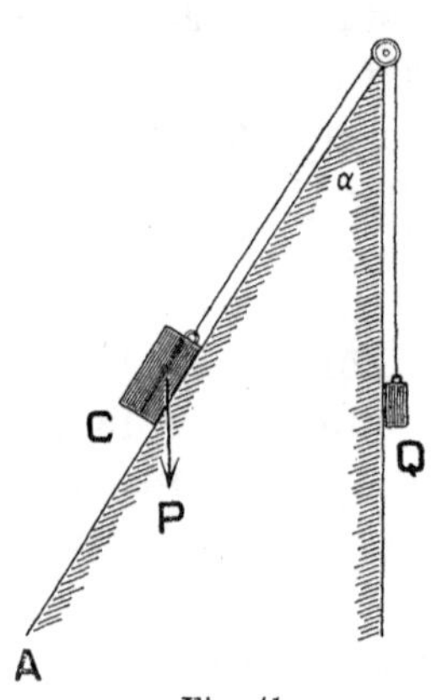

Fig. 41.

Nelle ipotesi dei paragrafi precedenti, la condizione necessaria e sufficiente per l'equilibrio è espressa da

$$Q = P \cos \alpha .$$

Orbene, l'esperienza dimostra che l'equilibrio ha luogo anche se Q è un po' diverso da $P \cos \alpha$, e che per rompere l'equilibrio occorre aggiungere o togliere a $Q = P \cos \alpha$ un peso non minore di un certo p. Sia $q \leq p$; allora $Q = P \cos \alpha + q$ mantiene ancora l'equilibrio. Ciò si piega dicendo che l'azione di q è annullata dall'attrito che si esercita tra le superficie in contatto. Questo attrito è dunque misurato da una forza d'intensità q, applicata in un punto di C e diretta da C verso A (onde impedire la salita del peso), la quale si chiama *forza d'attrito.* Quando la forza d'attrito ha il valore massimo p, (oltre il quale non vi è più equilibrio) si chiama *forza d'attrito di distacco.*

L'esperienza dimostra che p (per superficie in contatto di ugual natura) può ritenersi con sufficiente approssimazione proporzionale alla pressione normale e indipendente dalla grandezza delle superficie in contatto (entro certi limiti). Il coefficiente di proporzionalità, che dipende solamente dalla natura delle superficie in contatto, si chiama *coefficiente d'attrito.*

Consideriamo ancora due corpi C e C_1 a contatto in O. In natura il contatto non avviene in un sol punto O, ma in tutti i punti d'un piccolo intorno di O. Sia C_1 fisso, e C mobile e soggetto a forze (Fig. 42). Dicemmo che per l'equilibrio è necessario e basta che il sistema di forze agenti su C sia equivalente a una sola forza **R** applicata in O e diretta secondo ON. Orbene, l'equilibrio in natura sussiste ancora quando la **R** è inclinata su ON di un angolo β inferiore, o tutt'al più uguale, a un certo angolo α. Se decomponiamo la forza in altre due R_n ed R_t dirette rispettivamente secondo ON e nel piano tangente, l'azione di R_t è annullata dall'attrito che si esercita nell'intorno di O tra le due superficie a contatto. La forza uguale ed opposta a R_t è la *forza d'attrito*. Se $\beta = \alpha$, la corrispondente forza d'attrito è la *forza d'attrito di distacco*. L'esperienza dimostra che essa è proporzionale alla pressione normale R_n; ossia $R_t = kR_n$.

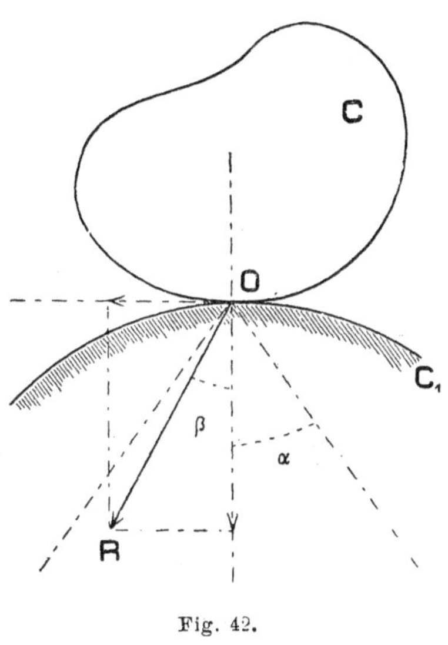

Fig. 42.

Essendo

$$R_t = R_n \operatorname{tg} \alpha, \quad \text{risulta} \quad k = \operatorname{tg} \alpha.$$

L'angolo α si chiama *l'angolo d'attrito*, ed il cono che ha per vertice O, per asse ON e l'apertura α, si chiama *cono d'attrito*. Dopo ciò è manifesto che per l'equilibrio di C occorre e basta che il sistema di forze si riduca a una sola forza applicata in O e diretta nell'interno del cono d'attrito ($R_t \leq kR_n$).

Qui si considera il solo *attrito di strisciamento*; cioè,

si suppone che nessun attrito ostacoli il rotolamento di C su C_1 (attrito di rotolamento).

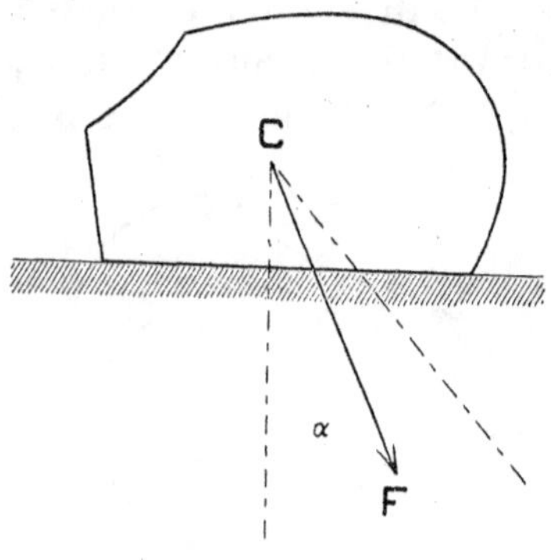

Fig. 42 bis.

Più generalmente, un corpo appoggiato con una sua faccia piana sopra un piano è in equilibrio non solo quando la forza **F** è normale al piano, ma anche quando fa con quella normale un angolo inferiore a un certo angolo α, detto *l'angolo d'attrito*; qualunque sia, del resto, la grandezza di **F** (Fig. 42bis).

Esempio. Un'asta carica di pesi (Fig. 43) poggia per un'estremità M sopra un piano orizzontale (π) ed è mantenuta in un'inclinazione θ da una forza **F** applicata all'altra estremità A. Sia P la grandezza

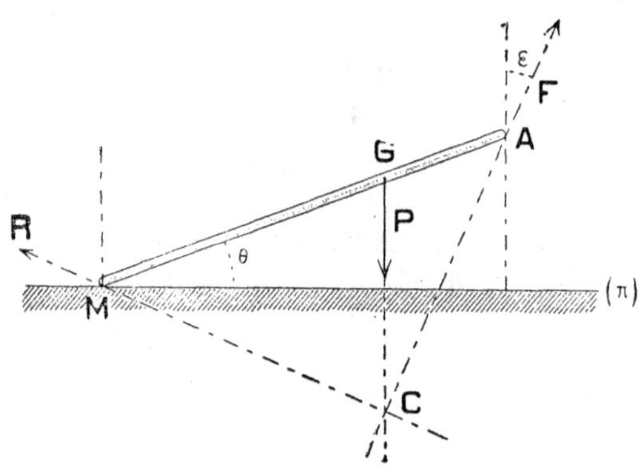

Fig. 43.

della forza verticale equivalente a tutti i pesi e G il suo punto d'applicazione. Se in M non c'è attrito, la reazione **R** del piano in M è normale al piano, cioè verticale come il peso, e diretta dal basso in alto. Ne consegue che anche la **F** deve essere verticale e diretta dal basso in alto, se si vuole che possa sussistere l'equilibrio.

Ma non basta: la forza **P** deve essere uguale e contraria alla risultante di **R** e **F**; perciò tra le grandezze di queste forze dovranno sussistere le relazioni

$$R + F = P, \quad aF = bR,$$

ove $a = AG$, $b = MG$. Di qui si trae

$$F = \frac{bP}{a+b}, \quad R = \frac{aP}{a+b};$$

e perciò resta determinata, oltre che la pressione in M, la forza che deve applicarsi in A per mantenere l'asta in equilibrio. Come si vede **F** e **R** sono indipendenti da θ; ossia la **F** trovata mantiene l'equilibrio qualunque sia l'inclinazione dell'asta (esclusi i valori $\theta = 0$, $\theta = 90°$); il che del resto è intuitivo.

Ora supponiamo che in M vi sia attrito. In questo caso la **F** trovata dianzi conserverebbe ancora l'equilibrio, perchè tutto avverrebbe come se in M non esistesse attrito; ma è evidente che può sussistere l'equilibrio anche con una **F** diversa dalla precedente. Supponiamo che la direzione di **F** faccia un angolo ε con la verticale, come è indicato in figura. Allora non vi potrebbe essere equilibrio se in M non si esercitasse attrito, per conseguenza la pressione in M, e quindi la **R**, non sarà più normale a (π), bensì inclinata in modo che la sua linea d'azione passi pel punto d'incontro C delle linee d'azione di **F** e **P**.

Siano N e T le proiezioni verticale e orizzontale di **R**. Pensando l'asta libera sotto l'azione delle forze **P**, **F** e **R**, le condizioni per l'equilibrio sono

$$N + F\cos\varepsilon - P = 0, \quad T - F \operatorname{sen}\varepsilon = 0,$$
$$-Pb\cos\theta + hF = 0,$$

ove h è la perpendicolare abbassata da M sulla linea d'azione di **F**; definita, come risulta dalla figura, da

$$h = (a+b)\cos(\theta + \varepsilon).$$

Da queste si ricava

$$(e) \qquad F = \frac{bP}{h}\cos\theta, \quad T = \frac{bP}{h}\cos\theta\,\text{sen}\,\varepsilon,$$

$$N = P - \frac{bP}{h}\cos\theta\cos\varepsilon.$$

Ora, se f è il coefficiente d'attrito, per l'equilibrio deve essere soddisfatta la condizione $|T| \leq fN$, ossia

$$b\cos\theta\,\text{sen}\,\varepsilon \leq f(h - b\cos\theta\cos\varepsilon).$$

Presa una ε soddisfacente a questa condizione (e ve ne sono infinite), e calcolata la corrispondente F mediante la prima delle (e), resta determinata una forza capace di mantenere in equilibrio l'asta inclinata dell'angolo θ. Le altre due formule servono poi al calcolo della pressione in M.

La disuguaglianza si può mettere sotto la forma più semplice e comoda

$$a\,\text{cotg}\,\varepsilon \geq \frac{b}{f} + (a+b)\,\text{tang}\,\theta,$$

dopo aver sostituito alla h il suo valore e diviso per $f\cos\theta\,\text{sen}\,\varepsilon$.

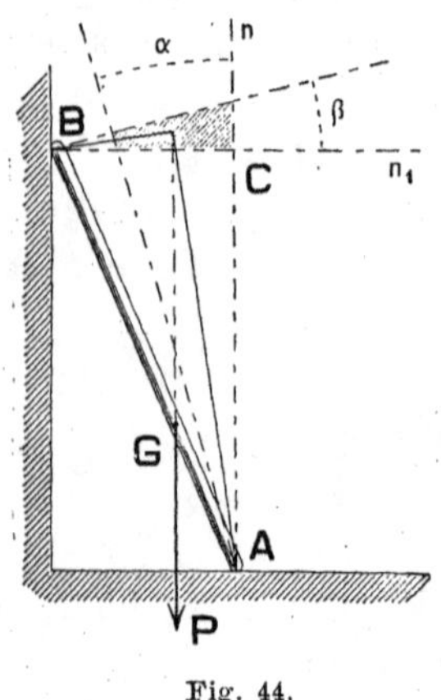

Fig. 44.

Altro esempio. Cerchiamo la condizione per l'equilibrio di un'asta carica di pesi appoggiata con le sue estremità al suolo e a una parete verticale, e giacente essa stessa in un piano verticale (Fig. 44). Sia P la risultante dei pesi. Supposta l'assenza d'attrito, l'asta non è mai in equilibrio, se non è tutta adagiata al suolo, o ritta verticalmente contro la parete, perchè la linea d'azione di P non può mai passare per C, incontro delle normali An, Bn_1. Ma per effetto dell'attrito l'esperienza dimostra che vi sono infinite posizioni di equilibrio. Sia quella in figura una di esse. Le reazioni in A e B saranno certamente dirette entro i rispettivi angoli d'attrito α e β, (angoli a sinistra di An e Bn_1, perchè le forze d'attrito che impediscono il movimento sono dirette secondo AO e da B in alto); talchè s'incontreranno nel quadrilatero ombreggiato in figura. Ne consegue che la linea d'azione di P, dovendo passare per quel punto d'incontro, attraverserà cotesto quadrilatero.

Dunque la condizione necessaria per l'equilibrio è che la linea d'azione di P attraversi il quadrilatero comune ai due angoli d'attrito. L'esperienza poi dimostra che questa condizione è sufficiente.

Supponiamo che AB sia una scala, sulla quale sale una persona. Se l'inclinazione della scala rispetto al muro è uguale all'angolo d'attrito α, è chiaro che la verticale condotta pel centro di gravità del sistema (scala e persona) passerà sempre pel quadrilatero dianzi considerato, per quanto salga la persona. Quindi l'inclinazioni della scala minori di α saranno *ottime* per la sicurezza di chi sale.

Questi esempi mostrano a sufficienza che l'intervento dell'attrito modifica di molto le condizioni per l'equilibrio che si ottengono nei casi ideali di corpi perfettamente rigidi e levigati. Parecchi risultati, che dedotti dalla statica dei corpi ideali sembrano paradossali confrontati coi risultati della pratica, trovano la loro giustificazione nelle ipotesi della rigidità e della levigatezza. Tolte queste ipotesi, il paradosso sparisce, e l'accordo fra la teoria e l'esperienza diventa in massima perfetto. Così per il problema della scala, trattato di sopra; così pure per il problema riguardante la determinazione delle pressioni che si esercitano sulle gambe di una tavola, quando queste sono in numero superiore a tre. E infatti una forza **F** può essere decomposta in infiniti modi in n forze parallele, se è $n > 3$; perchè il sistema d'equazioni

$$\xi \mathrm{F} = \sum_{s=1}^{n} x_s \mathrm{F}_s, \quad \eta \mathrm{F} = \sum_{s=1}^{n} y_s \mathrm{F}_s, \quad \zeta \mathrm{F} = \sum_{s=1}^{n} z_s \mathrm{F}_s,$$

equivalenti, in coordinate cartesiane, all'equazione vettoriale (7) del Cap. I, ammette, quando è $n > 3$, infinite soluzioni per le F_s, date che siano ξ, η, ζ e tutte le $x_s y_s z_s$. Perciò nell'ambito della statica dei corpi ideali, la distribuzione del peso della tavola sulle sue gambe è indeterminata; conclusione questa che urta il buon senso ed è manifestamente in disaccordo con la realtà. Ma il disaccordo sparisce se si tien conto delle deformazioni che necessariamente si devono produrre e nelle gambe e nel suolo sotto l'azione del peso. Sono appunto esse che determinano univocamente la ripartizione del peso. Così un peso portato a spalla da parecchi uomini, si ripartisce automaticamente e, direi, equamente, secondo la robustezza e la resistenza dei singoli uomini. La risoluzione completa del problema così impostato richiede la conoscenza delle proprietà elastiche dei corpi; e però qui non ne diremo altro.

CAPITOLO III

Sommario — 1. Preliminari al principio dei lavori virtuali — 2. Principio dei lavori virtuali — 3. e 4. Sua applicazione; esempi — 5. Caso delle forze conservative — 6. Stabilità e instabilità dell'equilibrio — 7. Caso delle coordinate sovrabbondanti.

1. Al metodo esposto nel precedente capitolo, costrutto sul concetto di reazione dei vincoli, se ne contrappone un altro fondato sopra un principio che evita quei concetti, attingendo più addentro nella natura delle cose.

Un punto materiale M appoggiato sopra un piano inclinato o, più generalmente, sopra una superficie qualunque limite d'un corpo, sollecitato dalla sola forza di gravità necessariamente discende. Discendendo, lo spostamento ch'esso compie in un certo tempo dt fa, evidentemente, un angolo acuto con il senso della forza; ovvero, la proiezione dello spostamento sulla direzione della forza è positivo. Poichè tutte le forze son della natura dei pesi, cotesta osservazione porta logicamente ad affermare che, comunque sia vincolato il punto d'applicazione d'una forza qualsiasi, l'effetto di questa, dato che non sia nullo, necessariamente sarà di produrre uno spostamento facente un angolo acuto con il senso della forza; ossia tale ch'esso abbia sulla direzione della forza una proiezione positiva; cosa, del resto, conforme all'esperienza.

Quando il punto M è vincolato con altri punti materiali pure sollecitati da forze, può accadere che il suo spostamento faccia invece un angolo ottuso col senso della forza; giacchè l'azione naturale di questa può esser vinta dalle azioni combinate delle altre forze e dei vincoli; ma questo fatto non può accadere per tutti i punti ad un tempo; altrimenti si verrebbe, per esempio, all'assurda conclusione che due corpi, convenientemente vincolati, potrebbero per il solo effetto de' loro pesi muoversi contemporaneamente all'insù. Perciò parte dei punti subiranno spostamenti con proiezioni positive sulla direzione delle rispettive forze, e parte spostamenti con proiezioni negative.

Affinchè abbia luogo l'equilibrio occorre evidentemente che l'azione delle forze tendenti a produrre, in armonia coi vincoli, spostamenti, diciamo, positivi, sia perfettamente bilanciata dalle reazioni o resistenze opposte dalle altre forze, i cui punti d'applicazione sarebbero trascinati, se equilibrio non ci fosse, a compiere spostamenti negativi.

La formulazione esatta e matematica di questa osservazione, che scaturisce dalla diretta contemplazione dei fatti meccanici più comuni, e della quale sentiamo quasi istintivamente tutta la verità e l'importanza, costituisce il celebre *principio dei lavori virtuali.* Il quale, enunciando le condizioni per l'equilibrio dei sistemi o corpi materiali in modo affatto indipendente dalla speciale natura dei loro vincoli, possiede una generalità ed una fecondità veramente insigni.

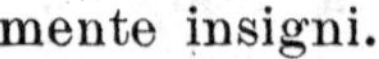

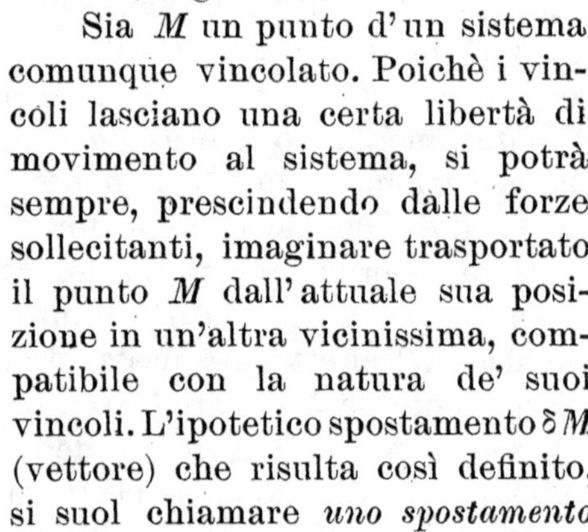

Fig. 45.

Sia M un punto d'un sistema comunque vincolato. Poichè i vincoli lasciano una certa libertà di movimento al sistema, si potrà sempre, prescindendo dalle forze sollecitanti, imaginare trasportato il punto M dall'attuale sua posizione in un'altra vicinissima, compatibile con la natura de' suoi vincoli. L'ipotetico spostamento δM (vettore) che risulta così definito, si suol chiamare *uno spostamento virtuale,* per distinguerlo dallo *spostamento effettivo,* compatibile bensì coi vincoli, ma determinato dalle forze agenti, che subirebbe il punto, se il sistema non fosse attualmente in equilibrio. Per esempio, a un punto materiale *M* collegato a un punto fisso *O* (Fig. 45) mediante un filo flessibile e inestendibile, si può, qualunque siano le forze che lo sollecitano, imaginar dato uno spostamento piccolissimo che conservi il filo teso, o che lo accorci. A un'asta appoggiata con un'estremità al suolo e con l'altra a una parete (Fig. 46), possiam pensar dati spostamenti che conservino i contatti all'estremità, o che distacchino una delle estremità, o tutte e due. Son tutti spostamenti compatibili coi vincoli, e sono appunto spostamenti virtuali.

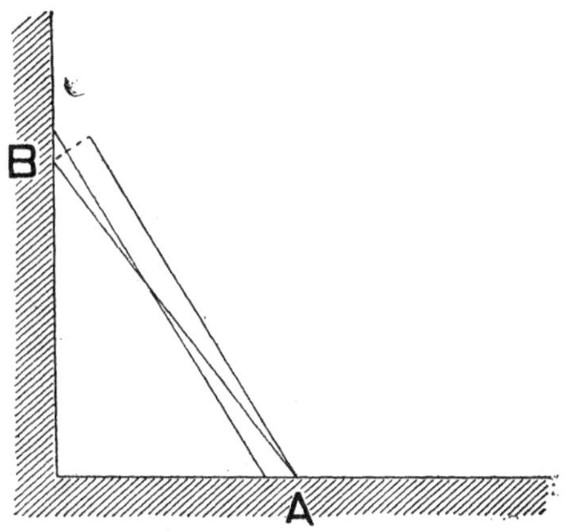

Fig. 46.

Ma da questi stessi esempi risulta chiaramente che di spostamenti virtuali ve ne son di due specie. Nel primo esempio, mantenendo il filo teso, se è possibile uno spostamento in un certo senso, e anche possibile lo spostamento nel senso perfettamente opposto; ma alla possibilità d'uno spostamento che accorcia il filo non corrisponde la possibilità dello spostamento opposto; perchè, essendo per ipotesi il filo inestendibile, non può allungarsi. Similmente; ad ogni spostamento dell'asta che conserva i contatti all'estremità corrisponde sempre uno spostamento opposto compatibile coi vincoli; ma a uno spostamento che distacca, per l'esempio, l'estremità dalla parete, non corrisponde la possibilità dello spostamento opposto, ammessa l'impenetrabilità o la rigidezza della parete. Questo fatto si riscontra in molti sistemi vincolati; ond'è vantaggioso, per l'esatta formulazione del principio dei lavori virtuali, distinguere in generale le due specie di spostamenti. Chiameremo spostamenti virtuali *invertibili* quelli che si possono invertire di senso, senza far violenza ai vincoli; *non invertibili* gli altri.

Ciò posto, sia M un punto appartenente a un sistema materiale qualunque; $\mathbf{F}$ la forza che vi è applicata. Considerando uno spostamento virtuale di M, chiamasi *lavoro virtuale della forza* il prodotto scalare della forza per quello spostamento; ossia, il prodotto della intensità della forza per la proiezione dello spostamento del punto d'applicazione sulla linea d'azione. Può essere positivo, negativo o nullo; nullo, nel solo caso che lo spostamento risulti normale alla direzione della forza. Indicando con δM, come sopra, il vettore spostamento (1), scriveremo

$$\text{Lav}\,\mathbf{F} = \mathbf{F} \times \delta M.$$

Abbiansi n forze applicate in M. Per proprietà già vedute nella teoria dei vettori, si conclude subito che *il lavoro virtuale della risultante di più forze applicate in un punto è uguale alla somma dei lavori virtuali delle componenti.* E similmente; pensando δM come il risultante di più spostamenti, si deduce subito che *il lavoro virtuale di una forza rispetto a uno spostamento è uguale alla somma dei lavori della forza rispetto agli spostamenti componenti.*

Siano X, Y, Z le proiezioni di $\mathbf{F}$ secondo tre assi; δx, δy, δz quelle di δM sugli stessi assi. Per cose note avremo

$$\text{Lav}\,\mathbf{F} = X\delta x + Y\delta y + Z\delta z.$$

In generale, la somma dei lavori virtuali di tutte le forze applicate al sistema materiale, rispetto a un certo insieme di spostamenti dei loro punti d'applicazione, è espressa da

$$\text{Lav}\,\mathbf{S} = \sum_{s=1}^{n}(\mathbf{F}_s \times \delta M_s) = \sum_{s=1}^{n}(X_s\delta x_s + Y_s\delta y_s + Z_s\delta z_s).$$

(1) L'operatore differenziale δ applicato a un punto dà un vettore; giacchè $\delta \mathrm{M} = \frac{dM}{dt}\delta t$, quando si pensi M funzione d'un parametro t.

Supponiamo che il dato sistema materiale consista di un corpo rigido libero. I suoi punti non possono subire spostamenti indipendenti. Se v_s è la velocità assunta da M_s in un moto impresso al corpo, lo spostamento del punto M_s nel tempuscolo δt è dato da $v_s \delta t$. Ma per la velocità di trascinamento fu trovata l'espressione

$$v_s = \frac{dO_1}{dt} + \boldsymbol{\omega} \wedge (M_s - O_1);$$

essendo $(O_1, \boldsymbol{\omega})$ il vettore-applicato che definisce lo stato cinetico di rotazione; per conseguenza, il lavoro virtuale della forza $\mathbf{F}_s$ applicata in M_s è espresso da

$$\mathbf{F}_s \times \delta O_s + \delta\boldsymbol{\omega} \wedge (M_s - O_s) \times \mathbf{F}_s,$$

avendo posto

$$\frac{dO_1}{dt}\delta t = \delta O_1, \quad \boldsymbol{\omega}\delta t = \delta\boldsymbol{\omega}.$$

Si possono scambiare i segni vettoriale e scalare, indi i fattori del prodotto scalare; e così si ottiene infine

$$\text{Lav}\,\mathbf{S} = \sum_{s=1}^{n} \mathbf{F}_s \times \delta O_1 + \sum_{s=1}^{n} (M_s - O_1) \wedge \mathbf{F}_s \times \delta\boldsymbol{\omega},$$

ossia

$$\text{Lav}\,\mathbf{S} = \mathbf{R} \times \delta O_1 + \boldsymbol{\Omega}_1 \times \delta\boldsymbol{\omega},$$

avendo posto

$$\mathbf{R} = \Sigma \mathbf{F}_s, \quad \boldsymbol{\Omega}_1 = \Sigma(M_s - O_1) \wedge \mathbf{F}_s,$$

Si osservi che $\mathbf{R}$ e $\boldsymbol{\Omega}_1$ sono rispettivamente la forza e la coppia (momento risultante rispetto ad O_1) equivalenti al sistema delle forze date; δO_1 e $\delta\boldsymbol{\omega}$ definiscono il moto virtuale infinitesimo di traslazione e di rotazione del corpo.

Quando il corpo ha un punto fisso O_1, preso per origine quel punto, la traslazione δO_1 è zero; perciò resta

$$\text{Lav}\,\mathbf{S} = \boldsymbol{\Omega}_1 \times \delta\boldsymbol{\omega}.$$

Infine, se il corpo ha un asse fisso, definito in direzione e senso dal vettore unitario a, risulta necessariamente $\delta\boldsymbol{\omega} = \delta\vartheta \cdot a$; per conseguenza

$$\text{Lav}\,\mathbf{S} = [\Omega_1 \times a]\delta\vartheta,$$

ove $\Omega_1 \times a$ è evidentemente il momento delle forze rispetto all'asse; $\delta\theta$ la rotazione infinitesima.

2. Premesse queste nozioni, ecco come si enuncia il principio dei lavori virtuali. *Affinchè un sistema materiale qualunque sia in equilibrio è necessario e basta che la somma dei lavori virtuali delle forze applicate al sistema sia nulla per gli spostamenti invertibili e negativa per gli spostamenti non invertibili* (1).

Questo principio non si può dimostrare logicamente in tutta la sua generalità; ma, essendosi trovato esatto per tutti i sistemi che la natura offre all'indagine scientifica, è giustamente accettato come un postulato universale, rappresentante la sintesi dei fatti sperimentali accumulati nei secoli. Ciò nondimeno, sì per non costringere il lettore a un atto di fede troppo assoluto, e sì ancora per darne un'ampia illustrazione, che valga a togliere ogni incertezza circa la sua interpretazione, ci proponiamo ora di farne una verificazione diretta in casi abbastanza generali.

E anzitutto verifichiamone la verità per i più semplici sistemi considerati nel capitolo precedente. Abbiasi un corpo rigido libero sollecitato da forze. Per l'equilibrio deve essere, come sappiamo, $\mathbf{R} = 0$ e $M - O_1 = 0$. Ma in tal caso anche il lavoro virtuale

$$\mathbf{R} \times \delta O_1 + (M - O_1) \times \delta\boldsymbol{\omega}$$

è nullo per ogni spostamento. E viceversa; se questo lavoro

(1) In qualche caso specialissimo, troppo particolare perchè occorra qui soffermarsi, il lavoro per spostamenti non invertibili potrebbe esser nullo, ma mai positivo.

è nullo per ogni spostamento, ossia qualunque siano δO_1 e $\delta\boldsymbol{\omega}$, sarà necessariamente $\mathbf{R} = 0$ e $M - O_1 = 0$.

Un identico ragionamento dimostra la verità del principio per un corpo avente un punto fisso o un asse fisso.

Per l'equilibrio d'un corpo mobile appoggiato sopra un corpo fisso è necessario e basta, come sappiamo, che il sistema di forze si riduca a una sola forza $\mathbf{R}$ diretta secondo la normale comune alle superficie in contatto e verso l'interno del corpo fisso. Ma in tal caso, essendo gli spostamenti invertibili del corpo quelli che mantengono il contatto, per essi il punto d'applicazione della forza si sposta perpendicolarmente alla normale; e per gli altri spostamenti che distaccano il corpo, e che non sono perciò invertibili, il detto punto si sposta in una direzione che fa un angolo ottuso con la direzione e il verso di $\mathbf{R}$. Quindi il lavoro di $\mathbf{R}$ è nullo per i primi spostamenti, negativo per i secondi.

Viceversa; se il lavoro è nullo per spostamenti invertibili, deve essere nulla l'espressione (l'origine O è il punto di contatto)

$$\mathbf{R} \times \delta O + (M - O) \times \delta\boldsymbol{\omega},$$

per ogni piccolissimo strisciamento e rotolamento delle superficie in contatto; ossia, per ogni δO giacente nel piano tangente e per qualunque $\delta\boldsymbol{\omega}$. Ciò richiede che siano separatamente

$$M - O = 0, \quad \mathbf{R} \times \delta O = 0;$$

le quali esprimono che il sistema equivale a una sola forza $\mathbf{R}$ diretta secondo la normale comune alla superficie. Affinchè poi sia

$$\mathbf{R} \times \delta O < 0$$

per gli spostamenti δO che distaccano O dal contatto, si richiede che il senso di $\mathbf{R}$ sia verso il corpo fisso. Con ciò è pienamente verificata, in questo caso, la verità del principio.

Per passare a considerazioni più generali, consideriamo ora il caso semplicissimo di un filo flessibile e inestendibile teso da due forze **F** uguali e opposte applicate agli estremi A e B. La somma dei lavori virtuali è

$$\text{Lav} = \mathbf{F} \times \delta B - \mathbf{F} \times \delta A = \mathbf{F} \times \delta (B - A).$$

Indicando con $\boldsymbol{a}$ un vettore unitario parallelo ad AB, da A verso B, e con l la lunghezza del filo, si può scrivere

$$\text{Lav} = \text{F}\boldsymbol{a} \times \delta(l\boldsymbol{a}) = \text{F}\delta l + \text{F}l(\boldsymbol{a} \times \delta \boldsymbol{a}) = \text{F}\delta l,$$

perchè $2\boldsymbol{a} \times \delta \boldsymbol{a} = \delta \boldsymbol{a}^2 = 0$. Gli spostamenti invertibili, mantenendo il filo teso, danno $\delta l = 0$, e perciò Lav $= 0$. Per quelli non invertibili che accorciano il filo, risulta $\delta l < 0$, e quindi Lav < 0. Tutto ciò è conforme al principio dei lavori virtuali. Ma abbiamo trattato questo caso principalmente per dedurne questa conseguenza: che quando a un filo teso da due corpi sollecitati da forze si sostituiscono le tensioni $\boldsymbol{\tau}$ e $-\boldsymbol{\tau}$ agli estremi, il loro lavoro virtuale è nullo per spostamenti che conservano il filo teso (spostamenti invertibili), e positivo per quelli che accorciano il filo (non invertibili); giacchè $\boldsymbol{\tau}$ ha senso opposto a quello della **F** considerata di sopra. Di questa conclusione ce ne varremo tra breve.

A una conclusione analoga si arriva considerando il lavoro virtuale delle mutue reazioni di due corpi a contatto (rigidi e levigati). Se $\mathbf{N}_1$ e $\mathbf{N}_2$ sono le due reazioni (uguali e opposte in uno stato d'equilibrio) e O_1 e O_2 i rispettivi punti d'applicazione coincidenti col punto di contatto, è manifesto che per spostamenti che mantengono il contatto (invertibili) sarà

$$\text{Lav}\,\mathbf{N}_1 + \text{Lav}\,\mathbf{N}_2 = 0;$$

giacchè per un moto virtuale infinitesimo di strisciamento e rotolamento i due lavori son separatamente nulli; e per un moto virtuale d'insieme, come se i due corpi formassero un corpo solo, son uguali e di segno contrario. Distaccando invece i corpi (spostamenti non invertibili), i punti O_1 e O_2

si spostano ciascuno dalla stessa parte del corpo cui appartengono rispetto al comun piano tangente, e perciò

$$(i) \qquad \text{Lav}\,\mathbf{N}_1 + \text{Lav}\,\mathbf{N}_2 > 0.$$

Lo stesso dicasi della reazione di un corpo fisso sopra un corpo mobile che vi è appoggiato.

Occorre tener ben presente che quest'ultima disuguaglianza è valida per spostamenti virtuali non invertibili, solo quando i corpi si premono realmente; ma non è più valida per uno spostamento effettivo che distacca i corpi; perchè, se nel dato momento i corpi spontaneamente si distaccano, le mutue pressioni, e quindi le reazioni, son nulle. Analoga osservazione vale per il lavoro delle tensioni d'un filo.

Ciò posto, consideriamo un sistema materiale qualunque, come quelli già studiati nel capitolo precedente; e come si fece allora, sostituiamo ai contatti le pressioni mutue $\mathbf{N}$ e le reazioni $\mathbf{R}$ dei corpi fissi; ai fili le tensioni $\mathbf{T}$; ai punti di collegamento le reazioni $\mathbf{R}_1$; fino a ottenere corpi liberi, o con punti fissi, o con assi fissi; per ciascuno dei quali sussisterà l'equilibrio, se sussiste per tutto il sistema. La verità del principio è stata dimostrata per questi corpi; perciò scrivendo che la somma dei lavori virtuali delle forze applicate e delle forze sostituite ai vincoli è nulla per ciascuno di essi; indi, facendo la somma di coteste somme si avrà

$$(e) \qquad \text{Lav}\,\mathbf{S} + \text{Lav}\,\mathbf{N} + \text{Lav}\,\mathbf{T} + \text{Lav}\,\mathbf{R} + \text{Lav}\,\mathbf{R}_1 = 0;$$

dove Lav $\mathbf{S}$ indica il lavoro del sistema di forze direttamente applicate.

Orbene, consideriamo gli spostamenti invertibili del sistema. Per essi, restando il contatto dei corpi, risulta Lav $\mathbf{N} = 0$; perchè le $\mathbf{N}$ sono a coppie uguali e opposte, ed il lavoro d'ogni coppia è nullo per una osservazione precedente. Inoltre, restando ogni filo teso, risulta Lav $\mathbf{T} = 0$, per quanto fu detto. Infine anche Lav $\mathbf{R} = 0$, perchè le $\mathbf{R}$

sono a coppie uguali e opposte, onde il lavoro di ogni coppia è nullo; oppure sono reazioni di corpi fissi; e similmente Lav $\mathbf{R}_1 = 0$. Dopo ciò la precedente equazione si riduce

$$\text{Lav}\ \mathbf{S} = 0;$$

conformemente al principio dei lavori virtuali.

La (*e*) vale per tutti gli spostamenti possibili, quindi anche per i non invertibili. Ma in tale caso Lav $\mathbf{R}_1$ è nullo, perchè i punti di collegamento sussistono anche per spostamenti non invertibili; Lav $\mathbf{R}$ è positiva, perchè il lavoro delle reazioni dei corpi fissi è positivo; Lav $\mathbf{N}$ e Lav $\mathbf{T}$ son positivi, perchè somma di lavori positivi, in base a una osservazione fatta. Per conseguenza dalla (*e*) si deduce

$$\text{Lav}\ \mathbf{S} < 0;$$

conformemente al principio dei lavori virtuali.

Verifichiamo ora l'inversa. Osserviamo anzitutto che per un corpo libero, il quale, non trovandosi in una posizione d'equilibrio, prende a muoversi, il lavoro del sistema di forze è positivo per gli spostamenti effettivi dei suoi punti; perchè, riducendosi le forze a un sistema composto di una forza e una coppia nel piano normale alla forza, la forza tende a produrre traslazione nel suo senso e la coppia rotazione nel suo senso. La stessa osservazione vale per un corpo che ha un punto o un asse fisso.

Ciò posto, sopponiamo che per un sistema dato qualunque sia Lav $\mathbf{S} = 0$ per gli spostamenti invertibili e Lav $\mathbf{S} < 0$ per i non invertibili. Sostituendo ai vincoli le reazioni, come si è fatto precedentemente, in guisa che tutti i corpi risultino o liberi, o con punti od assi fissi, se l'equilibrio non sussiste, sarà, per l'osservazione precedente,

$$\text{Lav}\ \mathbf{S} + \text{Lav}\ \mathbf{N} + \text{Lav}\ \mathbf{T} + \text{Lav}\ \mathbf{R} > 0$$

per gli spostamenti effettivi.

Supponiamo che questi spostamenti siano tra gli invertibili; allora, per quanto fu detto, sarà

$$\text{Lav}\,\mathbf{N} = \text{Lav}\,\mathbf{T} = \text{Lav}\,\mathbf{R} = 0,$$

e quindi Lav $\mathbf{S} > 0$; contrariamente all'ipotesi Lav $\mathbf{S} = 0$. Dunque moto invertibile non può avvenire. Ammettiamo che gli spostamenti effettivi siano tra quelli non invertibili; per esempio, che due corpi a contatto si distacchino. In questo caso la precedente si riduce a

$$\text{Lav}\,\mathbf{S} + \text{Lav}\,\mathbf{N}_1 + \text{Lav}\,\mathbf{N}_2 > 0.$$

Ma per ipotesi è Lav $\mathbf{S} < 0$; dunque

$$\text{Lav}\,\mathbf{N}_1 + \text{Lav}\,\mathbf{N}_2 > 0.$$

Questa condizione, per quanto fu visto, esprime che $\mathbf{N}_1$ e $\mathbf{N}_2$ sono vere reazioni esercitate dai due corpi in contatto; perciò, se i due corpi si premono, come possono assumere tal moto da allontanarsi? Evidentemente il moto non può avvenire. Lo stesso dicasi per ogni altro spostamento non invertibile.

3. Enunciato e illustrato il principio dei lavori virtuali, dobbiamo ora spiegare il modo di usarlo, onde pervenire, per ogni dato sistema, alle condizioni esplicite per l'equilibrio. Nel precedente capitolo e in questo abbiamo già accennato ai sistemi materiali che più di frequente s'offrono all'indagine; ma per abbracciare un più vasto campo di applicazioni, anche dinamiche, definiremo in modo generale i sistemi vincolati, senza specializzare la natura dei vincoli, nel modo che segue. Un punto materiale, o un corpo, si dirà vincolato, quando, in presenza di altri punti e corpi, è assoggettato a tali condizioni di posizione e di movimento, che, indipendentemente dalle forze sollecitanti, non può passare liberamente nè da una data posizione a un'altra arbitrariamente scelta, nè in una maniera qualunque. Un sistema materiale si dirà vincolato quando i punti e corpi che lo compongono son vincolati, conformemente a quella definizione.

Quando per definire tutte le posizioni o configurazioni che un sistema può assumere compatibilmente co' suoi vincoli son necessari e sufficienti un numero finito n di parametri indipendenti $q_1 q_2 .... q_n$, variabili con continuità entro certi intervalli, si dice che il dato sistema *ha* n *gradi di libertà*. In massima è assai facile giudicare del grado di libertà d'un sistema e scegliere (quando n è finito) i parametri suaccennati, detti *le coordinate del sistema*. Qualche esempio fu dato alla fine della cinematica. Ma è utile, specialmente per le applicazioni del principio dei lavori virtuali ai problemi della dinamica, distinguere due casi. O il sistema può passare da una posizione o configurazione definita da $(q_1 q_2 .... q_n)$ a tutte le altre vicinissime $(q_1 + \delta q_1,\ q_2 + \delta q_2, ... q_n + \delta q_n)$, che si possono ottenere attribuendo agli incrementi $\delta q_1 \delta q_2 .... \delta q_n$ valori arbitrariamente scelti; oppure, esso non può passare che a quelle posizioni o configurazioni che si ottengono attribuendo agli incrementi δq valori soddisfacenti a certe condizioni

$$(c) \qquad f_s(\delta q_1,\ \delta q_2 .... \delta q_n) = 0, \qquad (s = 1,\ 2 .... m)$$

non equivalenti a relazioni finite tra i parametri (ovvero non integrabili, altrimenti il sistema non avrebbe quel grado di libertà che si è supposto). Esse vengono in sostanza a rappresentare nuovi vincoli, ma di natura diversa da quelli finora considerati; inquantochè, aggiunti a quelli, non riducono ulteriormente il grado di libertà del sistema; ma impongono soltanto certe restrizioni al passaggio del sistema da una posizione o configurazione alle altre infinitamente vicine. Questi speciali vincoli diconsi *non olonomi*, in contrapposto agli altri detti *olonomi*. In corrispondenza a ciò i sistemi materiali si distinguono in *olonomi* e *non olonomi*.

Per esempio un corpo avente un punto fisso, o un asse fisso; un punto appoggiato sopra una superficie; un'asta appoggiata per le sue estremità al suolo e a una parete, ecc.; son manifestamente sistemi olonomi [1]. Abbiasi invece un punto che può occupare una posizione qualunque nello spazio. È un sistema con tre gradi di libertà; e per parametri si possono scegliere le sue coordinate x, y z rispetto a tre assi. Se, mediante la condizione (non integrabile)

$$(c') \qquad a\delta x + b\delta y + c\delta z = 0,$$

si limitano le posizioni $(x+\delta x,\ y+\delta y,\ z+\delta z)$ che il punto può occupare a partire da una data posizione (x, y, z), si viene a introdurre un vincolo non olonomo. In sostanza, un punto materiale che può occupare una posizione qualunque nello spazio, ma i cui spostamenti son sottoposti alla condizione (c'), è un sistema non olonomo con tre gradi di libertà.

Esempi più concreti s'incontrano nella dinamica. Abbiasi un corpo mobile appoggiato per un sol punto O sopra un piano fisso. Ogni posizione del corpo è definita dalle due coordinate del punto del piano che coincide con O; dalle due coordinate che individuano la posizione di O sulla superficie del corpo; e dall'angolo che definisce l'orientamento del corpo rispetto alla normale in O (comune alla superficie e al piano). È dunque un sistema con cinque gradi di libertà; e, se nessuna condizione è imposta circa il modo di passare da una posizione a un'altra, è pure un sistema olonomo. Orbene, nella dinamica si studia il moto di rotolamento, senza strisciamento, d'un corpo sul piano. Per l'applicazione del principio dei lavori virtuali a questo problema; principio che si utilizza, come vedremo, anche in dinamica; è necessario imporre agli spostamenti virtuali le stesse condizioni a cui sono assoggettati gli spostamenti effettivi; cioè la condizione, in questo caso, che il passaggio del corpo da una data posizione a un'altra vicinissima avvenga per solo rotolamento; ossia, mediante una sem-

[1] Vedi l'ultimo paragrafo della cinematica.

plice rotazione infinitesima intorno a un asse per O. Tale condizione si esprime annullando la velocità di O; con che si perviene a relazioni del tipo (c) fra gli incrementi dei cinque parametri. Dunque un corpo obbligato a rotolare, senza strisciare, sopra un piano fisso, è un sistema non olonomo con cinque gradi di libertà.

4. Qui, per lo studio dell'equilibrio, considereremo soltanto sistemi olonomi. Abbiasi dunque un sistema olonomo con n gradi di libertà, e siano $q_1 q_2 .... q_n$ i parametri che definiscono le sue posizioni o configurazioni. Indichiamo con $\mathbf{F}_1 \mathbf{F}_2 .... \mathbf{F}_m$ le forze agenti, applicate rispettivamente nei punti $P_1 P_2 .... P_m$, le cui posizioni son definite dai suddetti parametri; onde sarà

$$P_s = f_s(q_1 q_2 .... q_n). \qquad (s = 1,\ 2 .... m)$$

Per l'equilibrio deve essere, in virtù del principio dei lavori virtuali,

$$\sum_{i=1}^{m} \mathbf{F}_i \times \delta P_i = 0,$$

per spostamenti invertibili.

Ma (introd. n. 7)

$$(o) \qquad \delta P_i = \sum_{h=1}^{n} \frac{\partial P_i}{\partial q_h} \delta q_h ;$$

per conseguenza, posto

$$\sum_{i=1}^{m} \mathbf{F}_i \times \frac{\partial P_i}{\partial q_h} = Q_h, \qquad (h = 1,\ 2 .... n)$$

risulta

$$\sum_{i=1}^{m} \left[\mathbf{F}_i \times \sum_{h=1}^{n} \frac{\partial P_i}{\partial q_h} \delta q_h \right] = \sum_{h=1}^{n} \delta q_h \sum_{i=1}^{m} \mathbf{F}_i \times \frac{\partial P_i}{\partial q_h} = \sum_{h=1}^{n} Q_h \delta q_h = 0.$$

Poichè per l'olonomia del sistema, gl'incrementi δq_h possono scegliersi ad arbitrio (con che tutti gli spostamenti soddisfacenti alla (o) sono invertibili), cotesta somma non può esser nulla, se non son nulle tutte le Q_h. Dunque

$$(4) \qquad Q_1=0, \quad Q_2=0 \dots \quad Q_n=0,$$

son condizioni necessarie per l'equilibrio.

Date le forze, quest' equazioni definiscono i valori delle $q_1 q_2 \dots q_n$ corrispondenti a possibili posizioni d'equilibrio. Data invece la posizione del sistema, definiscono in tutto o in parte le forze che possono mantenerlo in equilibrio in quella posizione.

Detto $\delta_h P_i$ lo spostamento del generico punto P_i corrispondente a una variazione δq_h del *solo* parametro q_h, si ha

$$\frac{\partial P_i}{\partial q_h} \times \delta q_h = \delta_h P_i, \quad Q_h = \Sigma \mathbf{F}_i \times \delta_h P_i;$$

perciò le (4) esprimono che *devono esser nulli separatamente i lavori del sistema di forze relativi agli spostamenti che corrispondono alle variazioni d'ogni singolo parametro, come se variasse da solo.*

Non basta. Supponiamo che le (4) siano soddisfatte coi particolari valori $q_1^0 q_2^0 \dots q_n^0$ delle coordinate, cui corrisponde, dunque, una possibile posizione d'equilibrio. In questa posizione togliamo un vincolo al sistema, introducendo in sua vece le reazioni. Per semplicità, ammettiamo che la reazione sia rappresentata da una sola forza $\mathbf{R}$ applicata in M. Per questa operazione, che non turba l'equilibrio, il sistema acquista un maggior grado di libertà. Indicheremo con p il nuovo parametro da aggiungere ai precedenti, onde definire le posizioni del nuovo sistema (ammettiamo, per semplicità, che ne basti uno); e con p^0 il suo valore nell'attuale posizione. Trasportiamo ora il sistema nella posizione $(q_1^0 q_2^0 \dots q_n^0 \, p^0 + \delta p)$. Potremo sempre scegliere il δp in modo che cotesto spostamento non sia invertibile rispetto a tutti i primitivi vincoli. Affinchè la posizione di partenza sia effettivamente d'equilibrio, la somma dei lavori virtuali delle $\mathbf{F}_i$ dovrà essere negativa per quello spostamento; onde si avrà

$$\sum_i \mathbf{F}_i \times \delta P_i < 0,$$

con

$$\delta P_i = \left(\frac{\partial P_i}{\partial p}\right)_0 \delta p;$$

ove l'indice zero indica che quelle derivate son calcolate pei valori $q_1^0 q_2^0 \ldots q_n^0 p^0$ dei parametri. Ne consegue

$$\left[\sum_i \mathbf{F}_i \times \left(\frac{\partial P_i}{\partial p}\right)_0\right] \delta p < 0;$$

la quale esprime che

$$\sum_i \mathbf{F}_i \times \left(\frac{\partial P_i}{\partial p}\right)_0$$

deve essere di segno contrario a quello di δp. Questa condizione, e le condizioni analoghe che si ottengono ripetendo successivamente lo stesso ragionamento per ciascun vincolo, costituiscono, insieme alle (4), le condizioni necessarie e sufficienti per l'equilibrio.

Inoltre, lo spostamento definito di sopra, rispetto al nuovo sistema ottenuto togliendo un vincolo, è certamente invertibile; per conseguenza, introdotta la reazione del vincolo, sarà

$$\sum_i \mathbf{F}_i \times \delta P_i + \mathbf{R} \times \delta M = 0$$

con

$$\delta P_i = \left(\frac{\partial P_i}{\partial p}\right)_0 \delta p, \quad \delta M = \left(\frac{\partial M}{\partial p}\right)_0 \delta p.$$

Ne consegue

$$\sum_i \mathbf{F}_i \times \left(\frac{\partial P_i}{\partial p}\right)_0 + \mathbf{R} \times \left(\frac{\partial M}{\partial p}\right) = 0,$$

giacchè δp può essere qualunque; la quale fornisce la grandezza di $\mathbf{R}$ (la direzione e il verso son noti). Così si ha il modo di calcolare, per ogni posizione d'equilibrio, le reazioni dei vincoli.

Primo esempio. Un' asta omogenea è mobile in un piano verticale intorno a una piccola cerniera in O sotto l' azione della gravità. All' estremità A è sostenuta da un filo; il quale, passando sopra una piccola carrucola in O_1, è collegata a un peso Q scorrente lungo una curva (C). Determinare la posizione d' equilibrio (Fig. 47).

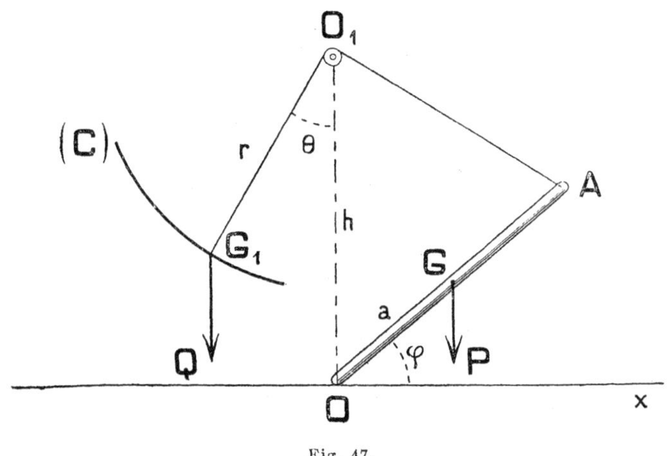

Fig. 47.

Questo sistema ha un sol grado di libertà, ed è olonomo. Basta, infatti, l' angolo φ a individuare le sue posizioni; e a ogni $\delta\varphi$ corrisponde uno spostamento. Indichiamo con $2a$ la lunghezza dell' asta; con l quella del filo; con P il peso dell'asta; e sia $\cos\theta = f(r)$ l' equazione polare della curva (C) (polo O_1, asse polare $O_1 O$).

Per il principio dei lavori virtuali deve essere

$$P\delta y + Q\delta y_1 = 0,$$

se y e δy_1 indicano le proiezioni di δG e δG_1 sulla verticale; con che y e y_1 vengono a rappresentare le ordinate di G e G_1 rispetto a Ox. Ma dalla figura risulta

$$y = a \operatorname{sen}\varphi,\ y_1 = h - r\cos\theta = h - rf(r),\ r = l - \sqrt{h^2 + 4a^2 - 4ah \operatorname{sen}\varphi};$$

onde la precedente diventa

$$\left[\mathrm{P}a\cos\varphi + \mathrm{Q}(f(r) + rf'(r))\frac{\partial r}{\partial\varphi}\right]\delta\varphi = 0;$$

ossia, giacchè $\delta\varphi$ non è nulla,

$$\mathrm{P} + 2\mathrm{Q}h\frac{f(r) + rf'(r)}{l - r} = 0;$$

tolta la soluzione $\cos\varphi = 0$ non accettabile. I valori di r dedotti di qui definiscono le posizioni d'equilibrio, quando a questi valori corrispondono effettivamente punti della curva.

Determiniamo la pressione R esercitata in G_1, che è diretta normalmente alla curva dalla parte di Q. A tal fine, togliamo il vincolo della curva e applichiamo in G_1 la reazione, opposta alla pressione. Il sistema diventa con due gradi di libertà; per coordinate si possono scegliere φ e θ. A partire da una posizione d'equilibrio diamo uno spostamento definito da $\delta\varphi = 0$ e $\delta\theta \neq 0$. Allora lo spostamento di G è nullo, quello di G_1 è di grandezza $r\delta\theta$, perpendicolare a $G_1 - O_1$; quindi, per il principio dei lavori virtuali, sarà

$$\mathrm{Q}r\delta\theta\,\mathrm{sen}\,\theta - \mathrm{R}r\delta\theta\cos\alpha = 0;$$

ove α è l'angolo che lo spostamento di G_1 fa con la normale alla curva diretta dalla stessa parte di O_1. Ma quell'angolo è manifestamente uguale all'angolo che la tangente in G_1 (positiva da θ verso $\theta + \delta\theta$) fa col prolungamento del raggio vettore O_1G_1; perciò risulta, per cose note,

$$\cos\alpha = \frac{1}{\sqrt{1 + r^2\left(\frac{d\theta}{dr}\right)^2}};$$

onde l'equazione precedente diventa

$$\mathrm{Q}\,\mathrm{sen}\,\theta - \frac{\mathrm{R}}{\sqrt{1 + r^2\left(\frac{d\theta}{dr}\right)^2}} = 0;$$

la quale fornisce R; ponendo in luogo di θ e r i valori corrispondenti alla considerata posizione d'equilibrio.

Il problema trattato può considerarsi come un caso particolare di questo: due punti A e B, sollecitati rispettivamente da due forze $\mathbf{F}_1$ e $\mathbf{F}_2$, son tra loro collegati mediante un meccanismo qualsiasi (privo d'attriti e non sollecitato da forze); per modo che ad ogni spostamento di B ne corrisponda uno di A. La condizione per l'equilibrio è

$$\mathbf{F}_1 \times \delta A + \mathbf{F}_2 \times \delta B = 0.$$

Noto il meccanismo intermedio (come nell'esempio precedente) si potrà calcolare δA in funzione di δB, e dar forma esplicita a questa condizione (o δA e δB in funzione della variazione di un parametro).

Secondo esempio. Un'asta omogena caricata di pesi s'appoggia con una sua estremità contro una parete verticale ed è sostenuta da un piuolo O. Determinare la posizione d'equilibrio (Fig. 48).

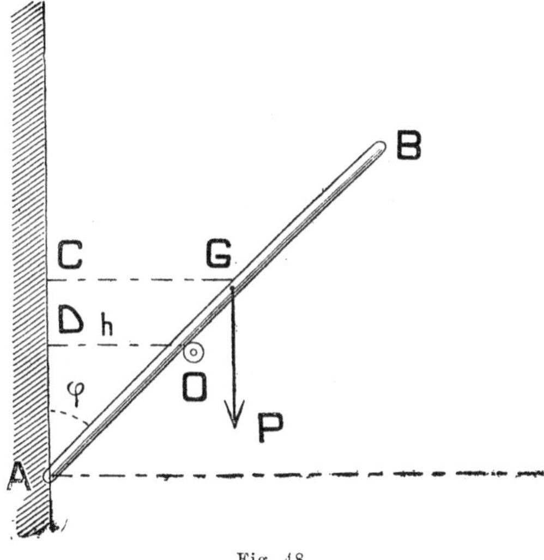

Fig. 48.

Sia P, applicato in G, il peso equivalente a tutti i

pesi; $AG = a$, e h la distanza di O dalla parete. Il sistema ha un sol grado di libertà; φ è il parametro che ne definisce le posizioni. Deve essere

$$P\delta y = 0,$$

ove

$$y = AC - AD = a \cos \varphi - h \operatorname{cotg} \varphi;$$

per conseguenza

$$-a \operatorname{sen} \varphi + \frac{h}{\operatorname{sen}^2 \varphi} = 0.$$

Di qui si trae

$$\operatorname{sen} \varphi = \sqrt[3]{\frac{h}{a}};$$

che definisce la posizione d'equilibrio (che esiste, se è $h < a$).

Se si vuol calcolare la pressione in A, basta imaginar tolto il muro e sostituita la reazione **R**. Il sistema acquista due gradi di libertà; e, insieme a φ, si dovrà considerare un altro parametro; per esempio $\xi = OG$. Allora considerando lo spostamento definito da $\delta\varphi = 0$, $\delta\xi \neq 0$, deve risultare, pel principio dei lavori virtuali,

$$-P \cos \varphi \delta\xi + R \operatorname{sen} \varphi \delta\xi = 0.$$

Di qui si trae

$$R = P \operatorname{cotg} \varphi,$$

ove φ ha il valore definito di sopra.

Terzo esempio. Vogliasi la condizione d'equilibrio d'una vite mobile entro la madrevite. Detto Oz l'asse della vite; e indicato con Z la proiezione su quell'asse delle forze agenti; con N il loro momento rispetto allo stesso asse; per l'equilibrio dovrà essere (conformemente al principio dei lavori virtuali)

$$Z\delta z + N\delta\theta = 0,$$

ove δz e $\delta\theta$ definiscono uno scorrimento e una rotazione lungo e intorno all'asse. Ma se h è il passo della vite, risulta manifestamente,

$$\delta z : h = \delta \vartheta : 2\pi ;$$

perciò la precedente diventa

$$hZ + 2\pi N = 0 .$$

Questa formula permette, in particolare, di calcolare la pressione Z che esercita la punta della vite contro un ostacolo per effetto d'una coppia N che tende a farla ruotare. Come si vede, Z è inversamente proporzionale al passo della vite.

In simil modo il lettore potrà studiare l'equilibrio delle altre *macchine semplici*: la leva, l'argano, il cuneo ecc.

5. In molti problemi che si offrono all'indagine del fisico e dell'ingegnere l'espressione

$$\sum_{i=1}^{n} Q_i \delta q_i$$

dei lavori virtuali risulta il differenziale esatto d'una funzione U delle sole coordinate del sistema. Si esprime questo fatto dicendo che *le forze sono conservative*, oppure, che *derivano da un potenziale* U. In tal caso la condizione per l'equilibrio assume la forma semplice

$$\delta U = 0 ;$$

che si esplicita nelle seguenti equazioni:

$$\frac{\partial U}{\partial q_1} = 0, \quad \frac{\partial U}{\partial q_2} = 0 \, ... \, \frac{\partial U}{\partial q_n} = 0 .$$

Ricordando la teoria dei massimi e minimi, che è trattata nei libri di calcolo, si vede che quest'equazioni esprimono in particolare che *ai valori dei parametri che rendono massimo o minimo il potenziale corrispondono configurazioni d'equilibrio del sistema.*

La forza di gravità è una forza conservativa. Infatti, abbiasi un sistema sollecitato solamente dai pesi $P_1, P_2 \dots P_n$ dei corpi che lo compongono. Se $z_1, z_2 \dots z_n$ sono le altezze dei centri di gravità di quei corpi sopra un dato piano orizzontale, il lavoro virtuale

$$-\sum_{i=1}^{n} P_i \delta z_i$$

è manifestamente il differenziale di

$$U = -\sum_{i=1}^{n} P_i z_i ;$$

perciò questo è *il potenziale della gravità* relativo al dato sistema. Posto

$$P = \sum_{i=1}^{n} P_i ;$$

e notando che (Cap. I)

$$\zeta = \frac{\Sigma P_i z_i}{\Sigma P_i}$$

definisce l'altezza del centro di gravità di tutto il sistema, si ha ancora

$$U = -P\zeta ;$$

perciò, in virtù del teorema precedente, *dove l'altezza del centro di gravità è massima o minima si hanno posizioni d'equilibrio.*

Nei due primi esempi trattati precedentemente si avevano appunto sistemi sollecitati dalla sola gravità. Le loro posizioni d'equilibrio, che abbiamo determinate, corrispondono alle altezze massime o minime del centro di gravità; ciò che il lettore potrà facilmente verificare.

6. Considerato riguardo alla qualità, l'equilibrio può essere di tre specie: *stabile*, *instabile* e *indifferente*. Volgarmente l'equilibrio si dice *stabile,* quando occorre un certo sforzo per scostare il sistema dalla sua posizione e trasportarlo in una posizione vicina; nella quale poi abbandonato non rimane, ma tende a ritornare nella sua primitiva posizione. Occorre dunque in tal caso vincere una resistenza; e precisamente la resistenza che oppongono le forze tendenti, in armonia coi vincoli, a mantenere l'equilibrio. Il che vuol dire che le forze fanno lavoro negativo per ogni sufficientemente piccolo spostamento virtuale (non infinitesimo) compatibile coi vincoli. Se dunque indichiamo con C_0 la configurazione d'equilibrio, con C un'altra qualunque sufficientemente vicina a quella, sarà

$$\int_{C_0}^{C} \Sigma Q_i \delta q_i < 0;$$

ossia, quando le forze siano conservative,

$$\int_{C_0}^{C} \delta U = U - U_0 < 0, \quad U_0 > U.$$

Questa esprime che *nelle posizioni d'equilibrio stabile il potenziale è massimo; e viceversa.*

Quando il potenziale è minimo, l'equilibrio non potendo essere stabile, secondo la definizione data, sarà necessariamente instabile.

L'equilibrio indifferente si ha quando tutte le posizioni vicine alla C_0 son pure posizioni d'equilibrio; ossia, quando

$$\Sigma Q_i \delta q_i$$

è nulla identicamente, od è costante la U.

Un'altra definizione più precisa della stabilità e instabilità, e una ricerca più rigorosa per le condizioni della loro esistenza, si vedranno nella dinamica.

Nel caso trattato di sopra dei sistemi sollecitati dalla sola gravità, U è massima o minima secondo che ζ è minima o massima. Quindi *l'equilibrio stabile corrisponde alle posizioni in cui il centro di gravità è nella posizione più bassa* (teorema di TORRICELLI). Il lettore facilmente vedrà che l'equilibrio dell'asta considerata nel secondo esempio è instabile; perchè il centro G si trova nella posizione più alta.

Consideriamo, per esempio, un corpo limitato da una superficie σ e appoggiato in O sopra un piano orizzontale. Perchè sia in equilibrio sotto l'azione della sola gravità occorre manifestamente che la verticale condotta pel centro di gravità G passi per O. La GO risulta allora normale a σ; perciò vi saranno tante posizioni d'equilibrio quante sono le normali a σ che si possono condurre da G. Ma, pel teorema precedente, saranno stabili quelle in cui G verrà a trovarsi nella posizione più bassa, rispetto, s'intende, alle altre posizioni vicinissime a quelle.

Tornando al primo problema trattato nel n. 4, proponiamoci di cercare se esiste una curva (C) che renda indifferente l'equilibrio del sistema. Per essa dovrà risultare (n. 4).

$$\mathrm{P}\delta y + \mathrm{Q}\delta y_1 = 0$$

identicamente; ossia

$$\mathrm{P}y + \mathrm{Q}y_1 = c. \qquad c = (\mathrm{cost})$$

Ma, per le formule trovate, si ha

$$y = a \operatorname{sen} \varphi = \frac{h^2 + 4a^2 - (l - r)^2}{4h}, \quad y_1 = h - r\cos\theta;$$

per conseguenza

$$\frac{\mathrm{P}l}{2h} r - \frac{\mathrm{P}}{4h} r^2 + \mathrm{Q} r \cos\theta = c,$$

avendo unite tutte le costanti in c. Questa è l'equazione polare delle curve soddisfacenti all'imposta condizione. Per $c \neq 0$ esse sono *ovali di Cartesio*; per $c = 0$ si ha una speciale curva, detta *lumaca di Pascal*.

7. Nella teoria generale spiegata al n. 4 i sistemi furono definiti di posizione mediante le loro coordinate $q_1 q_2 \ldots q_n$ n numero uguale al grado di libertà; modo questo, in

massima, assai vantaggioso. Ma in taluni casi può essere utile adoperare un numero sovrabbondante di coordinate.

Siano $q_1 q_2 .... q_m$ le coordinate scelte; ove m è maggiore del grado n di libertà del sistema. Fra esse, per la presenza dei vincoli, sussisteranno $h = m - n$ relazioni

$$f_s(q_1 q_2 .... q_m) = 0 ; \qquad (s = 1, 2, ... h)$$

e quindi fra gl'incrementi δq_i corrispondenti a spostamenti invertibili del sistema, dovranno passare le relazioni

$$(o) \qquad \delta f_s = \sum_{i=0}^{m} \frac{\partial f_i}{\partial q_i} \delta q_i = 0. \qquad (s = 1, 2 .... h)$$

Perciò l'equazione

$$\sum_{r=1}^{m} Q_r \delta q_r = 0,$$

fornita dal principio dei lavori virtuali; ove qui

$$Q_r = \Sigma \mathbf{F}_i \times \frac{\partial P_i}{\partial q_r}; \qquad (r = 1, 2 .... m)$$

dovrà essere soddisfatta per le δq soddisfacenti a quelle condizioni. Per esprimere questo basterà ricavare dalle (o) h delle δq in funzione delle rimanenti $m - h = n$; indi sostituirle nell'equazione dei lavori, e uguagliare a zero gli n coefficienti delle δq così rimaste arbitrarie.

Un procedimento più elegante consiste nel moltiplicare successivamente le (o) per h inderminate $\lambda_1 \lambda_2 .... \lambda_h$; poi sommarle con l'equazione dei lavori, e uguagliare a zero i coefficienti di tutte le δq. Si ottiene

$$(e) \qquad Q_r + \Sigma \lambda_s \frac{\partial f_s}{\partial q_r} = 0. \qquad (r = 1, 2 .... m)$$

È manifesto che l'eliminazione delle λ fra queste, conduce alle stesse equazioni che si ottengono col primo procedimento.

Supposto soddisfatte le (e), si deduce nuovamente

$$\sum_r \left[Q_r + \sum_s \lambda_s \frac{\partial f_s}{\partial q_r} \right] \delta q_r = 0$$

qualunque siano le δq_r. Perciò questa relazione varrà anche per le δq_r che corrispondono a spostamenti non invertibili.

Questo metodo, detto *metodo dei moltiplicatori, o di Lagrange*, è anche applicabile alla ricerca, mediante il principio dei lavori virtuali, delle condizioni per l'equilibrio dei sistemi che dipendono da infiniti parametri, o meglio, da funzioni parametriche; come vedremo nel capitolo che segue.

CAPITOLO IV

SOMMARIO — 1. Equazioni per l'equilibrio dei fili flessibili e inestendibili — 2. Problemi relativi ai fili — 3. Osservazioni varie; fili caricati di pesi — 4. Esempi; catenaria omogenea; catenaria dei ponti pensili — 5. Equilibrio d'un filo teso sopra una superficie — 6. Come l'intervento dell'attrito modifichi le condizioni per l'equilibrio.

1. Lo studio dell'equilibrio dei fili flessibili e inestendibili offre una bella applicazione dei principî e dei metodi suesposti, ed ha pure un'importanza propria. Consideriamo un filo, di cui ogni elemento ds sia sollecitato da una forza applicata in un punto M, d'intensità avente lo stesso ordine di grandezza di ds, ossia rappresentabile con $\mathbf{F}ds$; il vettore $\mathbf{F}$ essendo variabile con continuità da punto a punto del filo. Gli estremi del filo potranno essere liberi e soggetti a forze finite, o vincolati; nel qual caso però potremo sempre pensarli liberi, applicando in essi le reazioni dei vincoli. Se un tal filo è in equilibrio, si disporrà secondo una curva, detta *curva funicolare*. Proponiamoci di trovare l'equazioni per l'equilibrio.

Qui abbiamo un sistema con infiniti gradi di libertà. Per definirne la configurazione, che può essere una qualunque delle infinite curve passanti pei dati estremi e aventi una lunghezza data, non bastano più alcuni parametri, ma occorre una funzione parametrica $M(s)$. Ciò malgrado l'applicazione a questo problema del principio dei lavori virtuali si può fare nella maniera indicata alla fine del capitolo precedente.

Indichiamo con $\mathbf{F}_0$ e $\mathbf{F}_1$ le forze applicate agli estremi M_0 e M_1; con δM_0, δM_1, δM gli spostamenti dei punti M_0, M_1, M (Fig. 49). Se sono invertibili, il principio dei

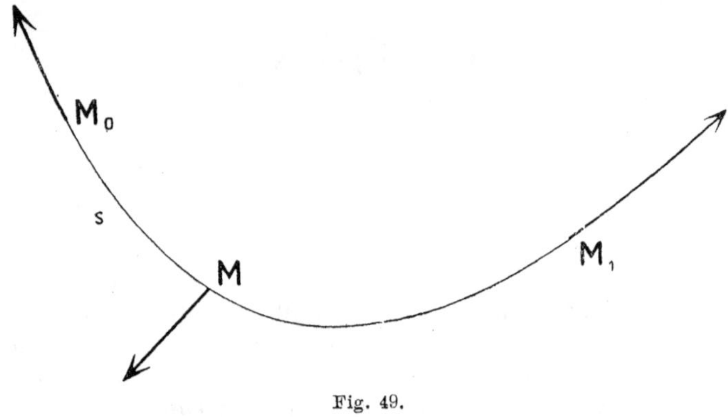

Fig. 49.

lavori virtuali fornisce l' equazione

$$(1) \qquad \mathbf{F}_0 \times \delta M_0 + \mathbf{F}_1 \times \delta M_1 + \int_0^l \mathbf{F} \times \delta M \, ds = 0;$$

l' integrale essendo esteso a tutta la lunghezza l del filo [1]. Per la supposta inestendibilità del filo, qualunque porzione di esso, e quindi ciascun elemento ds, non può allungarsi; per conseguenza $\delta(ds)$, cioè la variazione che subisce ds per gli spostamenti virtuali de' suoi punti, sarà negativa per spostamenti non invertibili, e nulla per spostamenti invertibili (giacchè in questo caso ds non può neppure accorciarsi). Ma, essendo $\mathbf{t}$ il vettore unitario parallelo alla tangente positiva, risulta (introd. n. 8).

$$dM = \mathbf{t} ds;$$

quindi

$$\delta dM = d\delta M = \mathbf{t} \delta ds + \delta \mathbf{t} ds,$$

[1] L'arco è contato positivamente da M_0 verso M_1.

ossia

$$\frac{d\delta M}{ds} = \frac{dM}{ds}\frac{\delta ds}{ds} + \delta \boldsymbol{t}.$$

Dunque, per gli spostamenti invertibili sarà

$$\frac{d\delta M}{ds} = \delta \boldsymbol{t};$$

da cui

(2) $$\frac{d\delta M}{ds} \times \frac{dM}{ds} = \delta \boldsymbol{t} \times \boldsymbol{t} = 0;$$

e per quelli non invertibili

(2′) $$\frac{d\delta M}{ds} \times \frac{dM}{ds} = \frac{\delta ds}{ds} < 0.$$

Dopo ciò, secondo le regole di LAGRANGE, si dovrà moltiplicare l'equazione (2) per un fattore $-\lambda ds$ variabile da punto a punto, poi integrarla da zero a l (cioè, sommare le analoghe equazioni relative a tutti gli elementi del filo), indi sommarla con la (1). Si ottiene

(1′) $$\mathbf{F}_0 \times \delta M_0 + \mathbf{F}_1 \times \delta M_1 + \int_0^l \mathbf{F} \times \delta M \cdot ds - \int_0^l \lambda \frac{dM}{ds} \times \frac{d\delta M}{ds} ds = 0.$$

Osservando che $\lambda \frac{dM}{ds}$ è un vettore di grandezza *mod* λ e parallelo alla tangente in M; nel senso positivo se $\lambda > 0$, nel senso negativo se $\lambda < 0$; possiamo indicarlo con $\boldsymbol{\tau}$, e scrivere più brevemente

$$\mathbf{F}_0 \times \delta M_0 + \mathbf{F}_1 \times \delta M_1 + \int_0^l \mathbf{F} \times \delta M \cdot ds - \int_0^l \boldsymbol{\tau} \times \frac{d(\delta M)}{ds} ds = 0.$$

Ma essendo

$$\int_0^l \boldsymbol{\tau} \times \frac{d\delta M}{ds} \cdot ds = \int_0^l \left[\frac{d}{ds}(\boldsymbol{\tau} \times \delta M) - \frac{d\boldsymbol{\tau}}{ds} \times \delta M\right] ds =$$

$$= \left(\boldsymbol{\tau} \times \delta M\right)_0^l - \int_0^l \frac{d\boldsymbol{\tau}}{ds} \times \delta M \cdot ds;$$

la precedente diventa

$$(\mathbf{F}_0+\boldsymbol{\tau}_0)\times\delta M_0+(\mathbf{F}_1-\boldsymbol{\tau}_1)\times\delta M_1+\int_0^l\left(\mathbf{F}+\frac{d\boldsymbol{\tau}}{ds}\right)\times\delta M\cdot ds=0,$$

ove $\boldsymbol{\tau}_0$ e $\boldsymbol{\tau}_1$ sono i valori di $\boldsymbol{\tau}$ agli estremi.

Ora, uguagliando a zero i coefficienti degli spostamenti δM_0, δM_1 e δM, si ottiene

$$(3)\qquad \begin{matrix}\mathbf{F}_0+\boldsymbol{\tau}_0=0\\ \mathbf{F}_1-\boldsymbol{\tau}_1=0\end{matrix}\qquad\qquad (4)\qquad \mathbf{F}+\frac{d\boldsymbol{\tau}}{ds}=0,$$

che sono *l'equazioni per l'equilibrio.* Le (3) devono essere soddisfatte rispettivamente agli estremi; la (4) in ogni punto del filo.

Per gli spostamenti non invertibili, valendo la (1') ed essendo negativa la somma dei primi tre termini, dovrà risultare positiva l'altra parte; il che richiede, per effetto della (2'), che sia sempre positivo il fattor λ. Ne consegue che il vettore $\boldsymbol{\tau}$ deve, in ogni punto, esser diretto secondo la tangente positiva. Tali sono le condizioni necessarie e sufficienti per l'equilibrio.

Le (3) esprimono che le forze agli estremi (siano esse direttamente applicate o reazioni) devono essere dirette secondo le tangenti in M_0 e M_1 e tendere ad allungare il filo; e che le loro intensità devono uguagliare la grandezza del vettore $\boldsymbol{\tau}$ agli estremi. Il significato meccanico di $\boldsymbol{\tau}$ si trova subito. Si pensi tagliato il filo, supposto in equilibrio, in M; e sia $\mathbf{Q}$ la forza da applicarsi in M, onde mantenere l'equilibrio nel tratto di filo M_0M. In tal caso M diventa il nuovo estremo in sostituzione di M_1; perciò dovrà essere $\mathbf{Q}-\boldsymbol{\tau}=0$; equazione analoga alla seconda delle (3). Ma questa esprime che quella forza è uguale a $\boldsymbol{\tau}$. Ecco dunque il significato di $\boldsymbol{\tau}$: esso rappresenta *la tensione del filo* nei vari suoi punti.

Ora è facile interpretare la (4). Scritta nella forma

$$\mathbf{F}ds+(\boldsymbol{\tau}+d\boldsymbol{\tau})-\boldsymbol{\tau}=0$$

essa esprime manifestamente che ogni elemento ds, staccato dal filo, è in equilibrio per l'azione della forza $\mathbf{F}ds$ e delle tensioni $\boldsymbol{\tau} + d\boldsymbol{\tau}$ e $-\boldsymbol{\tau}$ applicate ai suoi estremi.

2. L'equazioni trovate servono a risolvere tutti i problemi che si presentano nella statica dei fili, dei quali i principali son questi: 1°, data la configurazione del filo e le forze che lo sollecitano in ogni punto e agli estremi (o i vincoli agli estremi), verificare se ha luogo l'equilibrio; 2°, data la configurazione del filo, determinare le forze capaci di mantenerlo in equilibrio in quella configurazione; 3°, date le forze che sollecitano un filo, determinare (quando esiste) la sua figura d'equilibrio.

Il primo problema si risolve con semplici derivazioni. Indicando al solito con t e n due vettori unitari rispettivamente paralleli alla tangente e alla normale principale in M alla curva d'equilibrio (che è nota, per ipotesi) avremo, per cose note,

$$\boldsymbol{\tau} = \tau t, \quad n = \rho \frac{dt}{ds};$$

ove ρ è il raggio di curvatura; per conseguenza

$$\frac{d\boldsymbol{\tau}}{ds} = \frac{d\tau}{ds} t + \tau \frac{dt}{ds} = \frac{d\tau}{ds} t + \frac{\tau}{\rho} n;$$

talchè la (4) diventa

$$-\mathbf{F} = \frac{d\tau}{ds} t + \frac{\tau}{\rho} n.$$

Quest'equazione esprime che la forza $-\mathbf{F}$ è la risultante di due forze d'intensità $\frac{d\tau}{ds}$ e $\frac{\tau}{\rho}$, dirette rispettivamente secondo le tangente e la normale principale. Essa giace perciò nel piano osculatore. Detti F_t, F_n e F_b le proiezioni di $\mathbf{F}$ sulla tangente, normale e binormale, avremo

$$(5) \qquad F_t + \frac{d\tau}{ds} = 0, \quad F_n + \frac{\tau}{\rho} = 0, \quad F_b = 0;$$

equazioni che possono sostituire la (4), e che si chiamano *l'equazioni intrinseche dell'equilibrio.* La seconda esprime che F_n deve cadere dalla parte opposta del centro di curvatura, giacchè τ ed ρ sono quantità positive. Essendo poi noti F_t, F_n e ρ, dalla seconda si ricava τ; che sostituita nella prima deve identicamente soddisfarla. Infine, i valori di τ_0 e τ_1 ricavati dalle (3) devono coincidere coi valori di τ per $s = 0$ e $s = l$. Se tutte le condizioni ora dette sono soddisfatte, l'equilibrio sussiste; altrimenti no. Quando gli estremi son fissi le (3) servono a determinare le reazioni dei punti fissi.

Per la risoluzione del secondo problema si possono ancora adoperare le (5). Anzitutto le forze dovranno giacere rispettivamente nei piani osculatori. Ammesso ciò, se indichiamo con α l'angolo che la forza nel generico punto M del filo fa con la tangente, otteniamo, eliminando τ,

$$F \cos \alpha + \frac{d(\rho F \operatorname{sen} \alpha)}{ds} = 0.$$

Le funzioni da determinare sono F e α, essendo ρ funzione conosciuta. Avendosi una sola equazione, sono in massima infiniti i sistemi di forze capaci di mantenere il filo in equilibrio nella data configurazione.

Per rendere il problema meno indeterminato si possono assoggettare le forze a qualche altra condizione. Per solito si assegna *a priori* la loro direzione. In tal caso la α è funzione conosciuta di s; perciò l'equazione precedente provvede alla determinazione di F. Dividendo per $\rho F \operatorname{sen} \alpha$, si deduce

$$\frac{d \log (\rho F \operatorname{sen} \alpha)}{ds} = -\frac{1}{\rho} \operatorname{cotg} \alpha;$$

da cui

(5) $$\log (\rho F \operatorname{sen} \alpha) = -\int \frac{1}{\rho} \operatorname{cotg} \alpha ds + c,$$

essendo c una costante arbitraria. Ricavato F, se nella sua espressione si pone $s = 0$, si potrà determinare c, assegnata che sia l'intensità della forza all'estremo $s=0$; con ciò il problema risulta univocamente risoluto.

Circa il terzo problema l'analisi matematica non riesce a risolverlo interamente che in casi particolari. La difficoltà risiede nell'integrazione completa d'un sistema d'equazioni differenziali. Riferendosi a una terna d'assi ortogonali, e indicando con xyz le coordinate di M, con XYZ le proiezioni di **F**, la (4) si scinde nelle seguenti equazioni scalari:

$$
(6) \qquad \begin{aligned}
X+\frac{d}{ds}\left(\tau\frac{dx}{ds}\right)&=0\\
Y+\frac{d}{ds}\left(\tau\frac{dy}{ds}\right)&=0\\
Z+\frac{d}{ds}\left(\tau\frac{dz}{ds}\right)&=0;
\end{aligned}
$$

alle quali va aggiunta l'equazione geometrica

$$
(6) \qquad \left(\frac{dx}{ds}\right)^2+\left(\frac{dy}{ds}\right)^2+\left(\frac{dz}{ds}\right)^2=1.
$$

Secondo le ipotesi del problema in esame, le XYZ sono quantità date, funzioni, in generale, della posizione e dell'orientazione dell'elemento ds cui appartiene M e le $x\,y\,z\,\tau$ funzioni di s sono le incognite da determinarsi, in modo che le (6) risultino soddisfatte. Dunque la risoluzione del problema dipende dall'integrazione del sistema (6); integrazione che nel caso generale non si sa effettuare. Si sa per altro che l'integrale generale deve contenere sei costanti arbitrarie; onde possiamo rappresentarlo con l'equazioni

$$
(7) \qquad \begin{aligned}
&=x(s,\ c_1,\ c_2,\ c_3,\ c_4,\ c_5,\ c_6)\\
y&=y(s,\ c_1\ \ldots\ldots\ldots\ c_6)\\
z&=z(s,\ c_1\ \ldots\ldots\ldots\ c_6)\\
&=\tau(s,\ c_1\ \ldots\ldots\ldots\ c_6).
\end{aligned}
$$

Ammesso d'esser giunti alla conoscenza di questo integrale, le costanti si determineranno mediante le condizioni agli estremi. Se gli estremi son fissi in dati punti, si sostituiranno nelle (7) le coordinate di quei punti, posto una volta $s=0$, un'altra $s=l$; con che si otterranno sei equazioni per la determinazione delle c. Se son liberi, la sostituzione delle (7) nelle (3) (che riferite a un sistema cartesiano diventan sei) fornisce ancora sei equazioni per il calcolo delle costanti. In ogni caso le costanti calcolate dovranno risultar reali; e sostituite nelle (7), dovranno fornire per le xyz funzioni di s reali e finite da $s=0$ a $s=l$, e per la τ una funzione reale, finita e sempre positiva nello stesso intervallo. Se no, la figura d'equilibrio non esiste.

3. Son degne di nota, per la loro utilità nelle applicazioni, le seguenti osservazioni.

Scelto un punto O qualunque, tiriamo un vettore $A-O$ uguale al vettore $\boldsymbol{\tau}$ in M. Facendo variare M lungo il filo, il luogo dei punti A sarà una certa curva σ_1, corrispondente punto per punto alla figura σ del filo; e la sua equazione sarà appunto

$$A-O=\boldsymbol{\tau}.$$

Indicando con s_1 l'arco di σ_1, si ottiene derivando

$$\frac{dA}{ds_1}\frac{ds_1}{ds}=\frac{d\boldsymbol{\tau}}{ds};$$

perciò la (4) diventa

$$(4') \qquad \frac{dA}{ds_1}\frac{ds_1}{ds}+\mathbf{F}=0.$$

Poichè $\dfrac{dA}{ds_1}$ è un vettore unitario parallelo alla tangente a σ_1 in A, quest'equazione esprime che le tangenti alla σ_1 sono, nei punti corrispondenti, parallele alle forze agenti su σ; e viceversa.

Supponiamo che le forze $\mathbf{F}$ abbiano direzione costante. Costante sarà pure la direzione di $\dfrac{dA}{ds_1}$; perciò la σ_1 diventerà un segmento rettilineo parallelo alla comune direzione delle forze. Ne consegue che la figura d'equilibrio sarà piana (in un piano parallelo alle forze), e la tensione varierà da punto a punto del filo come la distanza d'un punto dai punti d'una retta.

La lunghezza l_1 del segmento rettilineo si calcola mediante la (4'): si ricava

$$l_1 = \int_0^l \mathrm{mod}\, \mathbf{F}\, ds.$$

Se dunque si traccia una retta qualunque parallela a $\mathbf{F}$ (Fig. 50); e, presone un segmento $CD = l_1$, si tirano da C e D due parallele alle tangenti al filo negli estremi (le quali son dirette come le tensioni agli estremi), e si indica con O il loro punto d'incontro; il vettore $A - O$ rappresenterà la tensione del filo nel punto M corrispondente ad A. Segue di qui che la proiezione di $\boldsymbol{\tau}$ sopra una normale alla comun direzione delle forze è costante, e precisamente uguale al segmento OA_0; mentre la proiezione sulla direzione delle forze uguale ad AA_0, ossia a $\int_{s_0}^{s} \mathrm{mod}\, \mathbf{F} ds$, ove s_0 definisce il punto M_0 corrispondente a A_0, in cui la tensione è minima.

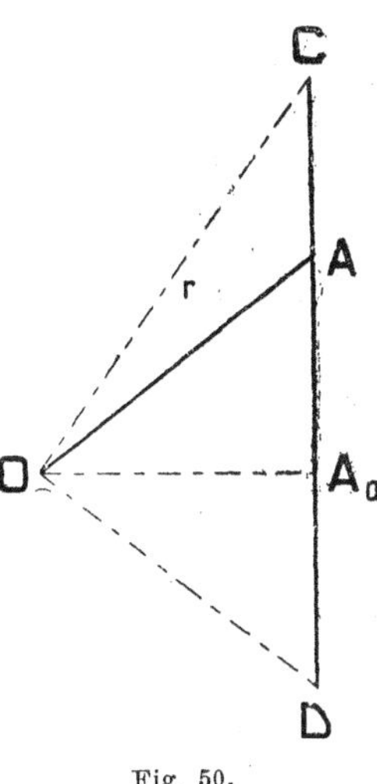

Fig. 50.

In particolare tutte queste proprietà valgono per un filo gravato di pesi secondo una legge qualsiasi; onde, riferendosi a una verticale e a una orizzontale presi per assi delle z e delle x, sarà manifestamente

$$(7') \qquad \tau \frac{dx}{ds} = c, \quad \tau \frac{dz}{ds} = \int_{s_0}^{s} \mathrm{mod}\, \mathbf{F} ds;$$

essendo c una costante.

4. Faremo alcune applicazioni delle cose suesposte. Vediamo, per esempio, se un filo sotto l'azione di pesi convenientemente distribuiti in modo continuo, e fissato agli estremi M_0 e M_1, può disporsi in equilibrio secondo un arco di circolo (Fig. 51).

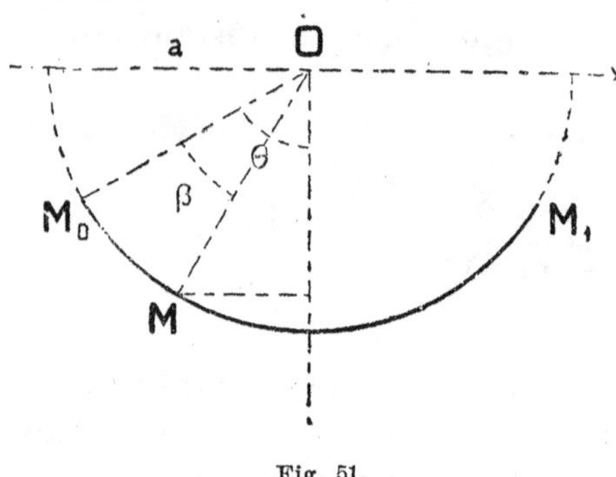

Fig. 51.

Sia Pds il peso dell'elemento ds, a il raggio, β l'angolo M_0OM, 2θ l'angolo corrispondente a tutto l'arco di filo. Usando la formula (5), e notando che nel caso presente α è uguale $\frac{\pi}{2} - (\theta - \beta)$, si ha

$$\log a\mathrm{P}\cos(\theta-\beta) = -\int \operatorname{tang}(\theta-\beta)d\beta = -\log\cos(\theta-\beta) + \log c;$$

da cui

$$\mathrm{P} = \frac{c}{a\cos^2(\theta-\beta)} = \frac{ac}{y^2},$$

ove y è la distanza di M della retta Ox. Questa è la legge di variazione dei pesi. La tensione è data dalla formula

$$\mathrm{P}_n = -P\cos(\theta-\beta) = -\frac{\tau}{a};$$

dalla quale si deduce

$$\tau = \frac{ac}{y}.$$

Si conclude dunque che il problema proposto è possibile, purchè l'arco non sia una semicirconferenza; giacchè in tal caso la tensione agli estremi sarebbe infinita. A quelle formule e a questa conclusione si può anche giungere con le considerazioni del numero precedente.

Come secondo esempio, cerchiamo la figura d'equilibrio d'un filo omogeneo sollecitato dalla sola gravità e fissato agli estremi. Sia Gds il peso dell'elemento ds (G peso costante dell'unità di lunghezza del filo). Per le cose dette nel numero precedente valgono le (7'), posto mod $F = G$; onde avremo nel caso presente

$$\tau \frac{dx}{ds} = c \qquad \tau \frac{dz}{ds} = G(s - s_0).$$

Per $s = s_0$ essendo nulla la proiezione verticale di τ, la tensione è minima nel punto più basso. In ogni altro punto la tensione verticale è proporzionale all'arco che separa quel punto dal punto più basso. Prenderemo questo punto per origine (Fig. 52). Si ricava

$$\tau = \sqrt{c^2 + G^2(s - s_0)^2};$$

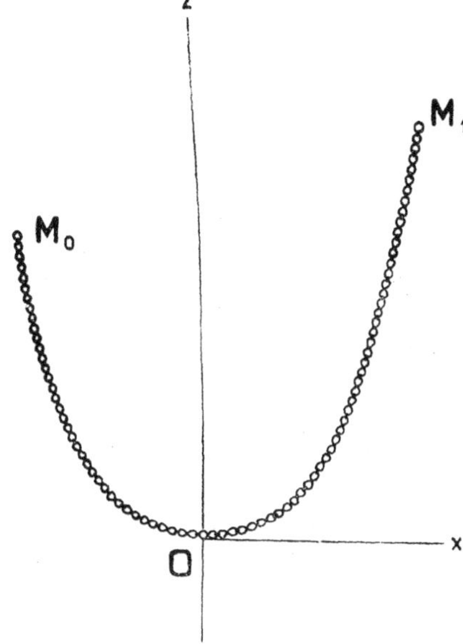

Fig. 52.

onde, sostituendo e integrando, si ottiene

$$
(8) \qquad
\begin{aligned}
x + a &= \frac{c}{G} \log \left(G(s - s_0) + \sqrt{c^2 + G^2 (s - s_0)^2} \right) \\
z + b &= \frac{1}{G} \sqrt{c^2 + G^2 (s - s_0)^2} ;
\end{aligned}
$$

ove a e b sono costanti arbitrarie. Son l'equazioni parametriche della curva d'equilibrio. Per $s = s_0$ è $x = z = 0$, quindi sarà

$$a = \frac{c}{G} \log c, \quad b = \frac{c}{G} ;$$

onde la prima equazione si può scrivere nella forma

$$x = b \log \frac{1}{c} \left(G(s - s_0) + \sqrt{c^2 + G^2 (s - s_0)^2} \right) \cdot$$

L'equazione cartesiana si ottiene eliminando s. Dalla precedente si deduce

$$e^{\frac{x}{b}} = \frac{1}{c} \left[G(s - s_0) + \sqrt{c^2 + G^2 (s - s_0)^2} \right] ,$$

ed anche

$$
\begin{aligned}
e^{-\frac{x}{b}} &= \frac{c}{G(s - s_0) + \sqrt{c^2 + G^2 (s - s_0)^2}} \\
&= - \frac{1}{c} \left(G(s - s_0) - \sqrt{c^2 + G^2 (s - s_0)^2} \right) ;
\end{aligned}
$$

perciò sommandole si ottiene

$$e^{\frac{x}{b}} + e^{-\frac{x}{b}} = \frac{2}{c} \sqrt{c^2 + G^2 (s - s_0)^2} ;$$

e infine

$$z + b = \frac{b}{2} \left(e^{\frac{x}{b}} + e^{-\frac{x}{b}} \right) ;$$

che è l'equazione cercata della curva d'equilibrio, detta *catenaria omogenea.*

Qui comparisce una sola costante, perchè si è supposta data la posizione del punto più basso, onde ottenere un'equazione più semplice. Ma l'eliminazione di s dalle (8) si fa allo stesso modo anche lasciando le costanti a, b, c arbitrarie; per determinar poi le quali occorrerà esprimere che la curva passa per i dati punti fissi ed ha la lunghezza del dato filo.

Infine cerchiamo la figura d'equilibrio d'un filo pesante non omogeneo, tale che il peso d'un elemento sia proporzionale alla proiezione orizzontale dell'elemento stesso. La figura sarà piana; e, rispetto a una verticale e a una orizzontale come assi, Gdx rappresenterà il peso dell'elemento ds. Allora per le (7') del numero precedente, posto mod $Fds = Gdx$, si ha

$$\tau \frac{dx}{ds} = c \qquad \tau \frac{dz}{ds} = G(x - x_0);$$

e quindi

$$\frac{dz}{dx} = \frac{G}{c}(x - x_0);$$

da cui, integrando,

$$z + b = \frac{G}{2c}(x - x_0)^2;$$

che rappresenta una parabola, detta *la catenaria dei ponti pensili.* Le costanti si determinano date che siano le condizioni agli estremi e la lunghezza del filo.

5. Supponiamo il filo non libero, ma disteso sopra una data superficie $\varphi(x, y, z) = 0$ limite d'un corpo S ben levigato (Fig. 53). Per cose note, noi possiamo ancora immaginarlo libero, purchè si pensi ogni elemento del filo solle-

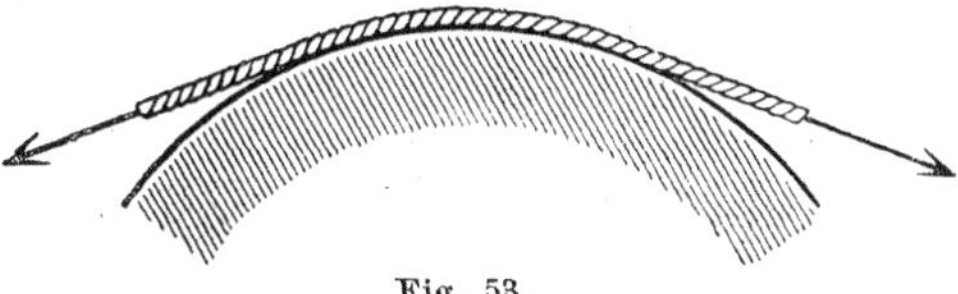

Fig. 53.

citato da una forza $w\,ds$ normale alla superficie, uguale e opposta alla pressione che l'elemento di filo esercita sulla superficie stessa. In questo modo siamo condotti a scrivere l'equazioni per l'equilibrio d'un filo libero, i cui elementi sono sollecitati dalle forze $\mathbf{F}ds$ e $w\,ds$. Perciò, notando che l'equazioni agli estremi restano identiche alle (3), avremo in ogni punto il filo

$$\mathbf{F} + w + \frac{d\boldsymbol{\tau}}{ds} = 0; \tag{9}$$

la quale non differisce dalla (4) che per l'aggiunta del vettore w. Se indichiamo con v la normale in un punto della superficie diretta all'esterno del corpo, il vettore w ha il verso di v.

Considereremo qui due soli problemi: 1) data la superficie, la figura del filo e le forze, verificare se l'equilibrio ha luogo; 2) data la superficie, la legge di distribuzione delle forze lungo il filo e le condizioni agli estremi, determinare la figura d'equilibrio.

Per risolvere il primo problema, basta riprendere i risultati già ottenuti nel caso del filo libero e vedere come si modificano per l'aggiunta della forza w. Indicando con $w \cos(v, t)$, $w \cos(v, n)$, $w \cos(v, b)$ le componenti di w secondo la tangente, la normale e la binormale alla curva d'equilibrio, l'equazioni intrinseche del n. 2 diventano nel caso presente

$$\mathrm{F_t} + w \cos(v, t) + \frac{d\tau}{ds} = 0, \tag{10}$$

$$\mathrm{F_n} + w \cos(v, n) + \frac{\tau}{\rho} = 0, \quad w \cos(v, b) + \mathrm{F_b} = 0.$$

Da esse si ricava

$$w = -\frac{\mathrm{F_b}}{\cos(v, b)}, \quad \tau = \rho\left[\mathrm{F_b}\frac{\cos(v, n)}{\cos(v, b)} - \mathrm{F_n}\right] = 0,$$

$$\mathrm{F_t} + \frac{d}{ds}\rho\left[\mathrm{F_b}\frac{\cos(v, n)}{\cos(v, b)} - \mathrm{F}_n\right] = 0,$$

giacchè $\cos(v, t) = 0$.

Le quantità F_b, F_t, F_n, $\cos(\boldsymbol{v}, \boldsymbol{b})$ sono note; perciò l'ultima equazione deve essere identicamente soddisfatta; le altre due provvedono alla determinazione della tensione e della reazione in ogni punto; ma per l'equilibrio esse devono risultare positive; perciò deve essere

$$\frac{F_b}{\cos(\boldsymbol{v}, \boldsymbol{b})} < 0, \quad F_b \frac{\cos(\boldsymbol{v}, \boldsymbol{n})}{\cos(\boldsymbol{v}, \boldsymbol{b})} > F_n.$$

Agli estremi debbono risultare soddisfatte le condizioni che già vedemmo nel caso del filo libero.

Come caso particolare, supponiamo che la forza $\mathbf{F}$ sia diretta in ogni punto del filo secondo la normale alla superficie; sarà necessariamente in senso opposto a $\boldsymbol{v}$. Avremo allora

$$F_t = 0 \quad F_n = -F\cos(\boldsymbol{v}, \boldsymbol{n}) \quad F_b = -F\cos(\boldsymbol{v}, \boldsymbol{b});$$

perciò le (10) diventano

$$\frac{d\tau}{ds} = 0, \quad (w - F)\cos(\boldsymbol{v}, \boldsymbol{n}) + \frac{\tau}{\rho} = 0, \quad (w - F)\cos(\boldsymbol{v}, \boldsymbol{b}) = 0.$$

Non potendo essere $w - F = 0$ altrimenti si cadrebbe nell'assurdo $(\tau = 0)$, sarà necessariamente $\cos(\boldsymbol{v}, \boldsymbol{b}) = 0$. Dunque in ogni punto la binormale alla curva è perpendicolare alla normale alla superficie; perciò la curva è una *geodetica*.

La prima equazione esprime che la tensione è costante lungo tutto il filo; e poichè, com'è noto, le forze agli estremi devono avere la grandezza di τ per $s = 0$ e $s = l$, saranno in questo caso uguali al valore costante di τ. Infine dalla seconda si trae $w = F + \frac{\tau}{\rho}$.

In particolare, un filo non soggetto a forze, disteso sopra una superficie da due forze uguali T applicate agli estremi, si dispone nella sua posizione d'equilibrio secondo una geodetica; e la pressione esercitata da ogni elemento ds è uguale a $\frac{T}{\rho}\,ds$, supponendo trascurabile il peso del filo.

Nel secondo problema sopra enunciato ci si propone di determinare la figura d'equilibrio, nota la superficie e le forze. L'equazione (9), tradotta in coordinate cartesiane, equivale alle tre seguenti:

$$X + w\alpha + \frac{d}{ds}\left(\tau \frac{dx}{ds}\right) = 0$$

$$Y + w\beta + \frac{d}{ds}\left(\tau \frac{dy}{ds}\right) = 0$$

$$Z + w\gamma + \frac{d}{ds}\left(\tau \frac{dz}{ds}\right) = 0;$$

ove $\alpha\beta\gamma$ sono i coseni che w fa con gli assi; alle quali bisogna aggiungere le due equazioni

$$\left(\frac{dx}{ds}\right)^2 + \left(\frac{dy}{ds}\right)^2 + \left(\frac{dz}{ds}\right)^2 = 1, \quad f(x, y, z) = 0.$$

La risoluzione del problema proposto richiede la determinazione delle funzioni x, y, z, w, τ, di s soddisfacenti al sistema di quelle cinque equazioni; tre delle quali sono differenziali del second'ordine, una del primo e l'altra non differenziale. Si sa che il suo integrale generale dovrà contenere quattro costanti arbitrarie; alla determinazione delle quali provvedono le condizioni agli estremi.

6. In questo studio abbiam supposta la superficie d'appoggio del filo abbastanza levigata perchè ogni attrito fosse trascurabile. Ma non è questo il caso più frequente e più importante nella pratica; dove anzi sono più spesso i fenomeni d'attrito che si sfruttano per ottenere certi effetti.

Quando si debba o si voglia tener conto dell'attrito si applicherà ancora l'analisi precedente, aggiungendo alle forze direttamente applicate le forze d'attrito. Ma i risultati saranno del tutto diversi. Senza trattare la questione in generale, faremo qui un solo esempio che porrà in evidenza la verità di queste asserzioni.

Consideriamo un filo avvolto intorno a un cilindro e tirato alle sue estremità da due forze. Se la superficie del cilindro è perfettamente levigata, il filo in equilibrio si disporrà secondo una geodetica (elica) e le forze agli estremi dovranno essere uguali. Questo significa che per equilibrare una forza applicata a un estremo, occorre agire all'altro estremo con una forza della medesima grandezza.

Ammettiamo invece l'esistenza di attriti tra il filo e il cilindro. Indicando con w (come precedentemente) la reazione normale e con ε il coefficiente d'attrito (attrito di strisciamento), la forza d'attrito sull'elemento ds sarà di grandezza $\varepsilon w ds$ e diretta in senso opposto [1] a quello secondo cui tende a prodursi lo strisciamento; ammettendo che questo stia effettivamente per prodursi lungo il filo stesso. Queste forze d'attrito son le sole che agiscono nei varî punti del filo; ritenendo trascurabile il suo peso. In questo caso l'equazioni intrinseche (10) diventano

$$\frac{d\tau}{ds} - \varepsilon w = 0 \qquad \frac{\tau}{\rho} - w = 0 \qquad \cos(v, b) = 0,$$

contando s positivamente nel senso dello strisciamento. L'ultima esprime che la figura d'equilibrio è ancora una geodetica; le altre danno

$$\frac{d\tau}{\tau} = \varepsilon \frac{ds}{\rho} = \varepsilon d\theta,$$

essendo $d\theta$ l'angolo di due tangenti infinitamente vicine (angolo di contingenza). Di qui si trae

$$\tau = c e^{\varepsilon\theta},$$

ove c è una costante arbitraria, e θ l'angolo che la tangente in un punto generico fa con la tangente nell'estremo M_0, assunto come origine degli archi. Per $\theta = 0$ si ha

$$c = \tau_0,$$

[1] Vedi Cap. II, n. 3.

tensione in M_0; che deve essere uguale, come sappiamo, alla intensità della forza **F**, applicata in quel punto. Dunque

$$\tau = F_0 e^{\varepsilon\theta}.$$

Come si vede, la tensione non è più costante lungo il filo; anzi cresce rapidamente a cominciare da M_0. All'altro estremo M_1 diventa

$$\tau_1 = F_0 e^{\varepsilon\alpha},$$

se con α indichiamo l'angolo di cui deve rotare la tangente in M_0 per coincidere con quella in M_1. Dunque la forza che occorre applicare in M_1 per mantenere l'equilibrio deve essere di grandezza $F_0 e^{\varepsilon\alpha}$; la quale, se il filo è avvolto in parecchi giri sul cilindro, è grandissima di fronte a F_0. In altri termini, avvolgendo il filo intorno al cilindro un numero conveniente di volte, si può con una piccola forma F_0 resistere a una forza grandissima. Questi straordinari effetti dell'attrito sono inconsciamente utilizzati nelle più volgari operazioni della vita. Tutti sanno, per esempio, che mediante l'avvolgimento della gomena d'un bastimento intorno a un apposito palo fissato al suolo, si riesce con un piccolo sforzo a resistere all'enorme trazione provocata dagli spostamenti della nave.

DINAMICA

CAPITOLO I

SOMMARIO — 1. Leggi di Newton — 2. Impulsi e forze istantanee — 3. Unità derivate e principio d'omogeneità — 4. Similitudine dinamica — 5. Moto d'un punto libero; moti rettilinei — 6. Moti curvilinei; esempi — 7. Moto d'un punto attratto da un centro fisso — 8. Caso dell'attrazione Newtoniana.

1. I principi della statica ci hanno insegnato a dedurre le condizioni cui devono soddisfare le forze agenti sopra un dato sistema materiale perchè sia in equilibrio in qualche sua posizione o configurazione, ove è posto con uno stato cinetico nullo. Quando coteste condizioni non risultan soddisfatte il sistema si muoverà; e il suo moto, a parità d'ogni altra condizione, dipenderà dalle forze agenti. La formulazione esatta di quella dipendenza e le sue varie conseguenze è l'argomento della dinamica razionale.

Come già i postulati della statica, così le leggi fondamentali della dinamica sono offerte dall'esperienze e dalle osservazioni opportunamente interpretate e generalizzate. Considerando un sol punto materiale libero (corpo di piccolissime dimensioni, o particella, o molecola), la prima cosa da sapere è la natura dell'effetto prodotto dalla presenza d'una forza agente. L'esperienza di GALILEO sulla caduta dei gravi e le speculazioni di NEWTON hanno dimostrato che quelle certe azioni terrestre e celesti, chiamate forze di gravitazione, producono *variazioni di velocità* (e non moto a velocità costante). Questo fatto, esteso a tutte le forze, dà luogo al seguente principio fondamentale, confermato dalle più svariate esperienze e deduzioni: *le forze determinano accelerazioni.*

Rispetto a un osservatore collegato con un corpo C (s'intende a tre dimensioni), al quale è riferito il movimento del punto, supponiamo che il punto libero sia in quiete, o possegga un moto rettilineo uniforme. In base al suddetto principio si dovrà assumere questo stato del punto come quello che caratterizza l'assenza d'ogni forza. Ciò non va inteso in senso assoluto; ma solo nel senso che i rapporti meccanici non appariscenti o ignoti fra il corpo C e il punto son di tal natura, che niuna azione speciale interviene a modificare lo stato di moto del punto rispetto all'osservatore. In tali condizioni, se si applica al punto una forza non agente sul corpo C, si trova che tra la forza e l'accelerazione che essa produce, conformemente al principio suesposto, sussiste, qualunque sia la velocità, la semplice relazione di proporzionalità (vettoriale)

$$\mathbf{j} = \frac{1}{\lambda}\mathbf{F}, \tag{1}$$

ove λ dipende esclusivamente dal punto materiale.

Supponiamo ora che il punto sia in *moto vario* rispetto all'osservatore collegato con C. Per quanto abbiam detto, questo stato caratterizza la presenza di forze agenti; nel senso che vi è qualche cosa che interviene a modificare lo stato cinetico dal punto rispetto all'osservatore. Orbene, applicando convenientemente un dinamometro attaccato a un corpo estraneo a C, e esperimentando ripetutamente e in modo opportuno, si può, per ogni data posizione e velocità, annullare l'accelerazione che il punto possiede rispetto all'osservatore. Il che porta a concludere che quel complesso di forze è, nel suo comportamento rispetto a C, fisicamente equivalente alla forza dinamometrica $-\mathbf{F}_1$; ossia, che l'accelerazione $\mathbf{j}'$ posseduta dal punto rispetto all'osservatore si può anche riprodurre mediante l'azione della forza $\mathbf{F}' = -\mathbf{F}_1$, quando il punto fosse primitivamente in moto rettilineo e uniforme. Quindi la $\mathbf{F}'$ si dovrà considerare come la misura di coteste forze agenti; e, per le cose dette, la (1), ossia

$$(1') \qquad \mathbf{j}' = \frac{1}{\lambda} \mathbf{F}',$$

come la relazione esistente tra le forze e l'accelerazione.

Se poi, insieme alle forze equivalenti a $\mathbf{F}'$, si fa agire sul punto un'altra forza $\mathbf{F}$; e se $\mathbf{j}' + \mathbf{j}$ è la nuova accelerazione che il punto acquista, si trova sussistere ancora la relazione

$$\mathbf{j}' + \mathbf{j} = \frac{1}{\lambda} (\mathbf{F}' + \mathbf{F});$$

la quale, per la (1'), dà

$$\mathbf{j} = \frac{1}{\lambda} \mathbf{F}.$$

Da questa e dalle cose dette segue che l'azione d'una forza è indipendente dalle altre forze che agiscono contemporaneamente; essa si comporta come fosse sola.

Il principio della proporzionalità tra la forza e l'accelerazione, nel senso spiegato, è chiamato *la seconda legge di* NEWTON; per distinguerla da un'altra, *la legge d' inerzia*, che NEWTON antepose a questa, benchè ne sia un *corollario*; onde fu chiamata *la prima legge di* NEWTON; la quale esprime che in assenza di forze il moto è rettilineo e uniforme (vedi, per la sua giusta interpretazione, quel che si è detto in principio).

Per precisare interamente la (1) o la (1') rimane ancora a considerare il coefficiente λ.

L' esperienza e l' osservazione insegnano che corpi materiali diversi in circostanze identiche, cioè sollecitate dalle stesse forze, acquistano accelerazioni diverse. Ciò prova che il coefficiente λ è diverso per corpi diversi. Questa proprietà si esprime dicendo che i corpi hanno *massa diversa*. In particolare due corpi avranno *ugual massa*, se in circostanze identiche acquistano accelerazioni uguali. Un corpo avrà invece massa 2, 3....n volte maggiore di un altro, se occorre una forza 2, 3....n volte più grande per imprimergli la stessa accelerazione. In generale dunque la forza è proporzionale anche alla massa, oltrecchè all'accelerazione $\mathbf{j}$; onde si potrà scrivere

$$\mathbf{F} = \varepsilon m \mathbf{j},$$

ove ε è una costante uguale per tutti i corpi, che dipende soltanto dalle unità di misura che si scelgono.

Posto $\varepsilon = 1$ si ha

$$\mathbf{F} = m\mathbf{j}; \tag{2}$$

ed allora, scelta l'unità di forza e l'unità d'accelerazione bisogna prendere per unità di massa *la massa d'un corpo che acquista l'accelerazione uno sotto l'azione della forza unitaria*; oppure, scelta *a priori* l'unità di massa, si dovrà prendere per unità di forza *quella forza che fa acquistare l'unità di accelerazione all'unità di massa.*

Le leggi sperimentali sulla caduta dei gravi offrono un mezzo semplice per paragonare le masse. Si sa che nella caduta dei gravi in vicinanza della terra (astrazione fatta dalla resistenza dell'aria) l'accelerazione è costante. Ne segue che è costante anche la forza di gravità (*peso*); talchè detto P il peso, m la massa, g l'accelerazione della gravità, si ha per la (2)

$$P = mg.$$

Questa esprime che il peso è proporzionale alla massa; cioè, che *i pesi stanno fra loro come le masse.*

L'esperienza poi dimostra ancora che la gravità agente sui corpi in moto è la stessa che quella agente sui corpi in quiete; quella, cioè, che può misurarsi con la bilancia.

Si potrebbe scegliere come unità di forza il peso di un grammo in un luogo in cui l'accelerazione g è di 980 cm; ed allora la massa corrispondente sarebbe $\frac{1}{980}$, e l'unità di massa 980 volte quella del grammo. Ma g varia da luogo a luogo della terra; perciò varierebbe anche l'unità di massa.

Per evitare questo inconveniente si assume come unità di massa il *grammo-massa, che è la massa della millesima parte del chilogrammo campione.* Si chiama così la massa costituita da un cilindro di platino depositata negli archivi di Parigi, uguale approssimativamente ad un decimetro cubo d'acqua distillata a 4° centigradi. Allora l'unità di forza, che si chiama *dine, è quella forza sotto la cui azione il grammo-massa acquista l'unità di accelerazione.* Così il peso del *grammo-massa* è g dine (cioè 980 dine nei luoghi ove $g=980$). Da 1 grammo $=980$ dine si ricava 1 dine $=0,00102$ grammi.

Il sistema di misura in cui le unità di spazio, massa e tempo sono il centimetro, il grammo-massa ed il secondo di tempo solare medio, si chiama il sistema (c. g. s). È il sistema più comodo ed il più usato in teoria.

Alla legge suesposta occorre aggiungere quest'altra: *Ad ogni azione corrisponde sempre una reazione uguale e contraria; ossia, le azioni mutue di due corpi qualunque sono sempre uguali e dirette in senso contrario.* È chiamata *la terza legge di* NEWTON.

Noi facemmo già uso di questa legge in Statica, e ne precisammo il senso. Essa è vera anche in dinamica. L'osservazione mostra che due corpi liberi A e B mobili nello spazio, agiscono l'uno sull'altro (attrazioni e repulsioni), e che l'azione di A su B è uguale ed opposta a quella di B su A. Così per esempio, la forza colla quale la terra attrae la luna è uguale a quella con cui la luna attrae la terra, ed ha opposto senso.

Riassumiamo in altro modo i suddetti principi per meglio chiarirne il contenuto e fissarli nella mente, e per stabilire i limiti della loro esattezza. La prolissità in questioni di principi non è difetto.

La forza, abbiam detto, produce cambiamento di velocità, ossia accelerazione, ed è a questa proporzionale. Il coefficiente di proporzionalità, ossia la massa, detto anche *coefficiente d'inerzia,* misura in certo qual modo la resistenza che oppone la materia ad ogni azione tendente a modificare il suo stato di moto o di quiete.

L'indipendenza degli effetti delle forze dallo stato di moto della materia su cui agiscono, equivale all'indipendenza della massa dalla velocità. Se una forza agisce per un secondo di tempo sopra un corpo in riposo e gli comunica una velocità v; nel secondo successivo gl'imprime la stessa velocità v (la quale s'aggiunge alla precedente), benchè l'attuale stato di moto non sia quello di prima; e così via.

La massa d'un corpo è pure indipendente dalla direzione in cui agisce la forza; ossia, l'inerzia della materia è la medesima in tutti i sensi.

Questi principî, come fu detto, sono stati dedotti dalle osservazioni, dall'esperienze e confermate da innumerevoli deduzioni. Ma la loro maggiore o minore esattezza dipende manifestamente dall'ampiezza del campo delle osservazioni da cui son derivati. Ora le velocità che furono osservate e che di solito si osservano nei puri fenomeni meccanici non oltrepassano quelle dei pianeti nelle loro orbite. Per esse le leggi precedenti appaiono del tutto rigorose.

Ma per velocità di gran lunga superiori a quelle, chi potrebbe affermare *a priori*, senza un opportuno controllo, la loro piena validità? Se l'inerzia variasse con la velocità, ma per gradi piccolissimi, solo il confronto delle leggi del moto a moderate velocità con quelle a velocità grandissime, potrebbe mettere in rilievo una simile variazione. Orbene, le profonde indagini moderne sulla proprietà della materia han posto i fisici di fronte a velocità enormemente più grandi delle velocità planetarie. Dalla considerazione di quelle sono state indotti a modificare le leggi fondamentali della meccanica nel senso appunto accennato di sopra. Talchè nell'immenso dominio della fisica, di cui la pura meccanica è una piccola parte, le leggi di Newton portano la traccia del limitato campo ove son nate; onde acquistano oggi il valore di leggi approssimate. Ma per tutte le questioni di meccanica terrestre e celeste trattate in questo libro, e per tutte le innumerevoli applicazioni ch'esse comportano, l'approssimazione loro è sì grande, che il modificarle genererebbe, più che benefizio, complicazioni inutili e più spesso dannose alla chiara concezione dei fenomeni più comuni.

2. Sia v la velocità di una massa m alla fine del tempo t. Il prodotto mv (grandezza del vettore mv) si chiama *quantità di moto* posseduta dalla massa m al tempo t.

Sia f una forza costante in grandezza e direzione, e agente su m per un tempo t; il prodotto ft si chiama *impulso*. Se v è la velocità acquistata da m (inizialmente in riposo) al tempo t, sarà $\frac{v}{t}$ la velocità acquistata nel tempo uno, cioè, l'accelerazione; onde per la legge di Newton si ha

$$f = m\frac{v}{t};$$

ossia

$$ft = mv;$$

la quale esprime che al tempo t *l'impulso è uguale alla quantità di moto.* Per $t = 1$ si ha

$$f = mv;$$

perciò si può dire che *una forza costante è misurata dalla quantità di moto che produce nel tempo uno.*

Ora supponiamo f variabile col tempo. Dividendo il tempo in intervalli infinitesimi dt, chiameremo fdt l'impulso elementare e $\int_0^t fdt$, o $\int_{t_0}^{t_1} fdt$, se $t = t_1 - t_0$, *l'impulso totale nel tempo* t. Potendosi considerare la f costante nell'intervallo dt, avremo come prima

$$fdt = mdv;$$

da cui integrando

$$(3) \qquad \Big[m\,v\Big]_{t_0}^{t_1} = \int_{t_0}^{t_1} fdt;$$

la quale esprime che *la quantità di moto acquistata nel tempo* $t_1 - t_0$ *è uguale al totale impulso.*

Supponiamo l'intervallo $t_1 - t_0$ molto piccolo, e la forza f grandissima, per modo che l'integrale del secondo membro sia finito, malgrado la piccolezza dell'intervallo d'integrazione $\left(\text{per esempio, ciò avviene se } f \text{ è dell'ordine di grandezza di } \frac{1}{t_1 - t_0}\right)$. Allora anche il primo membro $mv_1 - mv_0$ è finito; il che significa che la velocità di m sotto l'azione della forza grandissima f subisce in un tempo piccolissimo $t_1 - t_0$ un accrescimento finito. Una forza così fatta si chiama *forza istantanea.* Per misura di tal forza si prende il suo impulso; cioè, l'accrescimento della quantità di moto che essa fornisce alla massa m.

Una forza istantanea, abbiamo detto, produce un accrescimento finito della velocità di m; ma lo spostamento che subisce m nell'intervallo piccolissimo è pure piccolissimo. Invero, essendo mv, ossia $m\frac{ds}{dt}$, finito, sarà

$$m\frac{ds}{dt} < \alpha$$

con α finito; per conseguenza, integrando, si ha

$$m(s_1 - s_0) < \alpha(t_1 - t_0);$$

la quale mostra che $s_1 - s_0$ è dello stesso ordine di grandezza di $t_1 - t_0$.

Per esempio, urtando fortemente una palla con un martello, l'azione del martello contro la palla (urto) dura per un tempo brevissimo; ma, in compenso, la sua intensità è assai grande. Durante quel tempo la palla non si muove sensibilmente, mentre acquista una certa velocità v; in virtù della quale, cessato l'urto, assume un rapido movimento. L'impulso di cotesta azione (forza istantanea) è misurata da mv, se inizialmente la palla di massa m era in quiete.

3. L'unità di misura A d'ogni grandezza fisica a resta determinata quando siano fissate le tre unità fondamentali di lunghezza, massa e tempo (quelle per esempio del sistema (c. g. s)). Si chiama *un' unità derivata.*

Indichiamo con L, M, T rispettivamente le unità fondamentali di lunghezza, massa e tempo. Se l'unità derivata A varia proporzionalmente alla potenza p dell'unità L, alla potenza q dell'unità M, alla potenza r dell'unità T, si dice che A (oppure a) ha *le dimensioni* p, q, r rispetto alle unità di lunghezza, massa e tempo rispettivamente, e si esprime ciò con la formola simbolica

$$(o) \qquad A = L^p M^q T^r.$$

Per esempio,

$$A = ML^2 T^{-2}$$

esprime che l'unità A della grandezza a varia proporzionalmente all'unità di massa, al quadrato dell'unità di lunghezza ed inversamente al quadrato dell'unità di tempo. Le formule simboliche (o) sono chiamate *l'equazioni di dimensioni delle grandezze fisiche.*

Per trovare le relazioni esistenti fra le unità derivate e le fondamentali basta fare prima l'osservazione seguente. Siano a, b, c i valori numerici di tre grandezze, e sussista una delle relazioni

$$a = bc, \quad a = \frac{b}{c}.$$

Se le dimensioni dell'unità B e C di b e c sono definite da

$$B = M^p L^q T^r, \quad C = M^{p'} L^{q'} T^{r'},$$

quelle dell'unità A di a saranno espresse da una dell'equazioni simboliche

$$A = M^{p+p'} L^{q+q'} T^{r'+r'},$$

$$A = M^{p-p'} L^{q-q'} T^{r-r'}.$$

Infatti, per $b=c=1$, si ha $a=1$, cioè simbolicamente

$$A = BC, \quad \text{oppure} \quad A = \frac{B}{C}.$$

Applicando questa osservazione si vede subito che la velocità, essendo un rapporto tra spazio e tempo, ha le dimensioni indicate dalla formula

$$V = \frac{L}{T} = LT^{-1}.$$

La velocità angolare ω ha le dimensioni espresse da

$$\Omega = T^{-1},$$

perchè è un rapporto tra un angolo ed un tempo, e l'angolo ha dimensioni nulle, essendo il rapporto di due lunghezze.

L'accelerazione tangenziale è espressa da un rapporto tra velocità e tempo, perciò ha le dimensioni espresse da

$$j_t = \frac{V}{T} = LT^{-2}.$$

L'accelerazione normale, che è definita dalla formola

$$j_n = \frac{v^2}{\rho},$$

ha le dimensioni espresse da

$$j_n = \frac{V^2}{L} = LT^{-2},$$

come la precedente. Dunque ogni accelerazione ha dimensione *uno* rispetto all'unità di lunghezza e dimensione -2 rispetto al tempo.

La forza, essendo uguale al prodotto della massa per l'accelerazione, ha dimensione *uno* rispetto all'unità di massa, e le stesse dimensioni dell'accelerazione rispetto alle altre due unità; dunque $F = MLT^{-2}$. Una pressione sopra un elemento di superficie è pure una forza; ma, essendo riferita all'unità di superficie, ha le dimensioni

$$ML^{-1}T^{-2}.$$

La quantità di moto mv ha le dimensioni espresse da

$$Q = MV = MLT^{-1},$$

e le stesse dimensioni deve avere naturalmente l'impulso. E infatti si ha manifestamente

$$I = FT = LMT^{-1}.$$

La grandezza dell'asse di una coppia, essendo uguale al prodotto della forza pel braccio, ha evidentemente le dimensioni ML^2T^{-2}. E così dicasi per ogni altra grandezza.

Non potendosi paragonare che grandezze della medesima specie, le quali hanno le stesse dimensioni, è manifesto che tutti i termini di un'equazione fra grandezze fisiche devono avere le stesse dimensioni. In altri termini, ogni equazione in meccanica deve essere *omogenea* rispetto alle dimensioni (*principio d'omogeneità*). Questa osservazione offre un mezzo semplice per verificare (sotto un certo punto di vista) l'esattezza delle formule; per prevedere la forma di certe espressioni; e per determinare il significato meccanico e le dimensioni delle costanti date dall'esperienza o dalle osservazioni.

Per esempio, una relazione tra l'accelerazione e la velocità del tipo $j = av$ con a indipendente dall'unità di tempo non è possibile; perchè j e v hanno dimensioni diverse rispetto al tempo. La a dovrebbe essere della stessa natura d'una velocità angolare.

Supponiamo che una forza f sia definita in grandezza dalla relazione

$$f = k\mu\sigma v^2, \qquad (o)$$

ove v rappresenta una velocità, σ un'area, μ una densità e k una costante. Quali sono le dimensioni di k rispetto alle unità fondamentali? L'equazioni di dimensione di v, σ, μ sono

$$v = LT^{-1}, \quad \sigma = L^2, \quad \mu = ML^{-3};$$

e quindi

$$\mu\sigma v^2 = MLT^{-2};$$

la quale mostra che il prodotto $\mu\sigma v^2$ ha le dimensioni di una forza. Ma dovendo avere le dimensioni d'una forza anche f, segue che k deve avere dimensioni zero. Si esprime ciò dicendo che k è una *costante assoluta*. Il suo valore è indipendente dalle unità L, M, T che si scelgono.

La resistenza che l'aria oppone a una lastra in moto, con velocità perpendicolare al suo piano, varia appunto con la legge (o). Prendendo la densità dell'aria alla temperatura di 15° e alla pressione di 760mm, le numerose esperienze di Eiffel hanno condotto, per le lastre quadrate, alla formula

$$f = 0{,}08\sigma v^2.$$

Sia invece

$$f = k\frac{mm'}{r^2},$$

ove r è una lunghezza, m e m' masse. Affinchè questo rapporto, che per ipotesi rappresenta la grandezza di una forza, abbia le dimensioni LMT^{-2}, occorre evidentemente che k abbia le dimensioni

$$M^{-1}L^3T^{-2}.$$

Il valore di k varia dunque a seconda delle unità che si scelgono.

Se, per esempio, adottando il sistema (c. g. s) si trova come risultato delle esperienze, o delle osservazioni,

$$k = 15^{-1} \times 10^{-6};$$

quando si usino invece il metro, il grammo e il minuto

primo, si avrà

$$k = 15^{-1} \times 10^{-6} \cdot \left(\frac{1}{100}\right)^3 \cdot \left(\frac{1}{60}\right)^{-2};$$

giacchè il centimetro è la centesima parte del metro, ed il secondo la sessantesima parte del minuto primo.

Per fare un'altra applicazione del principio d'omogeneità, cerchiamo qual tipo di relazione può sussistere fra la velocità al tempo t d'un grave cadente di massa m, lo spazio s percorso nel medesimo tempo e l'accelerazione g della gravità. Sia

$$v = \mathrm{F}(m, g, s)$$

tale relazione. Poichè v è indipendente dall'unità di massa (come g e s); cambiando quest'unità, per modo che m diventi km, deve risultare

$$\mathrm{F}(m, g, s) = \mathrm{F}(km, g, s)$$

qualunque sia k. Ciò richiede che F sia indipendente da m. Dunque

$$v = \mathrm{F}(g, s).$$

Inoltre, cambiando l'unità di lunghezza, dovrà risultare

$$kv = k\mathrm{F}(g, s) = \mathrm{F}(kg, ks);$$

la quale esprime che F deve essere omogenea di primo grado; ossia, della forma

$$v = g\mathrm{F}\left(\frac{s}{g}\right).$$

Infine, cambiando l'unità di tempo, per modo che v e g diventino rispettivamente $k^{-1}v$, $k^{-2}g$, dovrà essere

$$k^{-1}g\mathrm{F}\left(\frac{s}{g}\right) = k^{-2}g\mathrm{F}\left(\frac{s}{gk^{-2}}\right),$$

od anche

$$k\mathrm{F}\left(\frac{s}{g}\right) = \mathrm{F}\left(k^2\frac{s}{g}\right);$$

la quale richiede che sia

$$F\left(\frac{s}{g}\right) = \sqrt{a\frac{s}{g}} \qquad (a = \text{costante assoluta}).$$

Dunque la relazione cercata deve essere del tipo

$$v = \sqrt{ags},$$

che è appunto, fatto $a = 2$, la nota legge della caduta dei gravi.

4. Al principio d'omogeneità si collega strettamente l'importante principio della *similitudine*, o *affinità dinamica*.

Due sistemi materiali si dicono *materialmente simili o affini* quando l'uno è la riproduzione dell'altro in una doppia scala relativamente alle lunghezze e alle masse; o, più precisamente, quando, essendo composti nella medesima maniera, tanto le dimensioni lineari delle singole parti corrispondenti (omologhe) quanto le loro masse, stanno in un rapporto costante, λ per le lunghezze, μ per le masse.

Se due sistemi materialmente simili sono in moto sotto l'azione di forze, si dice che hanno *moti simili* o *affini* quando i punti omologhi descrivono archi di traiettorie simili in tempi proporzionali; talchè, alla fine di ogni tempo t per l'uno, $t_1 = \tau t$ per l'altro, essi si trovano in posizioni o configurazioni omologhe.

Ne segue che le velocità e le accelerazioni al tempo t_1 dei punti d'un sistema S_1 si ottengono da quelle al tempo t del sistema materialmente simile S, avente moto simile a quello di S_1, mutando le unità fondamentali L, M, T, adottate per S, in λL, μM, τT. Per modo che tanto S_1, quanto il suo moto, sono in sostanza l'imagine di S e del moto di S in una triplice scala di riduzione, o estensione, λ, μ, τ; ossia, costituiscono la realizzazione fisica d'un cambiamento d'unità fondamentali operato per la misura delle grandezze che caratterizzano S e il suo moto.

Dopo ciò è manifesto, in virtù del principio d'omogeneità, che le forze omologhe dovranno stare nel rapporto

$$\frac{F_1}{F} = \mu\lambda\tau^{-2}.$$

Si conclude pertanto: *Affinchè due sistemi materialmente simili secondo le scale λ per le lunghezze, μ per le masse, abbiamo moti simili rispetto alla scala τ dei tempi, è necessario e basta che le forze omologhe stiano costantemente nel rapporto* $\mu\lambda\tau^{-2}$. Questo enunciato esprime appunto il principio della similitudine dinamica.

Esso ha una grande importanza nella pratica. Quando si vuol studiare il funzionamento d'una macchina mediante un piccolo modello, non basta che questo sia materialmente simile a quella; occorre che sia posto in condizioni tali da funzionare conformemente al principio della similitudine dinamica.

5. Passiamo allo studio del moto d'un punto materiale libero. Sia m la sua massa; M la sua posizione al tempo t, rispetto a un osservatore (O); $\mathbf{F}$ la forza agente, la quale, in generale, sarà funzione di $M - O$ (posizione), v (velocità) e t. Per la legge di NEWTON sarà in ogni istante

$$m\frac{d^2M}{dt^2} = \mathbf{F}(M - O,\ v,\ t). \qquad \left(v = \frac{dM}{dt}\right) \tag{5}$$

È chiamata *l'equazione differenziale del moto*. Essa permette di determinare la forza agente, quando è noto il movimento del punto $(M - O = u(t))$; o il movimento, quando è conosciuta la forza in ogni momento della sua azione, la posizione e la velocità del punto al tempo $t = 0$ (ossia nell'istante in cui si comincia a studiare il moto e a contare il tempo).

Il primo asserto è evidente. Per dimostrare il secondo, basta osservare che la (5) è un'equazione differenziale del second'ordine rispetto all'incognita $M - O$, il cui integral generale è rappresentabile con

$$M - O = f(t, \boldsymbol{a}, \boldsymbol{b}), \tag{5'}$$

essendo $\boldsymbol{a}$ e $\boldsymbol{b}$ due vettori arbitrari. Se dunque son date la posizione M_0 e la velocità $\boldsymbol{v}_0$ al tempo $t = 0$, chiamate *le condizioni iniziali*, l'equazioni

$$M_0 - O = f(0, \boldsymbol{a}, \boldsymbol{b}), \quad \left(\frac{dM}{dt}\right)_0 = \boldsymbol{v}_0 = \left(\frac{\partial f}{\partial t}\right)_{t=0}$$

definiranno (e in generale univocamente) i vettori costanti $\boldsymbol{a}$ e $\boldsymbol{b}$; con che la (5') risulta perfettamente determinata, e definisce in ogni istante la posizione di M; ossia il moto del punto conformemente alla legge espressa dalla (5).

Sostituendo nelle (5) e (5') a $M - O$, $\boldsymbol{a}$, $\boldsymbol{b}$ le loro proiezioni sugli assi, si ottengono l'equazioni differenziali del moto in coordinate cartesiane e i corrispondenti integrali.

L'integrazione della (5) non si sa effettuare che in casi particolari. Ne studieremo qualcheduno.

Quando la forza ha una direzione costante, e la velocità iniziale è in quella direzione, il moto risulta rettilineo. Sia Ox la traiettoria rettilinea; la posizione di M sarà definita dall'ascissa x.

Supponiamo dapprima che la grandezza di $\mathbf{F}$ dipenda soltanto dalla posizione x del mobile. La (5) diventa, in questo caso,

$$m \frac{d^2x}{dt^2} = f(x).$$

Moltiplichiamola per $2\frac{dx}{dt}$ e integriamo; si ottiene

$$m\left(\frac{dx}{dt}\right)^2 = \varphi(x) + c,$$

ove c è una costante arbitraria e $\varphi(x)$ uguale a $2\int f(x)dx$.

Di qui si trae, separando le variabili e integrando ancora,

$$t - \tau = \int \frac{\sqrt{m}\,dx}{\pm\sqrt{\varphi(x) + c}},$$

ove τ è un'altra costante. Si terrà il segno positivo o il negativo, secondo che x cresce o decresce col tempo.

Sia, per esempio, $f(x) = -k^2mx$ (forza proporzionale alla distanza e diretta verso O). Si ottiene subito

$$\left(\frac{dx}{dt}\right)^2 = a^2 - k^2x^2, \quad t - \tau = \int \frac{dx}{\sqrt{a^2 - k^2x^2}},$$

da cui

$$x = \frac{a}{k} \operatorname{sen}(kt - \alpha) \quad (\alpha = k\tau);$$

che definisce, come sappiamo, un moto vibratorio armonico col periodo $\frac{2\pi}{k}$ (Cinem. Cap. I).

Supponiamo ora che, pur essendo il moto rettilineo, l'intensità della forza dipenda dalla sola velocità. La (5) diventa

$$\frac{d^2x}{dt^2} = \varphi(v),$$

ove $\frac{1}{m}$ è unita a φ. Quest'equazione, potendosi scrivere nelle due forme

$$\frac{dv}{dt} = \varphi(v), \quad v\frac{dv}{dx} = \varphi(v),$$

permette di dedurre per integrazione

$$t + \tau = \int \frac{dv}{\varphi(v)}, \quad x + c = \int \frac{v\,dv}{\varphi(v)}.$$

Applichiamo queste formule allo studio del moto d'una piccola sfera di massa m abbandonata all'azione della gravità in un mezzo resistente, come l'aria o l'acqua. Il corpo discenderà lungo la verticale; ma non già con moto uniformemente accelerato, come avverrebbe nel vuoto; nel qual caso, essendo $\varphi(v)=g$ (costante della gravità), risulta appunto

$$y=\frac{g}{2}t^2+at+b.$$

In base all'esperienza si ammette che per velocità non molto grandi (minori almeno di quella del suono nel fluido) la resistenza prodotta dal mezzo sia rappresentabile con una forza applicata al centro della sfera, diretta in senso opposto al moto e proporzionale al quadrato della velocità (legge di Newton). Allora le forze agenti nel centro della sfera sono due:

1°) il suo peso, diminuito di quello del fluido spostato (principio di Archimede), che si può rappresentare con $mg_1 (g_1 < g)$;

2°) la forza di resistenza, che potremo rappresentare con $-mg_1\frac{v^2}{k^2}$, tenendo conto che è diretta dal basso in alto (opposta al peso) ([1]). Si ha dunque in totale

$$\varphi(v)=g_1\left(1-\frac{v^2}{k^2}\right).$$

In conseguenza di ciò le formule precedenti diventano

$$(7)\qquad \begin{aligned} t+\tau &= \frac{k^2}{g_1}\int\frac{dv}{k^2-v^2}=\frac{k}{2g_1}\log\frac{k+v}{k-v}\\ x+c &= \frac{k^2}{g_1}\int\frac{vdv}{k^2-v^2}=-\frac{k^2}{2g_1}\log(k^2-v^2)\end{aligned}$$

ove x è la distanza del centro della sfera dalla sua posizione iniziale. Essendo $v=x=0$ per $t=0$ si ricava

$$\tau=0,\quad c=-\frac{k^2}{2g_1}\log k^2,$$

([1]) Si noti che la costante k ha le dimensioni d'una velocità. L'esperienza nell'aria dimostrano che è appunto la velocità del suono.

perciò le formule diventano

$$
(8) \qquad \begin{aligned} t &= \frac{k}{2g_1} \log \frac{k+v}{k-v} \\ x &= \frac{k^2}{2g_1} \log \frac{k^2}{k^2 - v^2}. \end{aligned}
$$

Per veder meglio come varia la velocità col tempo, risolviamo la prima equazione rispetto a v. Posto per brevità $\frac{k^2}{2g_1} = \lambda$, si trova facilmente

$$
(9) \qquad v = k \frac{e^{\lambda t} - 1}{e^{\lambda t} + 1} = k \operatorname{tangh} \frac{\lambda t}{2} = k \operatorname{tangh} \frac{g_1 t}{k}.
$$

Poichè la tangente iperbolica è sempre minor d'uno (tutt'al più uguale a uno), questa formula vale solo per le velocità minori di k. Ma questo è il caso nostro; perchè, avendo supposto inizialmente $v = 0$, e perciò minore di k, dalla (9) risulta che v non potrebbe acquistare il valore k che dopo un tempo infinito.

Segue di qui che dopo un tempo molto lungo il moto diventa approssimativamente uniforme. L'esperienza mostra che nella pratica ciò accade effettivamente in un tempo assai breve, quando i corpi in moto presentano una certa superficie di resistenza. Su questo fenomeno sono fondati alcuni metodi per la ricerca del coefficiente di resistenza dell'aria, e serve anche per il calcolo della velocità detta di *regime*. Per esempio, per una lastra quadrata di peso P che cade restando orizzontale (vedi n. 3) la velocità di regime è

$$
v = \sqrt{\frac{P}{0{,}08 \cdot \sigma}};
$$

giacchè la velocità diventerà uniforme quando la resistenza $0{,}08\sigma v^2$ uguaglierà il peso. Viceversa; da

$$
P = k\sigma v^2,
$$

noto v si ricaverà k.

Se si suppone che la velocità iniziale non sia nulla, ma uguale a u e diretta dall'alto verso il basso, allora nel caso di $u < k$, risolvendo la prima delle (7) rispetto a v, si ricava

$$v = k \operatorname{tangh} \frac{g_1}{k}(t + \tau);$$

talchè sarà inizialmente

$$u = k \operatorname{tangh} \frac{g_1 \tau}{k};$$

la quale definisce la costante τ. Il caso $u > k$ non è da considerarsi. Si avrebbero velocità superiori a quelle del suono; e la legge di NEWTON non rappresenterebbe più con sufficiente approssimazione il fenomeno.

Notiamo infine che dalla (9) si può ricavare direttamente con una quadratura la x in funzione di t; giacchè $v = \frac{dx}{dt}$.

Il lettore potrà trattare in modo analogo il caso del moto ascendente, il quale avviene quando la velocità iniziale è diretta dal basso in alto.

6. Trattiamo ora qualche problema di moto curvilineo; e anzitutto il moto d'un punto materiale lanciato nel vuoto e sollecitato dalla sola gravità. Detto a un vettore unitario parallelo alla verticale diretta dal basso in alto, la (5) diventa

$$m \frac{d^2 M}{dt^2} = -\mathrm{P}a,$$

ossia, essendo $\mathrm{P} = mg$,

$$\frac{d^2 M}{dt^2} = -ga.$$

Prendiamo, per comodo, l'origine O nella posizione iniziale del mobile; talchè sarà $M - O = 0$ per $t = 0$.

Allora integrando si ottiene

$$M - O = -g\frac{t^2}{2}\boldsymbol{a} + t\boldsymbol{b},$$

ove $\boldsymbol{b}$ rappresenta la velocità iniziale. Detto $\boldsymbol{n}$ un vettore normale ad $\boldsymbol{a}$ e $\boldsymbol{b}$, si trae

$$(M - O) \times \boldsymbol{n} = 0,$$

la quale dimostra che M starà sempre nel piano verticale passante per O e parallelo a $\boldsymbol{b}$. Tirando in questo piano l'asse Ox orizzontale, l'asse Oz verticale (parallelo ad $\boldsymbol{a}$), l'equazione precedente equivale all'equazioni scalari

$$x = b\cos\alpha \cdot t, \quad z = -g\frac{t^2}{2} + b \operatorname{sen}\alpha \cdot t,$$

ove α è l'angolo che $\boldsymbol{b}$ fa con l'asse Ox. Esse esprimono che il moto della proiezione orizzontale è uniforme, quello della proiezione verticale uniformemente vario.

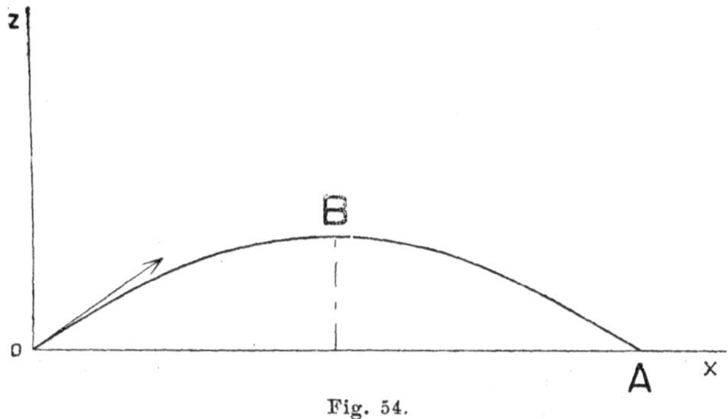

Fig. 54.

Mediante l'eliminazione di t si ottiene l'equazione della traiettoria

$$z = -\frac{g}{2}\frac{x^2}{b^2\cos^2\alpha} + x \operatorname{tang}\alpha,$$

che è una parabola (Fig. 54).

Il suo asse (verticale) è definito da

$$x = \frac{b^2 \operatorname{sen} 2\alpha}{2g}.$$

Essa incontra l'orizzontale Ox nell'origine e nel punto A d'ascissa

$$x = \frac{b^2 \operatorname{sen} 2\alpha}{g}.$$

Questa distanza z si chiama la *gittata*. Il vertice B della parabola (che è il punto più alto sopra Ox) ha le coordinate

$$x = \frac{b^2 \operatorname{sen} 2\alpha}{2g}, \quad z = \frac{a^2 \operatorname{sen}^2 \alpha}{2g}.$$

La gittata è massima quando $\operatorname{sen} 2\alpha = 1$, ossia $\alpha = 45°$.

Sarà un buon esercizio per il lettore la ricerca dell'inviluppo di tutte le parabole corrispondenti ai valori di α fra zero e $\frac{\pi}{2}$ e del luogo geometrico dei loro vertici. Troverà per l'inviluppo una parabola, per il luogo un'ellisse.

Nello studio dei tiri di precisione delle armi da fuoco non si può trascurare la resistenza dell'aria. Si ammette che equivalga ad una forza diretta sempre in senso opposto al movimento (forza tangenziale) e funzione della velocità del mobile. Detta $R(v)$ la sua intensità, le sue componenti saranno

$$-R(v)\frac{dx}{ds}, \quad -R(v)\frac{dz}{ds};$$

talchè l'equazioni del moto di un proiettile nell'aria sono (in coordinate cartesiane) della forma

$$m\frac{d^2z}{dt^2} = -mg - R(v)\frac{dz}{ds},$$

$$m\frac{d^2x}{dt^2} = -R(v)\frac{dx}{ds}.$$

L'integrazione di quest'equazioni è un problema riducibile alle quadrature solo in alcuni casi; in particolare quando $R(v) = kv^n$. Ma l'esperienza ha dimostrato che la forma di $R(v)$ è in realtà complicatissima. Volendo rappresentarla con kv^n occorre attribuire a k e a n valori diversi in corrispondenza a diversi intervalli di variabilità della v. Per esempio, riguardo a n, si può prendere $n = 2$ per $v < 240$ metri al secondo; $n = 3$ per v compreso fra 240 e 300; ecc. Nei trattati di Balistica son discusse le forme più approssimate di $R(v)$, e sono indicati i metodi più adatti per lo studio delle corrispondenti equazioni differenziali.

Si dimostra senza difficoltà che, qualunque sia $R(v)$, la traiettoria sarà concava verso il suolo e non simmetrica rispetto alla verticale passante pel suo vertice; avrà inoltre un asintoto verticale, avvicinandosi al quale il mobile tenderà ad assumere una velocità costante. Queste conclusioni sono, del resto, quasi evidenti: prima, perchè solo la gravità dà una componente centripeta; poi, perchè, rallentandosi dapprima il moto a cagione della resistenza, e diminuendo in pari tempo la resistenza a cagione del rallentamento, gli effetti della gravità saranno in breve prevalenti; dopo di che, tornando ad aumentare la velocità

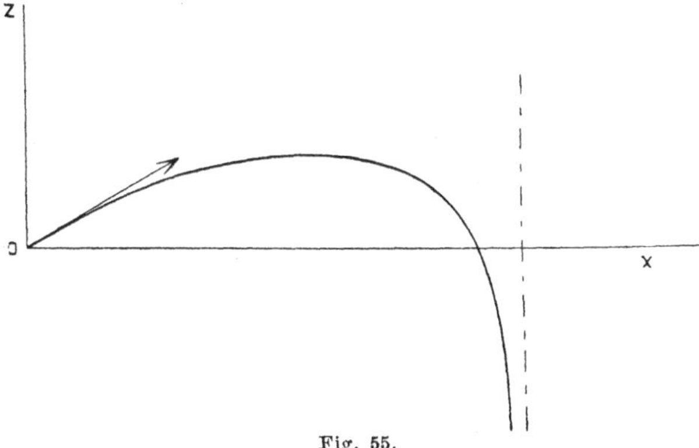

Fig. 55.

e indi la resistenza, questa finirà per equilibrare il peso, come avviene appunto nel moto verticale (Fig. 55).

7. Un altro esempio classico dell' integrazione dell'equazioni differenziali del moto d'un punto libero è offerto dal problema del moto di due masse, concentrate in due punti, per effetto d'una mutua attrazione funzione della loro distanza.

Siano O e M i due punti; il primo di massa m_0, il secondo di massa m; e sia $\mathbf{F}$ la forza con cui M è attratto da O; forza diretta come $O - M$ e funzione di $MO = r$. La forza con cui O è attratto da M sarà $-\mathbf{F}$ (legge di Newton).

Nell' applicazione di questo problema ai fenomeni naturali occorre principalmente il moto di M rispetto ad O; ossia, rispetto a una terna con l'origine in O e avente orientazione costante (terna in moto traslatorio). Indicando con $\mathbf{j}_1$ l'accelerazione di M rispetto a questa terna; con $\mathbf{j}$ quella rispetto a una terna fissa nello spazio; con $\mathbf{j}_s$ l'accelerazione di trascinamento; si ha (Cinem. Cap. III)

$$\mathbf{j}_1 = \mathbf{j} - \mathbf{j}_s;$$

giacchè in questo caso l'accelerazione complementare è nulla. Ma osservando, prima, che l'accelerazione di trascimento di M è uguale all'accelerazione di O, la quale è data da $\frac{\mathbf{F}}{m_0}$; poi, che l'accelerazione $\mathbf{j}$ è $\frac{\mathbf{F}}{m}$; si deduce

$$\mathbf{j}_1 = \frac{\mathbf{F}}{m} + \frac{\mathbf{F}}{m_0},$$

od anche

$$(o) \qquad m_0 m \frac{d^2 M}{dt^2} = (m_0 + m)\mathbf{F};$$

che è l'equazione cercata del moto di M rispetto ad O (si è ora tolto l'indice). Ne segue che tutto avviene come se O fosse fisso, e M avesse la massa $\frac{mm_0}{m_0 + m}$; restando inalterata la forza d'attrazione.

Poniamo, per brevità,

$$\frac{m_0 + m}{mm_0}\mathbf{F} = \mathbf{R} = -Ri, \quad M - O = ri,$$

ove i definisce la direzione e il verso di $M - O$. Notando che la $\mathbf{R}$ è diretta come $O - M$, e ricordando che il momento dell'accelerazione è la derivata del momento della velocità (Cinem. Cap. I, n. 6); mediante la moltiplicazione vettoriale per $M - O$, si ottiene

$$\frac{d}{dt}\left[(M - O) \wedge \frac{dM}{dt}\right] = 0;$$

da cui, integrando,

$$(M - O) \wedge \frac{dM}{dt} = ri \wedge v = a \text{ (costante)}.$$

Poichè a è costantemente normale al piano dei due vettori $M - O$, $\frac{dM}{dt}$ ed ha orientazione costante, quel piano è invariabile; perciò *la traiettoria di M sarà piana e in un piano passante per O.*

Inoltre, uguagliando i moduli d'ambo i membri, risulta

$$rv \operatorname{sen}(i, v) = \alpha$$

Ma

$$v \operatorname{sen}(i, v) = r\frac{d\theta}{dt},$$

perchè è la componente della velocità sulla perpendicolare al raggio vettore (θ è l'angolo di $M - O$ con una retta fissa nel piano della traiettoria); perciò si trae

(8)
$$r^2\frac{d\theta}{dt} = \alpha;$$

la quale esprime che *il raggio vettore descrive aree proporzionali al tempo* (velocità areale costante).

Moltiplichiamo ora la (o) scalarmente per $2\dfrac{dM}{dt}$; si ottiene

$$2\frac{dM}{dt}\times\frac{d^2M}{dt^2}=-2Ri\times\frac{dM}{dt},$$

e quindi

$$\frac{dv^2}{dt}=-2Rv\cos(i,v).$$

Ma

$$v\cos(i,v)=\frac{dr}{dt},$$

componente di v secondo il raggio vettore; per conseguenza

$$\frac{dv^2}{dt}=-2R\frac{dr}{dt};$$

da cui, integrando (poichè R è funzione della sola r),

$$v^2=-2\int Rdr+h=\varphi(r)+h. \tag{9}$$

Con questa e con la (8) il problema si riduce alle quadrature. Invero, prendendo l'espressione di v in coordinate polari e usando la (8), si ottiene

$$\varphi(r)+h=v^2=\left(\frac{dr}{dt}\right)^2+r^2\left(\frac{d\theta}{dt}\right)^2=\left(\frac{dr}{dt}\right)^2+\frac{\alpha^2}{r^2};$$

da cui, separando le variabili e integrando,

$$t-\tau=\int\frac{dr}{\pm\sqrt{\varphi(r)-\dfrac{\alpha^2}{r^2}+h}}; \tag{10}$$

che fornisce la relazione fra il raggio vettore e il tempo.

Infine, osservando che (per la (8))

$$\frac{dr}{dt}=\frac{dr}{d\theta}\frac{d\theta}{dt}=\frac{\alpha}{r^2}\frac{dr}{d\theta}=-\alpha\frac{d\dfrac{1}{r}}{d\theta}$$

si ricava dalla stessa equazione

$$\alpha^2 \left(\frac{d\frac{1}{r}}{d\theta} \right)^2 = \varphi(r) - \frac{\alpha^2}{r^2} + h;$$

da cui, integrando,

$$\theta - \theta_0 = \alpha \int \frac{d\frac{1}{r}}{\pm\sqrt{\varphi(r) - \frac{\alpha^2}{r^2} + h}}$$

che rappresenta, in coordinate polari, l'equazione della traiettoria. Le costanti α, h, τ, θ_0 si determineranno mediante le condizioni iniziali, dato che sia il piano della traiettoria. In coteste formule si terrà il segno positivo o il negativo, secondo che r crescerà o non col tempo; e si cambierà il segno quando $\frac{dr}{dt}$, ossia l'espressione

$$\varphi(r) - \frac{\alpha^2}{r^2} + h,$$

s'annulla.

8. Sia $R = \frac{\mu}{r^2}$; l'attrazione avviene secondo la legge di NEWTON [1]. In questo caso

$$\varphi(r) = \frac{2\mu}{r};$$

per conseguenza, se poniamo

$$\lambda^2 = h + \frac{\mu^2}{\alpha^2}, \quad \xi = \frac{\alpha}{r} - \frac{\mu}{\alpha},$$

(1) La trattazione di questo problema si può anche fare in modo diretto e semplice ricorrendo alle osservazioni fatte in Cinematica alla fine del Cap. I.

avremo

$$\theta - \theta_0 = \pm \alpha \int \frac{d\frac{1}{r}}{\sqrt{\frac{2\mu}{r} - \frac{\alpha^2}{r^2} + h}} = \pm \int \frac{d\xi}{\sqrt{\lambda^2 - \xi^2}}.$$

Eseguendo la quadratura e passando alle funzioni inverse, si ottiene

$$\xi = \lambda \cos(\theta - \theta_0);$$

ossia, tornando alle primitive variabili,

$$r = \frac{p}{1 + e\cos(\theta - \theta_0)},$$

ove

$$p = \frac{\alpha^2}{\mu}, \quad e = \frac{\alpha\lambda}{\mu};$$

che rappresenta l'equazione d'una conica avente un fuoco in O (il polo). È un'ellisse, un'iperbole o una parabola, secondo che risulta $e < 1$, $e > 1$, $e = 1$.

L'analisi fatta presuppone la condizione

$$h + \frac{\mu^2}{\alpha^2} > 0;$$

altrimenti λ sarebbe immaginaria. È essa verificata qualunque siano i dati iniziali? Indicando con r_0 la distanza iniziale; con v_0 e u_0 rispettivamente le componenti della velocità iniziale secondo il raggio vettore e la sua normale, sarà per le (8) e (9)

$$\text{(11)} \qquad r_0 u_0 = \alpha, \quad u_0^2 + v_0^2 - \frac{2\mu}{r_0} = h;$$

talchè, sostituendo nell'espressione di λ^2, si ottiene

$$\lambda^2 = v_0^2 + \left(u_0 - \frac{\mu}{r_0 u_0}\right)^2;$$

la quale dimostra appunto che λ^2 è sempre positiva.

Essendo poi

$$e^2 = \frac{\alpha^2}{\mu^2}\left(h + \frac{\mu^2}{\alpha^2}\right) = \frac{\alpha^2}{\mu^2} h + 1 ;$$

la traiettoria sarà un' ellisse, un' iperbole o una parabola, secondo che h è negativa, positiva o nulla. La h in funzione dei dati iniziali è definita dalla seconda delle (11) (1).

La relazione tra il raggio vettore e il tempo è data dalla (10); che nel caso presente diventa

$$t - \tau = \int \frac{dr}{\pm\sqrt{\frac{2\mu}{r} - \frac{\alpha^2}{r^2} + h}} = \int \frac{rdr}{\pm\sqrt{hr^2 + 2\mu r - \alpha^2}} .$$

Ritenendo la traiettoria ellittica, e perciò scrivendo $-h$ al posto di h (sarà dopo ciò $h > 0$); indi, ponendo $\frac{\mu}{h} = a$, si ottiene ancora

$$t - \tau = \frac{1}{\pm\sqrt{h}} \int \frac{rdr}{\sqrt{-r^2 + 2ar - \frac{\alpha^2 a}{\mu}}}$$

$$= \pm\sqrt{\frac{a}{\mu}} \int \frac{rdr}{\sqrt{a^2 e^2 - (r-a)^2}}$$

giacchè

$$a^2 - \frac{\alpha^2 a}{\mu} = a^2\left(1 - \frac{\alpha^2}{a\mu}\right) = a^2 e^2 .$$

Per eseguire la quadratura e ottenere formule utili, basta introdurre la variabile ausiliaria u, definita da

$$r = a(1 - e\cos u). \qquad (12)$$

Si trova

$$\sqrt{a^2 e^2 - (r-a)^2} = ae \operatorname{sen} u, \quad dr = ae \operatorname{sen} u du ;$$

(1) Al Cap. IV si vedrà che h è la costante dell'energia.

e quindi

$$(13)\qquad t-\tau=\pm\frac{a^{\frac{3}{2}}}{\sqrt{\mu}}(u-e\,\mathrm{sen}\,u).$$

Abbiamo così la relazione tra r e t mediante la variabile ausiliaria u, chiamata, in astronomia, *l'anomalia eccentrica.*

Dalla (12) risulta che

$$a(1+e),\quad a(1-e)$$

sono i valori massimi e minimi di r; perciò a rappresenta il semiasse maggiore dell'ellisse.

Si noti che, più precisamente, secondo la legge di Newton, la grandezza dell'attrazione è $k\frac{m_0m}{r^2}$; espressione che può scriversi nella forma

$$k\frac{mm_0}{m+m_0}\cdot\frac{m+m_0}{r^2}.$$

Talchè, ricordando quel che si è detto in principio, risulta che il moto della massa m rispetto a m_0 equivale al moto d'una massa $\frac{mm_0}{m+m_0}$ attratta, secondo la legge di Newton, da un centro fisso di massa $m+m_0$. Adottando cotesta espressione esatta dell'attrazione, si ha (pag. 251)

$$R=\frac{\mu}{r^2}=\frac{m_0+m}{mm_0}\cdot k\frac{mm_0}{r^2}=k\frac{m+m_0}{r^2};$$

perciò risulta precisamente

$$\mu=k(m+m_0).$$

In seguito a ciò, dalle posizioni fatte

$$\frac{\mu}{h}=a,\quad \lambda^2=h+\frac{\mu^2}{\alpha^2},\quad e=\frac{\lambda\alpha}{\mu},\quad p=\frac{\alpha^2}{\mu},$$

si ricava facilmente (posto $k = 1$)

$$h = \frac{m + m_0}{a}, \quad p = a(1 - e^2);$$

talchè l'equazione esplicita della traiettoria ellittica è

$$r = \frac{a(1 - e^2)}{1 + e \cos(\theta - \theta_0)}.$$

Il lettore troverà più ampi sviluppi nel Cap. VI, ove sono esposti i fondamenti della meccanica celeste. Le leggi qui trovate, come conseguenze necessarie della legge d'attrazione di Newton, coincidono con quelle leggi che Keplero dedusse dalla diretta osservazione del moto dei baricentri dei pianeti intorno al Sole.

CAPITOLO II

Sommario — 1. Principio di D'Alembert — 2. Equazioni differenziali del moto — 3. Energia cinetica e teoremi relativi — 4. Momento d'inerzia d'un corpo rispetto ad un asse — 5. Equazioni di Hamilton.

1. Per passare dallo studio dinamico del punto materiale a quello dei sistemi comunque vincolati, occorre il *Principio di* D'Alembert.

Abbiasi un sistema qualunque in movimento. Nella dinamica i vincoli possono anche variare col tempo. Per esempio, un sottile tubetto obbligato a muoversi in una data maniera costituisce un vincolo variabile col tempo per una sferetta materiale che vi scorra dentro sotto l'azione di forze.

Sia M un punto materiale di massa m appartenente al sistema. Per effetto delle forze sollecitanti, dei vincoli e delle date condizioni iniziali, esso avrà un moto perfettamente determinato, rappresentabile mediante un'equazione del tipo $M - 0 = \boldsymbol{u}(t)$. Per le cose dette nel precedente capitolo, la forza

$$(1) \qquad \mathbf{F}_1 = m \frac{d^2 M}{dt^2}$$

sarebbe capace da sola, corrispondentemente alle date condizioni iniziali, d'imprimere a M lo stesso movimento

$M - O = u(t)$, qualora fosse svincolato dal sistema e lasciato solo e libero.

Orbene, sia $\mathbf{F}$ la risultante delle forze agenti su M. Pensiamo applicate in M, in ogni istante, la forza $\mathbf{F}_1$ definita dalla (1) e la sua contraria $-\mathbf{F}_1$; con che non si turba affatto il movimento. Poichè la $\mathbf{F}_1$ è capace da sola d'imprimere a M, reso libero, quel medesimo moto che ha effettivamente quale punto appartenente al sistema, ne consegue che l'azione simultanea delle forze $\mathbf{F}$ e $-\mathbf{F}_1$ è annullata, in ogni istante, dalle azioni dei vincoli. Perciò la risultante $\mathbf{F} - \mathbf{F}_1$ è detta *la forza perduta*. Questa considerazione vale per ogni altro punto del sistema.

In base a ciò si ammette, come cosa evidente, che, se in un istante t a tutti i punti componenti il sistema nella sua attuale posizione, considerati in riposo e non sollecitati da forze, si applicassero le corrispondenti forze perdute, l'equilibrio sussisterebbe effettivamente in virtù dei vincoli. Quest'ipotesi, confermata dalle sue conseguenze, costituisce *il principio di* D'ALEMBERT, che si suole enunciare così: *In un sistema qualunque in movimento, le forze perdute, in ogni istante, si fanno equilibrio in virtù dei vincoli.*

Poichè chiamasi *forza d'inerzia* la forza $\mathbf{F}_1$ definita dalla (1), il principio di D'ALEMBERT si può pure enunciare in quest'altro modo: *Per effetto dei vincoli, in ogni istante vi è equilibrio tra le forze applicate e le forze d'inerzia cambiate di senso.*

Questo principio riduce dunque i problemi di moto a problemi d'equilibrio, in quanto offre il mezzo di usufruire, per lo studio del movimento, di tutte le conoscenze acquistate nello studio dei problemi d'equilibrio. Quando di un dato sistema son note l'esplicite condizioni d'equilibrio per forze qualsiasi, sostituendo a queste le forze perdute (o aggiungendo ad esse le forze d'inerzia cambiate di senso) si ottengono certe condizioni d'equilibrio dinamico, che, secondo il principio di D'ALEMBERT, devono essere soddifatte in ogni istante. Son condizioni manifestamente necessarie, in base al principio esposto; la loro sufficienza apparirà dai ragionamenti che seguiranno.

Dopo ciò è manifesto che la generale traduzione matematica del suddetto principio si otterrà applicando il principio dei lavori virtuali. Se, a partire dalla configurazione o posizione che il sistema possiede alla fine d'un tempo qualunque t, si imprimono ai suoi punti M_s spostamenti virtuali qualsiasi δM_s, il lavoro virtuale delle forze perdute dovrà essere nullo per spostamenti invertibili, negativo per spostamenti non invertibili; ossia, in simboli,

$$(I) \qquad \sum_s \left(\mathbf{F}_s - m_s \frac{d^2 M_s}{dt^2} \right) \times \delta M_s \leqq 0.$$

È chiamata *l' equazione fondamentale della dinamica*. Prima di passare alle deduzioni, sarà utile illustrare il principio di D'ALEMBERT con un semplice esempio.

Abbiasi un punto materiale M di peso P discendente in un modo qualunque lungo un piano inclinato sotto l'azione della sola gravità. Indichiamo con n e a i vettori unitari che definiscono rispettivamente le direzioni della normale al piano e della retta di massima pendenza, dall'alto verso il basso. Tale pendenza sia misurata dall'angolo α rispetto a un piano orizzontale. Decomponendo il peso in $P \operatorname{sen} \alpha \cdot a$ diretto come a e in $P \cos \alpha \cdot n$ normale al piano, è manifesto che soltanto la prima componente determina moto o variazione di moto; giacchè la seconda non fa che premere il punto sul piano (qui l'attrito è supposto nullo). E se essa dovesse agire da sola sul libero punto M, gl'imprimerebbe, a parità di condizioni iniziali, il moto ch'egli ha effettivamente per effetto del peso e del vincolo. Orbene, il principio di D'ALEMBERT esprime in altri termini la stessa cosa. Invero, essendo mj la forza capace d'imprimere ad M libero il moto che ha effettivamente, la forza contraria $-mj$ e il peso si devono equilibrare in ogni istante in virtù del vincolo. Il che avverrà se la loro risultante è normale al piano; ossia, se la componente parallela al piano è nulla. Dunque

$$-m\frac{d^2M}{dt^2}+P\,\mathrm{sen}\,\alpha\cdot a=0,$$

in cui la derivata seconda è l'accelerazione del punto nel piano. Ma questa è appunto l'equazione del moto parallelamente a un piano d'un punto libero sotto l'azione della forza $P\,\mathrm{sen}\,\alpha\cdot a$ (a parallelo al detto piano); il che dimostra il nostro asserto.

Segue di qui che il moto d'un punto pesante sopra un piano inclinato ubbidisce alle stesse leggi del moto in un piano verticale, posto $g\,\mathrm{sen}\,\alpha$ in luogo di g.

2. Abbiasi un sistema con n gradi di libertà; e siano $q_1 q_2 \ldots q_n$ le sue coordinate. La posizione del punto M_s è definita da quei parametri, e esplicitamente anche dal tempo, quando parte dei vincoli, o tutti, siano variabili col tempo. Avremo dunque

$$M_s=f_s(q_1 q_2 \ldots q_n t). \qquad (s=1, 2, 3\ldots).$$

Come nella statica, gli spostamenti virtuali, a partire dalla configurazione che il sistema possiede in un determinato istante, son definiti da

$$(o) \qquad \delta M_s=\sum_i \frac{\partial M_s}{\partial q_i}\delta q_i,$$

giacchè t ha il valore costante corrispondente al considerato istante. Per le velocità invece risulta

$$(o') \qquad v_s=\frac{dM_s}{dt}=\sum_i \frac{\partial M_s}{\partial q_i}q_i'+\frac{\partial M_s}{\partial t},$$

ove abbiam posto $\frac{dq_i}{dt}=q_i'$. Di qui si trae

$$(o'') \qquad \frac{\partial M_s}{\partial q_i}=\frac{\partial v_s}{\partial q'_i};$$

relazione che useremo tra breve.

Orbene, la parte $\Sigma \mathbf{F}_s \times \delta M_s$ dell'equazione (I), che è il lavoro virtuale delle forze applicate, si trasforma, come vedemmo nella statica, nell'espressione

$$\sum_{i=1}^{n} Q_i \delta q_i .$$

Rimane a trasformare convenientemente la parte

$$\sum_s m_s \frac{d^2 M_s}{dt^2} \times \delta M_s, \quad \text{ossia} \quad \sum_s m_s \frac{d\boldsymbol{v}_s}{dt} \times \delta M_s,$$

quando si tenga conto delle (o). Risulta pertanto

$$\sum_s m_s \frac{d\boldsymbol{v}_s}{dt} \times \delta M_s = \sum_i \delta q_i \sum_s m_s \frac{d\boldsymbol{v}_s}{dt} \times \frac{\partial M_s}{\partial q_i}.$$

Ma

$$\frac{d\boldsymbol{v}_s}{dt} \times \frac{\partial M_s}{\partial q_i} = \frac{d}{dt}\left[\boldsymbol{v}_s \times \frac{\partial M_s}{\partial q_i}\right] - \boldsymbol{v}_s \times \frac{d}{dt}\left(\frac{\partial M_s}{\partial q_i}\right);$$

od anche, per la (o''),

$$= \frac{d}{dt}\left[\boldsymbol{v}_s \times \frac{\partial \boldsymbol{v}_s}{\partial q'_i}\right] - \boldsymbol{v}_s \times \frac{\partial \boldsymbol{v}_s}{\partial q_i} = \frac{1}{2}\frac{d}{dt}\frac{\partial \boldsymbol{v}_s^2}{\partial q'_i} - \frac{1}{2}\frac{\partial \boldsymbol{v}_s^2}{\partial q_i}.$$

Talchè, posto

$$2\mathrm{T} = \sum_s m_s \boldsymbol{v}_s^2;$$

la quale in virtù delle (o') è una funzione di secondo grado nelle q'_i con coefficienti dipendenti dalle q_i e da t; risulta chiaramente

$$\sum_s \frac{d\boldsymbol{v}_s}{dt} \times \frac{\partial M_s}{\partial q_i} = \frac{d}{dt}\frac{\partial T}{\partial q'_i} - \frac{\partial T}{\partial q_i}. \qquad (i = 1, 2 .... n)$$

Dopo ciò l'equazione fondamentale acquista la forma

$$(\mathrm{I}_1) \qquad \sum_{i=1}^{n}\left[\frac{d}{dt}\frac{\partial \mathrm{T}}{\partial q'_i} - \frac{\partial \mathrm{T}}{\partial q_i}\right]\delta q_i = \sum_{i=1}^{n} Q_i \delta q_i .$$

Supponiamo che il sistema sia olonomo. In tal caso quest'equazione, dovendo esser soddisfatta per un insieme arbitrario delle variazioni δq_i, cui corrispondono sempre spostamenti invertibili, dà luogo alle condizioni

$$\text{(II)} \qquad \frac{d}{dt}\frac{\partial T}{\partial q'_i} - \frac{\partial T}{\partial q_i} = Q_i, \qquad (i = 1, 2 \ldots. n),$$

che sono in numero uguale al grado di libertà del sistema. Son chiamate l'*equazioni di* LAGRANGE; o, con denominazione qualificativa, *l'equazioni differenziali del moto.*

Poichè T è del secondo grado rispetto alle q_i', le $\frac{\partial T}{\partial q'_i}$ risultano lineari rispetto alle stesse quantità; per conseguenza

$$\frac{d}{dt}\frac{\partial T}{\partial q'_i}$$

contiene linearmente le derivate seconde $\frac{d^2 q_i}{dt^2} = q_i''$. Coteste equazioni son dunque relazioni fra la variabile t, i parametri $q_1 q_2 \ldots. q_n$ e le loro derivate prime e seconde; sono, cioè, equazioni differenziali del second' ordine. Devono essere soddisfatte in ogni istante; ossia, per tutta la durata del movimento; finchè qualche vincolo non cessi d'agire. Quando possa questo avvenire si potrebbe indagare con la considerazione degli spostamenti non invertibili. Ma nei problemi concreti tale avvenimento si manifesta, in massima, in modo sì evidente, che non val la pena di farne oggetto d'una ricerca generale.

L'equazioni (II) sono sufficienti a determinare univocamente il moto del dato sistema quando sian date, oltre alle forze, le condizioni iniziali; ossia, la sua configurazione e il suo stato cinetico al tempo $t = 0$. Fisicamente, ciò risulta dal fatto, che quell'equazioni, definendo univocamente per ogni tempo t le q'' in funzione della configurazione o posizione e dello stato cinetico del sistema al medesimo tempo, fanno conoscere le accelerazioni dei punti, e perciò la configurazione e lo stato cinetico susseguente a quello. Analiticamente, risulta dal fatto che l'integrazione delle (II) porta alla conoscenza di tutte le coordinate q in funzione del tempo e di $2n$ costanti arbitrarie; le quali risultano poi determinate dai $2n$ valori iniziali delle q e q'.

Quando il sistema olonomo sia definito mediante un numero sovrabbondante di coordinate $q_1 q_2 \dots q_m (m > n)$; fra le quali esisteranno $m - n$ relazioni

$$(c) \qquad f_s(q_1 q_2 \dots q_m) = 0; \qquad (s = 1, 2 \dots m - n)$$

l'equazione (I_1) (ove, al presente, si dovrà sostituire m a n) dovrà essere verificata, non più per qualunque insieme delle δq_i, ma per quegl'insiemi soddisfacenti alle condizioni

$$\delta f_s = \sum_{i=1} \frac{\partial q_s}{\partial q_i} \delta q_i = 0. \qquad (s = 1, 2 \dots m - n)$$

Per tener conto di ciò si può usare, come nella statica (Cap. III, n. 6) il procedimento dei moltiplicatori. Si ottengono immediatamente l'equazioni

$$(II_1) \qquad \frac{d}{dt}\frac{\partial T}{\partial q'_i} - \frac{\partial T}{\partial q_i} = Q_i + \sum_s \lambda_s \frac{\partial f_s}{\partial q_i}; \qquad (i = 1, 2 \dots m)$$

delle quali eliminando le λ_s, risultano n equazioni differenziali del second'ordine, che, insieme alle $m - n$ equazioni finite (c), definiscono gli m parametri q in funzione del tempo e dei dati iniziali, come abbiam spiegato di sopra.

Infine, quando il dato sistema con n gradi di libertà, definito di posizione dalle coordinate $q_1 q_2 \dots q_n$, non sia olonomo, le variazioni effettive dq_i delle coordinate nel tempo dt dovranno soddisfare a certe k relazioni (Statica, Cap. III, n. 3), che qui supporremo lineari del tipo

$$(e) \qquad \sum_{i=1}^{n} A_{si}\, dq_i = 0. \qquad (s = 1, 2 \dots k)$$

Per tener conto di queste condizioni, che limitano il modo di passaggio del sistema da una configurazione a un'altra vicinissima, bisogna esprimere che l'equazione (I_1)

dell'equilibrio dinamico deve aver luogo per gli spostamenti virtuali assoggettati, nel considerato tempo, alle medesime limitazioni imposte agli spostamenti effettivi; ossia, alle condizioni

$$\sum_{i=1}^{n} A_{si}\delta q_i = 0. \qquad (s = 1, 2 \ldots k)$$

Anche qui, come nel caso precedente, si può procedere col metodo dei moltiplicatori; col quale si ottengono immediatamente l'equazioni

$$(\mathrm{II}_2) \qquad \frac{d}{dt}\frac{\partial \mathrm{T}}{\partial q'_i} - \frac{\partial \mathrm{T}}{\partial q_i} = Q_i + \sum_s \lambda_i A_{si}. \qquad (i = 1, 2 - n).$$

Eliminando fra queste le λ_s, risultano $n - k$ equazioni differenziali del second'ordine; le quali, insieme alle k equazioni del prim'ordine

$$\sum_{s=1}^{n} A_{si} q'_i = 0, \qquad (s = 1, 2 \ldots k)$$

equivalenti alle (e), definiscono le n coordinate in funzione del tempo e dei dati iniziali.

3. L'equazioni (II) mostrano che per scrivere direttamente l'equazioni del moto occorre calcolare da un lato il lavoro virtuale delle forze applicate, onde conoscere l'espressioni delle Q_i; dall'altro la funzione scalare T. Quest'importante funzione, definita di sopra come la semisomma dei prodotti delle masse dei singoli punti materiali (o particelle), di cui si compone il sistema, per il quadrato delle loro velocità, si chiama *l'energia cinetica del sistema.* Ha le dimensioni ML^2T^{-2}. Espressa mediante le coordinate del sistema, per mezzo delle (o'), essa risulta una funzione di secondo grado nelle q'; talchè si può scrivere

$$2\mathrm{T} = \mathrm{T}_2 + 2\mathrm{T}_1 + \mathrm{T}_0;$$

T_2 essendo la parte quadratica omogenea, T_1 la parte omogenea lineare, e T_0 quella indipendente dalle q'. È manifesto che tutti i termini componenti le parti T_1 e T_2 contengono il fattore $\frac{\partial M_s}{\partial t}$; perciò, se le posizioni dei punti del sistema son definite in ogni istante dai valori delle coordinate q e non esplicitamente dal tempo, risulterà $T_1 = T_0 = 0$; ossia $2T = T_2$. Dunque l'energia cinetica dei sistemi olonomi a vincoli indipendenti dal tempo, espressa mediante le coordinate del sistema, risulta una funzione quadratica omogenea rispetto alle derivate delle coordinate.

Nei sistemi non olonomi le q' son legate, come abbiam visto, da relazioni del tipo

$$\sum_i A_{si} q'_i = 0;$$

le quali possono servire per ridurre il numero delle q' nell'espressione dell'energia cinetica. Ma tale forma ridotta non può essere usata, in massima, per la costruzione delle equazioni (II_2). Di ciò avvertiamo il lettore, senza dargliene spiegazioni per non uscire dai limiti del nostro programma.

Calcoliamo *l'espressione dell'energia cinetica d'un corpo rigido*, prescindendo dai vincoli cui possa essere assogettato. Indicando con O_1 un determinato punto del corpo, la velocità d'ogni altro punto M_s è definita, come sappiamo, dalla formula

$$\frac{dM_s}{dt} = \frac{dO_1}{dt} + \boldsymbol{\omega} \wedge (M_s - O_1),$$

essendo $\boldsymbol{\omega}$ il vettore che definisce lo stato cinetico di rotazione. Elevando al quadrato (ossia, moltiplicando quest'espressione scalarmente per se stessa), e notando che

$$[\boldsymbol{\omega} \wedge (M_s - O_1)]^2 = \omega^2 (M_s - O_1)^2 \operatorname{sen}^2 (\boldsymbol{\omega}, M_s - O_1) = \omega^2 r_s^2,$$

ove r_s è la distanza di M_s dall'asse di $\boldsymbol{\omega}$; si trae

$$2T = \Sigma m_s \left(\frac{dM_s}{dt}\right)^2 = \left(\frac{dO_1}{dt}\right)^2 \Sigma m_s + \omega^2 \Sigma m_s r_s^2 +$$

$$+ 2 \frac{dO_1}{dt} \wedge \boldsymbol{\omega} \times \Sigma m_s (M_s - O_1).$$

Talchè, posto

$$\Sigma m_s = \mathrm{M}, \quad \Sigma m_s r_s^2 = \mathrm{I};$$

e notando che (Statica, Cap. I, n. 6)

$$\Sigma m_s (M_s - O_1) = \mathrm{M}(G - O_1),$$

ove G è il baricentro del corpo, si deduce

$$(1) \qquad 2\mathrm{T} = \mathrm{M}\left(\frac{dO_1}{dt}\right)^2 + \mathrm{I}\omega^2 + 2\mathrm{M}\frac{dO_1}{dt} \wedge \boldsymbol{\omega} \times (G - O_1);$$

che è l'espressione cercata.

Quando si prende per punto O_1 il baricentro G, l'espressione si semplifica, e diventa

$$(2) \qquad 2\mathrm{T} = \mathrm{M}\left(\frac{dG}{dt}\right)^2 + \mathrm{I}\omega^2.$$

Se il corpo ha un punto fisso, scegliendo per il O_1 il punto fisso, risulta semplicemente

$$(3) \qquad 2\mathrm{T} = \mathrm{I}\omega^2.$$

E parimenti; se il corpo ha un asse fisso, prendendo O_1 sull'asse si ottiene

$$(4) \qquad 2\mathrm{T} = \mathrm{I}\omega^2,$$

ove qui l'asse di $\boldsymbol{\omega}$ coincide con l'asse fisso, e perciò I è costante.

La (I) dimostra chiaramente che l'energia cinetica d'un corpo rigido in movimento è uguale all'energia cinetica del baricentro, qualora ivi fosse concentrata tutta la massa del corpo $\left(\mathrm{M}\left(\frac{dG}{dt}\right)^2\right)$, più l'energia cinetica del moto intorno al baricentro ($\mathrm{I}\omega^2$).

Questo teorema si può estendere a un sistema qualunque. Sia v_i la velocità d'un punto M_i del sistema rispetto all'osservatore (O); v_{gi} quella rispetto a un osservatore collegato col baricentro del sistema; v_s la velocità del punto qualora fosse collegato con quest' ultimo osservatore; velocità che è la stessa per tutti i punti. Essendo, per cose note,

$$v_i = v_{gi} + v_s,$$

risulta

$$2T = \sum_i m_i v_i^2 = \Sigma m_i v_i \times v_i$$

$$= \Sigma m_i v_{gi}^2 + v_s^2 \Sigma m_i + 2\Sigma m_i v_{gi} \times v_s.$$

Ma

$$\Sigma m_i v_{gi} = \Sigma m_i \frac{d}{dt}(M_i - G) = \frac{d}{dt} \Sigma m_i (M_i - G) = 0;$$

giacchè, per la nota formula dei baricentri,

$$\Sigma m_i (M_i - G) = M(G - G) = 0.$$

Resta dunque

$$2T = \Sigma m_i v_{gi}^2 + M v_s^2.$$

Poichè la velocità v_s di trascinamento è appunto la velocità del baricentro, si conclude che *l' energia cinetica d' un sistema in movimento è uguale all' energia cinetica di tutta la massa concentrata nel baricentro, più quella del moto rispetto al baricentro.*

4. Nell' espressione di T precedentemente trovata entra la quantità scalare $I = \Sigma m_s r_s^2$ calcolata rispetto all' asse istantaneo di rotazione. Si chiama *momento d' inerzia del corpo rispetto a quell' asse.* È in sostanza la somma dei prodotti delle masse dei singoli punti materiali (o delle singole particelle infinitesime) costituenti il corpo, pel quadrato delle loro distanze da un dato asse. Tale somma (salvo il caso particolare d' un numero discreto di punti) equivale a un integrale di volume, di superficie o di linea.

Riguardo alle proprietà di tale grandezza, che ha le dimensioni ML^2, vedremo più estesemente in seguito. Qui, ci basterà, in vista delle applicazioni, far vedere che *il momento d' inerzia rispetto a un dato asse è uguale al mo-*

mento d'inerzia rispetto a un asse parallelo al dato passante pel baricentro, più il momento d'inerzia rispetto al dato asse di tutta la massa condensata nel baricentro stesso.

Infatti sia a un vettore unitario normale ai due assi e nel loro piano, l la loro distanza; e siano r_i e R_i le distanze del punto M_i rispettivamente dall'asse dato e dall'altro parallelo. Tirando per M_i un piano normale ai due assi e considerando le tracce A_i e B_i, risulta

$$M_i - A_i = (B_i - A_i) + (M_i - B_i)$$

da cui

$$r_i^2 = l^2 + R_i^2 + 2(B_i - A_i) \times (M_i - B_i);$$

per conseguenza

$$\mathrm{I} = \mathrm{M}l^2 + \sum_i m_i R_i^2 + 2l \sum_i m_i (M_i - B_i) \times a.$$

D'altra parte, considerando i tre punti M_i, B_i e G si ha

$$M_i - B_i = (M_i - G) + (G - B_i);$$

e perciò

$$\sum_i m_i (M_i - B_i) \times a = \Sigma m_i (M_i - G) \times a + \Sigma m_i (G - B_i) \times a = 0,$$

perchè $G - B_i$ è perpendicolare ad a, e $\Sigma m_i (M_i - G)$ è nulla, come si è visto di sopra. Resta dunque

$$\mathrm{I} = \mathrm{M}l^2 + \sum_i m_i R_i^2, \tag{5}$$

che dimostra il teorema enunciato (teorema D'HUYGHENS).

Dato I e la massa totale del corpo, esiste sempre un numero k (positivo) tale che sia

$$\mathrm{I} = \mathrm{M}k^2.$$

Esso è chiamato *il raggio d'inerzia* del corpo rispetto al dato asse. È la distanza dall'asse a cui si deve porre un punto materiale di massa M perchè il suo momento d'inerzia uguagli quello del corpo. Allora, detto k_1, il raggio d'inerzia del corpo rispetto all'asse parallelo al dato e passante pel baricentro, la formula precedente diventa

(6) $$k^2 = l^2 + k_1^2.$$

5. L'equazioni differenziali (II) del moto dei sistemi olonomi possono acquistare un'altra forma, detta di HAMILTON, molto utile, segnatamente in ricerche generali.

Proponiamoci di sostituire al sistema (II) del second'ordine un sistema equivalente del prim'ordine. A tal fine, consideriamo come variabili non solo le q_i, ma anche le q'_i; e introduciamo le nuove variabili p_i legate alle precedenti dalle relazioni

(o) $$p_i = \frac{\partial T}{\partial q'_i};$$

che sono lineari nelle q'_i; e indi la nuova funzione

$$\Phi = \sum_i p_i q'_i - T.$$

Differenziando si ottiene

$$\delta\Phi = \sum_i p_i \delta q'_i + \sum_i q'_i \delta p_i - \sum_i \frac{\partial T}{\partial q'_i} \delta q'_i - \sum_i \frac{\partial T}{\partial q_i} \delta q_i;$$

ossia, per la (o),

$$\delta\Phi = \Sigma q'_i \delta p_i - \sum_i \frac{\partial T}{\partial q_i} \delta q_i.$$

D'altra parte, pensando direttamente Φ funzione delle q_i e p_i (il che si può ottenere mediante le (o)), si ha

$$\delta\Phi = \Sigma \frac{\partial \Phi}{\partial q_i} \delta q_i + \Sigma \frac{\partial \Phi}{\partial p_i} \delta p_i;$$

che, confrontata con la precedente, dà

$$\frac{\partial T}{\partial q_i} = -\frac{\partial \Phi}{\partial q_i}, \quad q'_i = \frac{\partial \Phi}{\partial p_i}.$$

In virtù di queste e delle (o), le (II) diventano

$$\text{(III)} \qquad \begin{aligned} \frac{dp_i}{dt} &= Q_i - \frac{\partial \Phi}{\partial q_i} \\ \frac{dq_i}{dt} &= \frac{\partial \Phi}{\partial p_i}; \end{aligned} \qquad (i = 1, 2 \ldots. n)$$

che sono $2n$ equazioni differenziali del prim'ordine fra le p_i e le q_i; chiamate, come si è detto, *l'equazioni di* HAMILTON.

CAPITOLO III

SOMMARIO — 1. Moto d'un punto materiale sopra una curva; pendolo ideale — 2. Resistenza dell'aria sul pendolo ideale — 3. Forza centrifuga — 4. Moto d'un corpo rigido intorno a un asse fisso; pendoli fisici orizzontali e verticali — 5. Asse d'oscillazione e sue proprietà; altro esempio di moto — 6. Moto d'una figura piana nel suo piano; esempio.

1. In questo capitolo applicheremo il Principio di D'ALEMBERT, o l'equivalenti equazioni di LAGRANGE, allo studio del moto di alcuni sistemi olonomi con un sol grado di libertà. Queste applicazioni, mentre ci condurranno alla conoscenza di talune leggi fisiche estremamente importanti, serviranno come modello per la trattazione di problemi analoghi.

Abbiasi un punto M di massa m obbligato a muoversi sopra una data curva rigida (C). È un sistema olonomo con un sol grado di libertà. L'arco s di curva (C) che separa M da un punto fisso O (origine) di (C), contato positivamente in un dato senso, negativamente nell'opposto, è il parametro atto a definire in ogni istante la posizione di M sulla curva. Se $\mathbf{F}$ è la risultante delle forze agenti su M, e v la grandezza della velocità, si ha in questo caso,

$$2\mathrm{T} = mv^2 = m\left(\frac{ds}{dt}\right)^2 = ms'^2,$$
$$\mathbf{F} \times \delta M = \mathrm{F} \cos\alpha \cdot \delta s,$$

essendo α l'angolo che $\mathbf{F}$ fa con la tangente in M a (C).

Perciò le (II) del capitolo precedente, che qui si riducono a una sola ($n = 1$), posto $q = s$, $q' = s'$, danno

$$ms'' = m\frac{d^2s}{dt^2} = \mathrm{F}\cos\alpha, \tag{1}$$

che è *l'equazione differenziale del movimento di M sopra* (C).

Volendo invece applicare direttamente il principio di D'ALEMBERT, bisogna esprimere che il punto M è in equilibrio sulla curva in virtù della forza

$$\mathbf{F} - m\frac{d^2M}{dt^2}.$$

Ciò si ottiene scrivendo che questa forza è normale alla curva; ossia, che ha una componente tangenziale nulla. Ma $\mathrm{F}\cos\alpha$ è la componente tangenziale di $\mathbf{F}$; $\frac{d^2s}{dt^2}$ quella di $\frac{d^2M}{dt^2}$; perciò si ritrova la (1).

La curva (C) sia una circonferenza giacente in piano verticale, e la forza agente sia la gravità. Questo sistema è chiamato *un pendolo ideale*; giacchè equivale a un punto di data massa collegato a un punto fisso A mediante un filo o un asta di massa nulla, e mobile sotto l'azione della gravità in un piano verticale.

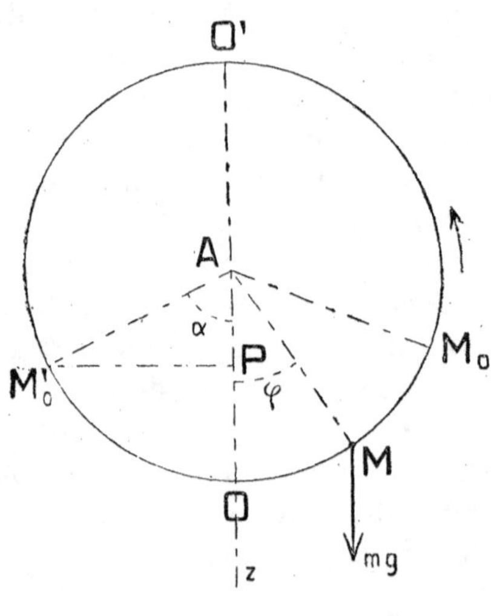

Fig. 56.

Detto φ l'angolo che il raggio passante per M fa col raggio che va al punto più basso O della circonferenza, contato positivamente nel senso della freccia (Fig. 56), e a il raggio, si ha

$$s = a\varphi, \quad \mathrm{F}\cos\alpha = -mg\,\mathrm{sen}\,\varphi;$$

perciò la (1) diventa

$$\frac{d^2\varphi}{dt^2} = -\frac{g}{a}\operatorname{sen}\varphi; \tag{1'}$$

dalla quale risulta intanto che il moto è indipendente dalla massa,

Moltiplicando per $2\frac{d\varphi}{dt}$ e integrando, si ricava subito

$$\left(\frac{d\varphi}{dt}\right)^2 = h + \frac{2g}{a}\cos\varphi,$$

ove h è una costante arbitraria. Introduciamo, per comodo, una nuova costante ζ legata alla h dalla relazione

$$h = \frac{2g}{a}\left(\frac{\zeta}{a} - 1\right);$$

si ottiene

$$\left(\frac{d\varphi}{dt}\right)^2 = \frac{2g}{a}\frac{\zeta}{a} - \frac{2g}{a}(1 - \cos\varphi)$$

$$= \frac{2g}{a}\frac{\zeta}{a} - \frac{4g}{a}\operatorname{sen}^2\frac{\varphi}{2};$$

ossia

$$\left(\frac{d\frac{\varphi}{2}}{dt}\right)^2 = \frac{g}{a}\left\{\frac{\zeta}{2a} - \operatorname{sen}^2\frac{\varphi}{2}\right\}; \tag{2}$$

dalla quale risulta che ζ deve essere positiva.

Tre casi sono da considerarsi: $\zeta < 2a$, $\zeta > 2a$, $\zeta = 2a$.

1° Caso: $\zeta < 2a$. Si potrà porre

$$\frac{\zeta}{2a} = \operatorname{sen}^2\frac{\alpha}{2};$$

così l'equazione precedente diventa

$$\left(\frac{d\frac{\varphi}{2}}{dt}\right)^2 = \frac{g}{a}\left\{\operatorname{sen}^2\frac{\alpha}{2} - \operatorname{sen}^2\frac{\varphi}{2}\right\}; \tag{2'}$$

Allora si vede che la velocità angolare si annulla per $\varphi = \pm\alpha$; ossia in due punti simmetrici M_0 ed M_0' rispetto alla verticale AO; ed è immaginaria per $|\varphi| > |\alpha|$. Pensiamo il punto nella posizione M_0. Poichè la velocità è nulla in M_0, il punto discenderà verso O sotto l'azione della gravità, aumentando sempre la sua velocità, perchè sen $\frac{\varphi}{2}$ tende a zero. Giunto in O, per la velocità acquistata salirà verso M_0'; ma non potrà oltrepassarlo, giacchè nulla è la velocità in M_0', e immaginaria oltre M_0'. Il moto da O a M_0' è identico, salvo il senso, a quello da M_0 a O, perchè la (2) non muta cambiando φ in $-\varphi$. Giunto in M_0' il punto tornerà a discendere e percorrerà $M_0'OM_0$ con la stessa legge con cui percorse M_0OM_0'. Il moto dunque è *oscillatorio*. Quanto al significato di ζ, risulta facilmente dalla figura $\zeta = OP$.

Calcoliamo t in funzione di φ. Si ricava dalla (2')

$$\frac{d\frac{\varphi}{2}}{dt} = \pm\sqrt{\frac{g}{a}\left(\operatorname{sen}^2\frac{\alpha}{2} - \operatorname{sen}^2\frac{\varphi}{2}\right)},$$

dove si terrà il segno positivo per il moto da M_0' verso M_0, il negativo per il moto nel verso opposto. Noi terremo ora il segno positivo. Integrando, si ricava

$$\sqrt{\frac{g}{a}}\,t = \int \frac{d\left(\frac{\varphi}{2}\right)}{\sqrt{\operatorname{sen}^2\frac{\alpha}{2} - \operatorname{sen}^2\frac{\varphi}{2}}} + \tau.$$

Per la durata T d'una intera oscillazione da M'_0 a M_0, si ha manifestamente

$$\frac{1}{2}\sqrt{\frac{g}{a}}\,\mathrm{T} = \int_0^\alpha \frac{d\left(\frac{\varphi}{2}\right)}{\sqrt{\operatorname{sen}^2\frac{\alpha}{2} - \operatorname{sen}^2\frac{\varphi}{2}}};$$

da cui, posto

$$\operatorname{sen}\frac{\alpha}{2}=k, \quad \operatorname{sen}\frac{\varphi}{2}=k\operatorname{sen}\theta,$$

si ricava

$$T=2\sqrt{\frac{a}{g}}\int_0^{\frac{\pi}{2}}\frac{d\theta}{\sqrt{1-k^2\operatorname{sen}^2\theta}}.$$

Esistono delle tavole che danno i valori di questo integrale (ellittico) pei diversi valori di k. Qui possiamo ottenerne un valore approssimato usando gli sviluppi in serie, nel modo che segue.

Essendo $k^2\operatorname{sen}^2\theta<1$, si ha per lo sviluppo del binomio

$$\frac{1}{\sqrt{1-k^2\operatorname{sen}^2\theta}}=(1-k^2\operatorname{sen}^2\theta)^{-\frac{1}{2}}=1+\frac{k^2}{2}\operatorname{sen}^2\theta+\cdots;$$

per conseguenza

$$T=\sqrt{\frac{a}{g}}\left\{\pi+k^2\int_0^{\frac{\pi}{2}}\operatorname{sen}^2\theta\,d\theta+\cdots\right\}=\pi\sqrt{\frac{a}{g}}\left\{1+\frac{k^2}{4}+\cdots\right\}.$$

Se α è molto piccolo, tale è anche $k=\operatorname{sen}\frac{\alpha}{2}$; perciò, in prima approssimazione, si ha

$$(3) \qquad T=\pi\sqrt{\frac{a}{g}},$$

che esprime *la legge d'isocronismo di* GALILEO; cioè, *per piccole oscillazioni, la durata è indipendente dalla loro ampiezza* α. In seconda approssimazione, notando che si può sostituire l'arco al suo seno, si deduce quest'altra formula:

$$(4) \qquad T=\pi\sqrt{\frac{a}{g}}\left\{1+\frac{k^2}{4}\right\}=\pi\sqrt{\frac{a}{g}}\left\{1+\frac{\alpha^2}{16}\right\}.$$

2° *Caso*: $\zeta > 2a$. Essendo $\frac{\zeta}{2a} > 1$, il secondo membro della (2) non si può annullare. Ne segue che la derivata di φ non cambia di segno; perciò il moto avverrà sempre nello stesso senso.

Se supponiamo, per fissare le idee, che avvenga nel senso positivo, la φ cresce continuamente col tempo. Il moto dunque non è più *oscillatorio*, ma *rivolutivo*. Ogni intera rivoluzione si ripete con la stessa legge. Posto

$$\frac{\zeta}{2a} = \frac{1}{k^2}, \quad (k^2 < 1), \quad \frac{\varphi}{2} = \theta,$$

la (2) dà

$$\frac{d\theta}{dt} = \frac{1}{k}\sqrt{\frac{g}{a}}\sqrt{1 - k^2 \operatorname{sen}^2 \theta};$$

da cui

$$\sqrt{\frac{g}{a}}\, t = k \int \frac{d\theta}{\sqrt{1 - k^2 \operatorname{sen}^2 \theta}} + \tau$$

che è l'integrale ellittico precedente. Indicando con T la durata di una intera rivoluzione, si trae subito

$$T = 2\sqrt{\frac{a}{g}} \int_0^{\frac{\pi}{2}} \frac{d\theta}{\sqrt{1 - k^2 \operatorname{sen}^2 \theta}}.$$

3° *Caso*: $\zeta = 2a$. La (2) si riduce a

$$\left(\frac{d\theta}{dt}\right) = \frac{g}{a} \cos^2 \theta. \qquad \left(\theta = \frac{\varphi}{2}\right)$$

La velocità s'annulla per $\varphi = \pi$; cioè solo nel punto più alto del circolo. Perciò supponendo nell'istante attuale il punto nella posizione *M* e in moto ascendente, esso salirà verso *O'*; e se ivi giungerà, resterà dopo immobile, perchè avrà velocità nulla, e la componente tangenziale del peso risulta pure nulla in quella posizione.

Ma è facile vedere che il punto O' è una posizione assintotica, verso la quale il grave si muove di continuo senza giungervi mai. Invero, si trae

$$dt = \sqrt{\frac{a}{g}} \frac{d\theta}{\cos\theta};$$

ed integrando

$$t + \tau = \sqrt{\frac{a}{g}} \log \frac{1 + \operatorname{tang}\frac{\theta}{2}}{1 - \operatorname{tang}\frac{\theta}{2}} = \sqrt{\frac{a}{g}} \log \operatorname{tang} \frac{\pi + \varphi}{4}.$$

Prendiamo per istante iniziale il momento in cui il mobile passa per il punto più basto O. Sarà $\varphi = 0$ per $t = 0$, e quindi

$$\tau = \sqrt{\frac{a}{g}} \log \operatorname{tang} \frac{\pi}{4} = 0$$

talchè risulta

$$t = \sqrt{\frac{a}{g}} \log \operatorname{tang} \frac{\pi + \varphi}{4}.$$

Per $\varphi = \pi$ è t infinito; il che significa che il punto s'avvicina a O' senza giungervi. Questo moto si chiama ***assintotico***.

2. Il moto d'un punto materiale sopra una curva giacente in un piano verticale dà luogo a pendoli ideali di varia natura; pendolo parabolico, ellittico, cicloidale, ecc.; secondo la specie della curva. HUYGENS pensò all'esistenza d'un *pendolo perfetto* riguardo all'isocronismo; tale, cioè, che la durata d'una oscillazione qualunque fosse esattamente indipendente dall'ampiezza dell'oscillazione; e lo trovò nel *pendolo cicloidale*. Ma questo pendolo, benchè di facile fabbricazione, in virtù delle note proprietà dell'evoluta della cicloide, non è praticamente nè più utile nè più preciso dell'ordinario pendolo circolare.

Riguardo al quale (stando sempre nel caso ideale) rimane a domandarsi se la resistenza dell'aria non alteri le leggi pendolari. La risposta è che la resistenza smorza le oscillazioni, ma non altera, per piccole oscillazioni, la legge dell'isocronismo.

Invero, l'esperienza dimostra che per le piccole velocità, dell'ordine delle velocità pendolari, la resistenza dell'aria è proporzionale alla velocità; talchè l'equazione del moto pendolare nell'aria è della forma

$$\frac{d^2\varphi}{dt^2} = -\frac{g}{a}\,\mathrm{sen}\,\varphi - 2k\frac{d\varphi}{dt},$$

ove k è un coefficiente molto piccolo $\left(k < \sqrt{\frac{g}{a}}\right)$.

Per piccole oscillazioni, potendosi sostituire l'arco al seno, essa diventa

$$\frac{d^2\varphi}{dt^2} + 2k\frac{d\varphi}{dt} + \frac{g}{a}\varphi = 0;$$

il cui integral generale è della forma

$$\varphi = e^{-ht}(A\cos\alpha t + B\,\mathrm{sen}\,\alpha t) = \rho e^{-ht}\,\mathrm{sen}\,(\alpha t + \alpha_0).$$

Quest'equazione definisce, come sappiamo, i moti oscillatori smorzati, nei quali appunto la durata delle oscillazioni è costante.

3. Torniamo al caso generale del moto d'un punto materiale vincolato a restare sopra una data curva (C), e supponiamo, per semplicità, che sia piana. Uguagliando a zero la proiezione della forza perduta

$$\mathbf{F} - m\frac{d^2M}{dt^2}$$

sulla tangente in M a (C), si ottiene, come abbiamo detto, l'equazione differenziale del moto della curva. Proiettando invece quella forza sulla normale, abbiamo

$$\mathrm{F}\,\mathrm{sen}\,\alpha - m\frac{v^2}{\rho},$$

ve i simboli hanno significati noti. Questa proiezione, che n massima non è nulla, misura manifestamente la *pressione* (normale) che il punto esercita sulla curva. Si compone di due parti: una dovuta all'azione della forza; un'altra dipendente dal moto e dalla curvatura della linea (C), e che sparisce quando (C) è rettilinea. Quest'ultima, che cresce col quadrato della velocità, è sempre diretta dalla parte opposta del centro di curvatura. Poichè $v^2:\rho$ è un'accelerazione centripeta, $-v^2:\rho$ è chiamata accelerazione *centrifuga*, e quindi $mv^2:\rho$ *forza centrifuga*.

Per esempio, nel caso del *pendolo rivolutivo* testè studiato, la forza centrifuga, in valore assoluto uguale a $mv^2:a$, misura la tensione del filo che sostiene la massa m; quando si supponga la velocità abbastanza grande perchè il peso sia trascurabile di fronte alla detta forza.

Quando un veicolo in corsa giunge sopra un tratto curvo della strada, la forza centrifuga tende a farlo slittare verso la parte esterna della curva; e slitta effettivamente, se la sua velocità è abbastanza grande (non c'è che l'attrito che si opponga). Per una data velocità lo slittamento viene impedito inclinando il piano stradale verso la concavità della curva, per modo che la risultante del peso del veicolo e della forza centrifuga riesca perpendicolare al piano stradale. Le strade ferrate nei tratti curvi sono appunto convenientemente inclinate, onde impedire il deragliamento.

4. Abbiasi un corpo rigido mobile intorno a un asse fisso sotto l'azione d'un sistema di forze. Indicando con φ l'angolo che un piano passante per l'asse e collegato col corpo fa con la posizione iniziale dello stesso piano, ritenuto fisso nello spazio, l'energia cinetica è espressa da (Cap. II)

$$2T = I\left(\frac{d\varphi}{dt}\right)^2 = I\,\varphi'^2,$$

ove I è il momento d'inerzia del corpo rispetto all'asse.

Perciò l'equazioni di LAGRANGE, per questo sistema avente un grado di libertà, si riducono alla sola equazione

$$\mathrm{I}\,\frac{d^2\varphi}{dt^2}=\Phi, \tag{5}$$

ove Φ è il momento del sistema di forze rispetto all'asse; giacchè $\Phi\delta\varphi$ deve rappresentare, come sappiamo, il lavoro virtuale delle forze.

Non sarà superfluo, a titolo d'illustrazione, ricavare la (5) direttamente dal principio di D'ALEMBERT. Imaginando decomposto il corpo in particelle infinitesime; e indicando con m la massa d'una generica particella e M un suo punto; dovremo esprimere che il corpo è in equilibrio in ogni istante per effetto delle forze perdute. Ciò si ottiene annullando il loro momento risultante rispetto all'asse; ossia, uguagliando il momento risultante delle forze applicate a quello delle forze d'inerzia. Il momento delle forze è già stato indicato con Φ; calcoliamo quello delle forze d'inerzia. Detto a il vettore unitario che definisce l'asse e O un suo punto; tale momento è espresso da

$$\Sigma m(M-O)\wedge\frac{d^2M}{dt^2}\times a.$$

Ora

$$(M-O\wedge\frac{d^2M}{dt^2}\times a=\frac{d}{dt}\left((M-O)\wedge\frac{dM}{dt}\times a\right)$$

$$=\frac{d}{dt}\left(a\wedge(M-O)\times\frac{dM}{dt}\right);$$

ma, per cose note,

$$\frac{dM}{dt}=\omega a\wedge(M-O)=\frac{d\varphi}{dt}\cdot a\wedge(M-O);$$

e

$$[a\wedge(M-O)]\times[a\wedge(M-O)]=|a\wedge(M-O)|^2=r^2,$$

essendo r la distanza di M dall'asse; per conseguenza

$$\Sigma m(M - O) \wedge \frac{d^2M}{dt^2} \times a = \Sigma mr^2 \frac{d^2\varphi}{dt^2} = \mathrm{I}\,\frac{d^2\varphi}{dt^2}.$$

Così si ritrova l'equazione (5).

Per trattare un caso particolare semplice e importante, supponiamo che il corpo sia sollecitato dal solo peso, e che il suo asse sia inclinato rispetto alla verticale. Nella posizione d'equilibrio il piano contenente l'asse e il baricentro G è verticale. In un'altra posizione qualunque esso farà un angolo φ con cotesto piano verticale. Se $\boldsymbol{b}$ è il vettore unitario che definisce la direzione e il verso dell'asse, l'angolo φ sarà contato positivamente da sinistra verso destra rispetto a un osservatore disposto come $\boldsymbol{b}$. Allora, indicando con O il piede della perpendicolare abbassata da G sull'asse, e con $\boldsymbol{a}$ la direzione e il verso della verticale [1], il momento del peso P rispetto all'asse, in una posizione qualunque del corpo è espresso da

$$(G - O) \wedge \mathrm{P}\boldsymbol{a} \times \boldsymbol{b} = \mathrm{P}(G - O) \times \boldsymbol{a} \wedge \boldsymbol{b}.$$

Ma, detto $\boldsymbol{n}$ un vettore unitario che ha la direzione e il verso di $\boldsymbol{a} \wedge \boldsymbol{b}$, risulta manifestamente

$$\boldsymbol{a} \wedge \boldsymbol{b} = \boldsymbol{n} \operatorname{sen} \alpha$$

ove α è l'angolo che l'asse fa con la verticale; perciò il momento acquista l'espressione

$$\mathrm{P} \operatorname{sen} \alpha \cdot (G - O) \times \boldsymbol{n} = -\,\mathrm{P}l \operatorname{sen} \alpha \operatorname{sen} \varphi,$$

giacchè l'angolo che $G - O$ fa con $\boldsymbol{n}$ (tenuto conto del segno di φ) è $90^\circ + \varphi$. Con l si è indicata la distanza di G dall'asse. Dunque l'equazione differenziale del moto è

$$\mathrm{I}\,\frac{d^2\varphi}{dt^2} = -\,\mathrm{M}gl \operatorname{sen} \alpha \operatorname{sen} \varphi,$$

essendo M la massa totale del corpo.

(1) Dall'alto in basso.

Quest'equazione, salvo il valore dei coefficienti, ha una forma identica alla (1') che definisce il moto del pendolo ideale. Si passa da quella a questa sostituendo $\frac{I}{Ml \operatorname{sen} \alpha}$ ad a. Perciò si conclude: *il moto d'un corpo intorno a un asse fisso sotto l'azione della sola **gravità** è identico al moto d'un pendolo ideale di lunghezza* $\frac{I}{Ml \operatorname{sen} \alpha}$.

Quando l'asse è orizzontale, risulta $\alpha = 90°$; perciò il pendolo ideale equivalente ha la lunghezza $\frac{I}{Ml}$. In tal caso il corpo è chiamato un *pendolo fisico verticale*; fisico, perchè è un pendolo realizzabile (il pendolo ordinario); verticale, perchè il suo centro di gravità (e anche ogni altro punto) si muove in un piano verticale.

Quando l'asse è poco inclinato rispetto alla verticale, sen α è molto piccolo; perciò il pendolo ideale equivalente è molto lungo. In questo caso il corpo è chiamato un *pendolo fisico orizzontale*, perchè il suo centro di gravità si muove in un piano quasi orizzontale.

Per scostare un pendolo ideale dalla sua posizione d'equilibrio stabile occorre una forza tangenziale tanto minore quanto maggiore è la sua lunghezza; giacchè il momento della forza cresce proporzionalmente alla sua distanza dal centro di rotazione; per conseguenza, a parità d'ogni altra condizione, un pendolo orizzontale è assai più *sensibile* d'un pendolo verticale. Questa sua sensibilità lo rende prezioso come strumento d'osservazione in talune ricerche. Per esempio, esso rivela facilmente i piccoli moti della superficie terrestre dovuti a perturbazioni sismiche, e le piccolissime deviazioni della *verticale d'un luogo* dovute a influenze celesti.

Oltre ai pendoli qui considerati, si usa in fisica anche *il pendolo di torsione*, costituito da un filo elastico flessibile incastrato per una estremità in un sopporto fisso e che sostiene coll'altra un corpo qualunque. Nella posizione d'equilibrio il filo è verticale e il baricentro G del corpo trovasi sul prolungamento del filo. Di solito si fa in modo che l'asse del filo sia asse principale d'inerzia del corpo rispetto a G (¹).

Torcendo il filo nella sua posizione verticale, finchè il corpo solidale con esso abbia girato d'un angolo φ_0, e poi abbandonandolo, accade che il corpo gira ora in un senso ora nell'altro intorno alla verticale, come un pendolo intorno all'asse di sospensione. Ciò è dovuto alla reazione elastica del filo torto, rappresentato da una coppia con l'asse diretta come la verticale e di grandezza (dato sperimentale)

$$\lambda \frac{r^4}{l} \varphi;$$

ove r è il raggio del filo, l la sua lunghezza, λ un coefficiente sperimentale dipendente dalla qualità del filo, φ l'angolo di torsione. Il peso non ha effetto, restando equilibrato dalla tensione del filo. Perciò l'equazione (5) del moto diventa in questo caso

$$I \frac{d^2\varphi}{dt^2} = - L\varphi \cdot \qquad \left(L = \frac{\lambda r^4}{l}\right).$$

Non è altro che l'equazione delle piccole oscillazioni pendolari, giacchè si deduce dalla (1') ponendo φ in luogo di sen φ. Si ricaverà dunque per la durata delle oscillazioni

$$T = \pi \sqrt{\frac{I}{L}};$$

che è indipendente dall'ampiezza delle oscillazioni, qualunque essa sia.

Osserviamo infine che ogni qualvolta un corpo è mobile intorno ad un asse fisso sotto l'azione d'una coppia di momento $L\varphi$ e d'una resistenza o d'un attrito proporzionale alla velocità angolare, l'equazione del moto è

(¹) Vedi Cap. V.

sempre della forma

$$I\frac{d^2\varphi}{dt^2}+2k\frac{d\varphi}{dt}+L\varphi=0$$

analoga a quella del *n.* 2. Se k è abbastanza piccola, per modo che risulti $IL-k^2>0$, l'integrale è quello che definisce i moti oscillatorî smorzati, ma se è $IL-k^2<0$, l'integrale risulta della forma

$$\varphi=e^{-ht}\left(Ae^{\varepsilon t}+Be^{-\varepsilon t}\right),$$

ove ε è reale come h; perciò il moto non è più periodico.

5. Tornando al pendolo fisico verticale, notiamo che la durata d'una sua oscillazione è data dalle formule (3) o (4), sostituendo ad a il numero $\frac{\mathrm{I}}{\mathrm{M}l}=\frac{k^2}{l}$, se k è il raggio d'inerzia; e perciò risulta

$$T=\pi\sqrt{\frac{k^2}{gl}}\quad \text{oppure,}\quad =\pi\sqrt{\frac{k^2}{gl}}\left[1+\left(\frac{\alpha^2}{16}\right)\right].$$

Dato un pendolo di nuova costruzione, si determina in massima la durata d'una sua oscillazione paragonandolo con un altro pendolo a movimento ben noto. Allora le formule precedenti servono al calcolo del raggio d'inerzia del pendolo; quantità assai difficile a ottenersi con precisione (salvo casi particolari) mediante il calcolo. A tal fine si adoperano dei procedimenti speciali che non è qui il luogo di dichiarare.

Poichè il pendolo fisico equivale a un pendolo ideale di lunghezza $\frac{k^2}{l}$, i punti situati alla distanza $\frac{k^2}{l}$ dall'asse, e nel piano del baricentro e dell'asse, oscillano, ciascuno, come oscillerebbero se non fossero collegati al corpo. La retta luogo di questi punti, che è parallela *all'asse di sospensione*, chiamasi *asse d'oscillazione*. Essendo, per cose note (Cap. II, n. 4).

$$k^2 = k_1^2 + l^2,$$

ove k_1 è il raggio d'inerzia rispetto alla retta (R) passante per G e parallela all'asse; risulta

$$\frac{k^2}{l} = \frac{k_1^2}{l} + l$$

la quale esprime che l'asse d'oscillazione è più basso (rispetto all'asse di sospensione) del centro di gravità $\left(\frac{k^2}{l} > l\right)$, e che la sua distanza da G è $\frac{k_1^2}{l}$.

Orbene, liberiamo l'asse di sospensione, e sospendiamo il corpo al suo asse d'oscillazione. Il nuovo pendolo così ottenuto è equivalente a un pendolo ideale di lunghezza

$$k_2^2 : \frac{k_1^2}{l},$$

ove k_2 è il raggio d'inerzia del corpo rispetto all'attuale asse di sospensione. Ma, per la formula indicata di sopra,

$$k_2^2 = k_1^2 + \left(\frac{k_1^2}{l}\right)^2;$$

per conseguenza;

$$k_2^2 : \frac{k_1^2}{l} = l + \frac{k_1^2}{l} = \frac{k^2}{l}.$$

Dunque il nuovo asse d'oscillazione si trova alla distanza $\frac{k^2}{l}$; ossia, coincide col primitivo asse di sospensione. Si esprime questa proprietà dicendo che *gli assi d'oscillazione e di sospensione d'un pendolo sono invertibili*. Col *pendolo reversibile di* KATER si utilizza tale proprietà per la determinazione della accelerazione g della gravità, e della sua legge di variazione in funzione della latitudine e dell'altezza del luogo.

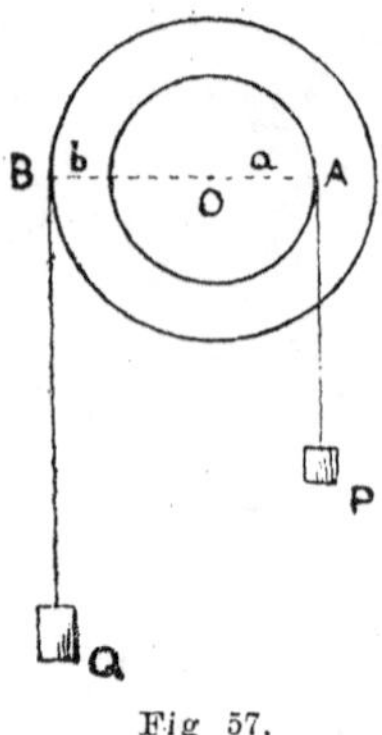

Fig 57.

Come altro esempio, consideriamo il sistema formato da due carrucole girevoli intorno al medesimo asse orizzontale e collegate rigidamente fra loro, sulle quali sono avvolti due fili di masse trascurabili, che sopportano rispettivamente due pesi P e Q (Fig. 57). L'angolo φ di cui hanno ruotato, da sinistra verso destra, le carrucole per passare dalla loro posizione iniziale alla posizione attuale, è la coordinata del sistema. Le velocità di discesa o di salita dei pesi è quella dei punti A e B, ossia $a\varphi'$ e $b\varphi'$; per conseguenza l'energia cinetica del sistema è

$$2T = (I + ma^2 + m'b^2)\varphi'^2,$$

ove I è il momento d'inerzia delle carrucole rispetto all'asse di rotazione, e m e m' le masse di P e Q. Il momento dei pesi rispetto all'asse è dato manifestamente da $Pa - Qb$. Perciò l'equazione (5) diventa in questo caso

$$(I + ma^2 + m'b^2)\frac{d^2\varphi}{dt^2} = g(ma - m'b);$$

la quale dimostra che l'accelerazione angolare è costante. Quindi costanti sono le accelerazioni $a\varphi''$ e $b\varphi''$ di P e Q. Ma queste costanti sono diverse dalla costante g, che è l'accelerazione delle masse in caduta libera.

Il lettore riconoscerà in questo sistema uno schema della macchina D'ATWOOD, che si utilizza per lo studio sperimentale della caduta dei gravi.

6. Abbiasi una figura materiale piana (o che tale possa considerarsi) mobile nel suo piano; due punti A e A_1 della quale siano obbligati a percorrero due date curve. È un sistema olonomo con un grado di libertà. L'angolo φ, che il segmento AA_1 fa con una retta fissa del piano, basta a definirne la posizione.

Poichè lo stato cinetico della figura è, in ogni istante, uno stato cinetico di rotazione rispetto a un centro istantaneo C (determinabile coi dati del problema); si avrà, essendo $\frac{d\varphi}{dt}$ la velocità angolare,

$$2\mathrm{T} = \Sigma m v^2 = \Sigma m r^2 \cdot \left(\frac{d\varphi}{dt}\right)^2 = \mathrm{I}\left(\frac{d\varphi}{dt}\right)^2;$$

ove I è il momento d'inerzia (in massima variabile con φ) della figura rispetto a un asse per C normale al piano. D'altra parte, se Φ rappresenta il momento rispetto al detto asse delle forze sollecitanti, $\Phi\delta\varphi$ esprime manifestamente il lavoro virtuale di esse forze per un movimento infinitesimo della figura. Ne consegue che

$$\frac{d}{dt}\left(I\frac{d\varphi}{dt}\right) - \frac{1}{2}\frac{\partial I}{\partial\varphi}\left(\frac{d\varphi}{dt}\right)^2 = \Phi,$$

è l'equazione Lagrangiana del moto della figura; la quale più anche scriversi nella forma

$$I\frac{d^2\varphi}{dt^2} + \frac{1}{2}\frac{\partial I}{\partial\varphi}\left(\frac{d\varphi}{dt}\right)^2 = \Phi.$$

Come esempio, consideriamo la caduta in un piano verticale di un'asta omogenea che striscia con una estremità A sul suolo, con l'altra B lungo una parete verticale; supponendo gli attriti trascurabili (vedi Fig. (17) Cinem.). In questo caso I è costante, perchè l'asse istantaneo (normale in C al piano) è sempre alla stessa distanza a dal centro di gravità O_1, se $2a$ è la lunghezza dell'asta. Inoltre detto φ l'angolo OBA, contato positivamente da BO verso BA, la grandezza (col segno) del momento del peso P applicato in O_1 rispetto a C è $-\mathrm{P}a \operatorname{sen}\varphi$. Perciò l'equazione precedente diventa

$$I \frac{d^2\varphi}{dt^2} = Pa \, sen \, \varphi.$$

Salvo i coefficienti e il segno (dipendente dalle convenzioni fatte), quest'equazione è identica a quella del moto pendolare. La qual coincidenza non può recar meraviglia, ed anzi diventa ovvia, se si osserva che, per i vincoli del sistema, il centro di gravità è obbligato a percorrere una circonferenza verticale.

CAPITOLO IV

SOMMARIO — 1. Lavoro — 2. Energia potenziale e conseguenze — 3. Esempi — 4. Variazione dell'energia cinetica — 5. Conservazione dell'energia totale — 6. Stabilità dell'equilibrio — 7. Teorema del baricentro; conservazione del moto del baricentro — 8. Teorema della coppia d'impulso; conservazione del momento dell'impulso.

1. Quando un sistema materiale qualunque è in movimento sotto l'azione di date forze, l'espressione

$$\sum_{s=1}^{n} \mathbf{F}_s \times dM_s,$$

ove dM_s sono gli spostamenti effettivi compiuti dai punti M_s del sistema durante un tempuscolo dt, si chiama *il lavoro effettivo*, o semplicemente *il lavoro delle forze* nell'intervallo infinitesimo dt; e si dice *effettuato*, o *compiuto*, perchè rappresenta la misura d'un qualche cosa effettivamente avvenuto; a differenza del *lavoro virtuale delle forze*, che corrisponde a un movimento ipotetico. La somma di tutti i lavori elementari compiuti negl'intervalli infinitesimi di tempo in cui può decomporsi un intervallo finito $t - t_0$; ossia, l'espressione

$$L = \int_{t_0}^{t} \sum_s \mathbf{F}_s \times dM_s; \tag{1}$$

chiamasi *il lavoro totale compiuto dalle forze in quell'intervallo, o nel passaggio dalla posizione o configurazione* C_0

ad un' altra C (corrispondendo C_0 e C rispettivamente ai tempi t_0 e t).

È una grandezza fisica avente le dimensioni espresse da ML^2T^{-2}; ossia, le stesse dimensioni d'un'energia cinetica; del che vedremo la ragione in seguito.

Come nella statica la considerazione del lavoro virtuale conduce a sintetizzare in un sol principio tutti i fenomeni d'equilibrio; così nella dinamica la nozione di lavoro effettivo conduce alla formulazione di certe ***proprietà integrali*** del movimento, che hanno una grande generalità e un'importanza somma.

Abbiasi un sistema olonomo con n gradi di libertà e a vincoli indipendenti dal tempo; e siano $q_1 q_2 \dots q_n$ le sue coordinate. Allora

$$dM_s = \sum_i \frac{\partial M_s}{\partial q_i} dq_i; \qquad (s = 1,\ 2\dots)$$

talchè, usando i soliti simboli (vedi Statica), risulta

$$(2) \qquad L = \int_{C_0}^{C} \sum_i Q_i dq_i = \int_{t_0}^{t} \sum_i Q_i q'_i dt;$$

ove qui le dq_i rappresentano gl'incrementi effettivi subìti dalle coordinate nel tempuscolo dt.

Il lavoro può essere positivo o negativo, secondo lo stato del sistema al tempo t_0, le forze agenti, e l'intervallo di tempo che si considera. Per fissare le idee, supponiamo che in un qualunque intervallo compreso nel fissato intervallo $t - t_0$ parte delle forze faccian lavoro sempre positivo, parte sempre negativo. Indicandoli rispettivamente con L_m e $-L_r$, si avrà

$$(3) \qquad L = L_m - L_r.$$

Nella tecnica le prime forze diconsi *motrici* e il lavoro che compiono *lavoro motore*; le seconde *resistenti* e il lavoro corrispondente *lavoro resistente*. Il lavoro totale è positivo o negativo in corrispondenza a $L_m > L_r$ o a $L_m < L_r$.

Si noti che una stessa forza può essere motrice o resistente, secondo le condizioni del sistema. Così il peso d'un corpo è forza motrice pel corpo in libera caduta; è invece forza resistente pel corpo lanciato dal basso in alto, o per un corpo che debba trasportarsi da una posizione in un'altra più alta. Nel primo caso il peso *coadiuva* la discesa del corpo; nel secondo *si contrappone* all'ascesa. Questo dà pure ragione delle suddette denominazioni. Ma in natura vi sono anche forzę sempre resistenti; per esempio, le forze equivalenti alle resistenze dei fluidi e agli attriti; le quali, come è noto agiscono sempre in senso opposto al movimento. Il loro lavoro è di solito chiamato *lavoro perduto*. Circa l'unità di lavoro vedremo in seguito.

2. Per calcolare effettivamente il lavoro espresso dalla (2) occorre, in massima, conoscere l'espressione $\Sigma Q_i q'_i$ in funzione del tempo; e questa couoscenza non si può acquistare senza la conoscenza del moto; variando il quale varia poi anche il lavoro, pur tenendo fisso l'intervallo da t_0 a t. Così, per esempio, il lavoro che compie una data forza applicata a un punto materiale quando esso passa da A a B lungo una curva, sulla quale è obbligato a scorrere, varia in massima al variare della curva che collega le posizioni A e B.

Nondimeno esiste un caso importantissimo in cui il lavoro delle forze non dipende dal moto che eseguisce il sistema da C_0 a C; ma esclusivamente da queste due posizioni o configurazioni estreme; per modo che il calcolo del lavoro si fa immediatamente, noti i valori delle q in C_0 e C. Questo accade quando le forze derivano da un potenziale (forze conservative); ossia, quando sussiste la relazione (Statica, Cap. III, n. 5)

$$\sum_i Q_i dq_i = dU,$$

ove il potenziale U è una funzione delle q a un sol valore, finita e continua in tutto il campo di variabilità delle q.

Invero, quando ciò sia, risulta ovviamente

$$(3') \qquad L = \int_{C_0}^{C} dU = U - U_0,$$

ove U e U_0 sono i valori del potenziale nelle posizioni o configurazioni estreme C e C_0 rispettivamente.

Viceversa; affinchè il lavoro dipenda dalle sole configurazioni o posizioni estreme è necessario che le forze sian conservative. Infatti, se L dipende esclusivamente da C_0 e C, si potrà scrivere

$$L = \varphi(C_0, C);$$

talchè, indicando con C' una posizione qualunque intermedia, fra quelle per cui passa il sistema, il lavoro

$$L = \varphi(C_0, C') + \varphi(C', C)$$

dovrà risultare indipendente da C'. Ciò richiede che sia

$$\varphi(C_0, O) = U(C) - U(C_0).$$

Allora verrà, tenuta fissa C_0,

$$dL = \Sigma Q_i dq_i = dU;$$

il che dimostra l'asserto. In conclusione: *quando le forze son conservative, e solo in questo caso, il lavoro effettuato dalle forze nel passaggio del sistema da* C_0 *a* C *dipende soltanto da queste configurazioni o posizioni estreme; ed è precisamente uguale alla differenza dei valori del potenziale in* C *e* C_0.

Questa proprietà può assumersi come definizione del potenziale. Il dire che un sistema di forze deriva da un potenziale significa che il lavoro, che effettuano le forze durante il trasporto d'un sistema materiale, sul quale agiscono, da una posizione C_0 a un'altra qualunque C, è espresso dalla differenza dei valori assunti in C_0 e in C da una funzione U delle sole coordinate del sistema, la quale è chiamata appunto il potenziale delle forze.

Posto $-U = V$, dalla relazione (3′), ossia da

(4) $$L = V_0 - V,$$

risulta che il lavoro è positivo quando nel passaggio del sistema da C_0 a C la funzione V diminuisce. Attribuendo al sistema, per la sua special posizione o configurazione C_0, la capacità di fornir cotesto lavoro durante il tragitto da C_0 a C a spese d'una equivalente diminuzione di V, questa V chiamasi *l'energia potenziale del sistema.*

Si noti che in questo caso, essendo

$$Q_i = \frac{\partial U}{\partial q_i},$$

l'equazioni di LAGRANGE diventano

$$\frac{d}{dt}\frac{\partial \mathrm{T}}{\partial q'_i} - \frac{\partial \mathrm{T}}{\partial q_i} = \frac{\partial U}{\partial q_i}. \qquad (i = 1,\ 2 \ldots n)$$

Anche l'equazioni (III) di HAMILTON (Cap. II, n. 5) acquistano una forma più espressiva. Infatti, trattandosi di sistemi olonomi a vincoli indipendenti dal tempo, la funzione

$$\Phi = \sum_i p_i q'_i - \mathrm{T} = \Sigma q'_i \frac{\partial \mathrm{T}}{\partial q'_i} - \mathrm{T},$$

diventa, per l'omogeneità di T, uguale a $2\mathrm{T} - \mathrm{T}$, ossia a T, pensando qui la funzione T espressa mediante le p e q. Ne consegue

$$Q_i - \frac{\partial \Phi}{\partial q_i} = \frac{\partial U}{\partial q_i} - \frac{\partial \mathrm{T}}{\partial q_i}, \quad \frac{\partial \Phi}{\partial p_i} = \frac{\partial \mathrm{T}}{\partial p_i} = \frac{\partial (\mathrm{T} - U)}{\partial p_i}$$

perchè $\frac{\partial U}{\partial p_i} = 0$; perciò l'equazioni d'HAMILTON diventano

$$\frac{dq_i}{dt} = \frac{\partial H}{\partial p_i}, \quad \frac{dp_i}{dt} = -\frac{\partial H}{\partial q_i}; \qquad (i = 1,\ 2 \ldots n)$$

ove $\mathrm{T} - U = H$.

3. Si dice che un dato spazio è un *campo di forza* quando la presenza d'un punto materiale in un qualunque luogo di esso rende manifesta l'esistenza d'una forza. Esso è rappresentabile mediante un campo vettoriale (introd. n. 9). Se poi il lavoro delle forze del campo per il passaggio del punto, o d'un sistema qualunque, da una posizione a un'altra dipende solo da queste posizioni, il campo chiamasi, per le cose dette, un *campo potenziale.*

Alcuni esempi serviranno ad illustrare i concetti e i teoremi esposti.

Lo spazio circostante alla superficie terrestre è un campo di forza, detto il *campo della gravità,* ed è anche un campo potenziale. Prendendo l'asse delle z verticale dal basso in alto, il lavoro della gravità, per un punto di massa m che si muove in questo campo è dato da (Statica, Cap. III)

$$L = -\int_{z_0}^{z} mgdz = -mg(z - z_0);$$

perciò $-mgz$ è il potenziale, mgz l'energia potenziale. Come si vede, il lavoro dipende dalla sola *differenza di livello* $z - z_0$. Per qualunque linea si faccia discendere il punto dal piano orizzontale z_0 al piano z, il lavoro della gravità sarà sempre lo stesso.

Più generalmente consideriamo un punto materiale mobile in un campo potenziale. Per quanto fu detto nell'introduzione (n. 9), noto il potenziale U, la forza in una posizione P del punto è normale alla superficie equipotenziale che passa per P, ha grandezza $\frac{dU}{dn}$ (n normale), ed è diretta verso la regione in cui U cresce. Orbene, qualunque sia il cammino seguito dal punto per passare dalla superficie $U = a$ all'altra $U = b$, il lavoro sarà sempre uguale a $b - a$.

Le ∞^2 curve che tagliano ortogonalmente le superficie equipotenziali $U = \text{cost}$ si chiamano *le linee di forza,* perchè manifestamente in ogni loro punto la forza è diretta secondo la tangente alla linea. Nel campo della gravità i piani orizzontali sono le superficie equipotenziali, e le rette verticali le linee di forza.

Sia O un centro fisso, il quale eserciti un' attrazione sopra ogni punto materiale P, in qualunque posizione si trovi dello spazio, con una forza funzione della sola distanza. Posto $O - P = r\boldsymbol{a}$ ($\boldsymbol{a}$ vettore unitario), sarà

$$\mathbf{F} = f(r)\boldsymbol{a};$$

perciò il lavoro elementare è espresso da

$$\begin{aligned}\mathbf{F} \times dP &= f(r)\boldsymbol{a} \times dP = -f(r)\boldsymbol{a} \times (\boldsymbol{a}dr + rd\boldsymbol{a}) \\ &= -f(r)dr.\end{aligned}$$

Ne consegue che esiste il potenziale

$$U(r) = -\int f(r)dr;$$

e che il lavoro totale nel passaggio di P dalla distanza r_0 alla r è dato da

$$L = U(r) - U(r_0).$$

Le superficie equipotenziali $U(r) = \text{cost}$, ossia $r = \text{cost}$, sono sfere col centro in O; il fascio di rette uscenti da O sono le linee di forze.

In particolare se $f(r) = k\dfrac{m}{r^2}$, risulta $U = k\dfrac{m}{r}$; e questo è chiamato *il potenziale Newtoniano elementare*; posto che m sia la massa in O, e P abbia massa uno. Più generalmente, se sono n i punti attraenti con la legge di NEWTON; ossia $O_1 O_2 \dots O_n$, di massa rispettivamente $m_1 m_2 \dots m_n$; si ha evidentemente

$$\begin{aligned}dL &= k\sum_i \frac{m_i}{r_i^2}\boldsymbol{a}_i \times d(P - O_i) = -k\sum_i \frac{m_i}{r_i^2}\boldsymbol{a}_i \times (\boldsymbol{a}_i dr_i + r_i d\boldsymbol{a}_i) \\ &= -k\sum_i \frac{m_i}{r_i^2} dr_i;\end{aligned}$$

e quindi

$$U = k \sum_i \frac{m_i}{r_i}$$

è *il potenziale Newtoniano* delle n masse considerate. Per due masse l'equazione delle superficie equipotenziali è

$$\frac{m_1}{r_1} + \frac{m_2}{r_2} = \text{cost.}$$

Sono superficie di rivoluzione intorno alla retta congiungente i due punti O_1 e O_2. Le linee meridiane sono rappresentate dalle curve punteggiate nella Fig. 58. Le curve in tratto continuo sono le linee di forza.

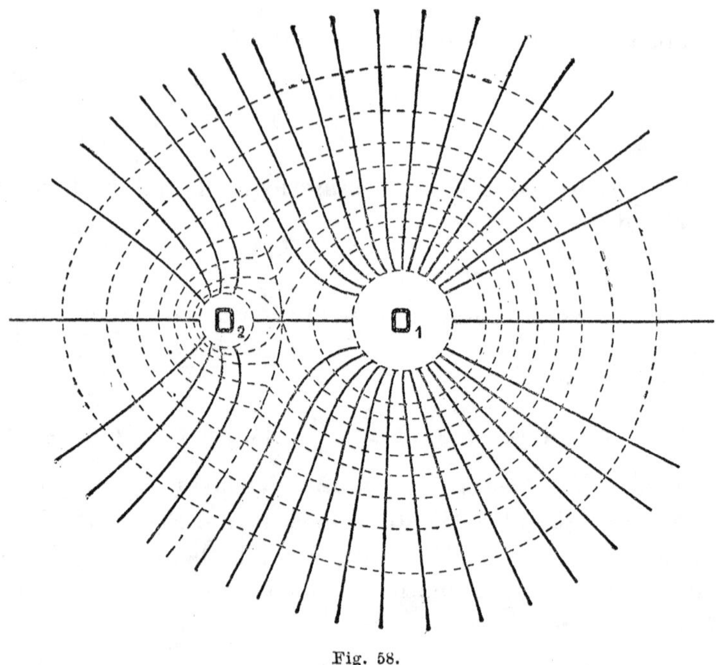

Fig. 58.

Anche i campi elettrici (generati dalla presenza di masse elettriche) sono campi Newtoniani (legge di COULOMB); salvo che in questo caso le forze possono essere astrattive o repulsive. Perciò valgono per essi le considerazioni precedenti, attribuendo alle masse il segno positivo o il negativo.

I potenziali Newtoniani saranno considerati più particolarmente in un altro capitolo.

4. Calcoliamo ora l'incremento che subisce l'energia cinetica T d'un sistema olonomo a vincoli indipendenti dal tempo quando esso passa da una posizione a un'altra. Sapendo che T è funzione omogenea quadratica delle q', con coefficienti dipendenti dalle sole q, si deduce

$$dT = \sum_i \left(\frac{\partial T}{\partial q'_i} \frac{dq_i'}{dt} + \frac{\partial T}{\partial q_i} q_i' \right) dt.$$

Ma

$$\sum_i \frac{\partial T}{\partial q_i'} \frac{dq_i'}{dt} = \frac{d}{dt}\left(\Sigma q_i' \frac{\partial T}{\partial q_i'} \right) - \sum_i q_i' \frac{d}{dt} \frac{\partial T}{\partial q_i'};$$

e, per l'omogeneità di T,

$$\sum_i q_i' \frac{\partial T}{\partial q_i'} = 2T;$$

per conseguenza risulta

$$dT = \left[2 \left(\frac{dT}{dt} - \sum_i \left(\frac{d}{dt} \frac{\partial T}{\partial q_i'} - \frac{\partial T}{\partial q_i} \right) q_i' \right] dt,$$

ossia

$$dT = \sum_i \left(\frac{d}{dt} \frac{\partial T}{\partial q_i'} - \frac{\partial T}{\partial q_i} \right) dq_i;$$

la quale, in virtù dell'equazioni del moto (II), diventa

$$dT = \sum_i Q_i \, dq_i.$$

Il secondo membro rappresenta, come sappiamo, il lavoro delle forze per gli spostamenti effettivi dei loro punti d'applicazione durante il tempuscolo dt. Perciò, considerando un intervallo finito di tempo da t_0 a t, si ottiene, integrando,

$$T - T_0 = \int_{t_0}^{t} \sum_i Q_i dq_i = L; \tag{5}$$

la quale esprime che in *un sistema olonomo a vincoli indipendenti dal tempo l' incremento dell' energia cinetica nell' intervallo di tempo* t — t_0 *è uguale al lavoro compiuto dalle forze durante il movimento nel medesimo intervallo.*

Quando è $T > T_0$, l' azione delle forze ha avuto per effetto di aumentare l' energia cinetica del sistema; quando è $T < T_0$ le forze, agendo, hanno invece sottratta energia cinetica. Nel primo caso si suol dire che vi è stata *trasformazione di lavoro in energia cinetica*; nel secondo che *si è effettuato lavoro a spese dell' energia.* Di qui è venuto appunto il nome di energia dato alla grandezza scalare T; giacchè essa rappresenta una capacità del sistema di fornir lavoro.

Dopo ciò vien naturale di misurare l' energia cinetica posseduta da un sistema materiale in un dato istante per mezzo del lavoro ch' esso è capace di compiere, onde ridurre la sua energia a zero. L' unità di lavoro è il lavoro dell' unità di forza per uno spostamento nella sua direzione del punto d' applicazione uguale all' unità di lunghezza. Perciò nel sistema (c. g. s) *l' unità di lavoro, chiamata erg, è il lavoro d' una dine per uno spostamento d' un centimetro.* L' unità multipla 10^7 *erg* si chiama *joule.*

Immaginiamo di trasportare un peso P dalla sua posizione d' equilibrio all' altezza h, mediante l' applicazione d' una forza diretta dal basso in alto. Se L è il lavoro compiuto da questa forza, e v è la velocità del grave all' altezza h risulta per la (5)

$$\frac{1}{2}\frac{P}{g} v^2 = L - Ph;$$

talchè, se $v = 0$, rimane

$$L = Ph.$$

Per questo fatto nella pratica si assume ordinariamente per unità di lavoro il *chilogrammetro* (chilogrammo-metro), *che è il lavoro necessario per elevare un chilogrammo a un metro d'altezza, senza modificare la velocità iniziale* (che si può sempre supporre nulla). Si ha la relazione

1 joule = 10200 (gram. cent.) = 0,102 chilogrammetri.

In balistica si usa il *dinamodo* = 1000 Kgm. quale unità di misura per l'energia cinetica d'urto d'un proiettile.

Chiamasi *potenza* d'un sistema materiale la grandezza fisica misurata dal lavoro che può effettuare il sistema, in determinate condizioni, nell'unità di tempo. Le sue dimensioni sono espresse da ML^2T^{-3} (lavoro riferito all'unità di tempo). Perciò nel sistema di misure (c. g. s.) *l'unità di potenza* è la potenza d'un sistema capace di fornire *un erg in un secondo.* Nell'elettrotecnica si adopera come unità il *watt*, che è la potenza che fornisce *un joule in un secondo.* Nella tecnica ordinaria invece si suole adoperare il *cavallo-vapore* ([1]), potenza corrispondente al lavoro di *75 chilogrammetri* per secondo. Risulta manifestamente

$$\text{watt} = 0{,}102 \text{ kgm per secondo} = \frac{1}{736}\text{HP},$$

perchè $0{,}102 \times 736 = 75{,}072$.

Tutte le macchine costruite dall'uomo hanno per fine di effettuare un *lavoro* a spesa d'una certa energia (fuoco, cadute d'acqua, ecc.). La *potenza* d'una macchina è misurata appunto dalla quantità di lavoro che può fornire, o fornisce, nell'unità di tempo. Così, parlando d'un motore di *100 cavalli*, s'intende dire ch'esso è capace di fornire, in certe condizioni, un lavoro di 7500 Kgm in un secondo.

Per illustrare questi concetti con un esempio, calcoliamo la potenza necessaria per mantenere un aeroplano in moto rettilineo uniforme.

Sia $\boldsymbol{a}$ il vettore unitario che definisce la direzione del moto. Sull'apparecchio agiscono tre forze: il suo peso $P\boldsymbol{k}$

([1]) Questa unità fu introdotta da WATT, giudicandola corrispondente alla potenza d'un robusto cavallo. Dall'inglese *horse-power* è venuta l'abituale notazione HP.

applicato nel baricentro G; la resistenza dell'aria $\mathbf{R}$; la spinta dell'elica, che si può indicare con $\mathrm{F}\boldsymbol{a}$, essendo sensibilmente nella direzione del moto. Affinchè il moto sia rettilineo e uniforme occorrerà che queste tre forze si facciano equilibrio; ossia, che passino per uno stesso punto e che abbiano risultante nulla. Ammettendo che passino per G, scriveremo

$$(o) \qquad \mathbf{R} + \mathrm{F}\boldsymbol{a} - \mathrm{P}\boldsymbol{k} = 0.$$

La $\mathbf{R}$ può considerarsi come la risultante di due forze: una quasi normale alle ali e che rappresenta l'azione dell'aria sulle ali stesse; un'altra in direzione opposta al moto, rappresentante l'azione dell'aria su tutte le altre parti dell'apparecchio. In base all'esperienza la prima è della forma $\mathbf{R}_1 = \sigma v^2 \boldsymbol{n}$, ove σ è la superficie alare, v la velocità di traslazione, $\boldsymbol{n}$ un vettore variabile con l'angolo d'attacco per un dato tipo d'ala; la seconda è $\mathbf{R}_2 = 0{,}08\,\omega v^2 \boldsymbol{a}$ ove ω è un certo coefficiente che ha le dimensioni di un'area (Cap. I, n. 3). Dopo ciò la (o) diventa

$$\sigma v^2 \boldsymbol{n} + (\mathrm{F} - 0{,}08\,\omega\, v^2)\boldsymbol{a} = \mathrm{P}\boldsymbol{k}.$$

Moltiplicando scalarmente per $\boldsymbol{a}$, si ottiene

$$(o') \qquad \sigma v^2 (\boldsymbol{n} \times \boldsymbol{a}) + \Omega - 0{,}08\,\omega v^2 = \cos\theta,$$

in cui θ è l'angolo che la direzione del moto fa con la verticale (dal basso in alto). Essendo il moto uniforme, v misura lo spazio percorso nell'unità di tempo e nella direzione del moto, che è la direzione stessa di F; per conseguenza $\Omega = \mathrm{F}v$ è la potenza necessaria al mantenimento del moto. Risulta dunque

$$\Omega = v \,\}\, \mathrm{P}\cos\theta + 0{,}08\,\omega\, v^2 - \sigma v^2 \cdot \boldsymbol{n} \times \boldsymbol{a} \,\{;$$

che è la formula che si cercava.

Indicando con $\boldsymbol{i}$ un vettore unitario normale ad $\boldsymbol{a}$, risulta pure dalla (o')

$$\sigma v^2 \cdot \boldsymbol{n} \times \boldsymbol{i} = \mathrm{P}\,\mathrm{sen}\,\theta;$$

formula che dà la velocità necessaria affinchè l'aeroplano si regga nel volo rettilineo supposto. Con questa si può eliminare v nell'espressione di Ω; si ottiene

$$\Omega = \mathrm{P}\sqrt{\frac{\mathrm{P}\,\mathrm{sen}\,\theta}{\sigma k_i}}\left\{\cos\theta + \frac{0{,}08\,\omega - \sigma k_a}{\sigma k_i}\,\mathrm{sen}\,\theta\right\},$$

avendo posto

$$\boldsymbol{n}\times\boldsymbol{i} = k_i \qquad \boldsymbol{n}\times\boldsymbol{a} = k_a,$$

coefficienti dipendenti dall'angolo d'attacco e che son dati dall'esperienza. Assumendo il metro, il chilo e il secondo per unità di lunghezza, peso e tempo, la potenza Ω risulta espressa in cavalli-vapore.

5. Quando le forze agenti sul sistema considerato derivano da una potenziale U, il confronto delle (3′), (4) e (5) conduce subito alla relazione

$$\mathrm{T} - \mathrm{T}_0 = U - U_0 = V_0 - V;$$

ossia

$$\mathrm{T} - U = \mathrm{T}_0 - U_0 \quad \text{oppure} \quad \mathrm{T} + V = \mathrm{T}_0 + V_0.$$

La somma dell'energia cinetica e potenziale chiamasi *l'energia totale del sistema.* Questa relazione esprime che l'energia totale del sistema, durante il movimento, conserva il medesimo valore che aveva al tempo t_0, che si può assumere come istante iniziale. Dunque, *per sistemi olonomi a vincoli indipendenti dal tempo e soggetti a forze conservative l'energia totale si mantiene costante durante il moto*; ossia

$$H = \mathrm{T} - U = \mathrm{T} + V = h, \tag{6}$$

ove h è l'energia iniziale. La perdita d'energia cinetica è esettamente compensata da un corrispondente aumento d'energia potenziale; e viceversa. È questo l'importantissimo *principio della conservazione dell'energia* nella sua forma più semplice.

Così un corpo, cadendo verso il suolo, tanto guadagna in energia cinetica quanto perde in energia potenziale;

Ascendendo, per effetto d'una spinta iniziale, perde in energia cinetica ciò che acquista in energia potenziale.

Analiticamente considerata, la (6) è una relazione del prim'ordine fra le q; e poichè discende dall'equazioni del moto, è *un integral primo* di coteste equazioni ([1]).

Uno studio minuzioso di tutti i fenomeni fisici e chimici ha condotto alla scoperta di varie forme d'energie: energia calorifica, energia raggiante, energia chimica, ecc.; e alla formulazione del principio generale che ogni energia è la trasformata di un'altra ad essa quantitativamente equivalente. E tale generalità diventa manifesta dal punto di vista deduttivo, se si ammette che tutti i fenomeni in natura siano riducibili a movimenti di punti materiali e soggetti a forze dotate di potenziale. *L'energia non si crea nè si distrugge*; *si trasforma*. Per una più ampia illustrazione di questo principio fondamentale, il lettore dovrà ricorrere ai trattati di fisica.

Negli esempi trattati nei capitoli precedenti abbiamo trovata spesse volte la relazione (6), nel procedere all'integrazione dell'equazioni del moto: in particolare pel moto d'un grave nel vuoto ($v^2 + 2gz = h$); pel moto d'una massa attratta da un'altra secondo una forza funzione della distanza ($v^2 = 2\varphi(r) + h$, Cap. I, n. 7); pel moto del pendolo ideale o fisico $\left(\left(\frac{d\varphi}{dt}\right)^2 = 2g\cos\varphi + h\text{, Cap. III}\right)$; tutti moti di sistemi olonomi a vincoli indipendenti dal tempo e soggetti a forze conservative.

Anche per un numero qualunque di masse che si attirano mutuamente secondo la legge di NEWTON (in assenza di altre azioni esterne) vale la (6); perchè le forze Newtoniane son forze conservative, come già abbiam visto in alcuni casi, e come vedremo più generalmente in seguito. Così pel sistema solare la (6) è valida.

Si noti che, per un sistema con un sol grado di libertà,

([1]) Il lettore potrà, per esercizio, verificare direttamente che $\frac{dH}{dt}$ è nullo identicamente in virtù dell'equazioni Hamiltoniane.

la (6), quando sussiste, basta da sola alla completa determinazione del moto; perchè in tal caso si ha un sol parametro da determinare in funzione del tempo. Così per lo studio del pendolo si può partire senz'altro dalla (6).

6. Aggiungiamo che il principio della conservazione dell'energia permette di dimostrare in modo rigoroso il teorema, citato nella statica, che *le posizioni d'un sistema in cui l'energia potenziale è un minimo son posizioni d'equilibrio stabile.* Infatti, detto V_0 il minimo di V nella considerata posizione d'equilibrio, e posto $V - V_0 = W$, potremo scrivere la (6) nella forma

$$\mathrm{T} + W = h_1;$$

ove ora il valor minimo di W è zero. Scostiamo il sistema di pochissimo dall'attuale sua posizione e imprimiamo ai suoi punti velocità molto piccole; talchè l'energia totale iniziale sia $\mathrm{T}_0 + W_0 < \varepsilon$, essendo ε assai piccolo. Per la precedente, durante il moto dovrà verificarsi la relazione

$$\mathrm{T} + W = \mathrm{T}_0 + W_0.$$

Ma essendo $\mathrm{T} > 0$, ne consegue

$$W \leq \mathrm{T}_0 + W_0 < \varepsilon,$$

ossia

$$V < V_0 + \varepsilon;$$

la quale dimostra che durante il moto il sistema occuperà sempre posizioni molto vicine alla considerata posizione d'equilibrio. Questo è appunto il carattere della stabilità d'un equilibrio; perciò il teorema è dimostrato. La dimostrazione della proprietà che ove V è massima l'equilibrio è instabile, richiede un'analisi più delicata, che qui non può trovar luogo.

7. Dall'equazioni del moto, o, più semplicemente, dall'equazione fondamentale della dinamica

$$(1) \qquad \sum_s \left(\mathbf{F}_s - m_s \frac{d^2 M_s}{dt^2}\right) \times \delta M_s = 0,$$

si ricavano altri teoremi generali di grande importanza.

Supponiamo i vincoli di tal natura che il sistema, in qualunque posizione si trovi, possa effettuare una traslazione in una certa direzione costante a (vettore unitario), come fosse un corpo rigido. In tal caso si potrà dare ai punti del sistema uno spostamento virtuale (invertibile) uguale per tutti, e perciò uguale a quello del baricentro G. Ne consegue che la (1) dovrà essere soddisfatta in particolare ponendo $\delta M_s = \delta G$. Avremo perciò

$$(\mathrm{I}') \qquad \delta G \times \sum_s \left(\mathbf{F}_s - m_s \frac{d^2 M_s}{dt^2}\right) = 0.$$

Posto

$$\sum_s \mathbf{F}_s = \mathbf{R}, \quad \sum_s m_s = \mathrm{M}, \quad \delta G = \varepsilon a:$$

e notando che

$$\sum_s m_s \frac{d^2 M_s}{dt^2} = \frac{d^2}{dt^2} \sum_s m_s (M_s - O) = \mathrm{M} \frac{d^2 G}{dt^2};$$

si deduce, per l'arbitrarietà di ε,

$$(7) \qquad \mathrm{M} \frac{d^2 G}{dt^2} \times a = \mathbf{R} \times a.$$

Questa esprime che durante il movimento del sistema, qualunque esso sia, *il moto della proiezione del baricentro sopra una retta avente la direzione di a avviene come se il baricentro fosse un punto libero di massa* M *sollecitato da tutte le forze del sistema in esso punto applicate.* Questo teorema ha dunque luogo quando i vincoli godono della proprietà supposta; e solo in quel caso; perchè, sussistendo la (7) e quindi la (I′), questa non può essere che una particolarizzazione della (1); e perciò devono essere possibili spostamenti virtuali soddisfacenti alla condizione $\delta M_s = \delta G = \varepsilon a$.

Può avvenire che la (7) abbia luogo, non per una speciale direzione a, ma per qualunque direzione (basta perciò che valga per tre direzioni rappresentate da tre vettori non complanari). In tal caso i vincoli permettono una traslazione in qualunque direzione; e perciò la (7) diventa

$$(8) \qquad \mathrm{M}\frac{d^2G}{dt^2} = \mathbf{R};$$

la quale esprime che *il baricentro si muove come un punto libero nel quale venisse condensata tutta la massa del sistema e fossero trasportate tutte le forze.*

Abbiansi, per esempio, n punti materiali scorrenti rispettivamente lungo n rette parallele, e agenti l'uno sull'altro con forze qualsiasi. Per questo sistema vale manifestamente la (7). Se invece gli n punti son liberi, o rigidamente collegati fra loro (ma non con altri corpi estranei), vale la (8). *In particolare la* (8) *vale per un corpo rigido.* Così il centro di gravità d'un corpo lanciato nel vuoto si muoverà, per effetto del peso, come un punto materiale nelle stesse condizioni; percorrerà, cioè, una parabola, qualunque sia il moto del corpo intorno al baricentro.

L'esistenza della (7) o della (8), pur facendo conoscere una legge notevole del movimento, non facilita in massima l'integrazione dell'equazioni del moto, meno in casi particolari. Di questi il più semplice e importante corrisponde al caso in cui, sussistendo la (8), risulti $\mathbf{R} = 0$. La (8) esprime allora che *il moto del baricentro è rettilineo e uniforme.* Per il sistema solare, che è un sistema libero, ha luogo la (8) e risulta $\mathbf{R} = 0$, perchè le forze Newtoniane agenti sono due a due uguali e contrarie (l'influenza delle stelle è trascurabile); per conseguenza *il baricentro del sistema solare si muove di moto rettilineo e uniforme* (rispetto alle stelle dette fisse); il che è confermato dalle osservazioni astronomiche.

Il suddetto teorema vale per tutti i sistemi [1] soggetti a sole forze, dette, *interne*; cioè, a forze uguali e opposte due a due, conformemente alla terza legge di NEWTON. Ne consegue che le forze interne, in qualunque momento entrino in azione, non possono perturbare il moto del baricentro. Perciò il teorema in discorso è anche chiamato *il teorema della conservazione del moto del baricentro.* Così, una persona cadendo dall'alto (a parte la resistenza dell'aria) non può modificare il moto del suo baricentro comunque agiti le braccia e le gambe; il che significa che a movimenti, per esempio, delle braccia corrispondono automaticamente altri movimenti del corpo, per modo che nel complesso il moto del baricentro non risulta modificato. Così pure, nello scoppio d'uno Shrapnel, le schieggie e le pallottole si spargono davanti al bersaglio in varie direzioni e in modo che il loro baricentro (fin che non incontrano ostacoli, e prescindendo dalla resistenza dell'aria) prosegue quel medesimo moto, che avrebbe avuto il baricentro del proiettile compatto. E così, infine, una persona non riesce a porsi in moto sopra un piano perfettamente liscio; perchè a uno spostamento in un senso della parte superiore del corpo corrisponde automaticamente uno spostamento in senso contrario della parte inferiore. Son gli attriti del suolo (forze esterne in questo caso) che permettono la locomozione.

7. Tornando a considerare l'equazione (I), supponiamo che siano possibili, per qualunque posizione del sistema, spostamenti virtuali invertibili del tipo

$$\delta M_s = \delta\theta \cdot \boldsymbol{a} \wedge (M_s - O), \tag{9}$$

ove O è un punto fisso, $\boldsymbol{a}$ un vettore unitario costante, $\delta\theta$ un angolo infinitesimo qualunque. Per essi dovendo essere

[1] S'intende che i vincoli devono soddisfare alle condizioni dette di sopra.

soddisfatta in particolare la (I), sarà

$$(I_1) \qquad a \times \sum_s \left(\mathbf{F}_s - m_s \frac{d^2 M_s}{dt^2}\right) \wedge (M_s - O) = 0.$$

Notando che

$$\frac{d^2 M_s}{dt^2} \wedge (M_s - O) = \frac{d}{dt}\left[\frac{dM_s}{dt} \wedge (M_s - O)\right]$$

$$\sum_s \mathbf{F}_s \wedge (M_s - O) = -(M - O) = -\Omega$$

ove $M - O = \Omega$ è il momento risultante delle forze rispetto ad O; la precedente può scriversi

$$(10) \qquad \frac{d}{dt}\left[a \times \Sigma(M_s - O) \wedge m_s \frac{dM_s}{dt}\right] = a \times \Omega.$$

Orbene, la (9) esprime che il sistema, in qualunque posizione si trovi, può, compatibilmente co' suoi vincoli, compiere rotazioni intorno a un asse OA parallelo ad a; e la (10) assicura che in tal caso la derivata del momento delle quantità di moto rispetto al detto asse è costantemente uguale al momento delle forze rispetto allo stesso asse. Viceversa; se sussiste la (10) e quindi la (I_1), questa non può essere che una particolarizzazione della (I); e perciò devono essere possibili spostamenti del tipo (9).

In conclusione, chiamando *impulso* la quantità di moto (per una ragione vista al Cap. I, n. 2), possiamo enunciare il teorema: *quando i vincoli permettono di far rotare il sistema intorno a un certo asse, come se fosse un corpo rigido, la derivata del momento degl' impulsi rispetto all'asse è uguale al momento delle forze rispetto allo stesso asse.*

Quando il teorema è valido rispetto a tre diversi assi non complanari (uscenti da O), è pure valido manifestamente per ogni altro asse. In tal caso, dovendo sussistere la (10) per ogni a, risulta

$$(11) \qquad \frac{d}{dt}\sum_s\left[(M_s - O) \wedge m_s \frac{dM_s}{dt}\right] = \Omega;$$

perciò, *quando i vincoli permettono al sistema di muoversi intorno ad* O *come un corpo rigido* (e solo in questo caso), *la derivata del momento risultante degli impulsi rispetto ad* O, *o coppia d'impulso, è uguale al momento risultante delle forze rispetto al medesimo punto.*

Nei casi più importanti in cui trova applicazione la (11), sussiste pure contemporaneamente il teorema del baricentro espresso dalla (8). Allora la (11) ha luogo, non solo rispetto a un punto fisso O, ma anche rispetto al baricentro stesso del sistema; come ora dimostreremo.

Si osservi anzitutto che *il momento risultante rispetto a O degli impulsi, è uguale a quello calcolato rispetto al baricentro G, più il momento rispetto ad O dell'impulso totale.* E invero, essendo

$$M_s - O = (M_s - G) + (G - O)$$

$$\Sigma m_s (M_s - G) = 0, \quad \Sigma m_s \frac{dM_s}{dt} = \mathrm{M}\frac{dG}{dt}, \quad (\mathrm{M} = \text{massa totale})$$

si deduce subito

$$\sum_s m_s (M_s - O) \wedge \frac{dM_s}{dt} = \sum_s (M_s - G) \wedge m_s \frac{d(M_s - G)}{dt} + (G - O) \wedge \mathrm{M}\frac{dG}{dt}.$$

In virtù di questa e della nota formula sui momenti (introd. (27))

$$\Omega = M - O = (M_1 - G) + (G - O) \wedge \mathbf{R},$$

ove $\mathbf{R}$ è la risultante di tutte le forze trasportate in G, la (11), ammessa l'esistenza della (8), diventa

$$(11') \quad \frac{d}{dt}\sum_s \left[(M_s - G) \wedge m_s \frac{d(M_s - G)}{dt} \right] = M_1 - G = \Omega_1 .$$

la quale dimostra l'asserto. Un'analoga conclusione vale quando abbian luogo contemporaneamente la (7) e la (10).

L'esistenza della (10) o della (11) non facilita in massima l'integrazione del moto; ossia, non fornisce degl'integrali. Ne fornisce, in particolare, la (10) quando sia

$a \times (M - O) = 0$, la (11) quando risulti $M - O = 0$. Stiamo in quest'ultimo caso, che è il più semplice e importante. Si deduce allora

$$(12) \qquad \sum_s (M_s - O) \wedge m_s \frac{dM_s}{dt} = a. \quad \text{(vettor costante)}$$

Essa esprime che in tal caso *il momento risultante degli impulsi rispetto ad* O *si mantiene costante durante il moto del sistema. E, in particolare, si mantiene costante rispetto a* G, *quando sussista la* (11') *e sia* $M_1 - G = 0$. È chiamato *il teorema della conservazione del momento degl' impulsi.*

Questa proprietà ha luogo per il sistema solare; prima, perchè è costituito da masse libere; poi, perchè, essendo le forze agenti a due a due uguali e opposte, il momento risultante è nullo (rispetto a un punto fisso O, o rispetto a G).

Per un corpo rigido, quando il momento delle forze è nullo rispetto al baricentro, insieme alla (8) sussiste anche la (12), fatto $O = G$; ossia *la coppia d'impulso rimane costante durante il moto.*

In generale, se la detta coppia è costante per un dato sistema, l'intervento, in qualunque istante, di forze interne non potrà modificarla, perchè il loro momento è nullo. Così, se una persona, inizialmente in riposo sopra una piattaforma orizzontale girevole sopra un pernio, si pone a circolare intorno al pernio, la piattaforma girerà in senso opposto, e in modo che il momento risultante degl'impulsi, inizialmente nullo, resti sempre nullo. Ma ciò non toglie che la persona non possa trovarsi dopo un certo cammino in posizione diversa rispetto alla piattaforma, ed anche diversamente orientata. Gli aeronanti, circolando nell'interno della navicella, fanno girare in senso opposto il pallone a loro piacere. Così pure una persona, cadendo dall'alto senza velocità angolare, potrà bensì movendo le membra orientarsi in modo diverso; come fa il gatto, che abbandonato con le zampe in alto, riesce a rivoltarsi durante la caduta; ma non potrà mai imprimersi una velocità di rotazione, in guisa da ruotare, irrigidita che sia, intorno al suo baricentro.

CAPITOLO V

SOMMARIO — 1. Momenti d'inerzia — 2. Assi centrali — 3. Esempi — 4. Energia cinetica, impulso e coppia d'impulso in un corpo rigido — 5. Pendolo sferico — 6. Equazioni del moto d'un corpo intorno a un punto fisso — 7. Calcolo delle forze dato il moto; coppia di reazione giroscopica — 8. Moto per inerzia; studio cinematico — 9. Moto per inerzia; studio analitico; precessioni regolari — 10. Giroscopio simmetrico; precessioni regolari — 11. Moto d'un corpo libero.

1. Prima di applicare i teoremi precedentemente esposti allo studio del moto di alcuni speciali sistemi materiali, è necessario completare la ricerca delle proprietà dei *momenti d'inerzia*, dei quali fu dato un cenno nel Cap. II.

Il momento d'inerzia d'un corpo rispetto a un asse è definito, come sappiamo, da

$$I = \sum_s m_s r_s^2 ;$$

ove m_s è la massa d'un punto materiale M_s o d'una particella del corpo, r_s la sua distanza dall'asse, e la somma è estesa a tutti i punti del sistema, o a tutte le particelle costituenti il corpo.

Sia OA l'asse ed $\boldsymbol{a}$ il vettore unitario che definisce la sua direzione. Risulta ovviamente

$$\text{mod}\,[(M_s - O) \wedge \boldsymbol{a}] = r_s ;$$

e quindi

$$I = \sum_s m_s [(M_s - O) \wedge \boldsymbol{a}]^2$$

Consideriamo per O una terna ortogonale $(Oxyz)$ e siano $\boldsymbol{i}$, $\boldsymbol{j}$, $\boldsymbol{k}$ i vettori fondamentali che ne definiscono l'orientazione. Posto

$$\boldsymbol{a} = \alpha\boldsymbol{i} + \beta\boldsymbol{j} + \gamma\boldsymbol{k};$$

sostituendo e sviluppando, si ottiene

$$\text{(1)} \qquad \mathrm{I} = A\alpha^2 + B\beta^2 + C\gamma^2 - 2A'\gamma\beta - 2B'\alpha\gamma - 2C'\beta\alpha;$$

ove

$$\text{(2)} \qquad \begin{aligned} A &= \sum_s m_s[(M_s - O) \wedge \boldsymbol{i}]^2 \\ B &= \sum_s m_s[(M_s - O) \wedge \boldsymbol{j}]^2 \\ C &= \sum_s m_s[(M_s - O) \wedge \boldsymbol{k}]^2 \end{aligned}$$

$$\text{(2')} \qquad \begin{aligned} -A' &= \sum_s m_s[(M_s - O) \wedge \boldsymbol{j}] \times [(M_s - O) \wedge \boldsymbol{k}] \\ -B' &= \sum_s m_s[(M_s - O) \wedge \boldsymbol{k}] \times [(M_s - O) \wedge \boldsymbol{i}] \\ -C' &= \sum_s m_s[(M_s - O) \wedge \boldsymbol{i}] \times [(M_s - O) \wedge \boldsymbol{j}]. \end{aligned}$$

Note dunque le sei quantità $ABCA'B'C'$, dipendenti solamente dalla terna fondamentale, la (1) permette di calcolare il momento d'inerzia rispetto ad un asse qualunque uscente da O.

Dalle (2) risulta manifestamente che A, B, C sono rispettivamente i momenti d'inerzia del sistema o corpo rispetto ai tre assi Ox, Oy, Oz; e perciò, indicando con $x_s y_s z_s$ le coordinate di M_s, si ha

$$\text{(2'')} \quad A = \sum_s m_s(y_s^2 + z_s^2), \; B = \sum_s m_s(z_s^2 + x_s^2), \; C = \sum_s m_s(x_s^2 + y_s^2).$$

Circa le altre tre quantità definite dalle (2'), notando che

$$M_s - O = x_s\boldsymbol{i} + y_s\boldsymbol{j} + z_s\boldsymbol{k},$$

con facili sviluppi si trova

$$A' = \sum_s m_s y_s z_s, \quad B' = \sum_s m_s z_s x_e, \quad C' = \sum_s m_s x_s y_s.$$

Son chiamati *i prodotti d'inerzia.*

Sussistono le semplici disuguaglianze

$$A + B - C > 0, \quad B + C - A > 0, \quad C + A - B > 0,$$

che si deducano dalle (2'').

Posto $\mathrm{I} = \mathrm{M}k^2$, ove M è la massa totale e k il raggio d'inerzia rispetto ad OA (Cap. II); dividendo la (1) per k e scrivendo

$$\frac{\alpha}{k} = \xi, \quad \frac{\beta}{k} = \eta, \quad \frac{\gamma}{k} = \zeta,$$

risulta

$$(1') \qquad \mathrm{M} = A\xi^2 + B\eta^2 + C\zeta^2 - 2A'\eta\zeta - 2B'\zeta\xi - 2C'\xi\eta.$$

Interpretando $\xi\,\eta\,\zeta$ come le coordinate, rispetto alla terna $(Oxyz)$, d'un punto P, quest'equazione rappresenta manifestamente un ellissoide col centro in O. Esso varia al variare di O, perchè i sei coefficienti dipendono da O. È chiamato *l'ellissoide d'inerzia relativo al punto O.*

Essendo

$$\frac{\alpha^2}{k^2} + \frac{\beta^2}{k^2} + \frac{\gamma^2}{k^2} = \xi^2 + \eta^2 + \zeta^2$$

$$\alpha^2 + \beta^2 + \gamma^2 = 1, \quad \xi^2 + \eta^2 + \zeta^2 = (P - O)^2,$$

risulta

$$\frac{1}{k^2} = (P - O)^2 \quad \text{ossia} \quad \frac{1}{k} = \mathrm{mod}\,(P - O);$$

la quale mostra che il semidiametro OP dell'ellissoide è uguale all'inverso del raggio d'inerzia del corpo rispetto all'asse OP. In conclusione, *l'ellissoide d'inerzia relativo a un punto O gode della proprietà che l'inverso d'ogni suo semidiametro uguaglia il raggio d'inerzia del corpo rispetto all'asse che definisce la direzione del semidiametro stesso.*

Assumendo come terna fondamentale gli assi dell'ellissoide, detti *gli assi principali d'inerzia*, la sua equazione si ridurrà alla forma

$$(1'') \qquad \mathrm{M} = A\xi^2 + B\eta^2 + C\zeta^2;$$

e la (1) diventerà

$$\mathrm{I} = A\alpha^2 + B\beta^2 + C\gamma^2.$$

In questo caso A, B, C sono i momenti d'inerzia rispetto agli assi dell'ellissoide, detti *i momenti principali d'inerzia relativi al punto O*; A', B', C' risultan nulli. E viceversa; se $A' = B' = C' = 0$, la (1') si riduce alla (1''); perciò la terna fondamentale è formata dagli assi principali d'inerzia.

Si noti che, dei tre momenti principali d'inerzia, uno è il massimo, un altro il minimo, fra tutti i momenti rispetto alle rette uscenti da O; perchè due dei semiassi d'un ellissoide rappresentano il massimo e il minimo fra tutti i semidiametri.

Quando il solo asse Oz è asse principale d'inerzia; ossia, quando Oz coincide con uno degli assi dell'ellissoide; allora, per cose note di geometria analitica, mancheranno in (1') i termini in $\eta\zeta$ e $\zeta\xi$: perciò sarà $A' = B' = 0$. E viceversa; se $A' = B' = 0$, l'asse Oz risulta asse principale d'inerzia. Un discorso analogo vale per gli altri due assi.

2. Abbiamo osservato che l'ellissoide d'inerzia del corpo varia al variare dell'origine O. Facendo scorrere O sulla retta OA, l'ellissoide varia anche d'orientazione. E allora può darsi che, giunto O in O_1, uno degli assi dell'ellissoide s'adagi sulla retta OA. In questo caso la retta diventa un asse principale d'inerzia rispetto al punto O_1. Orbene, si può domandare se un dato asse può essere asse principale d'inerzia rispetto a parecchi de' suoi punti. La risposta è questa: *una retta qualunque non può essere in massima asse principale d'inerzia per più d'uno de' suoi punti; salvo ch'essa passi pel baricentro; nel qual caso è asse principale d'inerzia per tutti i suoi punti, se è tale rispetto al baricentro.*

Infatti, supponiamo che OA sia asse principale d'inerzia rispetto ad O. Scelto OA per asse Oz, sarà, per le cose dette,

$$A' = \sum_s m_s y_s z_s = 0, \quad B' = \sum_s m_s z_s x_s = 0.$$

Se godesse della medesima proprietà anche rispetto a un altro suo punto O_1, scelta l'origine in O_1 e presa la terna $(O_1 x'y'z')$ parallela alla precedente, dovrebbero anche risultare soddisfatte le relazioni

$$\sum_s m_s y_s' z_s' = 0 \quad \sum_s m_s z_s' x_s' = 0.$$

Ma pel cambiamento d'origine eseguito si ha

$$x_s = x_s' \quad y_s = y_s' \quad z_s = z_s' \pm l; \qquad (OO_1 = l)$$

perciò coteste relazioni diventano

$$\Sigma m_s y_s (z_s \pm l) = A' \pm l \Sigma m_s y_s = 0$$
$$\Sigma m_s x_s (z_s \pm l) = B' \pm l \Sigma m_s x_s = 0;$$

ossia, per l'ipotesi fatta,

$$\Sigma m_s y_s = 0 \quad \Sigma m_s x_s = 0.$$

Ma queste non sono soddisfatte se il baricentro non è sulla OA, che abbiamo assunta per asse Oz; perciò l'asserto è dimostrato.

L'ellissoide d'inerzia che si ottiene prendendo per origine il baricentro G del corpo chiamasi *l'ellissoide centrale d'inerzia,* e i suoi assi *gli assi centrali d'inerzia.* Essi godono della proprietà d'essere assi principali d'inerzia per tutti i loro punti, nel senso spiegato di sopra.

Quando delle quantità A, B, C due sono uguali, l'ellissoide d'inerzia è di rivoluzione. In tal caso i momenti d'inerzia rispetto a tutte le rette uscenti dal centro e giacenti nel piano equatoriale sono uguali. E se $A = B = C$, l'ellissoide è una sfera; i momenti d'inerzia rispetto a qualunque diametro sono uguali. Quando il corpo è di spessore piccolissimo, come una lamina, l'ellissoide è sostituito da una ellisse, detta *ellisse centrale d'inerzia,* se è relativa al baricentro.

3. Alcuni esempi faranno vedere come si proceda praticamente al calcolo dei momenti d'inerzia.

1°) *Cerchiamo il momento d'inerzia di un sottilissimo rettangolo omogeneo* di lati $2a$ e $2b$ rispetto ad una retta passante per il suo centro e parallela ai lati di lunghezza $2a$.

Indicando con ds gli elementi d'area in cui s'immagina suddiviso il rettangolo, con μ la densità (costante), si ha $m = \varepsilon\mu ds$, (ε spessore) e perciò

$$I = \varepsilon\int_s \mu x^2 ds;$$

od anche, essendo $ds = dxdy$,

$$I = \int_{-a}^{a} \varepsilon dy \int_{-b}^{b} x^2 dx = \frac{4\varepsilon}{3}\mu a b^3 = M\frac{b^2}{3},$$

ove M indica la massa totale $4\varepsilon\mu ab$ del rettangolo. Il raggio d'inerzia è $\frac{b}{\sqrt{3}}$; il quale è anche il raggio d'inerzia d'una asta lunga $2b$ rispetto ad un asse perpendicolare passante per il suo centro, perchè a si può supporre piccola a piacere.

2°) Cerchiamo *il momento d'inerzia d'un parallelepipedo rettangolo* di lati $2a$, $2b$, $2c$ rispetto ad una retta per il suo centro e parallela agli spigoli di lunghezza $2a$.

Riferendoci al caso precedente, pensiamo il rettangolo di spessore $2c$, e l'asse Oz tirato per O normalmente al piano del foglio.

Si ha per definizione

$$I = \Sigma m(z^2 + y^2);$$

talchè, indicando con dv l'elemento di volume, si trova

$$I = \mu\Sigma(z^2 + y^2)dv = \mu\int_{-a}^{a}\int_{-b}^{b}\int_{-c}^{c}(z^2 + y^2)dx\cdot dy\cdot dz =$$

$$= \frac{8}{3}\mu abc(b^2 + c^2) = M\frac{b^2 + c^2}{3},$$

ove M indica la massa totale.

I momenti d' inerzia rispetto a due rette pel centro parallele agli altri spigoli saranno $M\frac{c^2+a^2}{3}$, $M\frac{a^2+b^2}{3}$. Perciò il momento d' inerzia rispetto a una retta tirata pel centro nella direzione α, β, γ, sarà dato da

$$I = \frac{M}{3}[(b^2+c^2)\alpha^2+(a^2+c^2)\beta^2+(a^2+b^2)\gamma^2].$$

3°) Si voglia ora determinare il *momento d' inerzia di un disco circolare sottilissimo* di raggio a rispetto ad un asse per il suo centro normale al piano del disco.

Riferendo i punti del disco a coordinate polari, si ha evidentemente

$$m = \varepsilon\mu ds = \varepsilon\mu r dr \cdot d\theta,$$

e per conseguenza

$$I = \Sigma m r^2 = \mu\varepsilon\int_0^{2\pi} d\theta \int_0^a r^3 dr = \varepsilon\mu\pi\frac{a^4}{2} = M\frac{a^2}{2},$$

essendo M la massa del disco

Se l'asse passa ad una certa distanza l dal baricentro, allora, per il teorema d' HUYGHENS dimostrato al Cap. II, si ha

$$I = M\frac{a^2}{2} + Ml^2 = \frac{M}{2}(a^2+2l^2).$$

Per un disco di spessore c, ossia per un cilindro, risulta la stessa formula; come facilmente si vede ponendo $\varepsilon = dc$ e integrando fra $\frac{c}{2}$ e $-\frac{c}{2}$.

4°) Infine, cerchiamo il *momento d' inerzia d' una sfera omogenea* di raggio a rispetto ad un suo diametro.

Per la simmetria si ha evidentemente

$$I = A = B = C;$$

ossia

$$I = \frac{1}{3}(A+B+C) \qquad I = \frac{2}{3}\Sigma m(x^2+y^2+z^2) = \frac{2}{3}\Sigma m r^2.$$

Ma riferendo lo spazio a coordinate polari col polo nel centro, si ha

$$m = \mu dv = \mu r^2 \operatorname{sen} \theta\, dr \cdot d\varphi \cdot d\theta,$$

in cui θ è la collatitudine, φ la longitudine; per conseguenza

$$I = \frac{2\mu}{3} \int_0^{2\pi} d\varphi \int_0^{\pi} \operatorname{sen} \theta d\theta \cdot \int_0^{a} r^4 dr = \frac{8\mu\pi}{3} \frac{a^5}{5} = M \frac{2a^2}{5},$$

dove M è la massa totale.

4. Considerando un corpo rigido, calcoliamo l'energia cinetica, l'impulso e il momento dell'impulso, riferendoci a una terna d'assi collegati col corpo.

Supponendo dapprima il corpo libero, prendiamo per origine il baricentro G e per assi gli assi centrali. Allora, per cose note, si ha [1]

$$2T = M\left(\frac{dG}{dt}\right)^2 + I\omega^2,$$

ove I è il momento d'inerzia rispetto all'asse istantaneo di rotazione; ossia, all'asse di $\boldsymbol{\omega}$. Ma, se p, q, r sono le proiezioni di $\boldsymbol{\omega}$ sugli assi scelti (Cinem., Cap. III), i coseni dell'asse istantaneo sono

$$\frac{p}{\omega}, \quad \frac{q}{\omega}, \quad \frac{r}{\omega};$$

perciò risulta (n. 1)

$$I = A\frac{p^2}{\omega^2} + B\frac{q^2}{\omega^2} + C\frac{r^2}{\omega^2};$$

e quindi

$$2T = M(u^2 + v^2 + w^2) + Ap^2 + Bq^2 + Cr^2, \tag{3}$$

ove u, v, w son le proiezioni di $\dfrac{dG}{dt}$.

(1) Cap. II.

Se il corpo ha un punto fisso O, l'energia è espressa, come sappiamo, da

$$2T = I\omega^2,$$

ove I ha il significato già detto; perciò scegliendo per assi gli assi principali d'inerzia relativi ad O, risulta

$$2T = Ap^2 + Bq^2 + Cr^2. \qquad (3')$$

Se ha un asse fisso, non c'è nulla da aggiungere a quel che fu detto nel Cap. II.

Prendendo ora la formula

$$\sum_s m_s(M_s - O) = M(G - O),$$

che definisce la posizione del baricentro rispetto a un punto O del corpo; si ottiene derivando

$$\sum_s m_s \frac{dM_s}{dt} = M\frac{dG}{dt};$$

la quale esprime che *la quantità di moto totale, o l'impulso del corpo uguaglia la quantità di moto del baricentro, se ivi si pensa condensata tutta la massa.* Perciò, dette u, v, w le proiezioni della velocità di G su tre assi ortogonali uscenti da O, le proiezioni dell'impulso totale sono

$$Mu, \quad Mv, \quad Mw.$$

Riguardo al momento risultante $\mathbf{Q}$ delle quantità di moto, o coppia d'impulso, prendendo l'origine nel baricentro del corpo, e ricordando la formula

$$\frac{dM_s}{dt} = \frac{dG}{dt} + \boldsymbol{\omega} \wedge (M_s - G),$$

si ricava

$$\sum_s m_s(M_s - G) \wedge \frac{dM_s}{dt} = -\frac{dG}{dt} \wedge \sum_s m_s(M_s - G) +$$

$$+ \sum_s m_s(M_s - G) \wedge [\boldsymbol{\omega} \wedge (M_s - G)] ;$$

e quindi

$$\mathbf{Q} = \sum_s m_s(M_s - G) \wedge [\boldsymbol{\omega} \wedge (M_s - G)] ;$$

perchè

$$\sum_s m(M_s - G) = 0 .$$

Assumendo per assi gli assi centrali, e indicando con x_s, y_s, z_s le coordinate di M_s, le proiezioni del vettore che comparisce sotto la sommatoria sono i minori della matrice

$$\begin{vmatrix} x_s & y_s & z_s \\ qz_s - ry_s & rx_s - pz_s & py_s - qx_s \end{vmatrix} ;$$

talchè, moltiplicati per m_s e fatta la somma rispetto all'indice s, si trovano, quali componenti della coppia d'impulso rispetto agli assi centrali, le semplici espressioni

$$Ap, \quad Bq, \quad Cr.$$

Lo stesso risultato vale per un corpo avente un punto fisso O, quando si scelga l'origine in quel punto, e per assi gli assi principali d'inerzia relativi ad O; perchè in questo caso si ha semplicemente

$$\frac{dM_s}{dt} = \boldsymbol{\omega} \wedge (M_s - O).$$

5. Passiamo ora allo studio del moto di alcuni sistemi particolari con due o più gradi di libertà.

Chiamasi *pendolo sferico o conico* il sistema con due gradi di libertà formato d'un punto materiale mobile sopra una superficie sferica e soggetto alla sola gravità. Un piccolo corpo collegato a un punto fisso mediante un filo flessibile e inestendibile di massa trascurabile, e non mobile semplicemente in un piano verticale, costituisce appunto un pendolo sferico (Fig. 59).

La posizione del punto P sulla sfera è definita da due coordinate; per esempio, dalla longitudine e dalla latitudine; oppure, dalla longitudine θ, contata rispetto a un piano verticale fisso passante pel centro O della sfera, e dalla distanza z del punto dal piano orizzontale passante pel centro stesso (contata positiva in basso, negativa in alto). Assumendo quest' ultime coordinate, si potrebbe partire dall'equazioni di LAGRANGE. Conviene invece osservare:

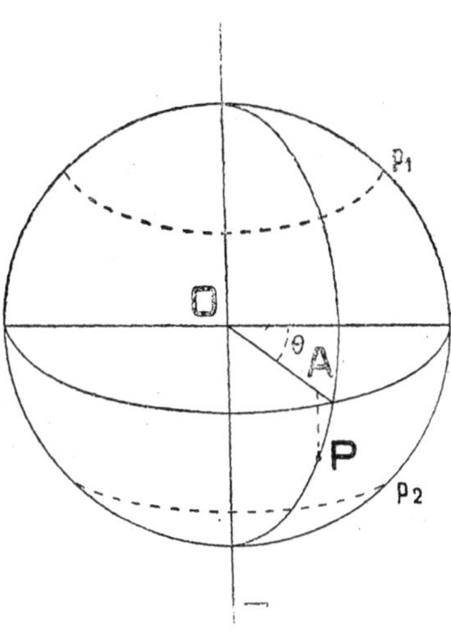

Fig. 59.

1°, che sussiste il principio della conservazione dell'energia; perchè il vincolo non varia col tempo e la forza è conservatrice; e non si ammettono attriti e resistenze;

2°, che il momento dell'impulso rispetto alla verticale per O è costante; perchè nullo è il momento del peso rispetto alla stessa verticale (Cap. IV).

Ne consegue l'esistenza dell'equazioni (integrali del moto)

$$(4) \qquad \mathrm{T} - U = \frac{1}{2}\left(\frac{dP}{dt}\right)^2 - gz = \frac{v^2}{2} - gz = h \qquad (m = 1)$$

$$(5) \qquad (P - O) \wedge \frac{dP}{dt} \times k = r^2 \frac{d\theta}{dt} = c,$$

ove $r = OA$; giacchè le proiezioni del momento della velocità sono, a meno d'un fattor costante, uguali alle velocità areali nei piani coordinati (Cinem., Cap. I). Notando che r e θ sono le coordinate polari della proiezione di P sul piano orizzontale, la (4) acquista esplicitamente la forma

$$\left(\frac{dr}{dt}\right)^2 + r^2\left(\frac{d\theta}{dt}\right)^2 + \left(\frac{dz}{dt}\right)^2 = 2gz + h;$$

ossia, per la (5),

$$\left(\frac{dr}{dt}\right)^2 + \left(\frac{dz}{dt}\right)^2 = 2gz - \frac{c^2}{r^2} + h.$$

Ma, detto a il raggio della sfera, sussiste la relazione evidente

$$r^2 = a^2 - z^2;$$

da cui

$$r\frac{dr}{dt} = -z\frac{dz}{dt},$$

e quindi

$$\left(\frac{dr}{dt}\right)^2 = \frac{z^2}{a^2 - z^2}\left(\frac{dz}{dt}\right)^2;$$

per conseguenza la precedente diventa, dopo facili riduzioni,

$$a^2\left(\frac{dz}{dt}\right)^2 = (a^2 - z^2)(2gz + h) - c^2 = f(z).$$

Integrando si deduce

$$t + \tau = a\int\frac{dz}{\pm\sqrt{f(z)}};$$

che esprime la relazione fra z e t.

Infine, dall'equazione

$$d\theta = \frac{c}{r^2}dt = \frac{c}{a^2 - z^2}dt,$$

notando che

$$dt = \frac{adz}{\pm\sqrt{f(z)}},$$

si trae

$$\theta + \theta_0 = a\int\frac{dz}{\pm(a^2 - z^2)\sqrt{f(z)}};$$

la quale insieme alla precedente definisce interamente il moto.

Nel radicale si terrà il segno positivo quando il moto è discendente, il negativo quando è ascendente. Negli istanti in cui s'annulla $f(z)$ il moto cambia di senso rispetto alla verticale. Orbene, l'equazione del terzo grado

$$f(z) = (a^2 - z^2)(2gz + h) - c^2 = 0,$$

ha tutte e tre le radici reali, qualunque siano le costanti h e c dipendenti dalle condizioni iniziali. Infatti, se z_0 è il valore iniziale di z, sarà $f(z_0) > 0$; altrimenti $\sqrt{f(z_0)}$ sarebbe immaginaria e non accadrebbe moto, contrariamente all'ipotesi. Inoltre, risulta ovviamente

$$f(a) < 0 \quad f(z_0) > 0 \quad f(-a) < 0;$$

per conseguenza esiste una radice z_1 compresa fra a e z_0; un'altra z_2 fra z_0 e $-a$; una terza esterna all'intervallo di variabilità della z, la quale non occorre nelle nostre considerazioni. In sostanza la z varierà tra z_1 e z_2; e quindi il mobile si muoverà costantemente sulla zona sferica compresa fra i due paralleli $z = z_1$ e $z = z_2$, toccando alternativamente ora l'uno, ora l'altro; a meno che il punto non si stacchi a un certo momento dalla superficie; il che potrebbe accadere.

Quando sia $c = 0$, dalla (5) risulta $\theta = \text{cost}$; perciò il moto avviene lungo un circolo massimo verticale. Si ritorna al moto del pendolo circolare già studiato.

Il problema del pendolo sferico è un caso particolare del problema riguardante il moto d'un punto materiale sopra una superficie qualunque; per lo studio del quale bisognerà usare direttamente l'equazioni di LAGRANGE.

Circa questo caso generale, ci limiteremo a dimostrare che un punto materiale messo in moto sopra una superficie qualunque, sulla quale è costretto a rimanere, percorre una geodetica della superficie stessa, quando non agiscono forze.

Infatti, il principio di D'ALEMBERT (Cap. II, equaz. (I)) si traduce in tal caso nella semplice equazione

$$m \frac{d^2 M}{dt^2} \times \delta M = 0,$$

valida per spostamenti δM tangenti alla superficie. Ma essendo, per cose note, l'energia $\frac{1}{2} m v^2 - U$ costante; ossia, nel caso presente, $v = \text{cost}$ e perciò l'accelerazione tangenziale $\frac{dv}{dt} = 0$; tutta l'accelerazione $\frac{d^2 M}{dt^2}$ è diretta secondo la normale principale alla traiettoria; talchè la precedente equazione esprime che la normale principale è anche normale alla superficie. Questa è appunto la proprietà caratteristica delle *geodetiche* d'una superficie; le quali, com'è noto, segnano sulla superficie stessa il più breve cammino tra due punti sufficientemente vicini.

6. Molto importante è lo studio del moto di un corpo rigido intorno a un punto fisso.

Prendiamo una terna d'assi $(Oxyz)$ fissi nello spazio con l'origine nel punto fisso O, e un'altra terna $(Ox_1 y_1 z_1)$ collegata col corpo e formata dagli assi principali d'inerzia relativi ad O. I coseni degli angoli che questa seconda terna fa con la prima si esprimono in funzione dei tre angoli Euleriani (Cinem., Cap. V).

Anche qui, si potrebbero invocare l'equazioni di LAGRANGE, o applicare direttamente il principio di D'ALEMBERT; ma si procede più rapidamente partendo dall'equazione del momento dell'impulso (Cap. IV), la quale come fu detto, sussiste in questo caso.

Indicando con $\mathbf{Q}$ il vettore rappresentante il momento d'impulso e con Ω il momento del sistema di forze (l'uno e l'altro rispetto al punto fisso), si ha l'equazione

$$\frac{d\mathbf{Q}}{dt} = \Omega \tag{6}$$

Ma conviene riferirsi alla terna collegata col corpo. A tale fine basta invocare la formula

$$\frac{d\mathbf{Q}}{dt} = \left(\frac{d\mathbf{Q}}{dt}\right)_1 + \boldsymbol{\omega} \wedge \mathbf{Q}$$

dimostrata nel Cap. III della cinematica, ove $\left(\frac{d\mathbf{Q}}{dt}\right)_1$ è la derivata di $\mathbf{Q}$ calcolata da un osservatore collegato col corpo, e $\boldsymbol{\omega}$ è il vettore rappresentante lo stato cinetico di rotazione. Con ciò la (6) diventa

$$\left(\frac{d\mathbf{Q}}{dt}\right)_1 + \boldsymbol{\omega} \wedge \mathbf{Q} = \Omega . \tag{6'}$$

Per esplicitarla, ricordiamo che Ap, Bq, Cr sono le proiezioni di $\mathbf{Q}$ sugli assi collegati col corpo (essendo A, B, C i momenti principali d'inerzia); e denotiamo con L_1, M_1, N_1 le analoghe proiezioni di Ω (che sono i momenti del sistema di forze rispetto ai dati assi); allora essa si scinde nelle tre equazioni scalari (equazioni d'Eulero):

$$\begin{aligned} A\frac{dp}{dt} + (C - B)qr &= L_1 \\ B\frac{dq}{dt} + (A - C)rp &= M_1 \\ C\frac{dr}{dt} + (B - A)pq &= N_1 . \end{aligned} \tag{7}$$

In generale questi momenti L_1 M_1 N_1 sono funzioni di t, degli angoli Euleriani φ, θ, ψ, e delle loro derivate prime.

Ricordando poi le relazioni (Cinem., Cap. V)

$$\begin{aligned} p &= \operatorname{sen}\varphi \operatorname{sen}\theta \frac{d\psi}{dt} + \cos\varphi \frac{d\theta}{dt} \\ q &= \cos\varphi \operatorname{sen}\theta \frac{d\psi}{dt} - \operatorname{sen}\varphi \frac{d\theta}{dt} \\ r &= \cos\theta \frac{d\psi}{dt} + \frac{d\varphi}{dt} , \end{aligned} \tag{7'}$$

si vede che queste e le (7) *costituiscono l'equazioni differenziali del moto di un corpo intorno a un punto fisso.* Invero, sono sei equazioni del primo ordine tra p, q, r, θ, φ, ψ, che definiscono queste sei funzioni mediante il tempo t e sei costanti arbitrarie. Dati la posizione iniziale del corpo (θ_0 φ_0 ψ_0) e il suo stato cinetico iniziale (p_0, q_0, r_0), le sei costanti risulteranno determinate.

Viceversa; dato il moto, le stesse equazioni servono al calcolo della coppia capace di produrre quel moto.

7. Cominciando da quest'ultimo problema, che è il più facile dei due, ci limiteremo allo studio di un caso semplice per dedurne conseguenze di particolare interesse.

Supponiamo che l'ellissoide d'inerzia del corpo che si considera sia di rotazione intorno all'asse Oz_1 (detto in questo caso asse di figura) cui compete il momento principale C, e che la sola forza agente, d'intensità F, sia applicata in un punto D di quell'asse alla distanza l da O, perpendicolarmente all'asse stesso. Avremo manifestamente

$$A = B, \quad L_1 = -lF \operatorname{sen} \lambda, \quad M_1 = lF \cos \lambda, \quad N_1 = 0,$$

in cui λ è l'angolo della forza con gli altri due assi principali d'inerzia Ox_1 e Oy_1, scelti a piacere nel piano equatoriale dell'ellissoide. Perciò le (7) diventano

$$(7'') \qquad \begin{aligned} A\frac{dp}{dt} + Er_0 q &= -lF \operatorname{sen} \lambda \\ A\frac{dq}{dt} - Er_0 p &= lF \cos \lambda \\ r = r_0 (\text{cost}) \quad & E = C - A \end{aligned}$$

Orbene, si voglia produrre, mediante una forza agente nel modo suddetto, un dato moto di precessione regolare (Cinem. Cap. V, n. 3) definito dal vettore $\boldsymbol{\omega}$ (il cui asse passa per O) di grandezza costante ω_0 (velocità angolare), inclinato dell'angolo β_0 (costante) rispetto ad Oz_1 e dell'angolo γ_0 (costante) rispetto a un certo asse Oz fisso nello spazio e giacente nel piano di Oz_1 e di $\boldsymbol{\omega}$, che si assumerà per asse delle z. Posto

$$p = u_0 \cos\alpha, \quad q = u_0 \operatorname{sen}\alpha, \quad \theta = \operatorname{ang}(Oz, Oz_1),$$

si avrà

$$r_0 = \omega_0 \cos\beta_0, \quad \sqrt{p^2 + q^2} = u_0 = \omega_0 \operatorname{sen}\beta_0,$$

$$\frac{p}{q} = \operatorname{cotg}\alpha, \quad \theta = \pm(\gamma_0 \pm \beta_0) = \theta_0 \text{ (cost)};$$

perciò dalle (7′) si deduce

$$u_0 \cos\alpha = \operatorname{sen}\varphi \operatorname{sen}\theta_0 \frac{d\psi}{dt}, \quad u_0 \operatorname{sen}\alpha = \cos\varphi \operatorname{sen}\theta_0 \frac{d\psi}{dt}$$

$$r_0 = \cos\theta_0 \frac{d\psi}{dt} + \frac{d\varphi}{dt};$$

da cui

$$\operatorname{cotg}\alpha = \operatorname{tang}\varphi, \quad \frac{d\psi}{dt} = \frac{u_0}{\operatorname{sen}\theta_0}, \quad \frac{d\varphi}{dt} = r_0 - u_0 \operatorname{cotg}\theta_0 = c;$$

e quindi anche

$$\alpha = \frac{\pi}{2} - \varphi, \quad \frac{d\alpha}{dt} = -c.$$

Sostituendo nelle (7″) si trova

$$F\cos\lambda = -\frac{u_0}{l}(Ac + Er_0)\cos\alpha$$

$$F\operatorname{sen}\lambda = -\frac{u_0}{l}(Ac + Er_0)\operatorname{sen}\alpha;$$

da cui

$$F = \frac{u_0}{l}(Ac + Er_0), \quad \lambda = \pi + \alpha.$$

Se fosse $Ac + Er_0 = 0$; ossia, se l'imposto moto di precessione soddisfacesse a questa condizione, esso si produrrebbe pel solo effetto della spinta iniziale, senza il soccorso d'alcuna forza. E noi vedremo nei paragrafi seguenti [1] che un corpo, avente l'ellissoide d'inerzia di rotazione e non sollecitato da forze, assume sempre un moto di preces-

[1] Vedi n. 9.

sione regolare, quando gli venga impressa una rotazione iniziale definita dal vettore applicato $(O, \boldsymbol{\omega})$. Perciò gli elementi di questo vettore determinano il detto moto di precessione, e, in particolare, l'inclinazione costante θ dell'asse di precessione Oz rispetto all'asse di figura Oz_1. Ma quando, oltre $\boldsymbol{\omega}$, vien dato *a priori*, come nel caso nostro, l'asse Oz, l'espressione $Ac + Er_0$ non è più nulla; e l'analisi precedente dimostra che per produrre quel moto occorre applicare normalmente all'asse Oz_1 una forza costante (o una coppia in un piano per Oz_1) di momento, rispetto ad O,

$$(8) \qquad Fl = u_0(Ac + Er_0) = u_0(Cr_0 - Au_0 \operatorname{cotg} \theta_0),$$

e diretta (o giacente, se si parla di coppia) nel piano di Oz e Oz_1.

Si voglia, per esempio, che l'asse di precessione Oz sia perpendicolare ad Oz_1 (allora Oz_1 si muoverà in un piano). Basta porre $\theta_0 = \frac{\pi}{2}$; ne risulta

$$Fl = Cu_0 r_0.$$

In questo caso r_0 è la velocità angolare intorno all'asse di figura e u_0 quella intorno all'asse di precessione. Si conclude pertanto: *Posto il corpo in rotazione intorno al suo asse di figura Oz; rotazione che proseguirebbe immutata, come vedremo al n. 8, se non agissero forze; per far girare cotesto asse in un piano normale a una certa retta fissa Oz colla velocità angolare u_0 occorre applicare nel piano di Oz e Oz_1 una coppia di momento $Cu_0 r_0$.*

Questa teorema è a primo aspetto paradossale; perchè, mentre parrebbe naturale aspettarsi un moto di Oz_1 nel piano stesso in cui agisce la forza, si riscontra con sorpresa che l'asse Oz_1 uscirà da quel piano e girerà in un altro piano normale ad Oz. Il curioso e interessante fenomeno è dovuto, come dimostra l'analisi fatta, all'esistenza del moto di rotazione del corpo intorno al suo asse di figura. In virtù di questo il corpo reagisce contro la forza, e l'effetto della reazione è lo spostamento suddetto dell'asse.

Per esempio, durante *il viraggio* d'un aeroplano, l'asse di rotazione dell'elica, essendo forzato da una certa coppia di momento M (quella prodotta dalla resistenza dell'aria sul timone di direzione) a spostarsi in un piano, reagisce conformemente alla legge anzidetta; onde assume una rotazione di velocità angolare $u_0 = M : Cr_0$ ($r_0 =$ vel. ang. dell'elica) intorno a un asse giacente nel piano di viraggio e perpendicolare all'asse dell'elica; il che produce certi effetti ben noti agli aviatori (variazione *dell'angolo d'attacco*).

Tornando per un momento al caso generale, notiamo che la (8), con la sostituzione dei valori di c, r_0, u_0, acquista la forma

$$Fl = \omega_0^2 \operatorname{sen}^2 \beta_0 (C \operatorname{cotg} \beta_0 - A \operatorname{cotg} \theta_0).$$

Sia α_0 il valore dell'angolo θ nella libera precessione (non modificata da forze) definita da ω_0 e β_0, e sia, nella precessione forzata, $\theta_0 = \alpha_0 + \varepsilon$ con ε assai piccolo. Allora, essendo per le cose dette,

$$Ac + Er_0 \equiv C \operatorname{cotg} \beta_0 - A \operatorname{cotg} \alpha_0 = 0;$$

e, approssimativamente,

$$\operatorname{cotg} \theta_0 = \operatorname{cotg} (\alpha_0 + \varepsilon) = \frac{\cos \alpha_0 - \varepsilon \operatorname{sen} \alpha_0}{\operatorname{sen} \alpha_0 + \varepsilon \cos \alpha_0} = (\operatorname{cotg} \alpha_0 - \varepsilon)(1 + \varepsilon \operatorname{cotg} \alpha_0)^{-1}$$

$$= \operatorname{cotg} \alpha_0 - \varepsilon (1 + \operatorname{cotg}^2 \alpha_0) + \ldots\ldots ;$$

si ottiene, limitandosi ai termini in ε,

$$Fl = A\varepsilon\omega^2 \frac{\operatorname{sen}^2 \beta_0}{\operatorname{sen}^2 \alpha_0} = \varepsilon \frac{A^2 \operatorname{sen}^2 \beta_0 + C^2 \cos^2 \beta_0}{A} \omega_0^2.$$

Notando che il momento Q della coppia d'impulso è dato da

$$Q^2 = A^2 p^2 + A^2 q^2 + C^2 r^2 = A^2 \omega_0^2 + C^2 r_0^2 = \omega_0^2 (A^2 \operatorname{sen}^2 + \beta_0 + C^2 \cos^2 \beta_0),$$

si ha infine

$$Fl = \frac{\varepsilon}{A} Q^2;$$

la quale esprime che *il momento della coppia occorrente per deviare di poco l' asse di precessione rispetto alla sua posizione iniziale è proporzionale al quadrato del momento della coppia d' impulso.*

Cresce perciò rapidamente al crescere di Q.

8. Circa il problema di determinare il moto date le forze, occorre, per risolverlo, integrare il sistema delle (7) e (7'). Tale integrazione non si sa fare che in casi molto particolari, ma dei più importanti. Supponiamo anzitutto che il corpo sia sollecitato soltanto dalla gravità. Poi, per cominciare dal caso più semplice, ammetteremo che il corpo sia sospeso pel suo baricentro.

Allora i momenti L, M, N son nulli (come se non esistessero forze). Il moto si chiama *moto per inerzia*; giacchè il corpo si muove soltanto per effetto dell'impulso iniziale (è anche detto *moto alla Poinsot*).

Le (7) diventano

$$\begin{aligned} A\frac{dp}{dt} &= (B-C)qr \\ B\frac{dq}{dt} &= (C-A)rp \qquad (9) \\ C\frac{dr}{dt} &= (A-B)pq; \end{aligned}$$

le quali non contengono più θ, φ, ψ; perciò s' integrano indipendentemente dalle (7') e definiscono ω in funzione di t.

In questo caso esistono evidentemente gl' integrali che esprimono la conservazione dell'energia e la costanza della coppia d' impulso. Essi sono, per cose note,

$$2T = Ap^2 + Bq^2 + Cr^2 = h^2$$
$$A^2p^2 + B^2q^2 + C^2r^2 = k^2;$$

con la seconda delle quali si è espresso solamente che la grandezza di $\mathbf{Q}$ è costante [1].

Dividendo il primo integrale per k, si trae

$$\frac{Ap}{k}p + \frac{Bq}{k}q + \frac{Cr}{k}r = \frac{\mathbf{Q}}{k}\times\boldsymbol{\omega} = \frac{h^2}{k} = \mu;$$

onde si vede che la costante μ rappresenta la proiezione di $\boldsymbol{\omega}$ sull'asse della coppia d'impulso (asse che ha una direzione fissa nello spazio).

Ora ponendo per comodo

$$\frac{k^2}{h^2} = D;$$

si deduce $\qquad k = D\mu \quad h^2 = D\mu^2;$

e perciò gli integrali precedenti diventano

$$(9')\qquad \begin{aligned} Ap^2 + Bq^2 + Cr^2 &= D\mu^2 \\ A^2p^2 + B^2q^2 + C^2r^2 &= D^2\mu^2 . \end{aligned}$$

Si vede facilmente che la costante D ha le dimensioni di un momento d'inerzia.

Sia OS l'asse della coppia d'impulso (che ha orientazione fissa nello spazio); $O - P$ il vettore $\boldsymbol{\omega}$ nell'istante attuale (Fig. 60).

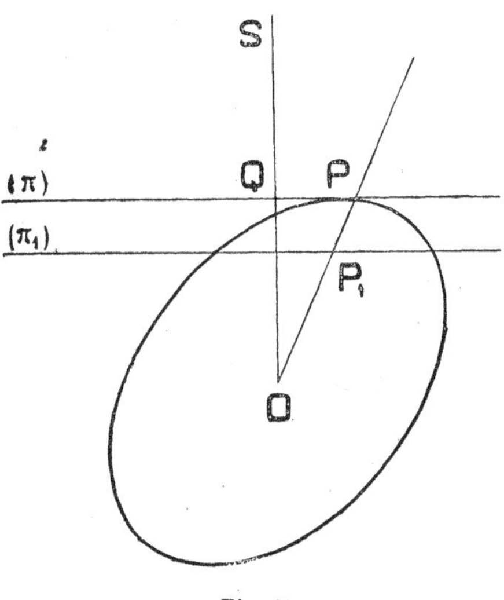

Fig. 60.

La proiezione $OQ = \mu$ di $\boldsymbol{\omega}$ sopra OS è costante; per conseguenza l'estremo P del vettore $\boldsymbol{\omega}$ sarà sempre (cioè in qualunque istante) sul piano (Π) nor-

[1] Si ottengono direttamente moltiplicando le (9) una prima volta per $2p$, $2q$, $2r$; una seconda volta per $2Ap$, $2Bq$, $2Cr$; poi sommandole ciascuna volta e integrando.

male a OS e distante μ da O. D'altra parte, considerando l'ellissoide

$$Ax_1^2 + By_1^2 + Cz_1^2 = D\mu^2,$$

omotetico all'ellissoide d'inerzia, la prima delle (9') esprime che l'estremo P (le cui coordinate rispetto agli assi collegati col corpo sono p, q, r) giace costantemente sopra codesto ellissoide. Di più è sempre tangente al piano fisso (Π) in P; perchè, essendo il piano tangente in P rappresentato dall'equazione

$$Apx_1 + Bqy_1 + Crz_1 = D\mu^2,$$

la sua distanza da O è

$$\frac{D\mu^2}{\sqrt{A^2p^2 + B^2q^2 + C^2r^2}} = \frac{D\mu^2}{D\mu} = \mu.$$

Si conclude pertanto:

Il corpo si muove in guisa che l'ellissoide considerato (che è fisso nel corpo) *ruota intorno al suo centro mantenendosi costantemente tangente al piano* (Π) *fisso nello spazio*. In altri termini, *il detto ellissoide collegato col corpo rotola sul piano fisso* (Π).

Poichè cotesto ellissoide dipende, pel tramite delle costanti D a μ, dalle condizioni iniziali, è vantaggioso sostituire ad esso l'ellissoide d'inerzia, che è indipendente da tali condizioni. Anche quest'ellissoide, essendo omotetico al precedente, rotola durante il moto del corpo sopra un piano fisso (Π_1) normale ad OS. Ma la sua distanza da O non è più μ. Per determinarla basta osservare, che, in virtù della prima delle (9'), il punto di coordinate

$$\sqrt{\mathrm{M}}\frac{p}{\mu\sqrt{D}}, \quad \sqrt{\mathrm{M}}\frac{q}{\mu\sqrt{D}}, \quad \sqrt{\mathrm{M}}\frac{r}{\mu\sqrt{D}}$$

giace sull'ellissoide d'inerzia

$$Ax_1^2 + By_1^2 + Cz_1^2 = \mathrm{M}; \quad (\mathrm{M} = \text{massa totale})$$

il cui piano tangente in quel punto ha per equazione (in

figura punto P_1)

$$\frac{Ap}{\mu\sqrt{DM}}x_1+\frac{Bq}{\mu\sqrt{DM}}y_1+\frac{Cr}{\mu\sqrt{DM}}z_1=1;$$

per conseguenza la sua distanza da O è data da

$$\frac{1}{\sqrt{\frac{1}{MD\mu^2}(A^2p^2+B^2q^2+C^2r^2)}}=\sqrt{\frac{M}{D}}.$$

Orbene, nella cinematica (Cap. V) abbiamo studiato, in vista appunto di questo problema, il moto di rotolamento sopra un piano fisso d' un ellissoide mobile intorno al suo centro. La distanza del piano dal centro varia al variare della quantità D, la quale dipende dalle condizioni iniziali. Date queste, e quindi noto D, resta definita la *poloide*; ossia il luogo dei punti di contatto sull' ellissoide. Si ha così un' imagine quasi visiva del moto per inerzia.

Dalla considerazione delle poloidi, che abbiamo minutamente discusse nella cinematica, si trae subito questa conseguenza importante: *Se s'imprime al corpo una rotazione intorno ad uno degli assi principali d' inerzia cui compete il massimo o il minimo momento d' inerzia, esso seguiterà a ruotare perennemente e uniformemente intorno a quell' asse, come se fosse fisso; e questa rotazione è un moto stabile.* Invero, sia Ox, uno di quegli assi e X il suo incontro (dal lato positivo) con l'ellissoide (Cinem., Fig. 28). Imprimendo una rotazione iniziale intorno a Ox, il polo X non può spostarsi, perchè per X non passa nessuna poloide, ed è esso stesso poloide. Perciò il corpo dovrà ruotare sempre intorno a Ox. Inoltre, se durante cotesta rotazione si urta leggermente il corpo, il suo stato cinetico viene un poco a mutare dopo l' urto, per modo che il piano fisso cambia di posizione e il suo punto di contatto con l' ellissoide sarà un nuovo punto X' molto vicino a X. A partire da queste condizioni il moto deve avvenire in guisa che X' descriva una poloide. Ma una poloide passante per un punto vicino ad X è, come sappiamo, una piccola curva chiusa circondante X; perciò il moto del corpo non sarà molto diverso dalla primitiva rotazione. Questa proprietà è appunto il carattere distintivo della stabilità. Identico ragionamento vale per l'altro asse di momento massimo o minimo. Sono chiamati perciò *assi permanenti di rotazione.*

Anche il terzo asse principale d'inerzia, cui compete un momento nè massimo nè minimo, è asse permanente di rotazione; il che s'intuisce (senza indugiarsi in una dimostrazione rigorosa) osservando che per il punto di contatto Y (Fig. 28) dell'ellissoide col piano passano due poloidi perfettamente simmetriche; talchè, durante il moto, Y potrebbe percorrere o l'una o l'altra. Ma non essendovi ragioni di preferenza, segue che rimarrà costantemente nella sua primitiva posizione. Basta nondimeno un piccolo urto perchè, scostandosi il punto di contatto da cotesta posizione, esso percorra una poloide che abbraccia tutto l'ellissoide. Cotesta rotazione permanente è dunque *instabile.*

Dalle cose dette risulta che, se si fissa un altro punto O_1 d'un asse permanente di rotazione (intorno al quale avvenga il moto), non si esercita sopra O_1 alcun sforzo (pressione o trazione); giacchè esso non tende a spostarsi. Supponiamo di fissarlo effettivamente, e di lasciar libero O. Se quell'asse è anche asse principale d'inerzia rispetto ad O_1; e allora sarà *asse centrale*; la rotazione seguiterà intorno all'asse come se fosse fisso. Dunque, *se un corpo rigido libero, non soggetto a forze, è posto in rotazione intorno a un asse centrale, seguiterà a ruotare uniformemente intorno a quell'asse; il quale perciò, pur reso fisso, non sopporterà pressioni o trazioni di sorta.*

Per esempio, affinchè un volante che ruota con grande velocità costante non eserciti alcun sforzo sul proprio asse (salvo la pressione derivante dal peso) occorre che quell'asse sia un asse centrale.

9. Passiamo alla risoluzione analitica del precedente

problema. Dai due integrali (9'), eliminando r, si ricava

$$A(A-C)p^2+B(B-C)q^2=D\mu^2(D-C);$$

alla quale si soddisfa ovviamente ponendo

$$A(A-C)p^2=D\mu^2(D-C)\cos^2\sigma$$
$$B(B-C)q^2=D\mu^2(D-C)\,\text{sen}^2\,\sigma,$$

ove σ è un parametro ausiliario. Sostituendo nel primo integrale si ottiene

$$D\mu^2(D-C)\left\{\frac{\cos^2\sigma}{A-C}+\frac{\text{sen}^2\,\sigma}{B-C}\right\}+Cr^2=D\mu^2;$$

da cui

$$Cr^2=D\mu^2\left[\frac{A-D}{A-C}-\frac{(D-C)(A-B)}{(A-C)(B-C)}\,\text{sen}^2\,\sigma\right].$$

In conclusione si hanno le formule

$$p^2=D\mu^2\frac{D-C}{A(A-C)}\cos^2\sigma$$

$$q^2=D\mu^2\frac{D-C}{B(B-C)}\,\text{sen}^2\,\sigma$$

$$r^2=D\mu^2\frac{A-D}{C(A-C)}\left[1-\frac{(D-C)(A-B)}{(A-D)(B-C)}\,\text{sen}^2\,\sigma\right].$$

Per determinare σ in funzione del tempo basta valersi di una dell'equazioni del moto. Usando la prima, che si può scrivere sotto la forma

$$\frac{dp^2}{dt}=2\frac{B-C}{A}pqr,$$

e sostituendo a p, q, r, i loro valori, si deduce facilmente

$$\frac{d\sigma}{dt}=\pm\sqrt{\frac{D\mu^2(A-D)(B-C)}{ABC}}\sqrt{1-a^2\,\text{sen}^2\,\sigma};$$

ove

$$a^2 = \frac{(D - C)(A - B)}{(A - D)(B - C)},$$

da cui

$$\sqrt{\frac{D\mu^2(A - D)(B - C)}{ABC}}\,(t + \tau) = \pm \int_0^\sigma \frac{d\sigma}{\sqrt{1 - a^2 \operatorname{sen}^2 \sigma}},$$

che è (salvo il valore delle costanti) l'integrale ellittico che già trovammo nel moto del pendolo; purchè a sia reale e minor d'uno. Ciò avviene manifestamente per le condizioni iniziali che rendono $D < B$, ammesso $A > B > C$. Allora r non s'annulla mai; mentre p e q s'annullano rispettivamente per $\sigma = 0$, $\sigma = \frac{\pi}{2}$; onde cambiano di segno alternativamente. Nell'integrale si terrà il segno positivo quando σ cresce col tempo; il negativo quando diminuisce.

Nel caso che per le condizioni iniziali risulti $D > B$, bisogna porre

$$B(B-A)q^2 = D\mu^2(D-A)\operatorname{sen}^2\sigma, \quad C(C-A)r^2 = D\mu^2(D-A)\cos^2\sigma$$

e ricavare in conseguenza p^2. Il procedimento di calcolo e la discussione sono identici a quelli del caso precedente.

Nel caso particolarissimo $D = B$, l'integrale ellittico si riduce a

$$\int_0^\sigma \frac{dt}{\cos\sigma} = \log \frac{1 + \operatorname{tang}\frac{\sigma}{2}}{1 - \operatorname{tang}\frac{\sigma}{2}},$$

onde si possono ottenere le p, q, r in funzione esplicita di t. Il lettore potrà per suo esercizio sviluppare i calcoli, e vedrà che, quando t tende all'infinito, p ed r tendono a zero e q a $\pm\mu$. Se poi ricorderà che per $D = B$ la poloide è un'ellisse, di cui un asse è l'asse medio dell'ellissoide d'inerzia, dedurrà subito che tale poloide non è descritta per intero, ma che l'asse istantaneo di rotazione del corpo tende assintoticamente verso l'asse medio, che è un asse permanente di rotazione instabile.

Per completare la risoluzione del problema restano a determinare θ, φ, ψ in funzione di t, o di σ. Poichè *l'asse della coppia d'impulso è anche costante in direzione,* assumiamolo come asse fisso delle z. Allora

$$\cos(z, x_1) = \frac{Ap}{k}, \quad \cos(z, y_1) = \frac{Bq}{k}, \quad \cos(z, z_1) = \frac{Cr}{k}.$$

Ma d'altra parte, per quanto fu visto in cinematica (Cap. V),

$$\cos(z, x_1) = \operatorname{sen}\varphi \operatorname{sen}\theta; \ \cos(z, y_1) = \cos\varphi \operatorname{sen}\theta; \ \cos(z, z_1) = \cos\theta;$$

per conseguenza

$$(11) \quad \frac{Ap}{k} = \operatorname{sen}\varphi \operatorname{sen}\theta; \quad \frac{Bq}{k} = \cos\varphi \operatorname{sen}\theta; \quad \frac{Cr}{k} = \cos\theta;$$

dalle quali si deduce $\cos\theta$ e $\operatorname{tang}\varphi$ in funzione di p, q, r, e quindi di σ.

Quanto a ψ, dalle (7') si trae

$$p \operatorname{sen}\varphi + q \cos\varphi = \operatorname{sen}\theta \frac{d\psi}{dt},$$

e per le precedenti

$$\frac{Ap^2 + Bq^2}{k \operatorname{sen}\theta} = \frac{h^2 - Cr^2}{k \operatorname{sen}\theta} = \operatorname{sen}\theta \frac{d\psi}{dt}.$$

Ne consegue

$$\frac{d\psi}{dt} = \frac{h^2 - Cr^2}{k \operatorname{sen}^2\theta} = k \frac{h^2 - Cr^2}{k^2 - C^2 r^2};$$

e infine

$$\frac{d\psi}{d\sigma}\frac{d\sigma}{dt} = k \frac{h^2 - Cr^2}{k^2 - C^2 r^2} = D\mu \frac{D\mu^2 - Cr^2}{D^2\mu^2 - C^2 r^2}.$$

Ma $\dfrac{d\sigma}{dt}$ e r son funzioni di σ; perciò con una quadratura anche ψ resta determinata in funzione di σ.

Notabile è il caso particolare in cui l'ellissoide d'inerzia è di rotazione. Supponiamo, per esempio, $A = B$. Gl' integrali (9) diventono

$$A(p^2 + q^2) + Cr^2 = h^2, \quad A^2(p^2 + q^2) + C^2r^2 = k^2;$$

dai quali si deduce

$$p^2 + q^2 = \varepsilon^2, \quad r = r_0,$$

ove ε e r_0 son costanti. Ne consegue che anche la velocità angolare $\omega^2 = p^2 + q^2 + r^2$ sarà costante durante tutto il moto. Inoltre, indicando con γ l'angolo che l'asse istantaneo fa con Oz_1 (asse cui compete il momento d'inerzia C), si ha $r_0 = \omega \cos \gamma$; per conseguenza anche γ è costante.

Infine, se α è l'angolo che la proiezione di $\boldsymbol{\omega}$ sul piano $x_1 y_1$ fa con Ox_1, si ha

$$p = \varepsilon \cos \alpha, \quad q = \varepsilon \operatorname{sen} \alpha;$$

e allora le (11) danno (essendo $A = B$)

$$\operatorname{cotg} \alpha = \operatorname{tang} \varphi, \quad \theta = \operatorname{tang}(z, z_1) = \text{cost};$$

la prima delle quali esprime che l'asse istantaneo è normale alla linea nodale; ossia, giace nel piano di Oz e Oz_1. Risulta poi anche $\frac{d\psi}{dt} = \text{cost}$. Da tutto ciò segue manifestamente che *il moto per inerzia intorno a un punto fisso d'un corpo avente l'ellissoide d'inerzia di rivoluzione è sempre un moto di precessione regolare.*

10. Quando il punto fisso non è il baricentro, per modo che l'azione della gravità non è nulla, il corpo chiamasi un *giroscopio.* Il più importante per le sue belle proprietà e per le applicazioni, e in pari tempo il più semplice, è *il giroscopio simmetrico,* costituito da un corpo di tal forma e sospeso in tal punto, che l'ellissoide d'inerzia (s' intende relativo a quel punto) sia di rivoluzione, e il baricentro cada sull'asse di rivoluzione dell'ellissoide (asse del giroscopio). Tal'è, per esempio, la comune *trottola* fissata per la sua punta.

Assumendo per asse Oz, l'asse del giroscopio e per Ox_1 e Oy_1 due assi rettangolari nel piano equatoriale dell'ellissoide (sono i tre assi principali d'inerzia), e indicate con ξ, η, ζ le coordinate dal baricentro G rispetto ai detti assi, il giroscopio simmetrico è caratterizzato dalle condizioni $A = B$, $\xi = \eta = 0$; introducendo le quali nelle (7), si ottengono, unitamente alle (7'), l'equazioni differenziali del moto. Orbene, l'ultima delle (7) si riduce a $\frac{dr}{dt} = 0$, che dà $r = r_0 = \text{cost}$; la quale esprime che la proiezione di ω sull'asse del giroscopio serba un valore costante.

Inoltre, essendo nullo il momento del peso rispetto alla verticale OV (s'immagina tirata dall'alto in basso), sarà costante il momento dell'impulso rispetto alla stessa verticale (Cap. IV); talchè indicate con α, β, γ i coseni ch'essa fa con la terna $(Ox_1 y_1 z_1)$, risulta

$$(14) \qquad Ap\alpha + Aq\beta + Cr\gamma = k. \qquad (k = \text{cost})$$

Infine, per questo sistema ha luogo la conservazione dell'energia; talchè, notando che il potenziale della gravità è $\mathrm{M}g\zeta\gamma$ (M = massa totale), si ha

$$(15) \qquad Ap^2 + Aq^2 + Cr^2 = 2\mathrm{M}g\zeta\gamma + h = L\gamma + h.$$

In complesso abbiamo tre integrali dell'equazioni del moto. Con essi e con le (7') il problema si riduce facilmente alle quadrature. Ma qui vogliamo solamente studiare alcuni moti particolari.

Dalle (7') si trae

$$p \cos\varphi - q \operatorname{sen}\varphi = \frac{d\theta}{dt}.$$

Moltiplicando per $\operatorname{sen}\theta$ e notando che (vedi numero precedente)

$$(16) \qquad \operatorname{sen}\theta \cos\varphi = \beta, \quad \operatorname{sen}\theta \operatorname{sen}\varphi = \alpha, \quad \cos\theta = \gamma,$$

risulta

$$\frac{d\gamma}{dt} = q\alpha - p\beta; \tag{17}$$

quindi

$$\left(\frac{d\gamma}{dt}\right)^2 = (q\alpha - p\beta)^2 = \begin{bmatrix} \alpha & \beta \\ p & q \end{bmatrix}^2 = (\alpha^2 + \beta^2)(p^2 + q^2) - (\alpha p + \beta q)^2;$$

da cui, per le (14) e (15),

$$\left(\frac{d\gamma}{dt}\right)^2 = (1 - \gamma^2)(l\gamma + \lambda) - (a - cr_0\gamma)^2 = f(\gamma),$$

giacchè $\alpha^2 + \beta^2 + \gamma^2 = 1$ e $r = r_0$; avendo posto

$$l = \frac{L}{A}, \quad \lambda = \frac{h - Cr_0^2}{A}, \quad c = \frac{C}{A}, \quad a = \frac{k}{A}.$$

Se γ_0 è il valore iniziale di γ, sarà necessariamente $f(\gamma_0) > 0$. Ma risulta $f(1) < 0$, $f(-1) < 0$, perciò l'equazione $f(\gamma) = 0$ ammette due radici reali γ_1 e γ_2 comprese fra $+1$ e -1. La terza radice, essendo fuori di questo intervallo, non è da considerarsi, perchè γ rappresenta un coseno. Ne consegue che il baricentro (che si trova sopra Oz_1) avrà, rispetto alla verticale, moto alternativamente ascendente e discendente, descrivendo una curva sferica (raggio ζ) compresa fra i paralleli corrispondenti a $\gamma = \gamma_1$, $\gamma = \gamma_2$, e toccando ora l'uno e ora l'altro.

Questo in generale. Ma può avvenire in particolare che risulti $\gamma_1 = \gamma_2$. In tal caso i due paralleli coincidono in uno solo, e la traiettoria del baricentro diventa un parallelo. Allora γ risulta costante; e quindi costanti saranno pure $p^2 + q^2$ (per la (15)), ω e θ. Ricordando quanto si è detto sul moto per inerzia nel caso analogo, quando l'ellissoide d'inerzia è di rivoluzione, si conclude subito che il moto sarà *una precessione regolare.*

Cerchiamo per quali condizioni iniziali accade l'uguaglianze delle radici γ_1 e γ_2. Indicando con $\alpha_0\ \beta_0\ \gamma_0\ p_0\ q_0\ r_0$ i valori iniziali di $\alpha\,\beta\,\gamma\,p\,q\,r$, e ponendo

$$u_0^2 = p_0^2 + q_0^2, \quad v_0 = p_0\alpha_0 + q_0\beta_0,$$

si trova facilmente, mediante il calcolo di h e k,

$$f(\gamma)=(1-\gamma^2)[l(\gamma-\gamma_0)+u_0^2]-[v_0-cr_0(\gamma-\gamma_0)]^2.$$

Ora $\gamma=\gamma_0$ definisce il parallelo su cui trovasi inizialmente il baricentro; perciò, affinchè le radici γ_1 e γ_2 sieno uguali, occorre che abbiano il valor comune γ_0, e che γ_0 sia radice doppia di $f(\gamma)=0$. Per esprimer questo basta scrivere che $f(\gamma)$ e la sua derivata s'annullano per $\gamma=\gamma_0$. Si avrà dunque

$$f(\gamma_0)=(1-\gamma_0^2)\ u_0^2-v_0^2=0$$

$$f'(\gamma_0)=-2\gamma_0 u_0^2+l(1-\gamma_0^2)+2cr_0 v_0=0;$$

da cui, eliminando v_0 e ponendo $\cos\theta_0$ in luogo di γ_0, si ottiene

$$-2\cos\theta_0 u_0^2+l\operatorname{sen}^2\theta\pm 2\,cr_0u_0\operatorname{sen}\theta_0=0.$$

Inoltre dalla (17), fatto $\gamma=\gamma_0$, risulta $\frac{p}{\alpha}=\frac{q}{\beta}$, e in particolare

$$\frac{p_0}{\alpha_0}=\frac{q_0}{\beta_0};$$

la quale esprime che l'asse istantaneo di rotazione deve giacere inizialmente (e giacerà poi sempre) nel piano di Oz e della verticale OV (che ha il verso già indicato).

Per stabilire il segno da tenersi nella relazione precedente, notiamo anzi tutto che la proiezione u_0 di ω sul piano (x_1y_1) cadrà, per l'osservazione precedente, sulla proiezione OV_1 di OV; ma, o nello stesso senso di OV_1, o nel senso opposto OV_1'. Nel primo caso u_0 sarà positivo, nel secondo negativo. Orbene scegliamo per Ox_1 la posizione iniziale di OV; allora l'angolo γ che la linea nodale (normale al piano di Oz_1 e OV nel verso già indicato in cinematica) fa con Ox_1 è uguale a 90°; onde risulta $u_0=p_0$ e per le (16) $\alpha_0=\operatorname{sen}\theta_0$, $\beta_0=0$ e quindi $v_0=u_0\operatorname{sen}\theta_0$; la quale dimostra che nel terzo termine della relazione trovata si deve prendere il segno positivo.

Risulta dunque

$$\cos\theta_0 \cdot u_0^2 - c \operatorname{sen}\theta_0 \cdot u_0 r_0 = \frac{l}{2} \operatorname{sen}\theta_0 . \tag{18}$$

Questa è la relazione che deve intercedere fra i dati iniziali θ_0, r_0, u_0, affinchè il moto del giroscopio sia una precessione regolare (¹).

Fissiamo l' inclinazione θ_0; sia, per fare un caso concreto, $\theta_0 = 45°$. L' equazione

$$u_0^2 - c r_0 u_0 = \frac{l}{4} \sqrt{2},$$

riferita all'asse OG, come asse delle r_0, e all'asse OU, come asse delle u_0, rappresenta una iperbole, come è disegnata in figura (Fig. 61). Preso un punto qualunque P dell' iper-

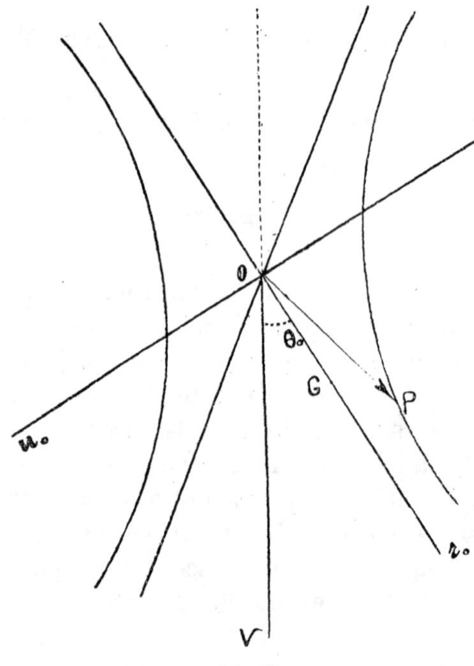

Fig. 61.

(¹) Il lettore potrà confrontare questo caso con quello del n. 7; l' uno può considerarsi l' inverso dell' altro, e le due relazioni (8) e (18) sono in sostanza identiche.

bole, il vettore $P - O$ definisce uno stato cinetico iniziale, al quale seguirà un moto di precessione regolare corrispondente all'inclinazione $\theta_0 = 45°$. In queste iperboli (giacchè ce n'è una per ogni θ_0) si hanno dunqne *le indicatrici dei moti di precessione regolare.*

Se si calcola $\frac{d\psi}{dt}$, detta *velocità di precessione*, come si è fatto pel caso del moto per inerzia, si trova

$$\frac{d\psi}{dt} = \frac{a - cr_0\gamma_0}{1 - \gamma_0^2}.$$

Ma, per le precessioni regolari, essendo

$$a = \frac{k}{A} = v_0 + cr_0\gamma_0 = u_0 \operatorname{sen} \theta_0 + cr_0\gamma_0.$$

risulta

$$\frac{d\psi}{dt} = \frac{u_0}{\operatorname{sen} \theta_0} = \text{cost.}$$

Pel noto significato di ψ, la velocità di precessione non è altro che la velocità con cui il giroscopio gira intorno alla verticale. Questa formula mostra che tale velocità (costante) è assai piccola, se u_0 è molto piccolo, ossia se r_0 è molto grande (vedi l'indicatrice); ed è invece assai grande, se r_0 è molto piccola. Perciò esistono *moti lenti* e *moti rapidi di precessione.*

Dall'indicatrice è visibile che non si possono ottenere precessioni regolari mediante una rotazione iniziale intorno all'asse del giroscopio; la velocità angolare r_0 dovrebbe essere infinita. Questa conclusione pare, a primo aspetto, in contraddizione con l'esperienza. Infatti, imprimendo a un giroscopio una rapida rotazione intorno al suo asse; indi, abbandonandolo con una certa inclinazione; lo si vede ruotare sempre intorno all'asse, mentre questo circola lentamente intorno alla verticale sotto angolo costante; come appunto in una precessione regolare. Ma la regolarità della precessione non è che apparente; e l'esperienza, anzichè contraddire la teoria, la conferma. Invero, è manifesto che per quanta cura si abbia nella costruzione del giroscopio e circa il modo di porlo rapidamente in rotazione, non sarà mai possibile soddisfare esattissimamente a tutte le condizioni volute dalla teoria; per modo che in realtà l'asse di rotazione non coincide con l'asse di simmetria OG; ma ne sarà poco discosto. In pari tempo, risultando le due radici γ_1 e γ_2 non uguali, ma pochissimo diverse, il baricentro descriverà una traiettoria sinusoidale compresa fra due paralleli vicinissimi, e le variazioni della velocità saranno pure piccolissime. È appunto per la loro piccolezza che coteste variazioni e sinuosità sfuggono all'occhio; onde il moto apparisce come una lenta precessione regolare.

11. Per un corpo rigido libero valgono, come si è detto nel precedente capitolo, i teoremi del baricentro e della coppia d'impulso rispetto al baricentro; onde si ha

$$\mathrm{M}\frac{d^2(G-O)}{dt^2} = \mathrm{M}\frac{dv}{dt} = \mathbf{R},$$

$$\frac{d}{dt}\sum_s\left[(M_s - G)\wedge m_s\frac{d(M_s-G)}{dt}\right] = \frac{d\Omega}{dt} = M - G,$$

ove v è la velocità di G, Ω il momento risultante degl'impulsi rispetto a G. Volendo sviluppare quest'equazioni in coordinate cartesiane, conviene riferirsi a una terna collegata col corpo; e precisamente agli assi centrali d'inerzia $(G x_1 y_1 z_1)$. Essendo v e Ω due vettori variabili, per una nota formula di cinematica (Cap. III) risulta

$$\frac{dv}{dt} = \left(\frac{dv}{dt}\right)_1 + \boldsymbol{\omega}\wedge v$$

$$\frac{d\Omega}{dt} = \left(\frac{d\Omega}{dt}\right)_1 + \boldsymbol{\omega}\wedge\Omega,$$

ove $\boldsymbol{\omega}$ ha il solito significato, e l'indice uno sta a significare che le derivate son fatte rispetto all'osservatore collegato con $(G x_1 y_1 z_1)$. Perciò le precedenti diventano

$$(18)\qquad \begin{aligned} M\left[\frac{dv}{dt}+\boldsymbol{\omega}\wedge v\right]&=\mathbf{R}\\ \frac{d\Omega}{dt}+\boldsymbol{\omega}\wedge\Omega&=M-G, \end{aligned}$$

ove, per semplicità, s'è tolto ogni indice; intendendo tuttavia di riferirsi ora alla terna sopradetta. La seconda equazione ha la stessa forma di quella che definisce il moto d'un corpo intorno a un punto fisso.

La posizione del corpo è definita dalle coordinate di G rispetto a $(Oxyz)$ e degli angoli Euleriani che $(Gx_1 y_1 z_1)$ fa con quella terna fissa. Passando alle proiezioni sugli assi della terna $(Gr_1 y_1 z_1)$, l'equazioni (18) unite alle (7') e alle ovvie relazioni che danno le proiezioni di v sugli assi fissi in funzione di quelle sugli assi mobili col corpo, permettono lo studio completo del movimento. Ma su ciò non crediamo opportuno insistere. Faremo solo notare che quando il momento $M-G$ non dipende dal moto di G, la seconda della (18) è indipendente dalla prima; onde il moto intorno al baricentro avviene come se questo fosse fisso. In particolare, se $M-G=0$, il moto intorno al baricentro è un moto per inerzia.

CAPITOLO VI

SOMMARIO — 1. Moto relativo; esempio — 2. Equilibrio e moto d'un grave tenendo conto della rotazione terrestre — 3. Effetti sul pendolo sferico e sul giroscopio — 4. Calcolo delle pressioni o trazioni sui vincoli — 5. Teorema fondamentale sugli effetti delle forze istantanee — 6. Pendolo balistico — 7. Urti.

1. Riprendiamo l'equazione fondamentale della dinamica

$$\text{(I)} \qquad \sum_s \left(\mathbf{F}_s - m_s \frac{d^2 M_s}{dt^2}\right) \times \delta M_s \leqq 0,$$

valida rispetto a una certa terna con l'origine in O. Sia (O_1) un secondo osservatore collegato con una terna $(O_1 x_1 y_1 z_1)$ in moto rispetto all'altra. Come potrà egli determinare il moto del sistema materiale rispetto al suo riferimento?

Ricordando la formula di cinematica (Cap. III)

$$\frac{d^2 M_s}{dt^2} = \left(\frac{d^2 M_s}{dt^2}\right)_1 + \left(\frac{d^2 M_s}{dt^2}\right)_t + 2\boldsymbol{\omega} \wedge \left(\frac{dM_s}{dt}\right)_1;$$

la quale esprime che l'accelerazione rispetto ad (O) è la risultante dell'accelerazione rispetto a (O_1), dell'accelerazione di trascinamento e dell'accelerazione di CORIOLIS; si deduce

$$m_s \frac{d^2 M_s}{dt^2} = m_s \left(\frac{d^2 M_s}{dt^2}\right)_1 + m_s \left(\frac{d^2 M_s}{dt^2}\right)_t + 2 m_s \boldsymbol{\omega} \wedge \left(\frac{dM_s}{dt}\right)_1;$$

i cui ultimi termini son chiamati rispettivamente *forza di trascinamento* e *forza di Coriolis* (*o complementare*).

Mediante questa, posto

$$\mathbf{F}_s' = \mathbf{F}_s - m_s\left(\frac{d^2 M_s}{dt^2}\right)_t - 2m_s \boldsymbol{\omega} \wedge \left(\frac{dM_s}{dt}\right)_1,$$

la (I) diventa

$$(\mathrm{I}') \qquad \sum_s \left[\mathbf{F}_s' - m_s\left(\frac{d^2 M_s}{dt^2}\right)_1\right] \times \delta M_s \overline{\overline{<}} 0;$$

la quale differisce dalla (I) per la sostituzione della forza d'inerzia rispetto all'osservatore (O_1), e per l'aggiunta delle forze di trascinamento e di Coriolis cambiate di senso. Del resto la (I′) si tratta come la (I) (vedi Cap. III) per la deduzione dell'equazioni del moto. Dunque, *lo studio del moto rispetto a un osservatore* (O_1), *chiamato moto relativo* (tanto per intendersi), *il quale ha un movimento conosciuto rispetto ad* (O), *si fa coi principî e coi metodi già esposti, aggiungendo semplicemente alle forze applicate le forze di trascinamento e di Coriolis cambiate di senso.*

In particolare dalla (I′) si ricava l'equazione fondamentale dell'equilibrio del sistema rispetto ad (O_1). Basta porre $\left(\frac{d^2 M_s}{dt^2}\right)_1 = 0$; e si ottiene

$$\sum_s \mathbf{F}_s' \times \delta M_s \overline{\overline{<}} 0.$$

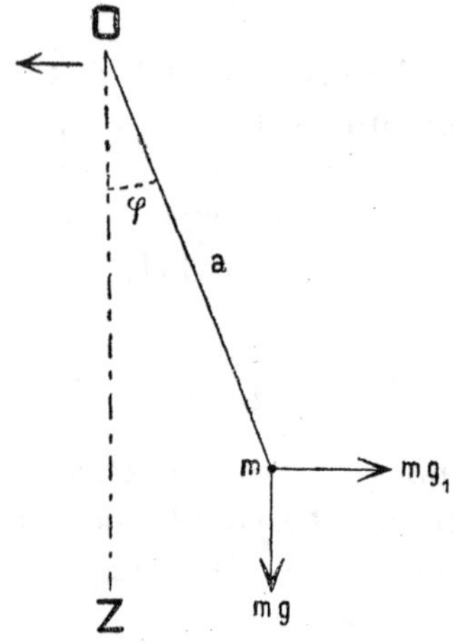

Fig. 62.

Ma quando è nulla la velocità $\left(\frac{dM_s}{dt}\right)_1$ di M_s rispetto ad (O_1), è nulla anche la forza di Coriolis; perciò in quest'equazione le forze $\mathbf{F}'$ sono semplicemente le risultanti delle forze applicate e delle forze di trascinamento cambiate di senso.

Esempio. Consideriamo un pendolo semplice (il pendolo ideale) sospeso nell'interno d'un vagone animato d'un moto orizzontale uniformemente accelerato (Fig. 62).

L'accelerazione costante g_1 del vagone sia diretta nel senso della freccia. Secondo la teoria precedente, l'equilibrio ed il moto del pendolo rispetto ad un osservatore che sta nel vagone può essere studiato come se il vagone fosse immobile, purchè alla forza di gravità si aggiunga la forza di trascinamento mg_1 cambiata di senso (l'accelerazione complementare è nulla). Ne consegue che per l'equilibrio la somma delle componenti tangenziali di mg e $-mg_1$ deve essere nulla; ossia

$$mg \operatorname{sen} \varphi - mg_1 \cos \varphi = 0.$$

Dunque la posizione d'equilibrio è definita da

$$\operatorname{tang} \varphi = \frac{g_1}{g}.$$

Per lo studio del moto bisogna esprimere che la somma precedente è uguale alla componente tangenziale della forza d'inerzia (relativa) $ma \frac{d^2\varphi}{dt^2}$; si ottiene così l'equazione

$$\frac{d^2\varphi}{dt^2} = -\frac{g}{a} \operatorname{sen} \varphi + \frac{g_1}{a} \cos \varphi,$$

φ essendo contato positivamente da sinistra verso destra.

Posto $\frac{g_1}{g} = \operatorname{tang} \alpha$ (posizione d'equilibrio), si può anche scrivere

$$\frac{d^2\varphi}{dt^2} = -\frac{g}{a}\left(\operatorname{sen} \varphi - \frac{\operatorname{sen} \alpha}{\cos \alpha} \cos \varphi\right) = -\frac{g}{a \cos \alpha} \operatorname{sen} (\varphi - \alpha);$$

talchè, sostituendo $\varphi - \alpha$ con θ, risulta

$$\frac{d^2\theta}{dt^2} = -\frac{g}{a \cos \alpha} \operatorname{sen} \theta.$$

Paragonando quest'equazione con quella del pendolo ideale, si vede che la massa m oscillerà intorno alla sua posizione d'equilibrio relativo, come un pendolo ordinario di lunghezza $a \cos \alpha$ intorno alla verticale.

La durata delle piccole oscillazioni è

$$T = \pi \sqrt{\frac{a \cos \alpha}{g}},$$

ove

$$\cos \alpha = \frac{1}{\sqrt{1 + \text{tang}^2 \alpha}} = \frac{g}{\sqrt{g^2 + g_1^2}};$$

ossia

$$T^2 = \frac{g}{\sqrt{g^2 + g_1^2}}.$$

Determinando T sperimentalmente, si può di qui ricavare g_1, cioè l'accelerazione del vagone.

2. Applichiamo la teoria precedente al moto dei gravi in prossimità della terra.

L'equilibrio d'una massa sulla superficie terrestre è, in realtà, un equilibrio relativo, perchè la terra è mobile nello spazio. Terremo conto del solo movimento diurno di rotazione; giacchè gli effetti del moto annuale non sono apprezzabili. Affinchè un punto materiale M di massa m sia in equilibrio in O_1, è necessario che la risultante della forza d'attrazione **R** e della forza di trascinamento cambiata di senso sia diretta secondo la normale in O_1; per conseguenza assumendo gli assi collegati colla terra come è indicato nella Fig. (63) (verticale, tangente al meri-

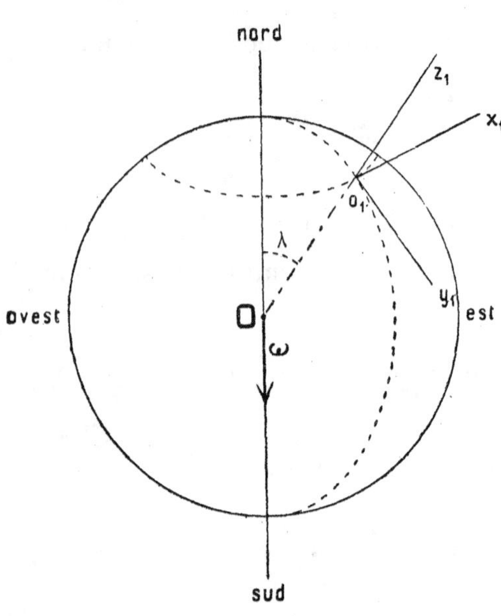

Fig. 63.

diano, tangente al parallelo) sarà

$$\mathbf{R} - m\left(\frac{d^2 M}{dt^2}\right)_s = \mathrm{P}\boldsymbol{k},$$

ove P è la pressione esercitata dalla massa in O_1, detta il *peso*; $\boldsymbol{k}$ il vettore unitario che definisce la direzione $O - O_1$. Trattandosi d'un moto di rotazione, $\left(\frac{d^2M}{dt^2}\right)_s$ è, come sappiamo, un'accellerazione centripeta (normale all'asse e diretta verso l'asse); perciò l'opposta forza $-m\left(\frac{d^2M}{dt^2}\right)_s$ è chiamata *la forza centrifuga* della massa m. Ne risulta dunque che il peso è la risultante dell'attrazione (Newtoniana) terrestre e della forza centrifuga. Quest'ultima forza è massima all'equatore e nulla ai poli.

Supponiamo ora che la massa sia in moto sotto l'azione del peso, qual'è stato ora precisato. L'equazione del suo moto rispetto alla terra (ossia, rispetto agli assi dianzi considerati) si dedurrà da quella del moto rispetto alla terra supposta immobile aggiungendo al peso la forza di Coriolis cambiata di senso. Sarà dunque

$$\frac{d^2M}{dt^2} = g\boldsymbol{k} - 2\boldsymbol{\omega} \wedge \frac{dM}{dt},$$

avendo soppresso il comun fattore m. Integrando, si ricava

$$\frac{dM}{dt} = gt\boldsymbol{k} - 2\boldsymbol{\omega} \wedge (M - O_1) + \boldsymbol{a},$$

essendo $\boldsymbol{a}$ un vettore costante arbitrario. Supponendo che il mobile cada senza velocità iniziale da un punto dell'asse $O_1 z_1$ situato all'altezza h, dovrà essere $\frac{dM}{dt} = 0$ e $M - O_1 = -h\boldsymbol{k}$ per $t = 0$, e perciò $\boldsymbol{a} = -2h\boldsymbol{\omega} \wedge \boldsymbol{k}$.

Passiamo ora alle proiezioni sugli assi scelti. Osservando che

$$0, \quad \omega \operatorname{sen} \lambda, \quad -\omega \cos \lambda$$

sono le proiezioni di $\boldsymbol{\omega}$, si ottiene manifestamente

$$(o)\qquad \begin{aligned} \frac{dx_1}{dt} &= -2\omega(z_1 \operatorname{sen}\lambda + y_1 \cos\lambda - h \operatorname{sen}\lambda) \\ \frac{dy_1}{dt} &= 2\omega x_1 \cos\lambda \\ \frac{dz_1}{dt} &= -gt + 2\omega x_1 \operatorname{sen}\lambda . \end{aligned}$$

Moltiplicando la seconda per $\cos\lambda$, la terza per $\operatorname{sen}\lambda$ e sommandole, si trova

$$\frac{d}{dt}(y_1 \cos\lambda + z_1 \operatorname{sen}\lambda) = 2\omega x_1 - gt \operatorname{sen}\lambda;$$

talchè, derivando la prima e usando questa, si deduce

$$(1)\qquad \frac{d^2x_1}{dt^2} = -2\omega^2 x_1 + 2\omega \operatorname{sen}\lambda \cdot gt;$$

che contiene la sola x_1. Per la piccolezza di $\omega(\omega = 0{,}0000729)$, si possono trascurare nell'integrazione i termini in ω^2; cosicchè si ottiene (tenute presenti le condizioni iniziali)

$$x_1 = g\omega \operatorname{sen}\lambda \frac{t^3}{3}.$$

Dopo ciò, mantenendo la stessa approssimazione, risulta

$$\frac{dy_1}{dt} = 0 \quad \frac{dz_1}{dt} = -gt;$$

e quindi

$$y_1 = 0 \quad z_1 = -\frac{gt^2}{2} + h.$$

Ne consegue che la traiettoria è nel piano $x_1 z_1$ ed ha la forma indicata dall'equazione

$$x_1 = 2\sqrt{2}\frac{\omega \operatorname{sen}\lambda}{3\sqrt{g}}(h - z_1)^{\frac{3}{2}},$$

ottenuta eliminando t.

Dunque il mobile, cadendo, si scosta dalla verticale e tocca il suolo un poco ad est di O_1 (nell'emisfero boreale).

L'integrazione della (I) si può anche effettuare esattamente. Si trova

$$x_1 = \frac{-g \operatorname{sen} \lambda}{2\sqrt{2}\omega^2}\left(e^{\sqrt{2}\omega t} - e^{-\sqrt{2}\omega t}\right) + \frac{\operatorname{sen} \lambda}{\omega} gt.$$

Sviluppando in serie e trascurando i termini in ω^2, si riottiene il risultato precedente. Con questa espressione di x_1 si possono anche facilmente determinare l'esatte espressioni di y_1 e z_1. La y_1, sviluppata in serie, dimostra l'esistenza d'una piccola deviazione del mobile verso sud, dell'ordine di ω^2.

Se dall'altezza h la massa è lanciata orizzontalmente e nel piano meridiano (ossia parallelamente a $O_1 y_1$) con la velocità u (pos. o neg.), allora basta aggiungere u alla seconda delle (o). In tal caso si trova

$$\frac{d^2 x_1}{dt^2} = -2\omega^2 x_1 + 2\omega y \operatorname{sen} \lambda \cdot t - 2\omega u \cos \lambda;$$

e nell'approssimazione adottata

$$\frac{d^2 x_1}{dt^2} = 2\omega (g \operatorname{sen} \lambda \cdot t - u \cos \lambda)$$

$$\frac{dy_1}{dt} = u \qquad \frac{dz_1}{dt} = -gt.$$

Si deduce

$$x_1 = \omega t^2 (g \operatorname{sen} \lambda \frac{t}{3} - u \cos \lambda)$$

$$y_1 = ut, \quad z_1 = -\frac{gt^2}{2} + h.$$

La traiettoria non è più una parabola nel piano ($y_1 z_1$), come nel caso della terra fissa (corrispondente a $\omega = 0$), perchè x_1 non è nulla. Il proiettile devia verso est quando si tira a nord ($u < 0$); verso ponente quando si tira a sud ($u > 0$).

Per la stessa ragione i venti provenienti dall'equatore e diretti al polo nord deviano verso est e diventano venti di sud-ovest.

3. Gli effetti della forza di Coriolis proveniente dalla rotazione terrestre si manifestano in maniera più evidente nel moto del pendolo sferico; ossia nel moto d'un punto obbligato a muoversi sopra una superficie sferica col centro su $O_1 z_1$ e tangente in O_1 alla sfera terrestre. Notando che il lavoro effettivo della forza di Coriolis è nulla, perchè

$$- 2m\boldsymbol{\omega} \wedge \frac{dM}{dt} \times \frac{dM}{dt} dt = 0,$$

si vede anzitutto che sussiste anche in questo caso (come già nell'ipotesi della terra immobile) l'integrale dell'energia

$$v^2 + 2gz_1 = h.$$

Applichiamo ora il teorema del momento dell'impulso rispetto all'asse $O_1 z_1$. Il momento della forza di Coriolis (cambiata di senso) rispetto a $O_1 z_1$ è espresso dal determinante

$$2m\omega \begin{vmatrix} \operatorname{sen}\lambda \dfrac{dz_1}{dt} + \cos\lambda \dfrac{dy_1}{dt}, & -\cos\lambda \dfrac{dx_1}{dt} \\ x_1 & y_1 \end{vmatrix};$$

ossia da

$$m\omega \left(\cos\lambda \frac{d(x_1^2 + y_1^2)}{dt} + 2y_1 \operatorname{sen}\lambda \frac{dz_1}{dt} \right);$$

perciò il teorema ricordato offre l'equazione

$$\frac{d(\mathbf{Q} \times k)}{dt} = m\omega \left(\cos\lambda \frac{dr^2}{dt} + 2 \operatorname{sen}\lambda \cdot y_1 \frac{dz_1}{dt} \right), \quad (r^2 = x_1^2 + y_1^2)$$

giacchè, come sappiamo, il momento del peso è nullo. Essa può integrarsi direttamente quando risulti $\frac{dz_1}{dt} = 0$. Ciò accade con sufficiente approssimazione quando il pendolo compie delle piccole oscillazioni intorno alla sua posizione d'equilibrio. Stando in questo caso, si deduce

$$\mathbf{Q} \times k = m\omega r^2 \cos\lambda + a. \qquad (a = \text{cost})$$

Il primo membro, momento della quantità di moto rispetto all'asse $O_1 z_1$, è uguale al doppio della velocità areale nel piano $x_1 y_1$ moltiplicata per la massa (Cinem. Cap. I), ossia a $mr^2 \frac{d\theta}{dt}$, in cui θ è l'angolo che il piano meridiano del pendolo al tempo t fa col piano fisso $x_1 z_1$. Si ha dunque

$$r^2 \frac{d\theta}{dt} = \omega r^2 \cos\lambda + c;$$

od anche

$$r^2 \frac{d\theta'}{dt} = c,$$

posto $\theta' = \theta + (\omega \cos\lambda)t$. Si ottengono così le stesse equazioni che regolano il moto del pendolo sferico nell'ipotesi della terra fissa (Cap. V), salvo il cambiamento di θ in θ'.

Se $\frac{d\theta_1}{dt}$ è nulla inizialmente, è nulla sempre; onde risulterà in tal caso $\theta' = \text{cost}$; ossia $\theta = \omega \cos\lambda \cdot t$, potendosi annullare la costante. Ne consegue che, mosso il pendolo in un piano verticale, *quel piano d'oscillazione girerà in senso contrario al moto diurno terrestre con la velocità angolare costante* $\omega \cos\lambda$. Questo risultato fu confermato dalle celebri esperienze di FOUCAULT.

4. Il teorema del n. 1 serve molto bene al calcolo delle pressioni o trazioni che un corpo appartenente ad un sistema vincolato esercita sui suoi vincoli. Ecco in qual modo.

Liberiamo il corpo (C) dai vincoli che lo collegano ad altri corpi fissi o mobili, aggiungendogli le *reazioni*; le quali son forze variabili secondo certe leggi dipendenti anche dal movimento. Egli conserverà quel moto che aveva in unione alle altre parti del sistema. Pensiamo un osservatore (O_1) (o una terna d'assi) collegato con (C) e perciò mobile con questo corpo. Rispetto ad (O_1) il corpo è immobile, ossia in equilibrio relativo; le forze agenti essendo le forze $\mathbf{F}_s$ direttamente applicate e le reazioni $\mathbf{R}_s$ dei vincoli soppressi [1]. Pel teorema del n. 1 le condizioni per questo equilibrio si ottengono coi metodi ordinari aggiungendo alle $\mathbf{F}_s$ e $\mathbf{R}_s$ le forze di trascinamento cambiate di segno $\mathbf{S}_s$ (le forze di CORIOLIS son nulle); ossia uguagliando a zero la risultante e il momento risultante di tutte le forze $\mathbf{F}_s$, $\mathbf{R}_s$, $\mathbf{S}_s$. Poichè le $\mathbf{F}_s$ son note, come pure le $\mathbf{S}_s$, perchè si dà per noto il movimento di tutto il sistema e in particolare di C; quelle condizioni servono appunto al calcolo delle $\mathbf{R}_s$, e quindi delle pressioni e trazioni che sono opposte alle $\mathbf{R}_s$.

Per l'applicazione di questo procedimento è utile calcolare una volta tanto la risultante e il momento risultante delle forze di trascinamento d'un corpo rigido in moto.

Per cose note (Cin. Cap. III) l' accelerazione d' un punto P_i appartenente a un corpo rigido è la risultante di tre accelerazioni (vettori):

a) L'accellerazione d'un punto O_1 scelto come origine; *b*) il momento rispetto a P_i dell'accelerazione angolare $\frac{d\boldsymbol{\omega}}{dt}$, ossia il momento del vettore-applicato $\left(O_1, \frac{d\boldsymbol{\omega}}{dt}\right)$; *c*) l' accelerazione centripeta del punto nel moto di rotazione definite da $\boldsymbol{\omega}$. Queste accelerazioni cambiate di segno e moltiplicate per la massa m_i della particella infinitesima cui appartiene P_i, dando le tre forze $\mathbf{A}_i$ $\mathbf{B}_i$ $\mathbf{C}_i$ la cui somma produce le $\mathbf{S}_s$ considerate di sopra.

Ricordiamo che le forze centripete cambiate di segno si chiamano *forze centrifughe*, e teniamo presente che

$$\mathrm{M}\,(G - O_1) = \sum_i m_i\,(P_i - O_1),$$

se G indica il baricentro e M la massa totale del corpo.

[1] L'indice s indica che delle forze e reazioni ce ne saranno un certo numero.

Ciò posto, la risultante delle forze $\mathbf{A}_i$ è

$$\mathbf{S}_a = -\Sigma\, m_i \frac{d^2 O_1}{dt^2} = -\mathrm{M} \frac{d^2 O_1}{dt^2};$$

e quella delle $\mathbf{B}_i$,

$$\mathbf{S}_b = -\Sigma\, m_i \frac{d\boldsymbol{\omega}}{dt} \wedge (P_i - O_1) = -\mathrm{M} \frac{d\boldsymbol{\omega}}{dt} \wedge (G - O_1);$$

ossia è il momento di $\left(O_1, \frac{d\boldsymbol{\omega}}{dt}\right)$ rispetto a G cambiato di segno e moltiplicato per M. Riguardo alle $\mathbf{C}_i$ si noti che la forza centrifuga della massa m_i in P_i è rappresentata da $m_i\, \boldsymbol{\omega} \wedge [(P_i - O_1) \wedge \boldsymbol{\omega}]$ (Cin. Cap. III); perciò la risultante sarà

$$\mathbf{S}_c = \boldsymbol{\omega} \wedge [\Sigma_i\, m_i (P_i - O_1) \wedge \boldsymbol{\omega}] = \mathrm{M}\, \boldsymbol{\omega} \wedge [(G - O_1) \wedge \boldsymbol{\omega}];$$

ossia *uguaglia la forza centrifuga di tutta la massa condensata nel baricentro* (ma, s' intende, e si vedrà più sotto, le forze centrifughe non equivalgono in massima a una forza sola). La risultante totale è dunque

$$\mathbf{S} = -\mathrm{M}\left[\frac{d^2 O_1}{dt^2} + \frac{d\boldsymbol{\omega}}{dt} \wedge (G - O_1) - \boldsymbol{\omega} \wedge [(G - O_1) \wedge \boldsymbol{\omega}]\right] \text{(1)}$$

Passiamo al calcolo del momento rispetto a O_1. Per le prime forze risulta

$$\Omega_a = -\Sigma\, m_i (P_i - O_1) \wedge \frac{d^2 O_1}{dt^2} = \mathrm{M} \frac{d^2 O_1}{dt^2} \wedge (G - O_1);$$

per le seconde

$$\Omega_b = \Sigma_s\, m_i (P_i - O) \wedge \left[(P_i - O_1) \wedge \frac{d\boldsymbol{\omega}}{dt}\right];$$

e per le terze

$$\Omega_c = \Sigma_i (P_i - O_1) \wedge \left[m_i\, \boldsymbol{\omega} \wedge \{(P_i - O_1) \wedge \boldsymbol{\omega}\}\right] =$$

$$= \mathrm{M}(G - O_1) \wedge \boldsymbol{\omega} \frac{dO_1}{dt} - \Sigma_i\, m_i (P_i - O_1) \wedge \left(\boldsymbol{\omega} \wedge \frac{dP_i}{dt}\right),$$

(1) Non è altro che la forza di trascinamento, cambiata di segno, di tutta la massa condensata in G.

perchè

$$\frac{dP_i}{dt} = \frac{dO_1}{dt} + \boldsymbol{\omega} \wedge (P_i - O_1).$$

Quando si scelga G per origine, risulta

$$\mathbf{S}_b = \mathbf{S}_c = \Omega_a = 0 ;$$

Ω_c si riduce alla sua seconda parte, e Ω_b e $\mathbf{S}_a$ mutano soltanto pel cambiamento di O_1 in G.

Esempio. — Un corpo rigido ruota intorno a un asse fissato nei punti O_1 e O_2, sotto l'azione di certe forze la cui risultante è $\mathbf{F}$ e il momento risultante rispetto all'asse è N. Determinare le pressioni, o trazioni, in O_1 e O_2. Siano $\mathbf{R}_1$ e $\mathbf{R}_2$ le reazioni dei vincoli in O_1 e O_2, e sia $O_2 - O_1 = l\boldsymbol{a}$, ove $\boldsymbol{a}$ è vettore unitario. La nota equazione del movimento ha la forma

$$I \frac{d\boldsymbol{\omega}}{dt} = \mathrm{N}, \qquad (\mathrm{N} = \Omega \times \boldsymbol{a})$$

in cui I è il momento d'inerzia rispetto all'asse, $\boldsymbol{\omega}$ la velocità angolare. In questo caso la velocità e l'accelerazione di O_1. son zero; perciò

$$\mathbf{S}_a = 0 \quad \Omega_a = 0$$

Inoltre $\boldsymbol{\omega} = \omega \boldsymbol{a}$, $\frac{d\boldsymbol{\omega}}{dt} = \frac{d\omega}{dt} \boldsymbol{a}, = \frac{\mathrm{N}}{\mathrm{I}} \boldsymbol{a}$,

$$\mathbf{S}_b = -\mathrm{M} \frac{d\omega}{dt} \boldsymbol{a} \wedge (G - O_1) = \frac{\mathrm{MN}}{I} (G - O_1) \wedge \boldsymbol{a}$$

$$\Omega_b = \frac{\mathrm{N}}{I} \Sigma m_i (P_i - O_1) \wedge [(P_i - O_1) \wedge \boldsymbol{a}] =$$

$$= -\frac{\mathrm{N}\omega}{\mathrm{I}} \Sigma (P_i - O_1) \wedge m_i \frac{dP_i}{dt} = -\frac{\mathrm{N}\omega}{\mathrm{I}} \mathbf{Q} \text{ [1]}.$$

[1] $\mathbf{Q}$ è il momento dell'impulso.

Ne conseguono, per le cose dette, le seguenti condizioni per l'equilibrio relativo:

$$\mathbf{F}+\mathbf{R}_1+\mathbf{R}_2+\frac{\mathrm{MN}}{\mathrm{I}}(G-O_1)\wedge a+\mathrm{M}\omega^2 a\wedge[(G-O_1)\wedge a]=0$$

$$\Omega+la\wedge\mathbf{R}_2+\omega\,\Omega_c-\frac{\mathrm{N}}{\mathrm{I}\omega}\mathbf{Q}=0$$

le quali definiscono $\mathbf{R}_1$ e $\mathbf{R}_2$ (1).

Si osservi però che, moltiplicandole scalarmente per a, la 2ª dà una identità, mentre la prima diventa

$$-\mathbf{F}\times a=(\mathbf{R}_1+\mathbf{R}_2)\times a;$$

perciò delle proiezioni di $\mathbf{R}_1$ e $\mathbf{R}_2$ sull'asse di rotazione non resta determinata che la loro somma. Questo, del resto, è evidente; perchè aggiungendo in O_1 e O_2 due forze uguali e opposte l'equilibrio relativo non muta. Nella realtà la determinazione completa accade in virtù delle proprietà elastiche del corpo (Statica, in fine al Cap. II).

Quando $O_1\,O_2$ è asse principale d'inerzia passante pel baricentro risulta

$$(G-O_1)\wedge a=0 \quad \mathbf{Q}=I\,\omega\,a;$$

onde l'equazioni precedenti si riducono a

$$\mathbf{F}+\mathbf{R}_1+\mathbf{R}_2=0 \quad \Omega+la\wedge\mathbf{R}_2-\mathrm{N}a=0.$$

5. Sia dato un sistema in movimento. Supponiamo che a partire dall'istante t_0 e durante un brevissimo tempo ε intervenga l'azione di forze grandissime Ψ, tali che

$$\int_{t_0}^{t_0+\varepsilon}\Psi\,dt=\Phi,$$

(1) Qui e $\Omega_c=-\sum_i m_i(P_i-O_1)\wedge\left(a\wedge\frac{dP_i}{dt}\right)$.

sia finito. Le Ψ, come sappiamo, son chiamate *forze istantanee o di percossa*, e Φ *l'impulso della percossa.* Dicemmo che l'effetto di coteste forze è di mutare infinitamente poco la posizione dei punti del sistema, ma di attribuire alle loro velocità incrementi o decrementi di grandezza finita (vedi Cap. I).

Durante l'intervallo ε le forze ordinarie agenti sul sistema producono effetti trascurabili di fronte a quelli delle forze istantanee; perciò possiamo supporre che non esistino. Proponiamoci di determinare le velocità che avranno i punti del sistema dopo l'azione delle forze istantanee.

A tal fine osserviamo che in tutti gl'istanti dell'intervallo ε sussisterà l'equazione fondamentale della dinamica

$$\sum_s \left(\Psi_s - m_s \frac{d^2 M_s}{dt^2}\right) \times \delta M_s \gtreqless 0;$$

talchè, integrando fra t_0 e $t_0 + \varepsilon$, avremo

$$\sum_s \int_{t_0}^{t_0+\varepsilon} \left(\Psi_s - m_s \frac{d^2 M_s}{dt^2}\right) \times \delta M_s \cdot dt \gtreqless 0.$$

Supponendo i vincoli invariabili nell'intervallo ε, gli spostamenti virtuali saranno indipendenti dal tempo; onde potremo anche scrivere

$$\sum_s \left[\int_{t_0}^{t_0+\varepsilon} \left(\Psi_s - m_s \frac{d^2 M_s}{dt^2}\right) dt\right] \times \delta M_s \gtreqless 0.$$

Ma

$$\int_{t_0}^{t_0+\varepsilon} m_s \frac{d^2 M_s}{dt^2}\, dt = m_s \left(\frac{dM_s}{dt}\right)_\varepsilon - m_s \left(\frac{dM_s}{dt}\right)_0, \quad \int_{t_0}^{t_0+\varepsilon} \Psi_s dt = \Phi;$$

$$= m_s (v_s)_\varepsilon - m_s (v_s)_0$$

per conseguenza

$$\sum_s [\Phi_s + m_s (v_s)_0 - m_s (v_s)_\varepsilon] \times \delta M_s \gtreqless 0. \tag{2}$$

Usando la dicitura adottata per il principio di D'ALEMBERT; benchè qui s'abbiano quantità di moto e impulsi, e non forze; quest'equazione esprime che *vi è equilibrio, in virtù dei vincoli, fra gl'impulsi delle percosse e le quantità di moto negl'istanti* t_0 *e* $t_0+\varepsilon$, *quest'ultime cambiate di segno.* In sostanza il problema proposto si tratta come un problema d'equilibrio, sostituendo alle forze gl'impulsi e le quantità di moto nel modo indicato da cotesta equazione.

Abbia il sistema n gradi di libertà, e siano $q_1 q_2 \dots q_n$ le sue coordinate; si ha, per cose note (Cap. II), al tempo t_0

$$\delta M_s = \sum_i \left(\frac{\partial M_s}{\partial q_i}\right)_0 \delta q_i ;$$

per conseguenza, posto

$$\sum_s \Phi_s \times \left(\frac{\partial M_s}{\partial q_i}\right)_0 = Q_i \qquad (i=1,\ 2 \dots n),$$

la (2) diventa

$$\sum_i \delta q_i \sum_s \left[m_s (v_s)_0 \times \left(\frac{\partial M_s}{\partial q_i}\right)_0 - m_s (v_s)_\varepsilon \times \left(\frac{\partial M_s}{\partial q_i}\right)_0 \right] = -\sum_i Q_i \delta q_i ;$$

la quale, dovendo esser soddisfatta per le δq_i arbitrarie, si scinde nelle seguenti:

$$\text{(3)} \qquad \sum_s \left[m_s (v_s)_\varepsilon - m_s (v_s)_0 \right] \times \left(\frac{\partial M_s}{\partial q_i}\right)_0 = Q_i \qquad (i=1,\ 2 \dots n).$$

Ma dall'espressione dell'energia $2T = \sum_s m_s v_s^2$, si deduce

$$\frac{\partial T}{\partial q'_i} = \sum_s m_s v_s \times \frac{\partial v_s}{\partial q'_i} = \sum_s m_s v_s \times \frac{\partial M_s}{\partial q_i} ;$$

giacchè, com'è noto (Cap. II, n. 2)

$$\frac{\partial v_s}{\partial q'_i} = \frac{\partial M_s}{\partial q_i} ;$$

per conseguenza risulta

$$\left(\frac{\partial T}{\partial q'_i}\right)_0 = \sum m_s (v_s)_0 \times \left(\frac{\partial M_s}{\partial q_i}\right)_0, \quad \left(\frac{\partial T}{\partial q'_i}\right)_\varepsilon = \sum_s m_s (v_s)_\varepsilon \times \left(\frac{\partial M_s}{\partial q_i}\right)_0 ;$$

potendosi ritenere

$$\left(\frac{\partial M_s}{\partial q_i}\right)_\varepsilon = \left(\frac{\partial M_s}{\partial q_i}\right)_0,$$

perchè si tratta di forze istantanee che non mutano sensibilmente la posizione dei punti.

Dopo ciò le (3) assumono la forma semplice

$$(4) \qquad \left(\frac{\partial T}{\partial q_i'}\right)_\varepsilon - \left(\frac{\partial T}{\partial q_i'}\right)_0 = Q_i. \qquad (i = 1, 2 \dots n)$$

Esse servono appunto a determinare con operazioni puramente algebriche le q_i' alla fine della percossa; ossia, le velocità al tempo $t_0 + \varepsilon$, noti al tempo t_0 la posizione e lo stato cinetico del sistema.

6. Facciamone un' applicazione semplice ed interessante. Un corpo rigido sospeso a un asse fisso orizzontale, trovandosi nella posizione di equilibrio sollecitato dalla sola gravità, viene colpito in P e normalmente al piano POX da un punto materiale di massa m, avente una velocità v. Si domanda con quale velocità angolare il corpo comincierà a ruotare (Fig. 64).

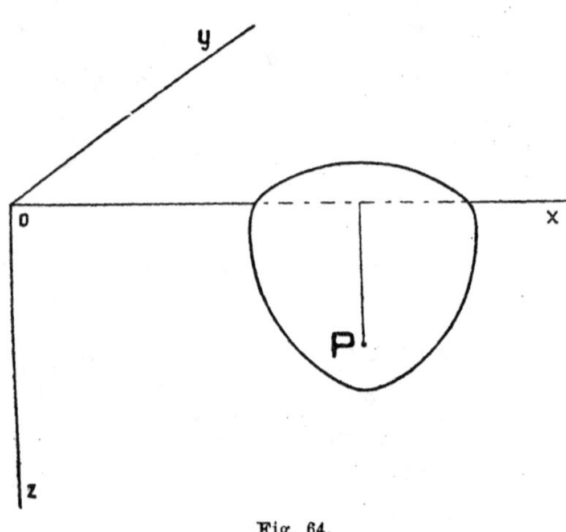

Fig, 64,

Indicando con I il momento d' inerzia del corpo rispetto all' asse di sospensione, si avrà, prima dell' urto, $T_0 = 0$, dopo l' urto $T = \frac{1}{2} I\varphi'^2 = \frac{1}{2} I\omega^2$; e quindi

$$(5) \qquad \left(\frac{\partial T}{\partial \varphi'}\right)_\varepsilon = \frac{\partial T}{\partial \omega} = I\omega, \quad \left(\frac{\partial T}{\partial \varphi'}\right)_0 = 0;$$

avendo indicato con φ' la velocità angolare generica e con ω quella al tempo $t_0 + \varepsilon$.

Quanto a Q si può subito dire (vedi moto d'un corpo intorno a un asse fisso) ch' esso rappresenta il momento rispetto ad Ox dell' impulso della percossa; impulso che è misurato, come sappiamo, dalla variazione della quantità di moto di m nel tempo ε della sua azione. Talchè, supposto che la massa m resti collegata al corpo dopo l'urto, sarà

$$Q = (mv - ma\omega)a,$$

essendo a la distanza di P dall'asse. Ne consegue, in virtù delle (4) e (5),

$$\mathrm{I}\omega = mav - ma^2\omega.$$

Questa serve appunto al calcolo di ω. Si trae

$$(5') \qquad \omega = \frac{mav}{\mathrm{I} + ma^2}.$$

Il numeratore è il momento rispetto all' asse dell' impulso di m; il denominatore è il momento d' inerzia totale del corpo e della massa m.

Dopo ciò, si può determinare il massimo angolo θ di cui devierà il corpo dalla sua posizione d' equilibrio dopo la percossa.

Per semplicità, supponiamo che P sia sulla verticale del baricentro G; poi indichiamo con M la massa del corpo, con G_1 il centro di gravità del sistema formato dal corpo e dalla massa m (che è rimasta unita al corpo in P), e poniamo $OG = l$. Applichiamo il teorema della conservazione dell'energia alle posizioni iniziale e finale. Notando che nella prima è $2T = (I + ma^2)\omega^2$ e $U = 0$; nella seconda $T = 0$ e $U = -(M + m)gh$, ove h è l' altezza massima a cui giunge G_1, si ottiene subito

$$(I + ma^2)\omega^2 = 2(\mathrm{M} + m)gh.$$

Ma dalla figura risulta (Fig. 65)

$$h = O_1G_1 - O_1G_1 \cos\theta = 2O_1G_1 \operatorname{sen}^2\frac{\theta}{2};$$

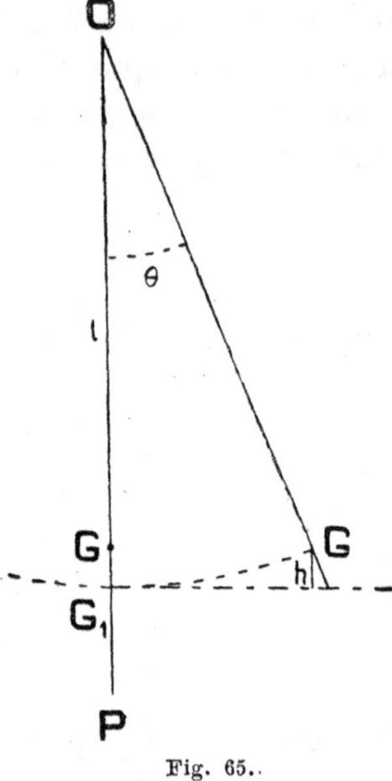

Fig. 65.

e, per la formula che definisce il baricentro G_1,

$$O_1G_1 = \frac{l\mathrm{M} + am}{\mathrm{M} + m};$$

per conseguenza la precedente diventa

$$(\mathrm{I} + ma^2)\omega^2 = 4(l\mathrm{M} + am)g \operatorname{sen}^2\frac{\theta}{2};$$

od anche, per la (5′),

$$\frac{m^2a^2v^2}{\mathrm{I} + ma^2} = 4g(l\mathrm{M} + am)\operatorname{sen}^2\frac{\theta}{2}.$$

Questa permette di calcolare θ noto v; o viceversa (il che è più importante nella pratica) v noto θ.

In base a questo risultato fu costruito un *pendolo balistico* per la determinazione della velocità dei proiettili.

7. Il teorema (1) è applicabile allo studio del cambiamento che subiscono gli stati cinetici di due corpi solidi per effetto della loro collisione. Supponiamo che due corpi C_1 e C_2 in movimento si urtino nell'istante t_0 e nel punto P. Indicando con G_1 e G_2 i rispettivi baricentri; siano $\frac{dG_1}{dt}$ e $\boldsymbol{\omega}_1$ pel primo corpo, $\frac{dG_2}{dt}$ e $\boldsymbol{\omega}_2$ pel secondo, i vettori che definiscono i loro stati cinetici di traslazione e rotazione al tempo t_0; $\left(\frac{dG_1}{dt}\right)'$ e $\boldsymbol{\omega}_1'$, $\left(\frac{dG_2}{dt}\right)'$ e $\boldsymbol{\omega}_2$, rispettivamente gli analoghi vettori che definiscono gli stati cinetici dopo l'urto (al tempo $t_0 + \varepsilon$).

Prescindendo dagli attriti, l'urto equivale, per il corpo C_1, a un impulso di percossa $\mathbf{N}$ rappresentato da un vettore applicato in P e diretto normalmente alla superficie del corpo e verso il suo interno; per il corpo C_2 a un impulso $-\mathbf{N}$ uguale e opposto al precedente. Pel teorema (1), dobbiamo scrivere le condizioni d' equilibrio di due corpi solidi liberi, sostituendo alle forze ordinarie l'impulso e le quantità di moto prima e dopo l'urto, quest' ultime cambiate di senso; ossia, dobbiamo esprimere, relativamente a ciascun corpo, che son nulli il risultante e il momento risultante rispetto al baricentro di cotesti vettori. Ciò non presenta difficoltà. Indicando con Ω_1 e Ω_1' il momento risultante delle quantità di moto del corpo C_1 prima e dopo l'urto; con Ω_2 e Ω_2' i vettori analoghi relativi al corpo C_2; l'equazioni

$$(6)\qquad \left.\begin{aligned} \mathbf{N} + \mathrm{M}_1 \frac{dG_1}{dt} - \mathrm{M}_1 \left(\frac{dG_1}{dt}\right)' &= 0 \\ (P - G_1) \wedge \mathbf{N} + \Omega_1 - \Omega_1' &= 0 \end{aligned}\right\} \text{per } C_1$$

$$\left.\begin{aligned} -\mathbf{N} + \mathrm{M}_2 \frac{dG_2}{dt} - \mathrm{M}_2 \left(\frac{dG_2}{dt}\right)' &= 0 \\ -(P - G_2) \wedge \mathbf{N} + \Omega_2 - \Omega_2' &= 0 \end{aligned}\right\} \text{per } C_2$$

rappresentano appunto le condizioni cercate. Per cose note (Cap. V), le proiezioni di Ω_1 sopra gli assi centrali di C_1 sono $A_1 p_1$, $B_1 q_1$, $C_1 r_1$; ove $A_1 B_1 C_1$ indicano i momenti principali d' inerzia del primo corpo e $p_1 q_1 r_1$ le proiezioni di ω_1; il che prova che Ω_1 è funzione di ω_1 Per la stessa ragione Ω_1', Ω_2, Ω_2' sono rispettivamente funzioni di ω_1', ω_1, ω_2'.

Coteste equazioni vettoriali son quattro; ma contengono cinque vettori incogniti; perchè, oltre i quattro vettori

$$\left(\frac{dG_1}{dt}\right)', \quad \omega_1', \quad \left(\frac{dG_2}{dt}\right)', \quad \omega_2'$$

che definiscono lo stato cinetico dei due corpi dopo l'urto (e son quelli che occorre determinare), vi comparisce il vettore $\mathbf{N}$. Per eliminarlo occorre una quinta equazione; che si ottiene considerando la natura fisica dei due corpi che si urtano.

Per effetto di opportune pressioni e trazioni tutti i corpi si deformano in vario grado. Tolte coteste azioni, essi riprendono in tutto o in parte la primitiva forma, secondo la loro natura fisica e l'entità della deformazione subìta. Orbene, è manifesto che durante un urto devono prodursi delle deformazioni in prossimità del punto in cui i due corpi vengono a contatto; e, se la deformazione non è tanto grande da disgregare i corpi, dopo l'urto potrà accadere, o ch'essi riacquistino esattamente la loro primitiva forma, nel qual caso son detti *perfettamente elastici*; o che conservino tutta la deformazione subìta, o solo una parte, nel qual caso son detti *anelastici*, o *imperfettamente elastici*.

Supponiamo che i corpi in collisione si comportino come perfettamente elastici. Allora l'energia cinetica ch'essi perdono nella fase di deformazione verrà riguadagnata, per effetto delle reazioni elastiche, nella fase di ritorno alla configurazione primitiva. In sostanza l'energia cinetica totale dopo l'urto sarà uguale a quella prima dell'urto. Avremo dunque la relazione

$$
(7) \qquad \begin{aligned} &\left(\mathrm{M}_1\left(\frac{dG_1}{dt}\right)^2 + \mathrm{I}_1\,\boldsymbol{\omega}_1^2\right) + \left(\mathrm{M}_2\left(\frac{dG_2}{dt}\right)^2 + \mathrm{I}_2\,\boldsymbol{\omega}_2^2\right) = \\ &= \mathrm{M}_1\left(\frac{dG_1}{dt}\right)'^2 + \mathrm{I}_1\,\boldsymbol{\omega}_1'^2\Big) + \left(\mathrm{M}_2\left(\frac{dG_2}{dt}\right)'^2 + \mathrm{I}_2\,\boldsymbol{\omega}_2'^2\right); \end{aligned}
$$

che fornisce la quinta equazione cercata.

Nel caso che i corpi si comportino come anelastici, l'energia cinetica spesa nel lavoro di deformazione non viene restituita, perchè tutta la deformazione, una volta avvenuta, permane. Essa cesserà di prodursi quando le particelle dei due corpi in contatto in un intorno di P abbiano acquistate, rispetto alla normale comune $\boldsymbol{n}$ in P, velocità uguali ($\boldsymbol{n}$ vettore unitario diretto come $\mathbf{N}$). Orbene, la velocità di P dopo l'urto (velocità di trascinamento) è

$$
\boldsymbol{v}_1' = \left(\frac{dG_1}{dt}\right)' + \boldsymbol{\omega}_1' \wedge (P - G_1),
$$

considerato quale punto di C_1; è invece

$$v_2' = \left(\frac{dG_2}{dt}\right)' + \omega_2' \wedge (P - G_2),$$

considerato quale punto di C_2. Perciò dovrà essere dopo l'urto

$$v_1' \times n = v_2' \times n; \tag{8}$$

che fornisce la quinta equazione cercata.

Nel caso intermedio di corpi nè perfettamente elastici, nè anelastici, non vale nè la (7), nè la (8). In base all'esperienza si ammette che risulti per effetto dell'urto

$$(v_1' - v_2') \times n = -\varepsilon(v_1 - v_2) \times n; \tag{9}$$

ove v_1 e v_2 sono le quantità analoghe a v_1' e v_2', ma prima dell'urto, e ε è un coefficiente, compreso fra zero e uno, che l'esperienza assegna per ogni coppia di corpi. Per $\varepsilon = 0$ si ritrova la (8); per $\varepsilon = 1$ un'equazione equivalente alla (7), come è facile verificare.

Per fare un esempio, supponiamo che i corpi in collisione siano due sfere omogenee animate di moto rettilineo traslatorio lungo la congiungente $C_1 C_2$ dei loro centri. Indicando con a il vettore unitario che definisce la direzione e il verso di cotesta retta $C_1 C_2$ (da C_1 a C_2), si ha in questo caso

$$\frac{dG_1}{dt} = u_1 a, \quad \left(\frac{dG_1}{dt}\right)' = u_1' a, \quad \frac{dG_2}{dt} = u_2 a, \quad \left(\frac{dG_2}{dt}\right)' = u_2' a$$

$$\Omega_1 = \Omega_1' = \Omega_2 = \Omega_2' = 0$$

$$(P - G) \wedge \mathbf{N} = (P - G_2) \wedge \mathbf{N} = 0; \qquad (\mathbf{N} = -\mathrm{N}a)$$

perciò le (6) diventano

$$-\mathrm{N} + \mathrm{M}_1 u_1 - \mathrm{M}_1 u_1' = 0$$
$$\mathrm{N} + \mathrm{M}_2 u_2 - \mathrm{M}_2 u_2' = 0;$$

dalle quali si trae

$$\mathrm{M}_1 u_1 + \mathrm{M}_2 u_2 = \mathrm{M}_1 u_1' + \mathrm{M}_2 u_2'.$$

Insieme alla (9), che diventa semplicemente

$$u_1' - u_2' = -\varepsilon(u_1 - u_2),$$

si deduce

$$u_1' = \frac{u_1(M_1 - \varepsilon M_2) + u_2 M_2(1+\varepsilon)}{M_1 + M_2},$$

$$u_2' = \frac{u_2(M_2 - \varepsilon M_1) + u_1 M_1(1+\varepsilon)}{M_1 + M_2}.$$

Nel caso limite che C_2 abbia raggio infinito; che sia, cioè, un masso fisso limitato da un piano; si ha $u_2 = u_2' = 0$, e perciò $u_1' = -\varepsilon u_1$. Se la sfera C_1 cade sul detto piano, supposto orizzontale, dall'altezza h, vi arriva con la velocità $u_1 = \sqrt{2hg}$; e allora dopo l'urto sarà $u_1' = -\varepsilon\sqrt{2gh} = -\sqrt{2gh_1}$, essendo $h_1 = \varepsilon^2 h$. Questo prova che la sfera rimbalzerà all'altezza $\varepsilon^2 h$. Ricadendo di nuovo, rimbalzerà dopo all'altezza $\varepsilon^4 h$; e così via. L'esperienza dimostra che una sfera d'acciaio temperato, cadendo da un metro d'altezza sopra un suolo d'acciaio d'ugual tempra, fa un primo rimbalzo di $0^m,90$ circa. Risulta dunque per tale acciaio $\varepsilon = \sqrt{0,90} = 0,95$.

La durata d'un urto dipende dalla durezza dei corpi che si urtano, ed è dell'ordine di centesimi o millesimi di secondo. Non possiamo farne qui uno studio dettagliato; rimandiamo il lettore ai libri che trattano dell'elasticità dei solidi.

CAPITOLO VII

Sommario — 1. Elementi ellittici e formule dei moti Kepleriani — 2. Problema dei tre corpi — 3. Teoremi di meccanica analitica — 4. Equazioni Hamiltoniane del moto dei tre corpi; eliminazione del baricentro — 5. Funzione perturbatrice; elementi osculatori — 6. Equazioni che definiscono gli elementi osculatori in funzione del tempo; cenno sulle perturbazioni secolari e periodiche.

1. Questo capitolo contiene un' introduzione alla *Meccanica celeste.* Il lettore, che per l' indirizzo pratico de' suoi studi non s' interessa di questo argomento, può passare senz' altro al capitolo seguente.

Ammettendo che la principal forza (se non assolutamente l' unica) che fa muovere i corpi celesti nelle loro orbite sia l' attrazione scoperta da Newton; la quale per ogni coppia di corpi e proporzionale direttamente alle loro masse e inversamente al quadrato delle loro distanze (distanze dei baricentri); e notando che l' attrazione del Sole sopra un dato pianeta P è assai maggiore di quelle esercitate sullo stesso P da tutti gli altri corpi dell' universo; il problema fondamentale della meccanica celeste si riduce, in prima approssimazione, al moto d' una massa planetaria attratta solamente dal Sole secondo la legge di Newton. Questo problema è stato trattato nel Cap. I. L'orbita è ellittica con un fuoco nel Sole, e il moto sull'orbita è definito dalle formule (12) e (13) dello stesso capitolo. È chiamato, in complesso, *un moto Kepleriano*; perchè conforme alle leggi di Keplero.

Ma un moto Kepleriano differisce da un altro a cagione delle condizioni iniziali della massa planetaria, le quali conferiscono, sia all'orientazione dell'orbita nello spazio, sia alla grandezza dell'ellisse, e sia ancora alle modalità con le quali è descritta, differenze astronomicamente essenziali.

L'orientazione dell'orbita, rispetto a una terna $(Oxyz)$ con l'origine nel baricentro solare è orientata opportunamente alle stelle fisse, è definita (vedi Cinem.) dei tre angoli Euleriani che una terna $(Ox_1y_1z_1)$ collegata col piano dell'orbita fa con la terna $(Oxyz)$. Prenderemo per asse Ox_1 quello che va dal fuoco O al vertice più vicino dell' ellisse, detto *il perielio* (il più lontano è chiamato *l'afelio*); per Oz_1 la normale al piano, da quella parte in cui il moto rispetto a Oz_1 appare compiersi da sinistra a destra; per Oy_1 la retta che completa la terna $(Ox_1y_1z_1)$, sovrapponibile per rotazione alla $(Oxyz)$.

L'ellisse taglia il piano fisso xy in due punti N e N_1, detti i *nodi*. Il pianeta attraversa il piano in questi punti quando passa dall'emisfero australe $(z < 0)$ al boreale $(z > 0)$; e viceversa. Il nodo N corrispondente al primo passaggio chiamasi *il nodo ascendente*; l' altro *il nodo discendente*; la retta NN_1 *la linea dei nodi.* Di questa si considererà positiva la semiretta che va da O al nodo ascendente. Dopo ciò gli angoli Euleriani sono:

i, inclinazione dell'orbita (angolo che Oz_1 fa con Oz);

ψ, longitudine del nodo ascendente (angolo che ON fa con Ox);

φ, longitudine del perielio nell'orbita (angolo che Ox_1 fa con ON).

La forma precisa dell'orbita ellittica è definita dai suoi semiassi; o, meglio, dall' asse maggiore e dall' eccentricità.

Infine, se quando si comincia a contare il tempo, il pianeta si trova in una certa posizione, passerà la prima volta al perielio dopo un certo tempo τ. Questo τ si chiama *l'epoca del passaggio al perielio.*

In conclusione, un moto Kepleriamo è perfettamente individuato dalle sei costanti a, e, i, φ, ψ, τ, dette *gli elementi ellittici del pianeta.* Due moti Kepleriani, dunque, differiscono fra loro per il valore di questi elementi. I quali, secondo un'osservazione fatta di sopra, devono necessariamente dipendere dalle condizioni iniziali, ossia dalle sei costanti che definiscono la posizione e la velocità del pianeta al tempo $t=0$; od anche dalle sei costanti che si ottengono dalla diretta integrazione dell'equazione del moto (Cap. I). E viceversa; queste devono essere funzioni di quelle. In sostanza le coordinate polari o cartesiane del pianeta in un moto Kepleriano risultano funzioni del tempo e degli elementi ellittici; o, più precisamente, funzioni degli elementi e dell'anomalia eccentrica u (variabile ausiliaria); la quale è legata al tempo della ricordata equazione (13) di KEPLERO

$$u - e \operatorname{sen} u = n(t-\tau) = l;$$

ove l è chiamata l'*anomalia media* e n *il moto medio*.

Il raggio vettore è dato dalla formula (Cap. I)

$$r = \frac{a(1-e^2)}{1+e\cos(\theta-\theta_0)};$$

ove apparisce, facendo $\theta=\theta_0$, che θ_0 è la longitudine φ del perielio sull'orbita, e θ l'anomalia contata sull'orbita a partire dalla linea nodale; talchè l'angolo $\omega=\theta-\theta_0$, anomalia contata a partire dal perielio, è chiamata l'*anomalia vera*.

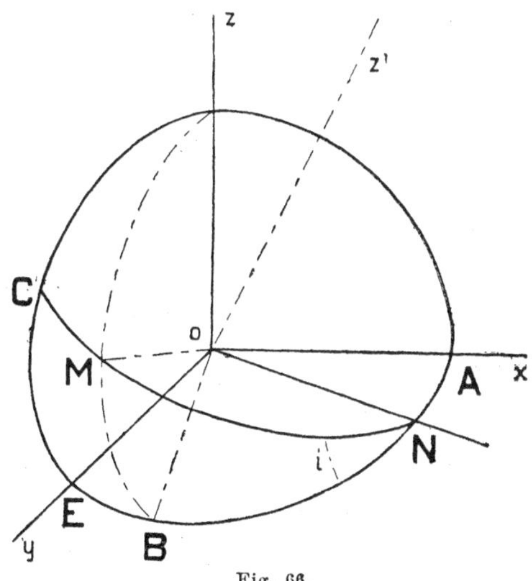

Fig. 66.

Per calcolare le altre due coordinate polari, si pensi tracciata una sfera di raggio uno e centro O (Fig. 66). Sia ON la linea nodale; NMC la traccia sulla sfera del piano dell'orbita; M la proiezione da O del baricentro del pianeta.

Allora l'arco $AB = \alpha$ misura la longitudine del pianeta; l'arco $BM = \lambda$ la latitudine (positiva nell'emisfero boreale, negativa nell'altro); l'angolo $MNB = i$ l'inclinazione del piano orbitale. Applicando al triangolo sferico rettangolo MBN i noti teoremi: la tangente d'un cateto è uguale al seno dell'altro nella tangente dell'angolo opposto; e il seno d'un cateto è uguale a quello dell'ipotenusa nel seno dell'angolo opposto; si ottiene subito

$$\text{tang}\,\lambda = \text{sen}\,(\alpha - \varphi)\,\text{tang}\,i, \quad \text{sen}\,\lambda = \text{sen}\,(\omega + \varphi)\,\text{sen}\,i;$$

le quali unite alle due formule precedentemente scritte e all'altra, pura nota (Cap. I),

$$r = a(1 - e\cos u),$$

definiscono le coordinate polari in funzione degli elementi ellittici e del tempo col sussidio della variabile u.

La relazione tra ω e u si può ottenere in modo esplicito. Dalle due formule che danno r si ricava

$$re\cos\omega = a(1 - e^2) - r = a(1 - e^2) - a(1 - e\cos u);$$

ossia

$$r\cos\omega = a(\cos u - e).$$

Da questa e dalla precedente, per somma e sottrazione, si deducono le due formule utili

$$\sqrt{r}\cos\frac{\omega}{2} = \sqrt{a(1 - e)}\cos\frac{u}{2}$$

$$\sqrt{r}\,\text{sen}\frac{\omega}{2} = \sqrt{a(1 + e)}\,\text{sen}\frac{u}{2};$$

dalle quali per divisione si ottiene la formula cercata

$$\text{tang}\frac{\omega}{2} = \sqrt{\frac{1 + e}{1 - e}}\,\text{tang}\frac{u}{2}.$$

Per ottenere le coordinate cartesiane del pianeta basta

valersi delle note formule

$$x = r \cos\lambda \cos\alpha, \quad y = r \cos\lambda \operatorname{sen}\alpha, \quad z = r \operatorname{sen}\lambda$$

di passaggio dalle coordinate polari alle cartesiane. I calcoli occorrenti sono un po' lunghi; perciò qui li ometteremo. Diremo solo che l'espressioni finali son del tipo

$$\begin{aligned} x &= A_1 e + A_2 \cos u + A_3 \sqrt{1-e^2} \operatorname{sen} u \\ y &= B_1 e + B_2 \cos u + B_3 \sqrt{1-e^2} \operatorname{sen} u \\ z &= C_1 e + C_2 \cos u + C_3 \sqrt{1-e^2} \operatorname{sen} u; \end{aligned}$$

ove le A, B, C sono indipendenti da e e τ, e dipendono solo dagli altri quattro elementi ellittici.

Nella pratica astronomica non si usano queste formule nella loro integrità. Si sostituiscono con altre approssimate, dedotte da quelle mediante opportuni sviluppi in serie. Sono stati calcolati sviluppi per le potenze dell'eccentricità; per le potenze dell'anomalia media, per seni e coseni dei multipli dell'anomalia media (serie di Fourier); ciascuno dei quali presenta particolari vantaggi, secondo il problema pratico da risolvere. Per questi particolari il lettore dovrà ricorrere ai trattati di Meccanica celeste.

2. Determinando in un certo tempo mediante le osservazioni e col sussidio delle formule precedenti gli elementi ellittici di un dato pianeta P; e ripetendo le osservazioni e i calcoli a intervalli di tempo sufficientemente lunghi; si trova che cotesti elementi non sono costanti, bensì variabili lentamente col tempo; il che dimostra che il moto naturale del pianeta non è esattamente Kepleriano. Questo fatto condusse a concepire il moto vero d'un pianeta come la successione di tanti moti Kepleriani; o meglio come un moto Kepleriano variabile, ne' suoi elementi caratteristici, al variare del tempo. Concezione questa che semplifica grandemente lo studio teorico del moto naturale, e ne permette l'immediato confronto con quello che le dirette osservazioni solo rendono possibile.

Se è vera la legge di Newton, secondo la quale tutti i corpi celesti agiscono per attrazione l'uno sull'altro, cotesta deviazione del moto vero dal moto Kepleriano, detta *perturbazione*, dev' essere prodotta dall' azione esercitata su P degli altri corpi del sistema solare (l'influenza delle stelle è nulla, senza errore apprezzabile); giacchè nell'ipotesi che tale azione non esista, si è dimostrato che il moto sarebbe esattamente Kepleriano.

Sia P_1 il pianeta che, o per la sua vicinanza a P, o per la sua maggior massa, ha un'azione preponderante rispetto agli altri corpi. Si può con grandissima approssimazione tenere in considerazione la sola attrazione di P_1, e supporre le altre inesistenti. Allora è la presenza di P_1 che perturba il moto di P; e lo studio della perturbazione non sarebbe molto complicato nè difficile se il moto di P_1 fosse Kepleriano. Ma come P_1 perturba P, così P perturba il moto di P_1; talchè ci si trova nella necessità di dover determinare contemporaneamente le mutue perturbazioni dei due corpi P e P_1. Inoltre, a tutto rigore, occorre tener presente che entrambi agiscono sul Sole; per modo che la questione acquista una grande complessità. Con tutta esattezza si deve enunciarla così: *determinare il moto di tre masse* (concentrate in punti) *che si attraggono mutuamente secondo la legge di* Newton. È questo il celebre *problema dei tre corpi*.

Trattato in base alla concezione detta di sopra; concependo, cioè, il moto vero come un moto Kepleriano variabile; e con quella approssimazione ritenuta sufficiente pei confronti della teoria con l'osservazione; ha dato luogo alla *teoria delle perturbazioni*; della quale soltanto vogliamo qui dare un'idea succinta; rimandando il lettore ai trattati di meccanica celeste, per tutti quei maggiori sviluppi che potrebbero interessarlo.

3. Per presentare cotesta teoria sotto la forma più adatta alle speculazioni teoriche, se non veramente alle dirette applicazioni astronomiche, occorre premettere alcune importanti proprietà dei sistemi Hamiltoniani.

Teorema 1°. *Dato un sistema Hamiltoniano.*

$$\text{(I)} \qquad \frac{dq_i}{dt}=\frac{\partial H}{\partial p_i},\quad \frac{dp_i}{dt}=-\frac{\partial H}{\partial q_i} \qquad (i=1,\ 2....n);$$

e presa una funzione qualunque $V(\xi_1\xi_2....\xi_n q_1 q_2....q_n)$ *delle variabili* q *e di altre* n *nuove variabili* ξ (tale però che il determinante funzionale delle $\frac{\partial V}{\partial q_i}$ rispetto alle ξ non sia nullo); *le formule*

$$\text{(2)} \qquad \eta_i=-\frac{\partial V}{\partial \xi_i},\quad p_i=\frac{\partial V}{\partial q_i} \qquad (i=1,\ 2....n)$$

definiscono una trasformazione fra le variabili q, p *e* ξ, η, *che applicata al dato sistema lo trasforma in un altro di forma Hamiltoniana; ossia, nel sistema*

$$\frac{d\xi_i}{dt}=\frac{\partial H'}{\partial \eta_i},\quad \frac{d\eta_i}{dt}=-\frac{\partial H'}{\partial \xi_i} \qquad (i=1,\ 2....n),$$

ove H' *è la trasformata di* H.

Infatti, essendo H funzione delle q e p, per una variazione virtuale infinitesima qualsiasi delle p e q in un fissato tempo t si ha

$$\delta H=\sum_i\frac{\partial H}{\partial q_i}\delta q_i+\sum_i\frac{\partial H}{\partial p_i}\delta p_i;$$

ossia, per l'equazioni (I),

$$\delta H=-\sum_i\frac{dp_i}{dt}\delta q_i+\sum_i\frac{dq_i}{dt}\delta p_i=-\frac{d}{dt}\Sigma p_i\delta q_i+\delta\left(\sum_i p_i\frac{dq_i}{dt}\right).$$

Ora, in virtù della trasformazione (2), risulta

$$\delta V=\Sigma(-\eta_i\delta\xi_i+p_i\delta q_i);$$

da cui

$$\sum_i p_i\delta q_i=\sum_i\eta_i\delta\xi_i+\delta V;$$

e per le variazioni effettive nel tempuscolo dt sarà

$$(o) \qquad \sum_i p_i\frac{dq_i}{dt}=\Sigma\eta_i\frac{d\xi_i}{dt}+\frac{dV}{dt}.$$

Con queste formule, indicando con H' la trasformata di H, risulta subito

$$\delta H' = -\frac{d}{dt}\left(\sum_i \eta_i \delta\xi_i + \delta V\right) + \delta\left(\Sigma\eta_i \frac{d\xi_i}{dt} + \frac{dV}{dt}\right)$$

$$= -\frac{d}{dt}(\Sigma\eta_i\delta\xi_i) + \delta\left(\sum_i \eta_i \frac{d\xi_i}{dt}\right) = -\sum_i \frac{d\eta_i}{dt}\delta\xi_i + \sum_i \frac{d\xi_i}{dt}\delta\eta_i,$$

giacchè

$$\frac{d}{dt}\delta V) = \delta\left(\frac{dV}{dt}\right).$$

Il confronto del primo membro col secondo dà

$$\frac{d\xi_i}{dt} = \frac{\partial H'}{\partial\eta_i}, \quad \frac{d\eta_i}{dt} = -\frac{\partial H'}{\partial\xi_i} \qquad (i = 1, 2....n);$$

che dimostrano il teorema.

Quando V dipende esplicitamente da t, il teorema sussiste ancora, *salvo che H' non è la trasformata della sola H, bensì di $H + \frac{\partial V}{\partial t}$*. Ciò risulta immediatamente osservando che il precedente ragionamento resta ancor valido in questo caso, purchè nella (o) si sostituisca $\frac{dV}{dt} - \frac{\partial V}{\partial t}$ a $\frac{dV}{dt}$.

Le trasformazioni (2) si chiamano *trasformazioni canoniche*, e la V *la funzione caratteristica della trasformazione*.

Teorema 2° (teorema di Jacobi). *Se dell'equazione a derivate parziali del prim'ordine*

$$\text{(J)} \qquad H\left(q_1, q_2....q_n \frac{\partial W}{\partial q_1}, \frac{\partial W}{\partial q_2}, ... \frac{\partial W}{\partial q_n}\right) = h,$$

che si ottiene dall'integrale dell'energia $H = h$ ponendo

$$\text{(3)} \qquad p_i = \frac{\partial W}{\partial q_n}, \qquad (i = 1, 2....n)$$

si conosce un integrale $W(q_1 q_2 .... q_n \xi_1 \xi_2 .... \xi_{n-1} h)$ contenente, oltre alla h, $n-1$ costanti arbitrarie $\xi_1 \xi_2 .... \xi_{n-1}$, detto inte-

grale completo; le relazioni

$$(3') \qquad \frac{\partial W}{\partial \xi_i} = -\eta_i (i=1, 2 \ldots . n-1), \quad \frac{\partial W}{\partial h} - t = -k,$$

ove le η *e* k *sono altre costanti arbitrarie, rappresentano insieme alle* (3) *gl'integrali del sistema Hamiltoniano* (I) (definiscono, cioè, le p e q in funzione di t e $2n$ costanti arbitrarie soddisfacenti alle (I)).

Infatti, ritenendo le ξ, η e $h=\xi_n$, $k=\eta_n$ quali nuove variabili legate alle p e q dalle relazioni (3) e (3'), consideriamo queste relazioni come una trasformazione da operarsi sul sistema (I). È una trasformazione canonica, la cui funzione caratteristica è $V=W-ht$; perciò il sistema trasformato sarà

$$\frac{d\xi_i}{dt} = \frac{\partial H'}{\partial \eta_i}, \quad \frac{d\eta_i}{dt} = -\frac{\partial H'}{\partial \xi_i} \qquad (i=1, 2 \ldots . n),$$

ove H' è la trasformata di $H+\frac{\partial V}{\partial t}$, ossia di $H-h$. Ma per le (3) e (J)

$$H' = H\left(q_1 q_2 \ldots . q_n \frac{\partial W}{\partial q_1} \ldots . \frac{\partial W}{\partial q_n}\right) - h = 0;$$

per conseguenza

$$\frac{d\xi_i}{dt} = 0 \quad \frac{d\eta_i}{dt} = 0 \qquad (i=1, 2 \ldots . n).$$

Ora questo sistema, in cui si trasforma il sistema dato mediante le (3) e (3'), è immediatamente integrabile; e si ottiene $\xi_i = \text{cost}$, $\eta_i = \text{cost}$, per ogni valore di i. Per passare da questi integrali a quelli del sistema (I) bisognerà fare $\xi_i = \text{cost}$, $\eta_i = \text{cost}$ nelle (3) e (3'). Dunque le (3) e (3'), quando le ξ_i e η_i siano pensate quali costanti arbitrarie, rappresentano appunto gl'integrali del sistema Hamiltoniano proposto.

Da questi teoremi si deduce un *corollario importantissimo.*

Posto $H = H_0 + H_1$; ossia, suddivisa l'energia H del dato sistema in due parti H_0 e H_1; supponiamo che si sappia integrare, nella forma indicata dal teorema di JACOBI, il sistema particolare

$$\frac{dq_i}{dt}=\frac{\partial H_0}{\partial p_i}, \quad \frac{dp_i}{dt}=-\frac{\partial H_0}{\partial q_i} \qquad (i=1, 2.,..n),$$

ottenuto dal sistema (I) con la sostituzione di H_0 all'intera H. Ciò vuol dire che se ne conosceranno gl'integrali, sotto la forma

$$p_i=\frac{\partial W}{\partial q_i}, \quad \frac{\partial W}{\partial \xi_i}=-\eta_i, \qquad (i=1, 2....n) \tag{4}$$

ove $\xi_n=h$, $-\eta_n=t-k$ e W è un integrale dell'equazione

$$H_0\left(q_1 q_2 .... q_n \frac{\partial W}{\partial q_1} .... \frac{\partial W}{\partial q_n}\right)=h.$$

Allora riguardando le ξ e η come variabili, le (4) definiscono una trasformazione canonica, la cui funzione caratteristica è $V=W-ht=W-\xi_n t$. Applicata al sistema (I), lo trasformerà in un nuovo sistema Hamiltoniano

$$\frac{d\xi_i}{dt}=\frac{\partial H_1'}{\partial \eta_i} \quad \frac{d\eta_i}{dt}=-\frac{\partial H_1'}{\partial \xi_i} \qquad (i=1, 2....-1)$$

$$\frac{d\xi_n}{dt}=\frac{\partial H_1'}{\partial k} \quad \frac{dk}{dt}=-\frac{\partial H_1'}{\partial \xi_n}$$

ove H'_1 è la trasformata di $H_0+H_1+\frac{\partial V}{dt}=H_0+H_1-h$; ossia di H_1, perchè H_0 si trasforma in h. Ma conviene introdurre $-\eta_n=t-k$ in luogo di k. Basta porre $H'=H'_1+h=H'_1+\xi_n$, e si ha

$$\frac{\partial H'}{\partial \xi_i}=\frac{\partial H'_1}{\partial \xi_i} \quad \frac{\partial H'}{\partial \xi_n}=\frac{\partial H'_1}{\partial \xi_n}+1, \quad \frac{\partial H'_1}{\partial k}=\frac{\partial H'}{\partial \xi_n}; \quad \frac{\partial H'}{\partial \eta_i}=\frac{\partial H'_1}{\partial \eta_i}.$$

Talchè l'ultima equazione diventa

$$\frac{d(k-t)}{dt}=\frac{\partial H'}{\partial \xi_n} \text{ ossia } \frac{d\eta_n}{dt}=-\frac{\partial H'}{\partial \xi_n};$$

e il nuovo sistema acquista la forma

$$\frac{d\xi_i}{dt} = \frac{\partial H'}{\partial \eta_i}, \quad \frac{d\eta_i}{dt} = -\frac{\partial H'}{\partial \xi_i} \qquad (i = 1, 2 \dots n);$$

ove adesso H' è la trasformata di $H_1 + h$.

Questo corollario è il fondamento analitico del *metodo della variazione delle costanti arbitrarie* (di LAGRANGE), che trova qui la sua applicazione nella teoria delle perturbazioni.

Termineremo questi preliminari con un'osservazione, essenziale per gli sviluppi successivi, relativa al moto Kepleriano studiato nel Cap. I e completato in principio di questo. Si può pervenire alla determinazione del moto d'un pianeta attratto solamente dal Sole mediante il teorema di JACOBI; giacchè, coll'introduzione delle coordinate polari, l'equazione (J) diventa in tal caso facilmente integrabile. Naturalmente si arriva alle stesse formule che abbiamo trovate per altra via; ma per dippiù si viene a riconoscere che gl'integrali del moto possono acquistar la forma

$$(i = 1, 2, 3) \quad \frac{\partial W}{\partial q_i} = p_i, \quad \frac{\partial W}{\partial \Psi} = \psi, \quad \frac{\partial W}{\partial \Phi} = \varphi, \quad \frac{\partial W}{\partial \mathrm{L}} = l,$$

ove Ψ, Φ, L, ψ, φ son costanti e l funzione lineare di t. Non faremo qui i calcoli dimostrativi; ci basterà ritenere che ψ, φ, l hanno il significato che abbiamo già attribuito a quelle lettere, e che Ψ, Φ, L son legate agli elementi ellittici dalle relazioni

$$\Psi = m\sqrt{M}\sqrt{a(1-e^2)}, \quad \mathrm{L} = m\sqrt{M}\sqrt{a}, \quad \Phi = \Psi \cos i.$$

Coteste sei quantità son chiamate *gli elementi canonici*. In funzione di questi la costante h dell'energia acquista l'espressione $-\dfrac{m^3 M^2}{2\mathrm{L}^2}$.

4. Veniamo ora al problema dei tre corpi; e cerchiamo anzitutto l'equazioni del moto nella forma Hamiltoniana. Rispetto a una terna d'assi fissi (collegati alle stelle) siano

$(x_1\, y_1\, z_1)$ le coordinate del Sole S (baricentro) di massa m_1, $(x_2 y_2 z_2)$ e $(x_3 y_3 z_3)$ quelle dei pianeti P_1 di massa m_2, P_2 di massa m_3; e poniamo

$$P_1 - P_2 = r_1 \mathbf{a}_1, \quad S - P_1 = r_3 \mathbf{a}_3, \quad P_2 - S = r_2 \mathbf{a}_2;$$

le $\mathbf{a}$ rappresentano vettori unitari. Le forze agenti sono

$$\text{sopra } S, \; -K\frac{m_1 m_2}{r_3^2}\mathbf{a}_3 + K\frac{m_1 m_3}{r_2^2}\mathbf{a}_2;$$

$$\text{sopra } P_1, \; -K\frac{m_2 m_3}{r_1^2}\mathbf{a}_1 + K\frac{m_1 m_2}{r_3^2}\mathbf{a}_3;$$

$$\text{sopra } P_2, \; -K\frac{m_1 m_3}{r_2^2}\mathbf{a}_2 + K\frac{m_2 m_3}{r_1^2}\mathbf{a}_1;$$

perciò il loro lavoro virtuale si ottiene moltiplicando scalarmente queste espressioni per δS, δP_1, δP_2 e sommandole. Se si osserva che

$$\mathbf{a}_3 \times (\delta P_1 - \delta S) = -\delta r_3, \quad \mathbf{a}_2 \times (\delta S - \delta P_2) = -\delta r_2,$$
$$\mathbf{a}_1 \times (\delta P_2 - \delta P_1) = -\delta r_1,$$

si ottiene

$$\text{Lav} = -K\left(\frac{m_1 m_2}{r_3^2}\delta r_3 + \frac{m_1 m_3}{r_2^2}\delta r_2 + \frac{m_2 m_3}{r_1^2}\delta r_1\right) = \delta U$$

ove

$$U = K\left(\frac{m_1 m_2}{r_3} + \frac{m_3 m_1}{r_2} + \frac{m_2 m_3}{r_1}\right).$$

Questa U è dunque il potenziale delle forze newtoniane.

Riguardo all'energia cinetica, si ha

$$2\mathrm{T} = \sum_{i=1}^{3} m_i(x_i'^2 + y_i'^2 + z_i'^2);$$

talchè, posto

$$\frac{\partial \mathrm{T}}{\partial x_i'} = m_i x_i' = \lambda_i, \quad \frac{\partial \mathrm{T}}{\partial y_i'} = m_i y_i' = \mu_i, \quad \frac{\partial \mathrm{T}}{\partial z_i'} = m_i z_i' = \upsilon_i,$$
$$(i = 1,\ 2,\ 3)$$

risulta

$$2T = \sum_{i=1}^{3} \frac{1}{m_i} (\lambda_i^2 + \mu_i^2 + \upsilon_i^2).$$

Dopo ciò l'equazioni Hamiltoniane del moto sono, per cose note,

$$\text{(II)} \qquad \begin{aligned} \frac{dx_i}{dt} &= \frac{\partial H}{\partial \lambda_i} & \frac{d\lambda_i}{dt} &= -\frac{\partial H}{\partial x_i} \\ \frac{dy_i}{dt} &= \frac{\partial H}{\partial \mu_i} & \frac{d\mu_i}{dt} &= -\frac{\partial H}{\partial y_i} \\ \frac{dz_i}{dt} &= \frac{\partial H}{\partial \upsilon_i} & \frac{d\upsilon_i}{dt} &= -\frac{\partial H}{\partial z_i}; \end{aligned} \qquad (i = 1,\ 2,\ 3)$$

ove

$$H = \frac{1}{2} \sum_{i=1}^{3} \frac{1}{m_i} (\lambda_i^2 + \mu_i^2 + \upsilon_i^2) - \left(\frac{m_1 m_2}{r_3} + \frac{m_3 m_1}{r_2} + \frac{m_2 m_3}{r_1} \right);$$

supponendo la costante K della gravitazione uguale all'unità; il che si può ottenere con un'opportuna scelta delle unità fondamentali.

Quest'equazioni si possono semplificare mediante una certa operazione, detta *l'eliminazione del baricentro*, ispirata al fatto, altrove dimostrato, che il baricentro dei tre corpi (pensati soli, come si è detto, nel sistema solare) si deve muovere di moto rettilineo e uniforme; talchè potrà supporsi fisso, non variando il moto rispetto ad assi in movimento traslatorio uniforme. Essendo

$$\frac{\Sigma m_i x_i}{\Sigma m_i}, \quad \frac{\Sigma m_i y_i}{\Sigma m_i}, \quad \frac{\Sigma m_i z_i}{\Sigma m_i}$$

le coordinate del baricentro, si avrà, nell'ipotesi che sia fisso,

$$\Sigma m_i x_i' = \lambda_1 + \lambda_2 + \lambda_3 = 0, \quad \Sigma m_i y_i' = \mu_1 + \mu_2 + \mu_3 = 0,$$
$$\Sigma m_i z_i' = \upsilon_1 + \upsilon_2 + \upsilon_3 = 0.$$

Per effettuare l'operazione accennata; posto $m_1 + m_2 + m_3 = M$, $m_1 + m_3 = m$, e indicando con $\xi_i \eta_i \zeta_i (i = 1,\ 2,\ 3)$ altre nove variabili; consideriamo la funzione

$$V=(\lambda_1+\lambda_2+\lambda_3)\xi_1+(\mu_1+\mu_2+\mu_3)\eta_1+(\nu_1+\nu_2+\nu_3)\zeta_1$$
$$+\left(\frac{m}{M}\lambda_2-\frac{m_2}{M}(\lambda_1+\lambda_3)\right)\xi_2+\left(\frac{m}{M}\mu_2-\frac{m_2}{M}(\mu_1+\mu_3)\right)\eta_2+$$
$$+\left(\frac{m}{M}\nu_2-\frac{m_2}{M}(\nu_1+\nu_3)\right)\zeta_2,$$
$$+\frac{m_1\lambda_3-m_3\lambda_1}{m}\xi_3+\frac{m_1\mu_3-m_3\mu_1}{m}\eta_3+\frac{m_1\nu_3-m_3\nu_1}{m}\zeta_3,$$

quale funzione caratteristica d'una trasformazione canonica. La trasformazione sarà data dalle formule

$$(g)\qquad \begin{array}{ll} \dfrac{\partial V}{\partial\lambda_i}=x_i & \dfrac{\partial U}{\partial\xi_i}=-\alpha_i \\ \dfrac{\partial V}{\partial\mu_i}=y_i & \dfrac{\partial V}{\partial\eta_i}=-\beta_i \\ \dfrac{\partial V}{\partial\nu_i}=z_i & \dfrac{\partial V}{\partial\zeta_i}=-\gamma_i; \end{array}\qquad (i=1,\ 2,\ 3)$$

e questa applicata al sistema (II) lo trasformerà in un altro sistema Hamiltoniano.

Occorre calcolare la nuova espressione di H. Il lettore non troverà difficoltà alcuna a eseguire le derivate di V; e se risolverà le formule (g) rispetto alle $\zeta\eta\xi$ e alle $\lambda\mu\nu$ otterrà esplicitamente la trasformazione nella forma seguente

$$(g_1)\ \xi_1=\frac{m_1x_1+m_2x_2+m_3x_3}{M},\ \xi_2=x_2-\frac{m_1x_1+m_3x_3}{m},\ \xi_3=x_3-x_1$$

e le analoghe che si ottengono cambiando ξ in η e ζ, e contemporaneamente x in y e z;

$$-\lambda_1=\frac{m_1}{M}\alpha_1-\frac{m_1}{m}\alpha_2-\alpha_3,\quad \lambda_2=\frac{m_2}{M}\alpha_1+\alpha_2,$$
$$-\lambda_3=\frac{m_3}{M}\alpha_1-\frac{m_3}{m}\alpha_2+\alpha_3$$

e analoghe, cambiando λ in μ e v, α in β e γ. Sostituendo nell'espressione di $2T$ si ottiene

$$2T' = \frac{1}{M}(\alpha_1^2 + \beta_1^2 + \gamma_1^2) + \frac{M}{mm_2}(\alpha_2^2 + \beta_2^2 + \gamma_2^2) + \frac{m}{m_1 m_3}(\alpha_3^2 + \beta_3^2 + \gamma_3^2).$$

Introducendo ora l'ipotesi del baricentro fisso, e notando che

$$\frac{\partial V}{\partial \xi_1} = \lambda_1 + \lambda_2 + \lambda_3 = -\alpha_1, \quad \frac{\partial V}{\partial \eta_1} = \mu_1 + \mu_2 + \mu_3 = -\beta_1,$$
$$\frac{\partial V}{\partial \zeta_1} = \upsilon_1 + \upsilon_2 + \upsilon_3 = -\gamma_1;$$

risulta, per quanto fu detto, $\alpha_1 = \beta_1 = \gamma_1 = 0$; e perciò

$$2T_1' = \frac{M}{mm_2}(\gamma_2^2 + \beta_2^2 + \gamma_2^2) + \frac{m}{m_1 m_3}(\alpha_3^2 + \beta_3^2 + \gamma_3^2).$$

Quanto alla U' trasformata della U, calcolando tutte le differenze $x_s - x_i$ di cui essa è funzione, si vede facilmente che risulta indipendente da ξ_1, η_1 e ζ_1, e solo funzione di $\xi_2\eta_2\zeta_2$, $\xi_3\eta_3\zeta_3$. In conclusione, dopo la trasformazione, ritenuto il baricentro fisso, il sistema (II) si riduce al sistema Hamiltoniano seguente:

$$\text{(III)} \qquad \begin{aligned} \frac{d\xi_i}{dt} &= \frac{\partial H'}{\partial \alpha_i} & \frac{d\alpha_i}{dt} &= -\frac{\partial H'}{\partial \xi_i} \\ \frac{d\eta_i}{dt} &= \frac{\partial H'}{\partial \beta_i} & \frac{d\beta_i}{dt} &= -\frac{\partial H'}{\partial \eta_i} \\ \frac{d\zeta_i}{dt} &= \frac{\partial H'}{d\gamma_i} & \frac{d\gamma_i}{dt} &= -\frac{\partial H'}{\partial \zeta_i}, \end{aligned}$$

ove $H' = T' - U'$; il quale è formato di dodici equazioni (e non più di diciotto).

È facile interpretare la trasformazione effettuata. Le (g_1) fanno vedere che le $\xi_1\eta_1\zeta_1$ sono le coordinate del baricentro dei tre corpi (le quali non entrano più nell'equazioni (III) del moto); le $\xi_3\eta_3\zeta_3$ le coordinate di P_2 rispetto a una terna con l'origine in S; le $\xi_2 \eta_2 \zeta_2$ le coordinate di P_1 rispetto a una terna con l'origine nel baricentro di S e $P_2 \left(\frac{m_1 x_1 + m_3 x_3}{m}, \text{ecc.}\right)$. Possiamo dunque dire che la trasformazione fatta ha ridotto il problema dei tre corpi a quello di due corpi fittizi P_2' e P_1'; dei quali, il primo ha, rispetto a una terna fissa, le stesse coordinate di P_2 rispetto ad S; il secondo, le stesse coordinate di P_1 rispetto al baricentro di S e P_2. Il lettore potrà anche vedere, con semplici calcoli, che l'energia cinetica del sistema fittizio è uguale a quello del sistema reale dei tre corpi, purchè a P_1' si attribuisca la massa $\frac{m m_2}{M}$ e a P_2' la massa $\frac{m_1 m_3}{m}$.

Ora indicando con ρ la distanza di P_1 dal baricentro G di S e P_2, possiamo scrivere il potenziale U nella forma

$$U = \left(\frac{m_1 m_3}{r_2} + \frac{m_2 m}{\rho}\right) + \left(\frac{m_1 m_2}{r_3} + \frac{m_2 m_3}{r_1} - \frac{m_2 m}{\rho}\right) = U_1 + U_2 .$$

Essendo le masse m_2 e m_3 piccolissime di fronte alla massa m_1 del Sole, il baricentro G sarà vicinissimo a S e perciò anche $r_3 - \rho$ e $\frac{1}{\rho} - \frac{1}{r_3}$ son quantità piccolissime. Le considereremo tutte come quantità piccole del medesimo ordine, e le chiameremo del prim'ordine. Allora si riconosce facilmente che la parte U_1 è del prim'ordine, la U_2 del second'ordine; talchè si potrà scindere la funzione H' nelle due parti

$$H' = H_1 + H_2 = (T' - U_1) - U_2 ,$$

ove la prima parte $H_1 = T' - U_1$ è del prim'ordine l'altra $H_2 = - U_2$ del secondo. Poichè U_2 ha il fattore m_2 del prim'ordine, possiamo anche scrivere

$$H' = H_1 + m_2 H_2 ,$$

ove al presente

$$H_2 = \frac{m}{\rho} - \frac{m_1}{r_3} - \frac{m_3}{r_1}$$

è anch'essa del prim'ordine.

5. L'equazione (III) e l'osservazione precedente fanno vedere che i moti delle masse fittizie P_1' e P_2' sono poco diversi da moti Kepleriani. Infatti, se si trascura la parte del second'ordine di H, e si osserva che H_1 è la somma delle due parti

$$H_1' = \frac{M}{2mm_2}(\alpha_2^2 + \beta_2^2 + \gamma_2^2) - \frac{mm_2}{\rho} \quad (\rho = \sqrt{\xi_2^2 + \eta_2^2 + \zeta_2^2} \text{ per le } (g))$$

funzione delle sole variabili $\alpha_2 \beta_2 \gamma_2 \xi_2 \eta_2 \zeta_2$, e

$$H_1'' = \frac{m}{2m_1 m_3}(\alpha_3^2 + \beta_3^2 + \gamma_3^2) - \frac{m_1 m_3}{r_2} \quad (r_2 = \sqrt{\xi_3^2 + \eta_3^2 + \zeta_3^2})$$

funzione soltanto di $\alpha_3 \beta_3 \gamma_3 \xi_3 \eta_3 \zeta_3$; le (III) si scindono in due sistemi indipendenti:

$$\text{(III')} \quad \begin{cases} \dfrac{d\xi_2}{dt} = \dfrac{\partial H_1'}{\partial \alpha_2}, & \dfrac{d\alpha_2}{dt} = -\dfrac{\partial H_1'}{\partial \xi_2} \\ \dfrac{d\eta_2}{dt} = \dfrac{\partial H_1'}{\partial \beta_2}, & \dfrac{d\beta_2}{dt} = -\dfrac{\partial H_2'}{\partial \eta_2} \\ \dfrac{d\zeta_2}{dt} = \dfrac{\partial H_1'}{\partial \gamma_2}, & \dfrac{d\gamma_2}{dt} = -\dfrac{\partial H_1'}{\partial \zeta_2} \end{cases}$$

e nel sistema (III') che si ottiene da questo mutando l'indice due in tre e H_1' in H_1''.

Il primo rappresenta l'equazioni del moto d'un punto di massa $\frac{mm_2}{M}$ attratta da un centro fisso di massa M; il secondo quelle d'un punto di massa $\frac{m_1 m_3}{m}$ attratto da un centro fisso di massa m; perciò i moti di questi punti son Kepleriani. Ne consegue che, nell'approssimazione adottata, P_1' e P_2' hanno i moti di quei punti; ossia moti Kepleriani; e questi tanto meno differiranno dai moti veri quanto più piccola è la parte trascurata; ossia, quanto più piccolo è m_2. È dunque la porzione d'energia rappresentata dalla funzione $m_2 H_2$ quella che perturba il moto Kepleriano; perciò è chiamata *la funzione perturbatrice*.

Ridotto il problema a questi termini, lo studio approssimato dei moti veri di P_1' e P_2', concepiti come moti Kepleriani variabili, non presenta serie difficoltà concettuali.

Considerando il moto effettivo di P_1', sia P_1'' un punto materiale avente in comune con P_1' la massa, la posizione e la velocità in un dato tempo t_0; e supponiamo che sia attratto da un centro fisso di massa $M = m_1 + m_2 + m_3$ (posto nel baricentro di S e P_2). Questo punto assumerà un moto Kepleriano; e, precisamente, lo stesso moto che avrebbe P_1' in prima approssimazione (equazioni (III')), considerando t_0 quale istante iniziale. L'orbita effettiva di P_1' e quella ellittica di P_1'' hanno un punto in comune (la posizione al tempo t_0) e sono tangenti in quel punto; e, per la piccolezza (o il lento variare) della funzione perturbatrice, sono quasi coincidenti in un intervallo di tempo relativamente breve. Perciò l'orbita di P_1'' chiamasi *l'orbita osculatrice di* P_1' *all'istante* t_0; e i suoi elementi ellittici diconsi *gli elementi osculatori* di P_1' al tempo t_0.

Considerando un altro istante t_0', e un altro punto P_1''' avente massa uguale a quella di P_1', e la posizione e la velocità possedute da P_1' al tempo t_0', e attratto dal punto fisso di sopra indicato, un ragionamento identico al precedente conduce a definire l'orbita osculatrice e gli elementi osculatori di P_1' al tempo t_0'. I valori di questi elementi tanto meno differiranno dai precedenti quanto minore è l'intervallo $t_0' - t_0$. Ripetendo il ragionamento per quanto si vogliano istanti successivi, anche vicinissimi, si viene a concepire chiaramente il moto effettivo del punto P_1' come un moto Kepleriano variabile ne' suoi elementi al variare del tempo; ossia, si arriva a concepire gli elementi osculatori quali funzioni del tempo. Data la piccolezza, o il lento variare, della funzione perturbatrice, anche gli elementi ellittici varieranno lentamente. Supponiamo d'esser riusciti a determinare gli elementi osculatori in funzione del tempo. Allora, scelto un istante qualunque t, e calcolati i valori di cotesti elementi in quest'istante, si otterrà un moto Kepleriano; il quale, per le cose dette, rappresenterà con grande approssimazione il moto vero di P_1' in un opportuno intervallo di tempo comprendente l'istante t. Un ragionamento analogo vale pel corpo P_2'. Così di tempo in tempo nel corso dei secoli si potranno predire le vicende meccaniche dei due pianeti, in quella forma appunto che le dirette osservazioni consentono di controllare.

6. Vediamo come si possono determinare gli elementi osculatori (o altre quantità in relazioni semplici con quelli, come appunto gli elementi canonici) in funzione del tempo. A tal fine riprendiamo l'equazioni del moto (III). Abbiamo già detto che, trascurando la funzione perturbatrice $m_2 H_2$, essi si riducono ai sistemi indipendenti (III') e (III''), ciascuno dei quali definisce un moto Kepleriano. Ne consegue che cotesti sistemi si sanno integrare; e, per un'osservazione fatta alla fine del n. 3, si sanno pure integrare nella maniera indicata dal teorema di JACOBI; talchè i loro integrali possono assumere la forma

$$\frac{\partial W_i}{\partial \xi_i} = \alpha_i, \quad \frac{\partial W_i}{\partial \eta_i} = \beta_i, \quad \frac{\partial W_i}{\partial \zeta_i} = \gamma_i,$$
$$\frac{\partial W_i}{\partial \Psi_i} = \psi_i, \quad \frac{\partial W_i}{\partial \Phi_i} = \varphi_i, \quad \frac{\partial W_i}{\partial \mathrm{L}_i} = l_i \qquad (i = 1,\ 2)$$

ove $\Psi \Phi L \psi \varphi$ sono, con l'indice uno, gli elementi canonici di P_1', con l'indice due quelli di P_2'. Ne segue che queste formule, pensati gli elementi canonici come nuove variabili, definiscono una trasformazione canonica; la quale, applicata al sistema (III), lo trasformerà in un altro sistema Hamiltoniano. Ricordando il corollario dimostrato al n. 3, il nuovo sistema sarà

$$\text{(IV)} \qquad \begin{aligned} \frac{d\psi_i}{dt} &= \frac{\partial F}{\partial \Psi_i} & \frac{d\Psi_i}{dt} &= -\frac{\partial F}{\partial \psi_i} \\ \frac{d\varphi_i}{dt} &= \frac{\partial F}{\partial \Phi_i} & \frac{d\Phi_i}{dt} &= -\frac{\partial F}{\partial \varphi_i} \\ \frac{dl_i}{dt} &= \frac{\partial F}{\partial \mathrm{L}_i} & \frac{d\mathrm{L}_i}{dt} &= -\frac{\partial F}{\partial l_i}, \end{aligned} \qquad (i = 1,\ 2)$$

ove F è la trasformata di

$$H' = H_1 + m_2 H_2 = H_1' + H_1'' + m_2 H_2 = h_1 + h_2 + m_2 H_2 .$$

Indichiamo con μR la trasformata della funzione perturbatrice, e introduciamo i valori delle costanti h_1 e h_2 dell'energia, secondo quanto si è detto alla fine del n. 3. Si ottiene

$$F = -\frac{m'^3 M^2}{2L_1^2} - \frac{m''^3 M''^2}{2L_2^2} + \mu R,$$

ove qui

$$M' = M = m_1 + m_2 + m_3, \quad m' = \frac{m_2 m}{M}, \quad M'' = m, \quad m'' = \frac{m_1 m_3}{m}.$$

Orbene, *le* (IV) *sono appunto l'equazioni differenziali che definiscono gli elementi canonici osculatori* (e quindi gli elementi ellittici osculatori) *in funzione del tempo*; il che risulta manifesto dalle cose dette precedentemente.

Riguardo all'integrazione delle (IV) non è possibile entrar qui in particolari. Quel che abbiamo detto avrà istruito sufficientemente il lettore sui concetti meccanici e analitici che formano la base della meccanica celeste; e lo porrà in grado di orientarsi quando voglia intraprendere studî più completi. E questo era il nostro fine. Nondimeno sarà utile aggiungere che all'integrazione si procede mediante il metodo delle approssimazioni successive e sviluppando in serie la funzione perturbatrice. In massima la seconda approssimazione è sufficiente in pratica; dà risultati validi per alcuni secoli.

La serie si presenta nella forma

$$R = \Sigma A \cos \{(k_1 n_1 + k_2 n_2) t + \alpha\} = \Sigma A \cos (\beta t + \alpha);$$

ove, nella seconda approssimazione, A è funzione degli elementi ellittici dei moti Kepleriani di prima approssimazione; n_1 e n_2 i loro moti medî; k_1 e k_2 numeri interi. Quando questa serie viene introdotta convenientemente nelle (IV) e s'integra, si trovano nell'espressioni degli elementi osculatori due specie di termini: alcuni proporzionali a t, gli altri della forma $\frac{A}{\beta}$ sen $(\beta t + \alpha)$. I primi crescono oltre ogni limite, benchè lentamente, col trascorrer del tempo; perciò chiamansi *perturbazioni, o ineguaglianze, secolari* le perturbazioni rappresentate da quei termini; i secondi son periodici, e rappresentano *le perturbazioni periodiche.* Variazioni secolari e periodiche degli elementi ellittici sono appunto i fatti astronomici che le dirette osservazioni hanno posto in evidenza. Così la teoria traduce perfettamente i fatti osservati; ma, per dippiù, dà loro vita nel nostro pensiero; facendoci assistere coll'occhio della mente, quali spettatori immortali, anno per anno, alle vicende meccaniche del sistema solare. Qualunque sia l'avvenire di questa teoria delle perturbazioni, essa rimarrà una delle più belle creazioni dell'ingegno umano.

Il lettore potrà consultare le grandi opere di LAPLACE e TISSERAND, e le « Leçons de mécanique céleste » di POINCARÉ, alle quali principalmente è ispirato lo svolgimento di questo capitolo.

MECCANICA
DEI CORPI DEFORMABILI

CAPITOLO I

Sommario — 1. Formula preliminare; rotazione d'un campo vettoriale — 2. Divergenza d'un campo vettoriale; operatori Δ e Δ' — 3. Teoremi del gradiente, della rotazione e della divergenza — 4. Teorema di Stockes — 5. Alcune sue conseguenze — 6. Derivata d'un vettore rispetto a un punto — 7. Potenziale newtoniano di spazio e sue proprietà — 8. Teoremi di Newton relativi al potenziale d'un involucro sferico — 9. Potenziale di semplice strato — 10. Potenziale di doppio strato.

1. All'analisi vettoriale esposta nell'introduzione vanno ora aggiunte alcune altre nozioni e formule di altissima importanza in tutte le applicazioni della matematica alla fisica; delle quali qui faremo uso per lo sviluppo dei principî della meccanica dei corpi continui, e per quel tanto che il ristretto programma delle nostre lezioni ci consente. Per l'esatta comprensione di quanto ora diremo, consigliamo il lettore di rileggere il n. 9 dell'accennata introduzione.

Dimostriamo anzitutto la formula utile

$$(1) \qquad (a \wedge b) \wedge c = (a \times c)b - (b \times c)a.$$

Ammettiamo, per incominciare da un caso semplice, che c sia perpendicolare a b. Poichè anche $a \wedge b$ è perpendicolare a b, il vettore $(a \wedge b) \wedge c$ sarà parallelo a b; perciò si avrà

$$(a \wedge b) \wedge c = mb,$$

ove m è un numero indipendente da b. Per determinarlo,

notiamo che, quando a è normale a c, $a \wedge b$ risulta parallelo a c, e quindi $m=0$; onde sarà $m=m(a \times c)$; e perciò

$$(a \wedge b) \wedge c = n(a \times c)b.$$

Il numero n non dipende da a e c. Infatti, posto che dipenda da c, per un altro vettore c_1, pure normale a b, si avrebbe

$$(a \wedge b) \wedge c_1 = n_1(a \times c_1)b;$$

e quindi, aggiunta alla precedente,

$$(a \wedge b) \wedge (c + c_1) = [a \times (nc + n_1 c_1)]b.$$

Ma d'altra parte, dovendo essere

$$(a \wedge b) \wedge (c + c_1) = l[a \times (c + c_1)]b;$$

ne risulterebbe l'identità

$$a \times (nc + n_1 c_1) = a \times l(c + c_1)$$

per qualunque a; la quale richiede che sia $n = n_1 = l$, contrariamente all'ipotesi. Ugual ragionamento valendo pel vettore a, si conclude che n è veramente indipendente dai tre vettori. Dopo ciò, il suo valore si calcola immediatamente scegliendo a b e c in modo speciale. Per esempio, ritenendo $\operatorname{mod} a = \operatorname{mod} b = \operatorname{mod} c = 1$, $a \times b = 0$, $c \times b = 0$, $a \times c = \cos 45°$, si trova subito $n = 1$. Si hanno dunque le formule

$$(a \wedge b) \wedge c = (a \times c)b \quad \text{nell'ipotesi} \quad c \times b = 0,$$

e, scambiando a con b,

$$(a \wedge b) \wedge c = -(b \times c)a \quad \text{nell'ipotesi} \quad c \times a = 0.$$

Per passare ora al caso generale, in cui c è qualunque, basta porre $c = c_1 + c_2$, con le condizioni $c_1 \times b = 0$, $c_2 \times a = 0$; cosa questa sempre possibile. Allora, per le formule precedenti, si ottiene

$$(a \wedge b) \wedge c = (a \wedge b) \wedge c_1 + (a \wedge b) \wedge c_2 = (a \times c_1) b - (b \times c_2) a$$
$$= (a \times c) b - (b \times c) a;$$

che coincide con la (1).

Abbiasi ora un campo vettoriale a tre dimensioni luogo dei punti P, e sia $u(P)$ il vettore definito nel campo ([1]). Se è un campo potenziale, si ha, per cose note, $u = \text{grad}\,\varphi$, essendo φ una funzione scalare dei punti del campo. In tal caso, avendosi

$$(2) \qquad d\varphi = u \times dP,$$

per qualunque coppia di spostamenti indipendenti dP e δP risulta manifestamente

$$(2') \qquad \delta(d\varphi) - d(\delta\varphi) = \delta u \times dP - du \times \delta P = 0;$$

giacchè

$$d\delta P = \delta d P.$$

Ma quando il campo vettoriale non è potenziale, non verificandosi la (2), non sussiste neppur la (2′); perciò l'espressione

$$\delta u \times dP - du \times \delta P$$

sarà diversa da zero e dipenderà, per ogni punto P, da u e dalla coppia degli spostamenti. E poichè è quantità scalare e s'annulla insieme al vettore $\delta P \wedge dP$, è presumibile che sia

$$(3) \qquad \delta u \times dP - du \times \delta P = v \times \delta P \wedge dP,$$

con v dipendente da u. Ciò accade effettivamente.

Infatti, fissata una terna di vettori fondamentali e posto

$$u = u_1 i + u_1 j + u_3 k,$$

([1]) Vedi Dinamica Cap. IV.

si ha

$$\begin{aligned}\delta \boldsymbol{u} \times dP - d\boldsymbol{u} \times \delta P &= (\delta u_1 \boldsymbol{i} + \delta u_2 \boldsymbol{j} + \delta u_3 \boldsymbol{k}) \times dP - (du_1 \boldsymbol{i} + du_2 \boldsymbol{j} + du_3 \boldsymbol{k}) \times \\ &= [(\operatorname{grad} u_1 \times \delta P)(\boldsymbol{i} \times dP) - (\operatorname{grad} u_1 \times dP)(\boldsymbol{i} \times \delta P)] + \ldots \\ &= [(\operatorname{grad} u_1 \times \delta P)\boldsymbol{i} - (\boldsymbol{i} \times \delta P) \operatorname{grad} u_1] \times dP + \ldots\ldots\ldots \\ &= (\operatorname{grad} u_1 \wedge \boldsymbol{i}) \wedge \delta P \times dP + \ldots\ldots\ldots\ldots\ldots\ldots\end{aligned}$$

in virtù della (1). Dunque risultando

$$\delta \boldsymbol{u} \times dP - d\boldsymbol{u} \times \delta P = [\operatorname{grad} u_1 \wedge \boldsymbol{i} + \operatorname{grad} u_2 \wedge \boldsymbol{j} + \operatorname{grad} u_3 \wedge \boldsymbol{k}] \times \delta P \wedge$$

se ne deduce

$$\boldsymbol{v} = \operatorname{grad} u_1 \wedge \boldsymbol{i} + \operatorname{grad} u_2 \wedge \boldsymbol{j} + \operatorname{grad} u_3 \wedge \boldsymbol{k}.$$

Così è dimostrata l'esistenza del vettore $\boldsymbol{v}$ (esistenza dipendente da quella dei gradienti di $u_1 u_2 u_3$ per qualunque terna); mentre la (3) prova la sua invarianza rispetto al riferimento. Questo vettore, dipendente solo da $\boldsymbol{u}$, s'indica col simbolo rot $\boldsymbol{u}$. Si ha dunque per definizione

$$\text{(3')} \qquad \operatorname{rot} \boldsymbol{u} \times \delta P \wedge dP = \delta \boldsymbol{u} \times dP - d\boldsymbol{u} \times \delta P;$$

e, riferendosi a una terna fondamentale, o a assi cartesiani,

$$\text{(3'')} \qquad \begin{aligned}\operatorname{rot} \boldsymbol{u} &= \operatorname{grad} u_1 \wedge \boldsymbol{i} + \operatorname{grad} u_2 \wedge \boldsymbol{j} + \operatorname{grad} u_3 \wedge \boldsymbol{k} \\ &= \left(\frac{\partial u_3}{\partial y} - \frac{\partial u_2}{\partial z}\right)\boldsymbol{i} + \left(\frac{\partial u_1}{\partial z} - \frac{\partial u_3}{\partial x}\right)\boldsymbol{j} + \left(\frac{\partial u_2}{\partial x} - \frac{\partial u_1}{\partial y}\right)\boldsymbol{k};\end{aligned}$$

la quale mette in evidenza le proiezioni di rot $\boldsymbol{u}$ sugli assi.

È manifesto che rot si può considerare come un operatore che applicato a un vettore funzione di P, dà per risultato un altro vettore funzione di P; ossia, come il simbolo di un'operazione che associa vettori a vettori in un medesimo campo. Sotto questo aspetto è evidente la formula

$$\text{(4)} \qquad \operatorname{rot}(\boldsymbol{u} + \boldsymbol{v} + \ldots) = \operatorname{rot} \boldsymbol{u} + \operatorname{rot} \boldsymbol{v} + \ldots;$$

e, se ρ è una funzione scalare di P, risulta

$$\text{(5)} \qquad \begin{aligned}\operatorname{rot} \rho\boldsymbol{u} &= \rho(\operatorname{grad} u_1 \wedge \boldsymbol{i} + \operatorname{grad} u_2 \wedge \boldsymbol{j} + \operatorname{grad} u_3 \wedge \boldsymbol{k}) \\ &\quad + \operatorname{grad} \rho \wedge u_1 \boldsymbol{i} + \operatorname{grad} \rho \wedge u_2 \boldsymbol{j} + \operatorname{grad} \rho \wedge u_3 \boldsymbol{k} \\ &= \rho \operatorname{rot} \boldsymbol{u} + \operatorname{grad} \rho \wedge \boldsymbol{u}.\end{aligned}$$

Per le cose dette di sopra, *rot u è nullo quando il campo è potenziale*; ossia

$$\operatorname{rot} \operatorname{grad} \varphi = 0.$$

Vedremo più innanzi che è pur vera la proposizione inversa; cioè, se $\operatorname{rot} \boldsymbol{u} = 0$, il campo dei vettori $\boldsymbol{u}(P)$ è potenziale.

Notisi che per $\delta \boldsymbol{u} = d\boldsymbol{u} = 0$ risulta $\operatorname{rot} \boldsymbol{u} = 0$; ossia, la rotazione d'un vettore costante (lo stesso per tutti i punti P) è nulla.

Per illustrare fin d'ora questi concetti, indipendentemente dalle applicazioni che ne faremo poi, consideriamo il campo vettoriale formato dalle velocità $\boldsymbol{v}$, in un dato istante, di tutti i punti appartenenti a un corpo rigido in movimento, e calcoliamo $\operatorname{rot} \boldsymbol{v}$. Essendo con notazioni conosciute,

$$\boldsymbol{v} = \frac{dO_1}{dt} + \boldsymbol{\omega} \wedge (P - O_1);$$

ove il vettore $\frac{dO_1}{dt}$ è lo stesso per tutti i punti P, e $\boldsymbol{\omega} \wedge (P - O_1)$ ha per proiezioni sugli assi collegati col corpo,

$$qz - ry, \quad rx - pz, \quad py - qx;$$

si deduce subito, per la (3''),

$$\operatorname{rot} \boldsymbol{v} = 2(p\boldsymbol{i} + q\boldsymbol{j} + r\boldsymbol{k}) = 2\boldsymbol{\omega}.$$

Dunque $\frac{1}{2}$ $\operatorname{rot} \boldsymbol{v}$ rappresenta il vettore che definisce lo stato cinetico di rotazione del corpo in un dato istante. Questo dà pur ragione della denominazione e del simbolo usati generalmente pel vettore definito dalla (3').

2. Al vettore $\boldsymbol{u}$ considerato di sopra associamo due altri vettori $\boldsymbol{v}$ e $\boldsymbol{w}$, tali che per ogni punto del campo sussista la relazione

$$\boldsymbol{u} = \boldsymbol{v} \wedge \boldsymbol{w}.$$

Ciò è sempre possibile, ed anche in infiniti modi. Perchè, se v' e w' sono altri vettori legati ai precedenti dalle relazioni

$$(o) \qquad v = av' + bw', \quad w = cv' + dw',$$

ove $ad - bc = 1$, si ha manifestamente

$$v \wedge w = v' \wedge w'.$$

Orbene, la quantità scalare

$$(6) \qquad w \times \operatorname{rot} v - v \times \operatorname{rot} w$$

è invariante rispetto alle trasformazioni (o); ossia, è indipendente dalla coppia di vettori soddisfacenti alla condizione $v \wedge w = u$. Infatti, per le (o), si ha

$$\begin{aligned} w \times \operatorname{rot} v - v \times \operatorname{rot} w &= (cv' + dw') \times (a \operatorname{rot} v' + b \operatorname{rot} w' + \operatorname{grad} a \wedge v' + \operatorname{grad} b / \\ &\quad - (av' + bw') \times (c \operatorname{rot} v' + d \operatorname{rot} w' + \operatorname{grad} c \wedge v' + \operatorname{grad} d / \\ &= w' \times \operatorname{rot} v' - v' \times \operatorname{rot} w', \end{aligned}$$

giacchè $ad - bc = 1$, e

$$\operatorname{grad}(ad - bc) = a \operatorname{grad} d + d \operatorname{grad} a - b \operatorname{grad} c - c \operatorname{grad} b = 0.$$

Dunque la (6) è una grandezza scalare funzione dei punti P del campo, il cui valore dipende esclusivamente dal prodotto $v \wedge w$, ossia dal dato vettore $u(P)$. Si chiama *la divergenza del vettore u*, o *la divergenza del dato campo vettoriale*, e si rappresenta col simbolo $\operatorname{div} u$. La scrittura div posta innanzi a u vale perciò come un simbolo operatorio, che, applicato a una funzione vettoriale, dà una funzione scalare. L'operazione consiste nel considerare u quale prodotto vettoriale di due vettori v e w e nel formare con questi l'espressione (6); onde si ha la formula di definizione

$$(7) \qquad \operatorname{div} u = w \times \operatorname{rot} v - v \times \operatorname{rot} w,$$

ove $v \wedge w = u$.

Dati due vettori $u(P)$ e $u'(P)$, essendo sempre possibile, scelto un vettore $w(P)$ normale ad u e u' porre

$$u = v \wedge w, \quad u' = v' \wedge w;$$

ne risulta

$$(8) \qquad \begin{aligned} \operatorname{div}(u + u') &= w \times \operatorname{rot}(v + v') - (v + v') \times \operatorname{rot} w \\ &= \operatorname{div} u + \operatorname{div} u'. \end{aligned}$$

Inoltre, detta ρ una funzione scalare di P, avendosi $\rho u = \rho v \wedge w$, si ricava, usando la (5),

$$(9) \qquad \begin{aligned} \operatorname{div}(\rho u) &= w \times (\rho \operatorname{rot} v + \operatorname{grad} \rho \wedge v) - \rho v \times \operatorname{rot} w \\ &= \rho \operatorname{div} u + \operatorname{grad} \rho \times u. \end{aligned}$$

Riferendosi a una terna fondamentale, risulta per le (8) e (9) $\operatorname{div} u = \operatorname{grad} u_1 \times i + \operatorname{grad} u_2 \times j + \operatorname{grad} u_3 \times k$

$$= \frac{\partial u_1}{\partial x} + \frac{\partial u_2}{\partial y} + \frac{\partial u_3}{\partial z};$$

che è *l'espressione cartesiana di* div u. Da questa e dalla (3″) subito risulta che *la divergenza d'un campo puramente rotazionale* (un campo vettoriale definito semplicemente da rot u) *è nulla in ogni punto*; ossia

$$(11) \qquad \operatorname{div} \operatorname{rot} u = 0.$$

Vedremo in seguito che è anche vera la proposizione inversa.

Se infine il campo è potenziale, $u = \operatorname{grad} \varphi$, la funzione div grad φ può considerarsi come il risultato dell'operatore div grad applicato a $\varphi(P)$. Tale operatore si suole rappresentare più semplicemente col simbolo Δ (delta); onde si ha

$$\Delta\varphi = \operatorname{div} \operatorname{grad} \varphi.$$

Per la (10) la sua *espressione cartesiana* è

$$\Delta\varphi = \frac{\partial^2\varphi}{\partial x^2} + \frac{\partial^2\varphi}{\partial y^2} + \frac{\partial^2\varphi}{\partial z^2}.$$

Una funzione φ finita continua e a un solo valore in un campo e soddisfacente all'*equazione di Laplace* $\Delta\varphi = 0$ è chiamata *armonica*. Per esempio, la funzione

$$\frac{1}{r}=\frac{1}{\sqrt{(x-x_0)^2+(y-y_0)^2+(z-z_0)^2}},$$

ove $O(x_0 y_0 z_0)$ è un punto fisso, è armonica, come un semplice calcolo subito dimostra. Dunque

$$\operatorname{div}\operatorname{grad}\frac{1}{r}=\Delta\frac{1}{r}=0.$$

In seguito avremo anche a considerare l'operatore

$$\operatorname{grad}\operatorname{div}-\operatorname{rot}\operatorname{rot},$$

che applicato a un vettore $\boldsymbol{u}(P)$ dà per risultato un altro vettore funzione di P. Si suol rappresentare con Δ'; onde si avrà

$$\Delta'\boldsymbol{u}=\operatorname{grad}\operatorname{div}\boldsymbol{u}-\operatorname{rot}\operatorname{rot}\boldsymbol{u}.$$

È facile vedere che

$$\Delta'\boldsymbol{u}=\Delta u_1\cdot\boldsymbol{i}+\Delta u_2\cdot\boldsymbol{j}+\Delta u_3\cdot\boldsymbol{k}.$$

Infatti, per le formule precedenti il coefficiente di $\boldsymbol{i}$ è

$$\frac{\partial}{\partial x}\left(\frac{\partial u_1}{\partial x}+\frac{\partial u_2}{\partial y}+\frac{\partial u_3}{\partial z}\right)-\frac{\partial}{\partial y}\left(\frac{\partial u_2}{\partial x}-\frac{\partial u_1}{\partial y}\right)+\frac{\partial}{\partial z}\left(\frac{\partial u_1}{\partial z}-\frac{\partial u_3}{\partial x}\right)$$

ossia

$$\frac{\partial^2 u_1}{\partial x^2}+\frac{\partial^2 u_1}{\partial y^2}+\frac{\partial^2 u_1}{\partial z^2}=\Delta u_1.$$

E così per gli altri.

3. Abbiasi uno spazio S limitato da una superficie chiusa σ, in ogni punto del quale sia definita una funzione φ a un sol valore (monodroma) finita, continua e avente il gradiente in ogni punto. Supponiamo, per semplificare, che ogni retta parallela a una direzione $\boldsymbol{a}$ (vettore unitario) scelta ad arbitrio, traversando S, incontri la superficie σ due sole volte: la prima in P_1 entrando, poi in P_2 uscendo. Tali rette stanno nell'interno del cilindro proiettante la σ sopra un piano (π) perpendicolare alla direzione $\boldsymbol{a}$, la cui linea di contatto divide la superficie in due parti σ_1 e σ_2 luoghi rispettivamente dei punti P_1 e P_2, e si proietta in una curva racchiudente l'area piana Ω.

Decomponiamo lo spazio S in elementi dS mediante cilindretti di sezione infinitesima $d\Omega$ con le generatrici parallele ad $\boldsymbol{a}$, e piani paralleli a (π). Se ds è la distanza infinitesima di due di questi piani, si ha evidentemente $dS = ds\, d\Omega$.

Ciò posto, considerando l'integrale di $\operatorname{grad}\varphi \times \boldsymbol{a}$ esteso a tutto lo spazio S, si ha

$$\int_S \operatorname{grad}\varphi \times \boldsymbol{a} \cdot dS = \int \operatorname{grad}\varphi \times \boldsymbol{a}\, ds \cdot d\Omega = \int_\Omega d\Omega \int_{P_1}^{P_2} \operatorname{grad}\varphi \times \boldsymbol{a}\, ds;$$

e poichè $\operatorname{grad}\varphi \times \boldsymbol{a}\, ds$ non è altro che il differenziale di φ per uno spostamento ds lungo la retta $P_1 P_2$, risulta

$$\int_S \operatorname{grad}\varphi \times \boldsymbol{a} \cdot dS = \int_\Omega (\varphi_2 - \varphi_1) d\Omega = \int_{\sigma_2} \varphi_2\, d\Omega - \int_{\sigma_1} \varphi_1\, d\Omega;$$

ove φ_1 e φ_2 rappresentano rispettivamente i valori di φ nei punti P_1 e P_2, ossia nelle zone superficiali σ_1 e σ_2. Il $d\Omega$ del primo integrale è la proiezione su (π) d'un elemento $d\sigma_2$ della zona σ_2, mentre il $d\Omega$ del secondo è l'analoga proiezione d'un elemento $d\sigma_1$ della zona σ_1. Talchè, indicando con $\boldsymbol{n}_2$ e $\boldsymbol{n}_1$ i vettori unitari che definiscono le normali rispettivamente nei punti delle superficie σ_2 e σ_1, dirette nell'interno di S, sarà pel primo integrale

$$d\Omega = -(\boldsymbol{a} \times \boldsymbol{n}_2) d\sigma_2,$$

pel secondo

$$d\Omega = (\boldsymbol{a} \times \boldsymbol{n}_1) d\sigma_1;$$

tenendo conto che l'angolo di $\boldsymbol{a}$ con $\boldsymbol{n}_2$ è ottuso, quello di $\boldsymbol{a}$ con $\boldsymbol{n}_1$ acuto. In conseguenza di ciò la precedente formula diventa

$$\int_S \operatorname{grad} \varphi \times a \cdot dS = -\int_{\sigma_2} \varphi_2 (a \times n_1) d\sigma_2 - \int_{\sigma_1} \varphi_1 (a \times n_1) d\sigma_1$$

$$= -\int_\sigma \varphi (a \times n) d\sigma,$$

ove n indica la normale al generico elemento $d\sigma$. Potendosi scrivere nella forma

$$a \times \int_S \operatorname{grad} \varphi \cdot dS = -a \times \int_\sigma \varphi n d\sigma,$$

e dovendo valere per ogni a, si deduce la formula importantissima

$$(12) \qquad \int_S \operatorname{grad} \varphi \cdot dS = -\int_\sigma \varphi n \cdot d\sigma.$$

Se le parallele alla direzione a incontrano la σ in certe zone più di due volte, è chiaro che ciascuna dovrà incontrarla un numero pari di volte: prima entrando in S per P_1 e uscendo per P_2; indi rientrando per P_3 e uscendo per P_4; e così via. Allora si avrà

$$\int_S \operatorname{grad} \varphi \times a \cdot dS = \int_\Omega \left[\varphi_2 - \varphi_1) + (\varphi_4 - \varphi_3 + \ldots \right] d\Omega;$$

e il ragionamento si completa come prima; talchè la (12) è generale. Da taluni è chiamata *formula di* GAUSS, da altri *il teorema del gradiente.*

È da notare che la stessa formula vale in due dimensioni, interpretando S come un'area piana e σ come la linea che la racchiude.

Dalla (12) si deducono subito altre due formule d'uguale importanza.

Nel campo S sia definita la funzione vettoriale $u(P)$ monodroma finita e continua e avente la divergenza e la rotazione in ogni punto. Riferendoci a una terna fondamentale, si ha per le (3'') e (10)

$$\int_S \operatorname{rot} \boldsymbol{u} \cdot dS = \left[\int_S \operatorname{grad} u_1 \, dS\right] \wedge \boldsymbol{i} + \ldots\ldots$$

$$\int_S \operatorname{div} \boldsymbol{u} dS = \left[\int_S \operatorname{grad} u_1 \, dS\right] \times \boldsymbol{i} + \ldots\ldots;$$

dalle quali applicando la (12), si deduce subito

$$\int_S \operatorname{rot} \boldsymbol{u} \cdot dS = -\int_\sigma \boldsymbol{n} \wedge \boldsymbol{u} \cdot d\sigma \tag{13}$$

$$\int_S \operatorname{div} \boldsymbol{u} \cdot dS = -\int_\sigma \boldsymbol{n} \times \boldsymbol{u} \cdot d\sigma. \tag{14}$$

La prima è chiamata *il teorema della rotazione*, la seconda *il teorema della divergenza.*

Le tre formule trovate trasformano integrali di spazio in altri di superficie, e viceversa. In ciò e nel significato meccanico delle grandezze che vi compariscono consiste la loro importanza.

La formula (12), da cui discendono le altre, è stata dedotta nell'ipotesi che φ sia ovunque finita in S; ma si dimostra ch'*essa è ancor valida quando la funzione diventa infinita in un punto* (o *in un numero discreto di punti*) *come* $\frac{1}{r}$, *essendo* r *la distanza di esso punto da un punto qualunque del campo.* Ne consegue che anche le (13) e (14) sussistono quando la grandezza di $\boldsymbol{u}$ diventa infinita come $\frac{1}{r}$ in un numero discreto di punti. Se invece φ o $\boldsymbol{u}$ diventano infinite come $\frac{1}{r^2}$, le dette formule non son più valide. Noi non faremo queste dimostrazioni.

4. Considerando ancora la (14), osserviamo che, quando sia $\boldsymbol{u} = \operatorname{rot} \boldsymbol{v}$, risulta

$$\int_\sigma \boldsymbol{n} \times \operatorname{rot} \boldsymbol{v} d\sigma = 0.$$

Perciò, divisa la σ in due parti qualunque σ_1 e σ_2 mediante una linea s, i due integrali

$$\int_{\sigma_1} \boldsymbol{n} \times \text{rot}\, \boldsymbol{v} d\sigma, \quad \int_{\sigma_2} \boldsymbol{n} \times \text{rot}\, \boldsymbol{v} d\sigma,$$

la cui somma è nulla, avranno lo stesso valore assoluto. Questo fa pensare che $\int_\sigma \boldsymbol{n} \times \text{rot}\, \boldsymbol{v} d\sigma$ esteso, non più a una superficie chiusa, ma a un pezzo di superficie σ limitato da una linea s, dipenda solamente dalla linea e dai valori di $\boldsymbol{v}$ lungo la linea. E ciò che accade effettivamente.

Infatti, supponiamo dapprima che la superficie σ, limitata dalla linea chiusa s, sia piana e tutta contenuta nel campo ove esiste $\boldsymbol{v}$ e rot $\boldsymbol{v}$. In un punto qualunque P di s, sia $\boldsymbol{\tau}$ il vettore unitario che definisce la tangente positiva, $\boldsymbol{n}$ quello che definisce la normale diretta entro σ; indi poniamo $\boldsymbol{\tau} \wedge \boldsymbol{n} = \boldsymbol{a}$ (è un vettore unitario perpendicolare al piano di σ). Risulta manifestamente, per le (7) e (14),

$$\int_\sigma \boldsymbol{a} \times \text{rot}\, \boldsymbol{v} \cdot d\sigma = \int_\sigma \text{div}\, (\boldsymbol{v} \wedge \boldsymbol{a}) d\sigma = -\int_s \boldsymbol{v} \wedge \boldsymbol{a} \times \boldsymbol{n} ds = -\int_s \boldsymbol{v} \times \boldsymbol{a} \wedge \boldsymbol{n} ds.$$

Ma $\boldsymbol{a} \wedge \boldsymbol{n} = -\boldsymbol{\tau}$; per conseguenza

$$(o) \qquad \int_\sigma \boldsymbol{a} \times \text{rot}\, \boldsymbol{v} \cdot d\sigma = \int_s \boldsymbol{v} \times \boldsymbol{\tau} ds = \int_s \boldsymbol{v} \times dP;$$

la quale, nel caso particolare che σ sia piana, dimostra appunto l'asserto.

In secondo luogo supponiamo che la σ sia composta di due aree piane σ_1 e σ_2, situate in piani diversi, che si raccordano secondo una retta AB; talchè σ_1 sia limitata da un contorno curvo s_1 e dalla AB. In tal caso sarà

$$\int_\sigma \boldsymbol{a} \times \text{rot}\, \boldsymbol{v} \cdot d\sigma = \int_{\sigma_1} \boldsymbol{a}_1 \times \text{rot}\, \boldsymbol{v} \cdot d\sigma_1 + \int_{\sigma_2} \boldsymbol{a}_2 \times \text{rot}\, \boldsymbol{v} \cdot d\sigma_2,$$

con manifesto significato dei simboli; e quindi, per la formula precedente,

$$\int_\sigma a \times \operatorname{rot} v \cdot d\sigma = \int_{s_1} v \times dP + \int_A^B v \times dP + \int_B^A v \times dP + \int_{s_2} v \times dP,$$

percorrendo i contorni delle due aree nel medesimo senso (che è quello da sinistra verso destra per un osservatore disposto come a). Ma i due integrali di mezzo sono uguali e di opposto segno; perciò resta

$$\int_\sigma a \times \operatorname{rot} v \cdot d\sigma = \int_s v \times dP,$$

ove s è il contorno esterno dell' intera area $\sigma = \sigma_1 + \sigma_2$. Se ne conclude che la formula (o) vale anche per una superficie formata di aree piane contigue; giacchè le linee di separazione spariscono nel risultato finale, e l' integrale di $v \times dP$ rimane esteso al puro contorno della superficie totale.

Dopo ciò è facile estendere la formula al caso generale di una superficie non piana σ limitata da una curva qualunque s. Giacchè, pensando tracciate sulla superficie una doppia famiglia di curve che la suddivida in un gran numero di aree σ_1, tanto piccole che ciascuna possa considerarsi piana, sia avrà

$$\int_\sigma n \times \operatorname{rot} v \cdot d\sigma = \sum_{\sigma_1} \int n \times \operatorname{rot} v \cdot d\sigma_1,$$

ove n è il vettore unitario che definisce la normale in un punto generico di σ; e quindi, per lo (o),

$$\int_\sigma n \times \operatorname{rot} v \cdot d\sigma = \sum \int_{s_1} v \times dP,$$

s_1 essendo il contorno d' ogni piccola area piana σ_1. Ma, per l'osservazione precedente, spariranno nella somma del secondo membro gl' integrali estesi alle linee di separazione delle aree σ_1, e resterà come risultato l'integrale esteso al contorno s dell'intera σ. Si avrà dunque

$$(15) \qquad \int_\sigma n \times \operatorname{rot} v \cdot d\sigma = \int_s v \times dP;$$

ritenendo la linea s percorsa da sinistra verso destra rispetto a un osservatore disposto come n in prossimità del contorno.

Questa importantissima formula è chiamata *la formula di* STOCKES, *o il teorema della circolazione.* Essa esprime che *in un campo vettoriale, ove esiste* rot v, *il lavoro totale del vettore* $v(P)$, *quando* P *percorre una linea chiusa del campo (lavoro chiamato la circolazione di* v*), è uguale all'integrale di* $n \times \operatorname{rot} v$ *esteso a una superficie qualunque (detta diaframma) limitata da quella linea e tutta compresa nel campo.*

5. Possiamo ora dimostrare due proposizioni accennate ai n. 1 e 2.

Dato un campo vettoriale $u(P)$, sia rot $u = 0$ in tutti i punti del campo. Allora, considerata una linea chiusa s del campo, se è possibile tracciare un diaframma limitato da s e tutto compreso nel campo, e se tale possibilità sussiste qualunque sia s, avrà luogo generalmente la (15); e quindi, per l'ipotesi fatta, risulterà

$$\int_s u \times dP = 0,$$

per ogni linea chiusa del campo. Talchè, divisa la linea in due parti s_1 e s_2 mediante due punti A e B, si avrà

$$\int_{s_1} u \times dP = \int_{s_2} u \times dP = \int_B^A u \times dP;$$

ossia, l'integrale di $u \times dP$ dipenderà dagli estremi A e B, e non dalla linea che li unisce. Essendo dunque

$$\int_B^A u \times dP = \varphi(B) - \varphi(A),$$

ne segue

$$u \times dP = d\varphi, \quad u = \mathrm{grad}\, \varphi;$$

la quale esprime che il campo è potenziale. Inoltre la φ è monodroma, perchè, per le cose precedenti,

$$\int \mathrm{grad}\, \varphi \times dP = 0;$$

il che non accadrebbe se, partendo da un punto A con un certo valore di φ, si ritornasse in A con un valore diverso, dopo aver percorso una linea s.

La possibilità di tracciare, relativamente a ogni linea chiusa s, un diaframma tutto contenuto nel campo dipende dalla forma del campo. Sotto questo rispetto i campi, o spazii, si distinguono in *aciclici* e *ciclici*; secondo che sussiste o no per essi cotesta possibilità. Gli spazii interni a una sfera, a un ellissoide, a un cono e a un cilindro sono spazi aciclici; quello interno a un anello è ciclico; perchè, per una linea che fa un giro completo entro l'anello, non è possibile tracciare un diaframma che non esca dallo spazio considerato. Ma se si taglia l'anello secondo una sezione normale alla linea di gola, cotesto spazio diventa aciclico; perchè, essendo impedito il passaggio attraverso il taglio, non si può tracciare la linea suddetta. In generale ogni spazio ciclico può ridursi aciclico con opportuni *tagli* o con *diaframmi*.

Orbene, supponiamo che il campo ov'è definito il vettore $u(P)$, e ove rot $u = 0$, sia ciclico. Rendendolo aciclico con opportuni tagli, vale ancora il ragionamento precedente e si trova $u = \mathrm{grad}\, \varphi$. Ma detti φ_0 e φ_1 i valori di φ sulle due faccie opposte Ω_0 e Ω_1 del taglio, risulta per la continuità di u attraverso il taglio e in ogni suo punto

$$\mathrm{grad}\, \varphi_0 = \mathrm{grad}\, \varphi_1,$$

e quindi

$$\varphi_1 = \varphi_0 + c,$$

essendo c una costante. D'altra parte l'integrale di $\boldsymbol{u} \times dP$ esteso lungo una curva che va dal punto P_0 di Ω_0 al corrispondente punto P_1 di Ω_1 è uguale a $\varphi_1 - \varphi_0 = c$, e non necessariamente a zero, com' era nel caso precedente. Dunque attraversando il taglio il valore di φ aumenta di una costante; perciò la funzione è *polidroma*.

In conclusione, *se* $\operatorname{rot} \boldsymbol{u} = 0$, *il campo vettoriale è potenziale. Il potenziale sarà monodromo se il campo è aciclico; ma può essere polidromo se il campo è ciclico.*

Supponiamo ora che in un campo vettoriale $u(P)$ sia $\operatorname{div} \boldsymbol{u} = 0$. Considerato uno spazio S_1 qualunque limitato da σ e tutto in quel campo, si ha pel teorema della divergenza

$$\int_\sigma u \times n \, d\sigma = 0;$$

la quale prova che, divisa σ in due parti σ_1 e σ_2 mediante una linea s, i due integrali

$$\int_{\sigma_1} u \times n_1 d\sigma_1, \qquad \int_{\sigma_2} u \times n_2 d\sigma_2$$

sono uguali. E poichè, mantenendo la linea s, si può mutare σ a piacere senza che cessi cotesta uguaglianza, ne risulta che $\int_{\sigma_1} u \times n_1 d\sigma_1$, fissato u, dipende esclusivamente dalla linea s. Perciò sarà uguale all' integrale lungo s di una funzione di P; ossia, esisterà un $v(P)$ tale che si abbia

$$\int_{\sigma_1} u \times n_1 d\sigma_1 = \int_s v \times dP;$$

od anche, pel teorema di Stockes,

$$\int_{\sigma_1} (u - \operatorname{rot} v) \times n_1 d\sigma_1 = 0.$$

Questa dovendo valere per qualsiasi σ_1 dà luogo all'uguaglianza $u = \text{rot}\, v$. Dunque, *un campo vettoriale la cui divergenza è nulla, è un campo puramente rotazionale, o, come suol dirsi, un campo solenoidale.*

In massima un campo vettoriale qualunque non è nè potenziale nè solenoidale ($\text{rot}\, u \neq 0$, $\text{div}\, u \neq 0$). Ma, potendosi sempre determinare una funzione φ tale che sia $\text{div grad}\, \varphi = \text{div}\, u$, ne consegue

$$\text{div}\,(u - \text{grad}\, \varphi) = 0, \quad u - \text{grad}\, \varphi = \text{rot}\, v$$

e quindi

$$u = \text{grad}\, \varphi + \text{rot}\, v;$$

la quale dimostra che *un campo vettoriale qualunque può considerarsi come risultante della combinazione d'un campo potenziale e d'un campo solenoidale.*

6. L'incremento (vettore) che subisce il vettore $u(P)$ quando si passa dal punto P al punto vicinissimo $P + dP$ è dato da

$$u(P + dP) - u(P),$$

e perciò dipende dalla grandezza h di dP e dalla sua direzione a (vettore unitario). Il rapporto

$$\frac{u(P + ha) - u(P)}{h}$$

è ancora un vettore, e il suo limite per $h = 0$ non dipende più da h, ma soltanto dalla direzione a. Posto pel momento

$$\lim_{h=0} \frac{u(P + ha) - u(P)}{h} = v(P),$$

questo vettore v apparisce come il risultato di un'operazione dipendente da u (fissato che sia P) effettuata sopra il vettore unitario a. Per analogie evidenti con l'ordinario calcolo differenziale e con quanto fu detto già nella teoria dei vettori, cotesta operazione si chiama *la derivata del vettore rispetto al punto* e s'indica col simbolo $\frac{du}{dP}$ (qui puro simbolo, e non rapporto di due differenziali); talchè si scriverà per definizione

$$(e) \qquad \lim_{h=0} \frac{u(P+ha)-u(P)}{h} = \frac{du}{dP}a.$$

Il vettore del secondo membro è chiamato *la derivata di u nella direzione a.*

Si può manifestamente sostituire ad a un altro vettore v qualunque e scrivere

$$\lim_{h=0} \frac{u(P+hv)-u(P)}{h} = \frac{du}{dP}v;$$

l'operazione $\frac{du}{dP}$ è sempre la medesima. Il primo membro essendo un vettore, tale è pure il secondo; e perciò $\frac{du}{dP}$ è un operatore, funzione di P, che trasforma vettori in vettori.

Con procedimenti ben noti nel calcolo differenziale si deducono subito le formule

$$\frac{du}{dP}(mv) = m\frac{du}{dP}v, \quad \frac{du}{dP}(v+w) = \frac{du}{dP}v + \frac{du}{dP}w,$$

ove m non dipende da P.

Queste proprietà si esprimono dicendo che *l'operatore* $\frac{du}{dP}$ *è lineare.* Poichè generalmente si chiamano *omografie vettoriali* le operazioni lineari che trasformano vettori in vettori, possiamo dire che *la derivata d'un vettore rispetto al punto di cui è funzione è un'omografia vettoriale.*

La (e) prima del limite dà

$$u(P+ha) - u(P) = \frac{du}{dP}ha = \frac{du}{dP}dP,$$

a meno d'infinitesimi dell'ordine di h; la quale dimostra che bisogna applicare a dP l'operatore $\frac{du}{dP}$ per ottenere l'incremento di u nel passaggio dal punto P al punto $P+dP$.

Con ragionamenti analoghi a quelli che si usano nell'ordinario calcolo differenziale si trova facilmente

$$\frac{d(u\times v)}{dP}a = u\times\frac{dv}{dP}a + v\times\frac{du}{dP}a. \tag{16}$$

Considerando ora la terna dei vettori fondamentali $\boldsymbol{i}\,\boldsymbol{j}\,\boldsymbol{k}$ che definisce gli assi cartesiani a cui si riferiscono le posizioni dei punti P, il vettore $\boldsymbol{u}(P)$ risulta funzione di x, y, z, e $\boldsymbol{u}(P+dx\boldsymbol{i})$ di $x+dx$, y, z. Perciò si ha

$$\frac{du}{dP}\boldsymbol{i} = \lim\frac{\boldsymbol{u}(P+dx\boldsymbol{i})-\boldsymbol{u}(P)}{dx} = \lim\frac{\boldsymbol{u}(x+dx, y, z)-\boldsymbol{u}(x,y,z)}{dx}$$
$$= \frac{\partial u}{\partial x};$$

e analogamente

$$\frac{du}{dP}\boldsymbol{j} = \frac{\partial u}{\partial y}, \quad \frac{du}{dP}\boldsymbol{k} = \frac{\partial u}{\partial z};$$

le quali, posto $\boldsymbol{u} = u_1\boldsymbol{i} + u_2\boldsymbol{j} + u_3\boldsymbol{k}$, assumono la forma

$$\text{(I)}\qquad \begin{aligned}
\frac{du}{dP}\boldsymbol{i} &= \frac{\partial u_1}{\partial x}\boldsymbol{i} + \frac{\partial u_2}{\partial x}\boldsymbol{j} + \frac{\partial u_3}{\partial x}\boldsymbol{k}\\
\frac{du}{dP}\boldsymbol{j} &= \frac{\partial u_1}{\partial y}\boldsymbol{i} + \frac{\partial u_2}{\partial y}\boldsymbol{j} + \frac{\partial u_3}{\partial y}\boldsymbol{k}\\
\frac{du}{dP}\boldsymbol{k} &= \frac{\partial u_1}{\partial z}\boldsymbol{i} + \frac{\partial u_2}{\partial z}\boldsymbol{j} + \frac{\partial u_3}{\partial z}\boldsymbol{k}.
\end{aligned}$$

Mediante queste si può esprimere $\frac{du}{dP}\boldsymbol{v}$ in coordinate cartesiane, qualunque sia $\boldsymbol{v}$; giacchè, posto $\boldsymbol{v} = v_1\boldsymbol{i} + v_2\boldsymbol{j} + v_3\boldsymbol{k}$, si ha

$$\frac{du}{dP}\boldsymbol{v} = v_1\frac{du}{dP}\boldsymbol{i} + v_2\frac{du}{dP}\boldsymbol{j} + v_3\frac{du}{dP}\boldsymbol{k}.$$

Dunque *coteste formule definiscono in coordinate cartesiane l'omografia* $\frac{du}{dP}$. I nove coefficienti di $i\ j\ k$, ossia le derivate delle proiezioni $u_1\ u_2\ u_3$ rispetto a $y\ x\ z$, sono *i coefficienti della detta omografia* (funzione di P).

Per ciò che seguirà, è utile infine tener presente la formula

$$a\times\frac{du}{dP}a=(a_1 i+a_2 j+a_3 k)\times\left(a_1\frac{du}{dP}i+a_2\frac{du}{dP}j+a_3\frac{du}{dP}k\right)$$
$$=\frac{\partial u_1}{\partial x}a_1^{\ 2}+\frac{\partial u_2}{\partial y}a_2^{\ 2}+\frac{\partial u_3}{\partial z}a_3^{\ 2}+\left(\frac{\partial u_3}{\partial y}+\frac{\partial u_2}{\partial z}\right)a_2 a_3+$$
$$+\left(\frac{\partial u_1}{\partial z}+\frac{\partial u_3}{\partial x}\right)a_3 a_1+\left(\frac{\partial u_2}{\partial x}+\frac{\partial u_1}{\partial y}\right)a_1 a_2 .$$

7. Un campo potenziale importante da studiarsi è il *campo di forza* generato dall'attrazione d'una massa.

Abbiasi un corpo occupante un volume V, e sia $\rho(P_0)$ la densità della materia in un suo punto generico P_0. Un punto materiale P (che supporremo di massa unitaria), in qualunque luogo si trovi, risentirà l'azione del corpo; perciò ogni punto dello spazio può considerarsi come punto d'applicazione d'una forza rappresentante l'attrazione newtoniana del corpo sopra una massa unitaria situata in quel punto. Sotto questo aspetto lo spazio diventa *un campo di forze Newtoniane.*

Posto $r=\text{mod}\ (P-P_0)$ e diviso il volume V in elementi infinitesimi dV, l'attrazione esercitata dalla massa elementare ρdV sul punto P è definita in grandezza e direzione dal vettore (k costante della gravitazione)

$$-k\frac{\rho dV}{r^2}\text{grad}\ r=k\rho\ \text{grad}\ \frac{1}{r}\cdot dV,$$

giacchè grad r è un vettore unitario che ha la direzione e il verso di $P-P_0$. Ne consegue che l'attrazione totale del corpo sul punto è rappresentata dal vettore

$$u = k \int \rho \operatorname{grad} \frac{1}{r} \cdot dV.$$

Poichè l'integrazione è estesa al luogo dei punti P_0, u risulta funzione di P, cioè funzione del punto attratto. Inoltre, l'operazione grad essendo applicata a $\frac{1}{r}$ quale funzione di P (e non di P_0), si può anche scrivere

$$u = \operatorname{grad}\left(k \int \frac{\rho}{r} dV\right) = \operatorname{grad} \varphi;$$

la quale dimostra che *il campo newtoniano è un campo potenziale.* Il potenziale è

$$\varphi = k \int_V \frac{\rho}{r} dV,$$

chiamato appunto *il potenziale newtoniano* relativo al corpo V (potenziale di spazio).

Tanto u quanto φ sono manifestamente funzioni monodrome finite e continue, almeno fino che P è esterno alla massa attraente. Qualche dubbio può nascere quando P è entro al corpo, giacchè i valori di grad $\frac{1}{r}$ e $\frac{1}{r}$ relativi ai punti P_0 vicinissimi a P sono infinitamente grandi. Ma se si riferisce lo spazio a coordinate polari, scegliendo come polo il punto occupato da P nell'interno del corpo, si ha, per cose note,

$$dV = r^2 \operatorname{sen} \theta dr d\varphi d\vartheta;$$

ove φ è la longitudine e θ la collatitudine; e quindi

$$u = -k \int_V \rho \operatorname{grad} r \operatorname{sen} \theta dr d\varphi d\vartheta, \quad \varphi = k \int_V \rho r \operatorname{sen} \theta dr d\varphi d\theta.$$

Gli elementi di questi integrali son sempre finiti, anche pei punti P_0 vicinissimi al polo quanto si voglia; perciò

u e φ son finite anche nel polo. Ne consegue dunque che u e φ, o φ e grad φ, *sono funzioni finite in tutto lo spazio esterno e interno al corpo, nessun punto escluso.*

Quando il punto P si allontana all'infinito, φ s'annulla come $\frac{1}{r}$ e u come $\frac{1}{r^2}$. Più precisamente, indicando con R la distanza di P da un punto fisso O prossimo al corpo, e immaginando che P s'allontani nella direzione definita attualmente da $P - O = Ra$ (a vettore unitario), si ha

$$R\varphi = k\int_V \frac{\rho R dV}{r}, \quad R^2 u = -\int_V \rho\left(\frac{R}{r}\right)^2 \operatorname{grad} r\, dV;$$

da cui

$$\lim_{R=0} R\varphi = k\int \rho dV = kM, \quad \lim_{R=0} R^2 u = -kMa,$$

ove M è la massa totale del corpo; giacchè manifestamente $\lim \frac{R}{r} = 1$, e grad $r = a$ nella direzione $P - O$.

Calcolando div u, si ha

$$\operatorname{div} u = \operatorname{div} \operatorname{grad} \varphi = \Delta\varphi.$$

Ma

$$\Delta\varphi = k\Delta\int_V \frac{\rho}{r} dV = k\int_V \rho\Delta \frac{1}{r} \cdot dV = 0;$$

prima, perchè l'operazione Δ deve applicarsi a $\frac{1}{r}$ quale funzione di P (e non di P_0); poi, perchè $\frac{1}{r}$ è armonica. *Dunque il potenziale newtoniano è armonico quando P è esterno al corpo.*

Questa restrizione è necessaria; perchè se P è interno, tracciata una sferetta di centro P e raggio ε tanto piccolo che nel suo interno la densità possa considerarsi costante, la materia resta divisa in due porzioni: una V_1 esterna alla sferetta, l'altra V_2 interna; per modo che φ risulta la somma di due potenziali φ_1 e φ_2 relativi a V_1 e V_2. E allora avendosi

$$\Delta\varphi = \Delta\varphi_1 + \Delta\varphi_2;$$

essendo, per le cose dette prima, $\Delta\varphi_1 = 0$; ne consegue

$$\Delta\varphi = \Delta\varphi_2 .$$

Ma, come vedremo nel numero seguente, il potenziale d'un corpo sferico omogeneo soddisfa nei punti interni all'equazione $\Delta\varphi_2 = -4k\pi\rho$; onde sarà

$$\Delta\varphi = -4k\pi\rho$$

con tanta maggiore approssimazione quanto più ε è piccolo, e perciò rigorosamente al limite per $\varepsilon = 0$; nel qual caso ρ rappresenta la densità nel punto P. Si esprime questa proprietà dicendo che *nei punti interni alla massa attraente il potenziale soddisfa all'equazione di* Poisson (1).

8. Come esempio, calcoliamo il potenziale generato da un involucro sferico omogeneo limitato da due superficie di raggi a e b. Supponiamo dapprima che il punto attratto P sia esterno alla sfera maggiore. Assumendo le solite coordinate polari rispetto al polo O e all'asse polare OP (Fig. 67), si ha manifestamente

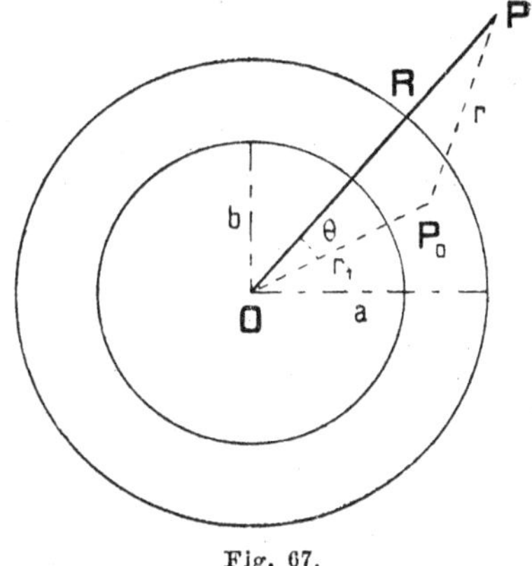

Fig. 67.

$$r^2 = R^2 + r_1^2 - 2Rr_1 \cos\theta,$$
$$dV = r_1^2 \operatorname{sen}\theta dr_1 d\vartheta d\varphi;$$

per conseguenza (ρ costante)

$$\varphi = k\rho \int \frac{r_1^2 \operatorname{sen}\theta dr_1 d\theta d\varphi}{\sqrt{R^2 + r_1^2 - 2Rr_1\cos\theta}} = k\rho \int_b^a r_1^2 dr_1 \int_0^{2\pi} d\varphi \int_0^{\pi} \frac{\operatorname{sen}\theta d\vartheta}{\sqrt{R^2 + r_1^2 - 2Rr_1\cos\theta}}$$

(1) Avvertiamo il lettore che questa deduzione dell'equazione di Poisson non è matematicamente soddisfacente; ma ben serve d'aiuto per intuirne la verità. E questo è il solo fine che qui ci proponiamo.

Il primo integrale (ove $R > r_1$) è uguale a

$$\frac{1}{Rr_1}\left[\sqrt{R^2 + r_1^2 - 2Rr_1 \cos\theta}\right]_0^\pi = \frac{2}{R};$$

perciò risulta

$$(e) \qquad \varphi = k\rho \frac{4}{3}\pi(a^3 - b^3)\frac{1}{R} = k\frac{M}{R},$$

essendo M la massa totale dell'involucro $(M = \frac{4}{3}\pi(a^3 - b^3)$.
Quanto all'attrazione, si deduce

$$u = kM \operatorname{grad} \frac{1}{R}.$$

Dunque, *l'attrazione esercitata da un involucro sferico omogeneo sopra un punto materiale situato all'esterno è uguale a quella che eserciterebbe il suo centro, se in esso fosse concentrata tutta la massa.* Questo vale anche per una sfera piena ($b = 0$).

Ammettiamo ora che P sia nello spazio vuoto interno all'involucro. In questo caso, essendo $R < r_1$, si ha

$$\frac{1}{Rr_1}\left[\sqrt{R^2 + r_1^2 - 2Rr_1 \cos\theta}\right]_0^\pi = \frac{1}{Rr_1}\left[(R + r_1) - (r_1 - R)\right] = \frac{2}{r_1};$$

perciò il calcolo precedente dà

$$(e') \qquad \varphi = 2k\pi\rho(a^2 - b^2).$$

Si conclude che *nello spazio vuoto interno all'involucro il potenziale è costante, e quindi l'attrazione è nulla.*

Infine, supponiamo che P sia entro lo spazio occupato dalla materia attraente. Tracciando una sfera di raggio $R = OP$, l'involucro resta diviso in due: S_1 di spessore $a - R$, S_2 di spessore $R - b$. Il potenziale dovuto al primo è

$$\varphi_1 = 2k\pi\rho(a^2 - R^2);$$

giacchè P trovasi sul confine interno di S_1; quello dovuto al secondo è invece

$$\varphi_2 = \frac{4}{3} k\rho\pi (R^3 - b^3) \frac{1}{R},$$

essendo P esterno ad essi; per conseguenza

$$(i) \qquad \varphi = \varphi_1 + \varphi_2.$$

Se la sfera è piena ($b = 0$), risulta in particolare

$$\varphi = 2k\pi\rho \left(a^2 - \frac{1}{3} R^2\right);$$

e

$$u = -\frac{4}{3} k\pi\rho R \operatorname{grad} R.$$

In questo caso *l'attrazione è proporzionale alla distanza di P dal centro della sfera.* Tutti questi teoremi son chiamati *teoremi di* Newton.

Il lettore vedrà subito che il potenziale φ definito esternamente all'involucro dalla (e), internamente dalla (i) e nello spazio vuoto interno dalla (e'), è finito e continuo anche attraverso l'involucro; conformemente alla teoria generale. Lo stesso dicasi dell'attrazione.

Il $\Delta\varphi$ è manifestamente nullo per φ definito dalle (e) e (e'); cioè, nei punti non occupati dalla massa attraente; ma nei punti interni, avendo φ l'espressione (i), risulta

$$\begin{aligned}\varphi = \Delta\varphi_1 + \Delta\varphi_2 &= -\frac{2}{3} k\pi\rho\Delta R^2 \\ &= -\frac{4}{3} k\pi\rho \operatorname{div}(R \operatorname{grad} R) = -\frac{4}{3} k\pi\rho \operatorname{div}(P - O) = -4k\pi\rho.\end{aligned}$$

Dunque il potenziale nei punti interni alla massa attraente soddisfa l'equazione $\Delta\varphi = -4k\pi\rho$. Questo risultato, ottenuto in modo diretto, completa la deduzione del teorema generale di Poisson fatta nel numero precedente.

9. Quando la materia, invece che entro un volume, è distribuita in sottilissimo strato sopra una superficie σ, il potenziale e l'attrazione newtoniana relativa a P sono definiti manifestamente da

$$\varphi = k\int\frac{\rho}{r}\,d\sigma, \quad u = k\int_\sigma \rho\,\mathrm{grad}\frac{1}{r}\cdot d\sigma = \mathrm{grad}\,\varphi.$$

In questo caso φ prende il nome di *potenziale newtoniano di semplice strato.*

Per fare un esempio utile, calcoliamo il potenziale e l'attrazione di un disco circolare omogeneo di raggio a quando il punto attratto P è situato sulla normale al disco condotta pel centro O. Posto $O - P = \varepsilon n$ [1], e riferiti i punti del disco a coordinate polari (r_1, θ) col polo in O, risulta manifestamente $d\sigma = r_1 dr_1\, d\theta$, $r^2 = r_1^2 + \varepsilon^2$, e quindi

$$\varphi = k\rho\int_0^{2\pi} d\theta \int_0^a \frac{r_1\,dr_1}{\sqrt{r_1^2+\varepsilon^2}} = 2k\pi\rho\left\{\sqrt{a^2+\varepsilon^2} - \varepsilon\right\}.$$

Circa l'attrazione, essa è diretta come n ed ha per grandezza il valore assoluto della derivata di φ rispetto ad ε; perciò è rappresentata da

$$u = 2k\pi\rho\left\{1 - \frac{\varepsilon}{\sqrt{a^2+\varepsilon^2}}\right\}n.$$

Si noti che quando la distanza ε è estremamente piccola si può ritenere $u = 2k\pi\rho n$ con un errore dell'ordine di ε. Lasciando ad n la direzione ora considerata, e immaginando che P passi dal lato opposto del disco fino alla piccolissima distanza ε, si vede subito che la φ non soffre discontinuità per questo passaggio, mentre l'attrazione diventa $-2k\pi\rho n$: talchè la differenza nel senso di n tra l'attrazione nel punto d'arrivo e quella nel punto di partenza (punti che stanno fra loro all'infinitesima distanza 2ε) è $-4k\pi\rho n$ (s'intende con un errore dell'ordine di ε). Si

[1] n vettore unitario.

esprime questo fatto dicendo che u è discontinuo attraverso σ.

Questa proprietà è generale. Possiamo persuadercene con un ragionamento che ben aiuta l'intuizione; senza dilungarci in una dimostrazione rigorosa. Detto P_0 un punto dello strato σ, stacchiamo da essa col pensiero un dischetto Ω di centro P_0 e raggio a, tanto piccolo che possa considerarsi piano e omogeneo. Poi, indicando con n il vettore unitario che definisce la normale in P_0, supponiamo che il punto attratto P sia su quella normale alla piccolissima distanza ε, talchè risulti $P_0 - P = \varepsilon n$. L'attrazione esercitata da σ su P sarà la risultante delle due attrazioni dovute alle due porzioni Ω e $\sigma - \Omega$; ossia, per le cose dette di sopra, uguale a

$$2k\pi\rho n + u_1,$$

ove u_1 rappresenta quella dovuta alla parte $\sigma - \Omega$. Per analoga ragione, quando P si trovi dalla banda opposta, in guisa che sia $P_0 - P = -\varepsilon n$, l'attrazione sarà

$$-2k\pi\rho n + u_2.$$

La loro differenza (nel senso di n) risulta dunque uguale a

$$-4k\pi\rho n + (u_2 - u_1).$$

Il vettore $u_2 - u_1$ tende ovviamente a zero insieme ad ε; perciò è infinitesimo per lo meno come ε, e può trascurarsi, come già si son trascurati i termini dello stesso ordine riguardo all'attrazione del dischetto. Dunque la detta differenza è $-4k\pi\rho n$.

Si suole enunciare questa proprietà dicendo: *il valore di* $\operatorname{grad}\varphi \times n$, *rappresentante la derivata di* φ *lungo la normale* n, *fa un salto di* $-4k\pi\rho$ *quando il punto* P *attraversa lo strato materiale nel punto di densità* ρ *e nel senso di* n.

La continuità di φ risulta sì evidente da quel che si è detto, che non occorre insistere. Il lettore vedrà anche subito che φ e u sono ovunque armoniche, eccettuati al più i punti di σ.

10. Ugualmente importante per le applicazioni della matematica alla fisica è la funzione

$$\varphi = k \int_\sigma \rho \operatorname{grad} \frac{1}{r} \times n \cdot d\sigma,$$

ove ρ è una funzione finita e continua dei punti P_0 della superficie σ, r la distanza d'un generico punto P_0 da un dato punto P, n il vettore unitario che definisce la normale a σ in P_0. È chiamato *il potenziale di doppio strato*, per la ragione che segue.

Considerando nella superficie due faccie σ e σ', imaginiamo distribuito su ciascuna un semplice strato, uno dei quali, di densità μ, abbia la proprietà di attrarre, l'altro, di densità μ', di respingere un punto materiale P secondo la legge di Newton. Pensando, per esempio, innestate delle piccolissime calamite normalmente alla superficie, in modo che tutti i poli positivi siano da una banda e i negativi dall'altra di σ, si concepiscono due strati aventi la supposta proprietà. Siano $d\sigma$ e $d\sigma'$ due elementi corrispondenti sulle due faccie lungo n, vettore unitario che definisce la normale nel senso da σ' verso σ; e ammettiamo che valga costantemente l'uguaglianza $\mu d\sigma = \mu' d\sigma'$.

Ciò posto, la funzione potenziale complessiva relativa ai due strati e al punto P è definita, con manifesto significato dei simboli, da

$$\psi = k \int_\sigma \frac{\mu d\sigma}{r} - k \int_{\sigma'} \frac{\mu' d\sigma'}{r'} = k \int_\sigma \varepsilon\mu \frac{\frac{1}{r} - \frac{1}{r'}}{\varepsilon} d\sigma,$$

ove ε è la distanza normale fra $d\sigma$ e $d\sigma'$. Per ε che tende a zero, il limite del rapporto $\dfrac{\frac{1}{r} - \frac{1}{r'}}{\varepsilon}$, è ovviamente la derivata di $\frac{1}{r}$ lungo la normale n, ossia $\operatorname{grad} \frac{1}{r} \times n$; talchè, ammesso che il prodotto $\varepsilon\mu$ abbia un limite finito ρ, risulta per $\varepsilon = 0$

$$\psi = k \int_\sigma \rho \operatorname{grad} \frac{1}{r} \times n \cdot d\sigma .$$

Questo giustifica appunto la denominazione adottata. La funzione ρ suol chiamarsi *la densità o il momento* del doppio strato.

La funzione potenziale di doppio strato è discontinua attraverso σ, nel senso specificato per la n del numero precedente. Verifichiamolo, per esempio, per un doppio strato omogeneo ($\rho = \text{cost}$) distribuito sopra un disco circolare di raggio a, quando il punto P è sulla normale nel centro O al disco. Adottando le notazioni e le coordinate polari usate nell'analogo esempio del numero precedente, ma tenendo per n il senso definito di sopra, risulta

$$\psi = -k\rho \int_0^{2\pi} d\vartheta \int_0^a \frac{r_1 dr_1}{r^2} \operatorname{grad} r \times n .$$

Ma con l'aiuto d'una semplice figura, posto P dalla banda della faccia negativa, si vede essere

$$r^2 = r_1^2 + \varepsilon^2, \quad \operatorname{grad} r \times n = -\frac{\varepsilon}{r};$$

per conseguenza

$$\psi = k\rho \int_0^{2\pi} d\theta \int_0^a \frac{\varepsilon r_1 dr_1}{(r_1^2 + \varepsilon^2)^{\frac{3}{2}}} = 2k\pi\rho \left\{ \frac{\varepsilon}{\sqrt{a^2 + \varepsilon^2}} - 1 \right\}.$$

Ora si noti che per ε piccolissimo, si può prendere

$$\psi = -2k\mu\rho$$

a meno d'un errore dell'ordine di ε. Quando P invece è dalla banda della faccia positiva, risulta nella stessa ipotesi

$$\psi = +2k\pi\rho .$$

Il salto nel senso di n è dunque $4k\pi\rho$.

Valendosi di questo caso particolare s' intuisce, usando il ragionamento del numero precedente, la discontinuità della ψ nel caso generale.

Si noti inoltre che la ψ è ovunque armonica, eccettuati tutto al più i punti di σ.

Le soluzioni analitiche della maggior parte dei problemi della meccanica dei corpi continui, e più generalmente della fisica matematica, si presentano, coi metodi classici di Green, sotto la forma d' una somma di potenziali di spazio, di semplice strato e di doppio strato. Da ciò origina la loro grande importanza; onde c' è sembrato utile farne cenno, benchè non sia nel fine di queste lezioni lo studio di cotesti metodi.

CAPITOLO II

SOMMARIO — 1. Corpi deformabili — 2. Deformazioni infinitesime; omografia di deformazione; coefficiente di dilatazione lineare — 3. Scorrimenti; dilatazione cubica — 4. Equilibrio dei liquidi — 5. Conseguenze delle condizioni per l'equilibrio e applicazioni — 6. Figura d'equilibrio dei mari — 7. Equilibrio dei gas — 8. Principio d'ARCHIMEDE; equilibrio dei corpi galleggianti — 9. Equazioni del moto dei fluidi — 10. Moti permanenti; teorema di BERNOULLI; applicazione al flusso d'un fluido per un orifizio — 11. Moto con potenziale cinetico — 12. Condizioni iniziali che assicurano l'esistenza del potenziale cinetico.

1. Nei capitoli precedenti, fondandoci sopra certi principi che sono la sintesi matematica di fatti cui l'intuizione, sussidiata da molte osservazioni ed esperienze, ha attribuito un carattere universale, abbiamo studiato i fenomeni meccanici dipendenti esclusivamente dall'ipotetica rigidità dei corpi; fenomeni non alterabili in modo sensibile dall'effettive deformazioni che sempre avvengono, quando sieno sufficientemente piccole. Ma mentre da un lato le deformazioni dei corpi possono essere di tal grandezza e natura che non sia lecito trascurarne l'influenza, dall'altro esistono corpi, come i liquidi e i gas, che hanno la proprietà opposta alla rigidità, ossia la fluidità. Inoltre esistono altri importanti e complessi fenomeni la cui ragion d'essere risiede appunto nella deformabilità dei corpi; come, per esempio, la flessione e torsione delle verghe metalliche o d'altra materia; le vibrazioni delle lamine e di qualsiasi altro corpo; le onde nei fluidi, ecc. Perciò nasce la necessità di ampliare il campo della meccanica, estendendolo ai più svariati fenomeni di equilibrio e di moto, mediante l'introduzione d'ipotesi più larghe e più conformi alla vera natura dei corpi.

I fondamentali principî già stabiliti valgono ancora per lo studio di quei nuovi fenomeni in qualunque specie di corpi avvengano; ma, e per la loro maggior complessità, e per le specifiche ipotesi che occorre a mano a mano introdurre, ne risulta modificato in qualche parte il modo di applicarli, più complicato lo strumento analitico occorrente, più varie e molteplici le questioni da risolvere.

2. Considerato un corpo di natura qualsiasi, incominciamo ad analizzare in sè stesse le deformazioni, indipendentemente dalla loro possibilità di esistere e dalle forze che possono produrle. Sotto questo aspetto, per ottenere una deformazione, a partire da un dato stato del corpo basta immaginare che ogni suo punto P (o, più concretamente, ogni molecola) subisca uno spostamento $\boldsymbol{s}(P)$, variabile da punto a punto; in modo però che il loro insieme non rappresenti un moto di corpo rigido. Supporremo che il vettore $\boldsymbol{s}$ sia funzione finita e continua di P in tutto lo spazio occupato dal corpo; con che si vuole escludere la formazione di lacune o cavità e rispettare il principio dell'impenetrabilità della materia. Per stare poi nei casi più semplici ed utili giova limitare l'analisi mediante l'ipotesi che gli spostamenti siano infinitesimi; talchè nelle misure, e quindi nei calcoli, sia lecito trascurare i quadrati di *mod* $\boldsymbol{s}$, delle sue prime derivate e dei loro prodotti.

Consideriamo una particella contenente un dato punto P, scelto del resto a piacere, e sia $P_1 = P + dP$ un altro suo punto; poi indichiamo con P' e P'_1 i punti corrispondent a P e P_1 dopo la deformazione. Si ha manifestamente

$$P' - P = \boldsymbol{s}(P), \quad P_1' - P_1 = \boldsymbol{s}(P_1) = \boldsymbol{s}(P + dP);$$

e quindi, per differenza,

$$(P_1' - P') - (P_1 - P) = s(P + dP) - s(P);$$

da cui

$$(1) \qquad P_1' - P' = dP + \frac{ds}{dP} dP.$$

Questa formula definisce la deformazione della particella considerata; in quanto che, tenuto fisso P e facendo variare P_1, essa offre la legge di corrispondenza fra gli elementi vettoriali $P_1 - P = dP$ della particella allo stato primitivo e quelli $P_1' - P'$ della medesima particella dopo la deformazione. Tale corrispondenza dipende dall'omografi $\frac{ds}{dP}$; la quale chiamasi perciò *omografia della deformazione.*

Consideriamo il rapporto

$$\varepsilon = \frac{\text{mod}(P_1' - P') - \text{mod}(P_1 - P)}{\text{mod}(P_1 - P)} = \frac{\text{mod}\left(1 + \frac{ds}{dP}\right) dP - \text{mod}\, dP}{\text{mod}\, dP}.$$

Esso dipende solamente (fissato P) dalla direzione di dP; giacchè, posto $dP = ha$ (a vettore unitario, h positivo), e notato che

$$\text{mod}\, dP = h, \ \text{mod}\left(a + \frac{ds}{dP}\right) dP = h \,\text{mod}\left(1 + \frac{ds}{dP}\right) a,$$

si trae

$$(\text{I}') \qquad \varepsilon = \text{mod}\left(1 + \frac{ds}{dP}\right) a - 1.$$

D'altra parte esso misura la variazione, riferita all'unità di lunghezza, che subisce la grandezza d'un elemento dP per effetto della deformazione. Per queste ragioni ε è chiamato *il coefficiente di dilatazione lineare nella direzione a relativo al punto P.*

Si deduce

$$(1 + \varepsilon)^2 = \left(a + \frac{ds}{dP} a\right) \times \left(a + \frac{ds}{dP} a\right);$$

dalla quale, sviluppando e trascurando, per l'ipotesi fatte, ε^2 e $\left[\frac{ds}{dP}a\right]^2$, risulta

$$1+2\varepsilon=1+2a\times\frac{ds}{dP}a;$$

ossia

$$\varepsilon=a\times\frac{ds}{dP}a. \tag{2}$$

Dunque, *il coefficiente di dilatazione lineare nella direzione* a *si ottiene moltiplicando scalarmente per* a *la derivata dello spostamento* $s(P)$ *nella direzione* a.

Così, riferendoci a tre vettori fondamentali $i\,j\,k$, o a tre assi cartesiani Px, Py, Pz, i coefficienti di dilatazione lineare nella direzione dei tre assi sono rispettivamente

$$\varepsilon_1=i\times\frac{\partial s}{\partial x}=\frac{\partial u}{\partial x},\quad \varepsilon_2=j\times\frac{\partial s}{\partial y}=\frac{\partial v}{\partial y},\quad \varepsilon_3=k\times\frac{\partial s}{\partial z}=\frac{\partial w}{\partial z}$$

quanto si ponga $s=ui+vj+wk$.

In generale, posto $a=ai+bj+ck$ e

$$2\eta_1=\frac{\partial w}{\partial y}+\frac{\partial v}{\partial z},\quad 2\eta_2=\frac{\partial u}{\partial z}+\frac{\partial w}{\partial x},\quad 2\eta_3=\frac{\partial v}{\partial x}+\frac{\partial u}{\partial y} \tag{3}$$

si ricava per cose note (Cap. I (18))

$$\varepsilon=\varepsilon_1 a^2+\varepsilon_2 b^2+\varepsilon_3 c^2+2\eta_1 bc+2\eta_2 ca+2\eta_3 ab. \tag{2'}$$

Di qui risulta che, tracciato il cono quadrico

$$E=\varepsilon_1 x^2+\varepsilon_2 y^2+\varepsilon_3 z^2+2\eta_1 yz+2\eta_2 zy+2\eta_3 xy=0$$

avente il vertice in P, gli elementi lungo le sue generatrici non subiscono dilatazione o contrazione; mentre essendo da una parte $E>0$ e d'altra $E<0$, gli elementi che sono nella prima si dilatano ($\varepsilon>0$), quelli che sono nella seconda si contraggono ($\varepsilon<0$).

Inoltre, se, posto

$$\frac{a}{\sqrt{\varepsilon}} = x, \quad \frac{b}{\sqrt{\varepsilon}} = y, \quad \frac{c}{\sqrt{\varepsilon}} = z \text{ (}^1\text{)},$$

si considera la quadrica

$$\varepsilon_1 x^2 + \varepsilon_2 y^2 + \varepsilon_3 z^2 + 2\eta_1 yz + 2\eta_2 zx + 2\eta_3 xy = \pm 1, \tag{4}$$

si vede ch'essa è incontrata da una retta parallela ad a tracciata per P (di coseni a, b, c) alla distanza

$$r = \sqrt{x^2 + y^2 + z^2} = \sqrt{\frac{a^2 + b^2 + c^2}{\varepsilon}} = \frac{1}{\sqrt{\varepsilon}}.$$

Segue dunque che *il coefficiente di dilatazione lineare in una direzione a è (in valore assoluto) in ragione inversa del quadrato del semidiametro di cotesta quadrica parallelo ad a.* Così si ha un'immagine precisa del modo di variare di ε nell'intorno d'un punto P. La (4) è detta *la quadrica delle dilatazioni* in P. Il cono quadrico precedente è il cono assintotico di questa quadrica; la quale perciò sarà un ellissoide o un iperboloide secondo che quel cono è imaginario o reale.

3. Cerchiamo il significato delle η_1, η_2, η_3. A tal fine indichiamo con $dP = ha$, $\delta P = h'b$ due elementi uscenti da P; con θ e $\theta - 2\eta$ rispettivamente i loro angoli prima e dopo la deformazione. Per la (1') si ha

$$\left(a + \frac{ds}{dP}a\right) \times \left(b + \frac{ds}{dP}b\right) = (1 + \varepsilon)(1 + \varepsilon') \cos(\theta - 2\eta).$$

Ponendo, per la piccolezza di 2η, al posto di $\operatorname{sen} 2\eta$ e $\cos 2\eta$ i valori 2η e 1, e trascurando i prodotti $\varepsilon\varepsilon'$, $(\varepsilon + \varepsilon')2\eta$,

(1) Qui s'intende ε in valore assoluto.

$\frac{ds}{dP}a \times \frac{ds}{dP}b$, si deduce

$$a \times \frac{ds}{dP}b + b \times \frac{ds}{dP}a = (\varepsilon + \varepsilon') \cos\theta + 2\eta \operatorname{sen}\theta;$$

che fornisce il valore di η. Se si fa lo sviluppo del primo membro, si vedrà ch'esso è funzione lineare omogenea dalle sole ε_i e η_i definite di sopra.

In particolare, per una coppia qualunque di vettori fondamentali essendo $\theta = 90°$, risulta

$$2\eta_1 = k \times \frac{ds}{dP}j + j \times \frac{ds}{dP}k = \frac{\partial w}{\partial y} + \frac{\partial v}{\partial z}, \dots \text{ ecc.}$$

Dunque $2\eta_1$, $2\eta_2$, $2\eta_3$ misurano le variazioni che subiscono gli angoli (retti) formati dai tre elementi paralleli agli assi; o, come suol dirsi, *sono gli scorrimenti mutui di quei tre elementi.*

Quando non vi è deformazione, ma solo spostamento quale corpo rigido, ε è zero per qualunque a e in qualsiasi punto P. Perciò risulta in tal caso identicamente

$$\varepsilon_1 = \varepsilon_2 = \varepsilon_3 = 0 \quad \eta_1 = \eta_2 = \eta_3 = 0.$$

Viceversa; se hanno luogo queste identità, ε è nullo per qualunque a, e η per ogni coppia ab; quindi, non essendovi nè dilatazioni nè scorrimenti di sorta, la deformazione è nulla. Il vettore $s(P)$ sarà nullo, o rappresenterà tutto al più spostamenti di corpo rigido. Per questo fatto i sei coefficienti $\varepsilon_i \eta_i$ si chiamano *le caratteristiche, o le componenti di deformazione.*

Poichè quando sia $\eta_1 = \eta_2 = \eta_3 = 0$ la quadrica (4) risulta riferita ai suoi assi, e viceversa; segue che per la terna d'elementi paralleli a quegli assi, e per essi soltanto, gli scorrimenti son nulli. Dunque *esiste una terna di direzioni ortogonali che restano ortogonali dopo la deformazione.*

Siano dP, δP, ∂P tre elementi in coteste direzioni; costruendo su essi, come spigoli, un parallelepipedo rettangolo, si ottiene una particella di volume

$$V = \mathrm{mod}\, dP \cdot \mathrm{mod}\, \delta P \cdot \mathrm{mod}\, \partial P = h_1 \cdot h_2 \cdot h_3.$$

Per le cose dette, essa conserva la stessa forma dopo la deformazione; ma gli spigoli diventano rispettivamente di lunghezza $h_1 + h_1 \varepsilon_1$, $h_2 + h_2 \varepsilon_2$, $h_3 + h_3 \varepsilon_3$, se $\varepsilon_1 \varepsilon_2 \varepsilon_3$ sono i coefficienti di dilatazione lineare nelle direzioni di dP, δP, ∂P; talchè il nuovo volume sarà

$$V_1 = h_1 h_2 h_3 (1 + \varepsilon_1)(1 + \varepsilon_2)(1 + \varepsilon_3);$$

od anche, a meno d'infinitesimi trascurabili,

$$V_1 = h_1 h_2 h_3 (1 + \varepsilon_1 + \varepsilon_2 + \varepsilon_3).$$

Indicando ora con Θ il rapporto fra la variazione $V_1 - V$ del volume e il volume primitivo V, si trova subito

$$\Theta = \varepsilon_1 + \varepsilon_2 + \varepsilon_3;$$

o più esplicitamente, per cose note,

$$\Theta = \frac{\partial u}{\partial x} + \frac{\partial v}{\partial y} + \frac{\partial w}{\partial z},$$

quando si prendano gli assi cartesiani paralleli a dP, δP, ∂P.

Ma il secondo membro è div $\boldsymbol{s}$, e perciò indipendente dagli assi; il primo, per il suo stesso significato, non dipende dalla forma della particella; per conseguenza

$$\Theta = \mathrm{div}\, \boldsymbol{s}$$

rappresenta in modo assoluto la *dilatazione cubica unitaria*, e suol chiamarsi perciò *il coefficiente di dilatazione cubica*.

4. Premesse queste brevi nozioni cinematiche, passeremo ora alla statica e alla dinamica dei corpi continui, considerando separatamente e successivamente i liquidi, i gas, i solidi; il che ne renderà più facile e chiara l'esposizione.

I liquidi non hanno forma propria; prendono quelle dei vasi che li racchiudono, senza opporre una sensibile resistenza alla deformazione. Resistono invece grandemente ad ogni cambiamento di volume per quanto piccolo.

In contrapposto ai liquidi naturali si chiama *liquido perfetto* quel liquido ideale che non oppone resistenza alcuna al cambiamento di forma, ma ne oppone invece una infinitamente grande contro le forze tendenti a diminuirne il volume. In sostanza i liquidi perfetti sono *privi d'attrito interno* e *incomprimibili*. In teoria si sostituiscono i liquidi perfetti ai liquidi naturali; con che si vengono a ottenere risultati soltanto approssimati; ma l'approssimazione è in massima assai grande, finchè non si considerano speciali fenomeni in cui l'attrito interno (o viscosità) e la comprimibilità abbiamo un'influenza o non trascurabile od essenziale.

Abbiasi una massa liquida occupante lo spazio S racchiuso da una superficie σ, o libera, o confinante con altri corpi. Indicheremo con $\mathbf{P}d\sigma$ la forza agente sull'elemento superficiale generico $d\sigma$; forza o direttamente applicata, o equivalente all'azione su $d\sigma$ dei corpi confinanti; e con $\rho\mathbf{F}dS$ la forza agente sul generico elemento di volume dS (detta *forza di massa*), ρ essendo la densità dell'elemento. Affinchè cotesta massa sia in equilibrio sotto l'azione delle forze testè specificate, occorre, a norma del principio dei lavori virtuali, che la somma dei lavori virtuali delle forze agenti sia nulla per spostamenti invertibili delle molecole del liquido, negativa per spostamenti non invertibili. La condizione d'invertibilità si ottiene esprimendo, conformemente all'ipotesi fatta, che la variazione del volume d'ogni elemento è nulla, malgrado gli spostamenti dei suoi punti; dunque $\delta(dS) = 0$, ossia, per la teoria precedente

$$\operatorname{div}(\delta M) = 0,$$

essendo δM lo spostamento virtuale del generico punto M.

Dopo ciò, volendo usare il metodo dei moltiplicatori

di LAGRANGE, si procede come nella teoria dei fili: si moltiplica, cioè, cotesta equazione per un moltiplicatore pdS, e la si integra per tutto lo spazio S; si aggiunge il risultato alla somma dei lavori virtuali delle forze agenti, e si uguaglia a zero. In tal modo si ottiene

$$(o)\qquad \int_\sigma \mathbf{P}\times\delta M\cdot d\sigma+\int_S \rho\mathbf{F}\times\delta M\cdot dS+\int_S p\,\mathrm{div}\,(\delta M)dS=0.$$

Ora notando che

$$p\,\mathrm{div}\,(\delta M)=\mathrm{div}\,(p\delta M)-\mathrm{grad}\,p\times\delta M,$$

si può fare la sostituzione e trasformare col teorema della divergenza (Cap. I, n. 3); si trova

$$\int_\sigma \mathbf{P}\times\delta M\cdot d\sigma+\int_S \rho\mathbf{F}\times\delta M\cdot dS-\int_\sigma pn\times\delta M\cdot d\sigma-\int_S \mathrm{grad}\,p\times\delta M\cdot dS=0,$$

ove n è il vettore unitario che definisce la normale in un generico punto di σ rivolta verso lo spazio occupato dal liquido. Raggruppando, si può anche scrivere

$$\int_\sigma (\mathbf{P}-pn)\times\delta M\cdot d\sigma+\int_S (\rho\mathbf{F}-\mathrm{grad}\,p)\times\delta M\cdot dS=0;$$

la quale, dovendo sussistere per qualsiasi sistema di spostamenti, dà luogo alle condizioni

$$(1)\qquad \begin{cases}\mathbf{P}-pn=0, & \text{sopra ogni punto di } \sigma\\ \rho\mathbf{F}-\mathrm{grad}\,p=0, & \text{in ogni punto di } S.\end{cases}$$

Esse sono necessarie per l'equilibrio. La prima è chiamata *equazione ai limiti*, le seconda *equazione indefinita*.

Gli spostamenti non invertibili son quelli che producono l'aumento di volume di certi elementi mediante formazione di piccolissime cavità; giacchè, data l'incomprimibilità del liquido, gli spostamenti opposti non sono possibili. Per essi sarà dunque $\delta(dS) > 0$, ossia div $(\delta M) > 0$; mentre la somma dei lavori delle forze agenti è, come sappiamo, negativo. Ne consegue dalla (o) che la funzione p deve essere positiva in ogni luogo del fluido. *Dunque* $p > 0$ *è la condizione da aggiungere alle* (1) *per avere tutte le condizioni necessarie e sufficienti per l'equilibrio dei liquidi perfetti.*

La prima delle (1) esprime che le forze agenti in superficie devono essere normali alla superficie e rivolte verso il fluido. La loro grandezza in ogni punto è data dal valore di p in quel punto.

Per trovare il significato meccanico di p, immaginiamo traccia entro S una superficie chiusa Ω ed esportato il fluido esterno a Ω. Se si vuol mantenere come prima in equilibrio il fluido entro Ω, bisognerà distribuire sopra gli elementi di Ω certe forze $\mathbf{Q}d\Omega$. Ciò fatto, la superficie Ω viene a sostituire la primitiva superficie limite σ; talchè per l'equilibrio dovrà verificarsi la condizione, in ogni punto M di Ω,

$$\mathbf{Q} - pn_1 = 0,$$

rappresentando n_1 (vettore unitario) la normale nel punto generico di Ω. Questo esprime che la forza $\mathbf{Q}d\Omega$ è normale a $d\Omega$, diretta verso il fluido rimasto, e di grandezza uguale al valore di p nel punto M dell'elemento $d\Omega$. Dunque $pn_1 d\Omega$ rappresenta in grandezza, direzione e verso l'azione che il fluido esterno a Ω esercita su quello interno attraverso l'elemento $d\Omega$ passante per M. Perciò si dice che $pd\Omega$ misura *la pressione* sul generico elemento $d\Omega$, e ne risulta che nei liquidi perfetti la pressione che si esercita attraverso un elemento è sempre normale all'elemento e di grandezza non dipendente dalla sua orientazione, ma solo dalla sua posizione (Principio di PASCAL). Per questa ragione si può parlare di *pressione in un punto.* Se si prende, come d'uso in idraulica, il chilogrammo per unità di forza, il metro per unità di lunghezza, p misura in chilogrammi la pressione che si eserciterebbe attraverso un metro quadrato di superficie piana [1].

5. L' equazione indefinita dell' equilibrio esprime che il campo delle forze $\rho\mathbf{F}$ dev' essere un campo potenziale; il potenziale essendo appunto la funzione p rappresentante la pressione nei singoli punti del fluido. Ne consegue, per cose note,

$$\operatorname{rot} \rho\mathbf{F} = 0; \tag{2}$$

ossia

$$\rho \operatorname{rot} \mathbf{F} + \operatorname{grad} \rho \wedge \mathbf{F} = 0.$$

Da questa, moltiplicando scalarmente per $\mathbf{F}$, si deduce

$$\mathbf{F} \times \operatorname{rot} \mathbf{F} = 0. \tag{2'}$$

Dunque, *affinchè l' equilibrio sia possibile è necessario che in ogni elemento del liquido la forza agente e la sua rotazione siano perpendicolari.* Questa condizione è indipendente dalla natura del liquido.

Supponiamo ch' essa sia soddisfatta e per dippiù che la densità ρ verifichi la (2). Allora dalla (1) si trae

$$dp = \rho\mathbf{F} \times dM,$$

e quindi

$$p = \int \rho\mathbf{F} \times dM + C, \tag{3}$$

essendo C una costante arbitraria.

Data la pressione in un punto (per esempio, della superficie limite) si determinerà la costante; e con ciò la p resterà interamente determinata in ogni punto del liquido. I valori di questa funzione nei punti della superficie libera dovranno soddisfare la prima delle (1), affinchè l'equilibrio abbia luogo effettivamente; mentre nei punti

[1] Come risulta da queste considerazioni, P è l' intensità d' una forza superficiale, cioè riferita all' unità di superficie; perciò ha le dimensioni $M L^{-1} T^{-2}$.

a contatto con altri corpi i detti valori misureranno le pressioni che esercitano quei corpi sui fluidi nei singoli punti di contatto.

Quando le forze di massa derivano da un potenziale, come accade sovente nelle applicazioni; ossia, quando $\mathbf{F} = \operatorname{grad} \varphi$, la (2') è soddisfatta e la (2) dà

$$\operatorname{grad} \rho \wedge \operatorname{grad} \varphi = 0, \quad \text{e quindi} \quad \operatorname{grad} \rho = \lambda \operatorname{grad} \varphi.$$

Se si ricorda che in generale $\operatorname{grad} \varphi$ è un vettore normale in ogni punto M alla superficie $\varphi = \text{cost}$ che passa per quel punto, si conclude che le superficie equipotenziali $\varphi = \text{cost}$ coincidono con le superficie d'ugual densità $\rho = \text{cost}$. Ne consegue $\rho = f(\varphi)$, e quindi per la (3)

$$p = \int f(\varphi) \operatorname{grad} \varphi \times dM + C = F(\varphi) + C;$$

la quale esprime che anche le superficie $p = \text{cost}$ d'ugual pressione (isobariche) coincidono con le superficie equipotenziali.

Consideriamo, per esempio un liquido omogeneo soggetto alla sola gravità e occupante uno spazio di piccola estensione rispetto alla superficie terrestre. Indicando con a il vettore unitario che definisce la direzione e il verso della verticale (dall'alto in basso), si ha

$$\rho \mathbf{F} = \rho g a,$$

e quindi

$$p = \rho g a \times \int dM + C = \rho g a \times (M - M_0) + C,$$

ove M_0 è un punto fissato, per esempio, della superficie libera del liquido. Allora notando che per $M = M_0$ si ha $c = p(M_0) = p_0$, e che $a \times (M - M_0)$ rappresenta la distanza z dei piani orizzontali passanti rispettivamente per M e M_0, ne risulta

$$p = \rho g z + p_0. \tag{4}$$

Conformemente alla teoria generale le superficie isobariche sono piani orizzontali, come le superficie equipotenziali.

Abbiasi ora due liquidi diversi sovrapposti. Per l'equilibrio dell'uno dovrà essere

$$\rho \mathbf{F} = \operatorname{grad} p \quad \text{ossia} \quad dp = \rho \mathbf{F} \times dM;$$

per quello dell'altro

$$dp_1 = \rho_1 \mathbf{F}_1 \times dM_1.$$

Ma lungo la superficie σ di separazione la pressione dovrà essere la medesima; quindi per uno spostamento dM sopra σ risulterà $dp = dp_1$, ossia

$$(\rho \mathbf{F} - \rho_1 \mathbf{F}_1) \times dM = 0.$$

Questa sarà dunque l'equazione differenziale della superficie di separazione.

Quando sia

$$\mathbf{F} = \mathbf{F}_1 = \operatorname{grad} \varphi,$$

cotesta equazione diventa

$$(\rho - \rho_1) d\varphi = 0,$$

da cui $\varphi = \text{cost}$; talchè in questo caso la superficie di separazione è una superficie equipotenziale.

Infine, come applicazione, calcoliamo la pressione esercitata sopra una parete piana da un liquido omogeneo soggetto alla sola gravità e in equilibrio. Prendiamo come piano orizzontale di riferimento la superficie libera del liquido che trovasi in contatto con l'atmosfera, e perciò soggetta a una pressione costante p_0. Posto $\rho g = \alpha$ e $p_0 = \alpha z_0$, la (4), che deve sussistere in questo caso, diventa

$$p = \alpha(z - z_0). \tag{4'}$$

Ora sia Ω la parete piana e G il suo baricentro. Le pressioni $p d\Omega$ sopra ogni elemento $d\Omega$, essendo normali alla parete e perciò tra loro parallele, ammettono una risultante unica di grandezza

$$F = \int_\Omega p d\Omega = \alpha \int_\Omega (z - z_0) d\Omega .$$

Ma l'ordinata ζ del baricentro G è data, per note formule, da

$$\zeta = \frac{1}{\Omega} \int_\Omega z d\Omega ;$$

ed inoltre si ha

$$\int_\Omega z_0 d\Omega = z_0 \Omega ;$$

per conseguenza risulta

$$F = \alpha\Omega(\zeta - z_0).$$

Notando che per la (4') $\alpha(\zeta - z)$ è la pressione in G, si conclude che la pressione totale sulla parete piana è uguale all'area della parete moltiplicata per il valore della pressione nel suo baricentro; od anche, *la pressione è uguale al peso d'un cilindro di liquido avente per base la parete e per altezza la distanza del baricentro del piano* $z = z_0$. Per questa ragione il piano $z = z_0 = -\frac{p_0}{\rho g}$ si suol chiamare *piano di carica.* Il punto d'applicazione di cotesta pressione, detto *centro di pressione,* si calcola con le note formule che danno il centro di un sistema di forze parallele.

6. La teoria precedente dà ragione della figura d'equilibrio dei mari.

Supponiamo che uno strato d'acqua ricopra un nucleo solido sferico e omogeneo, e che abbia, insieme al nucleo, un moto rotatorio uniforme intorno a un asse passante pel centro O.

Sia w la velocità angolare e $\rho_0 =$ cost la pressione esterna. Una particella P di massa unitaria è sollecitata da tre forze:

1) dalla forza attrattiva del nucleo, equivalente a quella che eserciterebbe tutta la massa del nucleo se fosse condensata in O (teorema di NEWTON);

2) dall'attrazione delle altre molecole del fluido; la quale, a cagione della forma non sferica dello strato, non equivale a una forza diretta verso il centro;

3) dalla forza centrifuga, misurata da $\omega^2\rho$; essendo ρ la distanza della particella dall'asse di rotazione.

La prima e la terza sono dotate rispettivamente dei potenziali

$$\frac{k}{r}, \quad \frac{\omega^2}{2}\rho^2; \qquad (r = \operatorname{mod}(P - O))$$

la seconda è trascurabile rispetto alle altre, se si ammette che lo strato fluido sia di spessore molto piccolo in confronto al raggio del nucleo sferico. Ne consegue che il potenziale totale unitario è

$$\varphi = \frac{k}{r} + \frac{\omega^2}{2}\rho^2.$$

Per le cose dette, nella configurazione d'equilibrio dovrà essere

$$p = \mu\varphi + \text{cost};$$

e, in particolare, $\varphi = \text{cost}$ sulla superficie esterna dello strato, dove, per ipotesi, la pressione è costante. Questa superficie sarà dunque definita dall'equazione

$$\frac{k}{r} + \frac{\omega^2}{2}\rho^2 = c;$$

ove la costante potrà determinarsi dato che sia il raggio polare. Scelto O per origine e l'asse di rotazione per asse della z, si vede che

$$\frac{k}{\sqrt{x^2 + y^2 + z^2}} + \frac{\omega^2}{2}(x^2 + y^2) = c$$

rappresenta una superficie di rivoluzione intorno all'asse Oz.

La curva meridiana è definita da

$$\frac{k}{\sqrt{x^2+z^2}}+\frac{\omega^2}{2}x^2=c;$$

la quale, se ω^2 è sufficientemente piccolo, poco differisce da un'ellisse. Infatti si ricava

$$x^2+z^2=k^2\left(c-\frac{\omega^2 x^2}{2}\right)^{-2};$$

talchè, sviluppando il secondo membro in serie (serie binomiale) e trascurando i termini d'ordine superiore a ω^2 si trova

$$(o)\qquad x^2+z^2=\frac{k^2}{c^2}\left(1+\frac{\omega^2 x^2}{c^2}\right);$$

la quale dimostra l'asserto. Si conclude da ciò che la figura d'equilibrio è molto simile a un ellissoide schiacciato ai poli (l'asse minore di quell'ellisse è secondo l'asse Oz); il che concorda coi risultati delle misure geodetiche.

In verità l'accordo è più qualitativo, giacchè lo schiacciamento che si deduce dalla (o) non concorda con quello misurato sulla terra; ma ciò trova un'adeguata spiegazione nelle ipotesi semplificatrici introdotte in principio; le quali influiscono sull'entità del fenomeno, non sulla qualità.

7. I gas, a differenza dei liquidi, sono facilmente comprimibili, e si dilatano spontaneamente fino a occupare tutto lo spazio che è loro concesso. In essi la pressione p, la temperatura τ e la densità ρ soddisfano, entro certi limiti, alla relazione

$$p=\frac{p_0}{\rho_0}\rho(1+\alpha\tau),$$

che compendia le classiche esperienze di BOYLE, MARIOTTE

e Gay-Lussac; ove α è il coefficiente di dilatazione, ρ_0 la densità alla pressione p_0 ed alla temperatura zero. In ciò che segue supporremo per semplicità la temperatura invariabile; talchè la precedente relazione si riduce alla forma

$$p = a\rho.$$

Inoltre ammetteremo che questa proporzionalità fra p e ρ sussista sempre rigorosamente e che manchi la viscosità; con che si viene a sostituire a un gas naturale un altro gas ideale detto *gas perfetto*. Circa la validità di questa sostituzione valgono nella pratica restrizione analoghe a quelle accennate pei liquidi.

Ma devesi ricordare che qualunque corpo gasoso si comporta come un gas perfetto quando la sua densità è sufficientemente piccola.

Pei gas non è applicabile direttamente e col consueto rigore il principio di lavori virtuali quale è stato enunciato in queste lezioni; occorrerebbe ampliarlo col sussidio della Termodinamica. Non potendo qui far questo, gireremo la difficoltà osservando che l'equazioni (1) ottenute pei liquidi devono valere anche pei gas, giacchè anche per essi gli spostamenti che non alterano i volumi dei singoli elementi sono invertibili, benchè non siano i soli. Così abbiamo delle condizioni necessarie per l'equilibrio dei gas, ma non sufficienti. Dippiù ammetteremo anche in questo caso la condizione $p > 0$, e ciò in base all'esperienza.

Diventano esse sufficienti quando siano unite alla (5)? Ossia, bastano a determinare la pressione e la densità in ogni punto del gas in equilibrio? Eliminando ρ fra l'equazioni

$$\rho\mathbf{F} = \text{grad}\, p \quad \text{e} \quad p = a\rho$$

si ottiene

$$\frac{\mathbf{F}}{a} = \text{grad}\,(\log p);$$

da cui

$$\log p = \frac{1}{a} \int \mathbf{F} \times dM + C;$$

la quale, nota la pressione in un punto, dà la pressione in ogni altro punto. Dopo ciò la (5) fa conoscere ρ. Dunque le condizioni necessarie e sufficienti per l'equilibrio dei gas perfetti sono appunto le (1) e (5).

Ne segue che le considerazioni generali fatte pei liquidi valgono anche pei gas. Riguardo all'equilibrio dei gas soggetti alla sola gravità, il lettore troverà facilmente la formula

$$\log \frac{p}{p_0} = \frac{g}{a} (z - z_0);$$

dalla quale risulta in particolare che le superficie isobariche sono piani orizzontali, e di conseguenza anche le superficie d'ugual densità.

8. Abbiasi un fluido (liquido o gas) in equilibrio sotto l'azione di forze di masse e superficiali; talchè sian soddisfatte le condizioni (1). Sia σ una superficie chiusa tracciata nell'interno del fluido. L'insieme delle pressioni che si esercitano attraverso gli elementi di σ avranno una risultante $\mathbf{R}$ e un momento risultante Ω rispetto a un dato punto O. Facciamone il calcolo. Si ha

$$\mathbf{R} = \int_\sigma p n d\sigma, \quad \Omega = \int_\sigma (M - O) \wedge p n \cdot d\sigma,$$

essendo n il vettore unitario che definisce la normale in M a σ, rivolta verso l'interno di σ; e quindi, pei teoremi del gradiente e della rotazione (Cap. VIII)

$$\mathbf{R} = -\int_S \operatorname{grad} p \cdot dS, \quad \Omega = \int_S \operatorname{rot} p(M - O) \cdot dS,$$

ove S è lo spazio racchiuso da σ. Ma, essendo

$$\mathrm{rot}\, p(M - O) = \mathrm{grad}\, p \wedge (M - O),$$

perchè $\mathrm{rot}\,(M - O) = \mathrm{rot}\,(r\, \mathrm{grad}\, r) = 0$ $(r = \mathrm{mod}\,(M - O))$: ne risulta in virtù della (1)

$$\mathbf{R} = -\int_S \rho \mathbf{F} dS, \quad \Omega = \int_S \rho \mathbf{F} \wedge (M - O) dS.$$

I secondi membri sono manifestamente, cambiati di segno, la risultante e il momento risultante delle forze di massa agenti sul fluido interno a σ. Ne consegue che, se s'immagina esportato cotesto fluido e sostituito con un corpo rigido avente la forma dello spazio S, *esso subirà un sistema di pressioni la cui risultante e il cui momento risultante saranno uguali e di segno opposto a quelli delle forze che agivano sul fluido esportato.* È il *Principio d'*ARCHIMEDE relativo ai solidi immersi nei fluidi, nella sua forma più generale.

In particolare, se il fluido è soggetto alla sola gravità, tutte le forze $\rho\mathbf{F}$ sono parallele, e perciò equivalgono a una sola forza (ossia $\Omega = 0$) che è uguale al peso del fluido in S. Se ne deduce che *un corpo immerso in un fluido, quando agisca la sola gravità, perde tanto del suo peso quant'è il peso del fluido spostato.*

Un metro cubo d'aria, per esempio, a zero gradi e alla pressione di 760_{mm}, pesa kg. 1,293; perciò un corpo di volume V immerso nell'aria in quelle condizioni subisce una spinta diretta dal basso in alto di kg. $1{,}293\,V$.

Applichiamo questo principio allo studio dell'equilibrio dei corpi galleggianti in un liquido omogeneo che si trova in equilibrio sotto l'azione della gravità (Fig. 68).

Dato un solido qualsiasi, immergiamolo nel liquido fino a che il piano AB coincida col piano orizzontale (π)

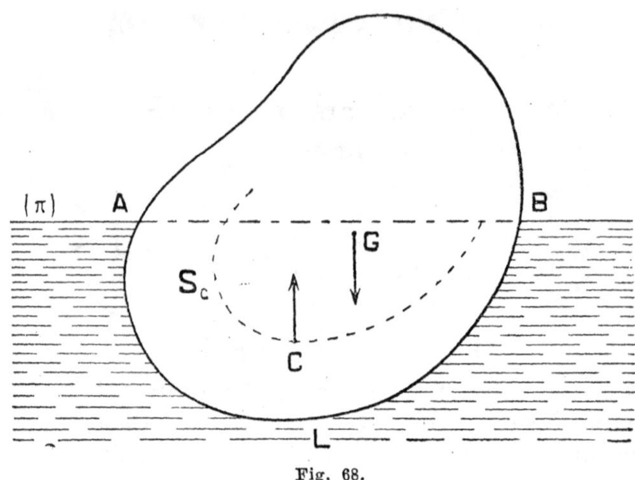

Fig. 68.

che limita la superficie libera del liquido. In queste condizioni due forze agiscono sul corpo; il peso $\mathbf{P}$ applicato nel centro di gravità G, e la spinta $\mathbf{R}$ uguale al peso del liquido spostato e applicata nel baricentro C del volume immerso (e non della porzione del corpo immerso). *Affinchè il corpo sia in equilibrio è necessario e basta che G e C siano sulla stessa verticale, e che risulti*

$$\text{mod}\,\mathbf{P} = \text{mod}\,\mathbf{R}. \tag{e}$$

Questo è evidente. Ma fra tutte le posizioni d'equilibrio che si possono ottenere immergendo il corpo in modo che queste due condizioni siano soddisfatte, occorre nella pratica saper distinguere le posizioni *stabili* da quelle *instabili*. A tal fine valgono le considerazioni che seguono.

Indicando con V il volume immerso, con λ il peso dell'unità di volume del liquido, si ha $\text{mod}\,\mathbf{R} = \lambda V$; perciò la ($e$) diventa

$$\text{mod}\,\mathbf{P} = P = \lambda V.$$

Per soddisfare a questa condizione basta evidentemente

tracciare nel corpo un piano che stacchi da esso un volume $V = \frac{P}{\lambda}$; indi immergere questa parte del corpo fino a che il detto piano coincida con la superficie libera del liquido. Ciò è possibile in infiniti modi: ed anzi sono in nnmero di ∞^2 cotesti piani [1], detti *piani di galleggiamento.* Lo spazio occupato della parte immersa è chiamata una *carena*, e il suo baricentro *centro della carena.*

Poichè ad ogni piano di galleggiamento corrisponde una carena e quindi un centro di carena, questi sono ∞^2 e il loro luogo è una superficie S_c detta *superficie dei centri di carena.* In figura AB è un piano di galleggiamento, ALB la carena corrispondente e C il centro di carena appartenente alla superficie S_c.

Consideriamo un altro piano di galleggiamento $A'B'$ vicinissimo ad AB (Fig. 69). Siano C' il corrispondente

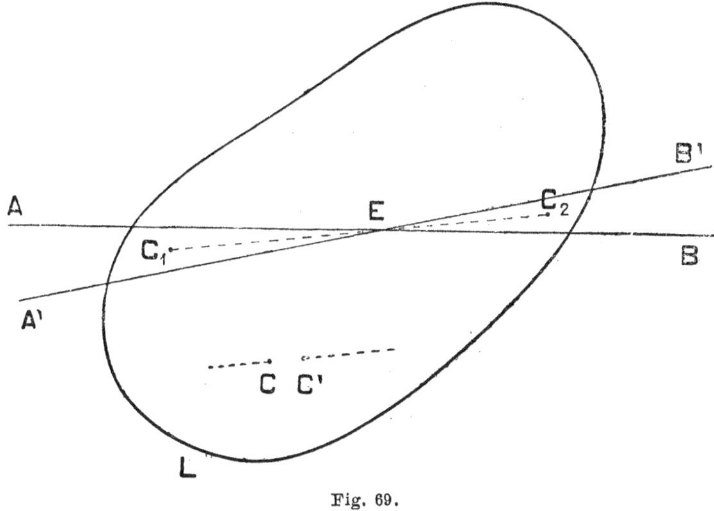

Fig. 69.

centro di carena, C_1 e C_2 i baricentri dei due spicchi

[1] Invero, ad ogni retta tirata per G (e sono ∞^2) corrisponde in massima un piano perpendicolare che taglia nel corpo un volume $\frac{P}{\lambda}$.

AEA', BEB' aventi i volumi V_1 e V_2, P quello del volume $ALB' = W$ comune alle due carene. Detto M un punto qualunque del corpo, O un suo punto fisso, per la nota formula dei baricenti si ha

$$C - O = \frac{1}{V}\int_V (M - O)dV = \frac{1}{V}\left[\int_W (M - O)dW + \int_{V_1} (M - O)dV_1\right];$$

perchè la carena ALB è la somma della parte $A'LB$ e dello spicchio AEA'; e quindi anche

$$C - O = \frac{1}{V}[W(P - O) + V_1(C_1 - O)].$$

Analogamente per l'altra carena

$$C' - O = \frac{1}{V}[W(P - O) + V_2(C_2 - O)].$$

Sottraendo, risulta

$$C' - C = \frac{V_2(C_2 - O) - V_1(C_1 - O)}{V};$$

e poichè, data la piccolezza degli spicchi, si può ritenere $V_1 = V_2 = u$, ne consegue

$$C' - C = \frac{u(C_2 - C_1)}{V}.$$

Dunque la retta CC' è parallela a C_1C_2. Ma questa, quando $A'B'$ si approssima indefinitamente ad AB, tende ad adagiarsi sul piano AB; perciò al limite la retta CC', che è una tangente alla superficie S_c, risulta parallela al detto piano. Così si vede che tutte le tangenti in C ad S_c sono parallele al piano AB; onde si conclude che il piano tangente in C alla superficie S_c è parallelo al piano AB.

Dunque in generale *il piano tangente in un punto C alla superficie dei centri di carena è parallelo al piano di galleggiamento corrispondente a C.*

In base a questo teorema, se si vuole realizzare anche la prima condizione d'equilibrio, la quale richiede che i punto C e G siano sulla stessa verticale, basterà abbassare da G le normali alla superficie S_c dei centri di carena; poi immergere il corpo, in guisa che una di esse risulti verticale, e che il corrispondente piano di galleggiamento s'adagi sulla superficie libera del liquido. Così restano soddisfatte ad un tempo le due condizioni necessarie e sufficienti per l'equilibrio. Dunque, *esistono tante posizioni d'equilibrio quante sono le normali che dal centro di gravità del corpo si possono condurre alla superficie dei centri di carena.*

Per poter procedere alla ricerca d'un criterio che permetta distinguere le posizioni d'equilibrio stabili da quelle instabili, occorrono alcune nozioni di geometria infinitesimale, che qui brevissimamente ricorderemo. Data una superficie σ, sia CN la normale in un suo punto C. Passando da C a un altro punto C' di σ vicinissimo a C, la normale $C'N$ non incontra in massima la CN; onde esiste una perpendicolare comune MM' che misura la loro minima distanza, e che risulta manifestamente parallela all'intersezione dei due piani tangenti in C e C'. Il piede M di cotesta perpendicolare varia di posizione lungo CM al variare del punto C' nell'interno di C, o meglio, al variare della direzione CC'; ma varia entro due certi punti limiti M_1 e M_2 detti *i centri di curvatura* di σ in C (per essi la detta minima distanza è nulla).

Ciò posto, scostiamo di pochissimo il galleggiante dalla sua posizione d'equilibrio, per modo che il nuovo piano di galleggiamento (in posizione orizzontale) sia $A'B'$. Il corrispondente centro di carena sarà il punto C' di S_c ove il piano tangente (π) è parallelo ad $A'B'$; ma non sarà più sulla verticale di G, giacchè ora non sussiste l'equilibrio

(Fig. 70, 71). Sia M il piede, sopra GC, della perpendicolare comune alle due normali in C e C'; le forza agenti **P** e **R**, una applicata in G, l'altra in C, formano coppia.

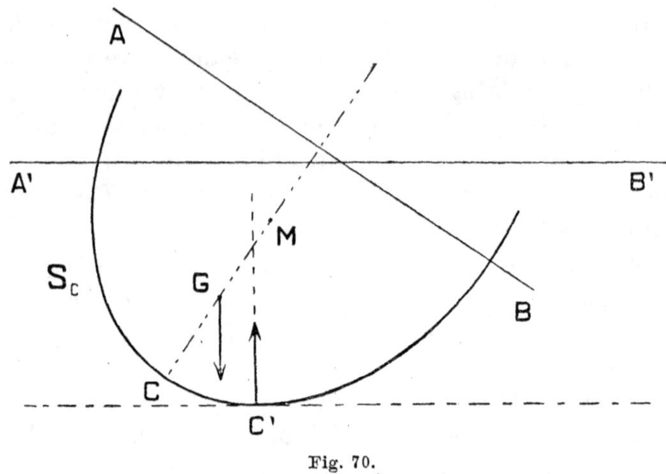

Fig. 70.

Orbene, dall'osservazione delle figure si rende manifesto che, se G è al disopra di M, la detta coppia tende a far inclinare vieppiù il galleggiante dalla stessa parte;

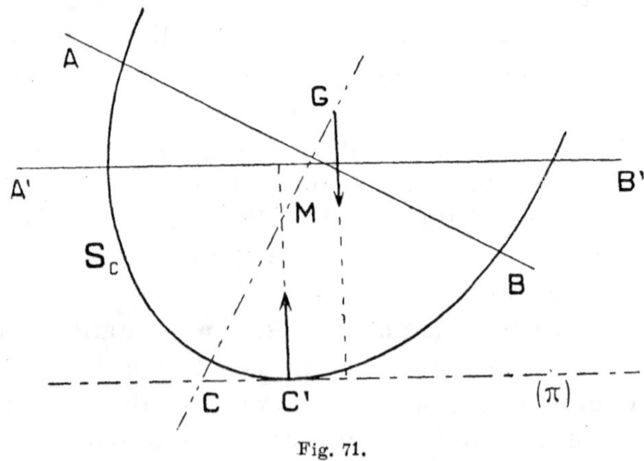

Fig. 71.

se è al disotto, tende invece a raddrizzarlo. Potendosi ripetere questo ragionamento per ogni altro piccolo scostamento del galleggiante dalla sua primitiva posizione d'equilibrio, ne consegue che questa sarà stabile quando G cadrà al disotto di quel centro di curvatura in C a S_c, che è più vicino a C. Tal centro è chiamato il *metacentro* relativo alla posizione d'equilibrio considerata. In conclusione, *per la stabilità occorre che il centro di gravità cada al disotto del metacentro.* Questa condizione è anche sufficiente; ma qui non diremo altro.

9. Per passare dallo studio dell'equilibrio a quello del moto delle masse fluide basta ricorrere al Principio di D'ALEMBERT; basta, cioè aggiungere alla forza $\rho \mathbf{F} dS$ agente sul generico elemento dS la forza d'inerzia $\rho \frac{d^2M}{dt^2} dS$ relativa allo stesso elemento cambiata di segno. Per la presupposta mancanza d'attrito interno, la pressione p soddisfa ancora alle proprietà indicate nel caso statico (n. 4). Così si ottiene l'equazione del moto

$$\rho \left(\mathbf{F} - \frac{d^2M}{dt^2} \right) - \operatorname{grad} p = 0,$$

che si suol scrivere nella forma

$$\frac{d^2M}{dt^2} = \mathbf{F} - \frac{1}{\rho} \operatorname{grad} p. \tag{7}$$

A questa va unita l'equazione caratteristica del fluido, cioè la relazione (scritta qui in forma generica)

$$\rho = f(p) \tag{8}$$

tra la densità e la pressione (supponendo sempre costante la temperatura). Esse devono servire a determinare $M - O$ (O punto fisso di riferimento) p e ρ in funzione del tempo t, date che siano le condizioni iniziali e le condizioni ai limiti.

Ma a tanto non son sufficienti; manca manifestamente un' equazione. Essa scaturisce dal fatto che durante il moto la massa di qualunque particella non deve mutare.

Sia θ il volume d'una particella al tempo t, θ_1 quello al tempo $t + dt$; la dilatazione unitaria cubica corrispondente è

$$\frac{\theta_1 - \theta}{\theta} = \frac{d\theta}{\theta}.$$

D' altra parte, siccome la particella al tempo $t + dt$ risulta da quella al tempo t mediante gli spostamenti $\frac{dM}{dt} dt$ de' suoi punti (ossia, mediante una deformazione infinitesima), la dilatazione cubica unitaria è anche espressa, per cose note, da

$$\operatorname{div}\left(\frac{dM}{dt} dt\right) = dt \cdot \operatorname{div} \frac{dM}{dt}.$$

Si ha dunque

$$\frac{d\theta}{\theta} = dt \cdot \operatorname{div} \frac{dM}{dt};$$

ossia

$$\frac{d\theta}{dt} - \theta \operatorname{div} \frac{dM}{dt} = 0.$$

Ma il volume θ è uguale alla massa m divisa per la densità; per conseguenza, ritenendo che la massa deve essere costante, si deduce

$$\frac{d\frac{1}{\rho}}{dt} - \frac{1}{\rho} \operatorname{div} \frac{dM}{dt} = 0;$$

o meglio

(9) $$\frac{d\rho}{dt} + \rho \operatorname{div} \frac{dM}{dt} = 0,$$

che è la terza equazione cercata, detta *equazione di continuità*. Con questa il sistema dell' equazioni per lo studio del moto è completo.

Le condizioni iniziali sono note quando al tempo $t = 0$ son date la regione S_0 occupata dal fluido, la pressione p_0 e la densità ρ_0 in ogni punto M_0, la velocità $\boldsymbol{v}_0$ d'ogni molecola; ossia, oltre S_0, anche p_0, ρ_0, v_0 in funzione di M_0.

Le condizioni ai limiti variano da problema a problema. Per esempio, se il fluido deve restare a contatto con una superficie $f(M, t) = 0$, la cui posizione e forma varia col tempo, basta esprimere che la molecola in M, che al tempo t trovasi a contatto con la superficie, scorre lungo essa; vale a dire che la sua posizione $M + dM$ al tempo $t + dt$ è ancora sulla superficie. Si avrà dunque

$$f(M + dM, \quad t + dt) = 0,$$

ossia

$$\text{grad}\, f \times dM + \frac{\partial f}{\partial t} dt = 0,$$

o meglio

$$\text{grad}\, f \times \frac{dM}{dt} + \frac{\partial f}{\partial t} = 0.$$

Può accadere che lungo quella superficie σ il dato fluido sia a contatto con un altro fluido. Allora, dovendo essere pei due fluidi rispettivamente

$$\text{grad}\, f \times \frac{dM}{dt} + \frac{\partial f}{\partial t} = 0, \quad \text{grad}\, f \times \frac{dM_1}{dt} + \frac{\partial f}{\partial t} = 0,$$

si trae per differenza la relazione

$$\left(\frac{dM}{dt} - \frac{dM_1}{dt}\right) \times \text{grad}\, f = 0;$$

ossia

$$\left(\frac{dM}{dt} - \frac{dM_1}{dt}\right) \times n = 0;$$

giacchè grad f in ogni punto è un vettore parallelo alla normale alla superficie σ nel corrispondente punto. Questa esprime che in ogni punto di σ le velocità secondo la normale delle molecole dei due fluidi in contatto devono essere uguali.

Per la perfetta conoscenza del moto occorrerebbe integrare le (7) e (9) compatibilmente con la (8) e con le condizioni suaccennate in modo da ottenere l'equazioni finite del moto di ciascuna molecola. E l'integrazione a questo fine si può tentare, trasformando le (7) e (9) in forma opportuna, detta *forma di* LAGRANGE. Ma in molti problemi che si presentano all'indagine dello studioso occorre conoscere principalmente, o solamente, lo stato cinetico, la pressione e la densità del fluido in ciascun punto dello spazio occupato dal fluido in un istante scelto a piacere. In altri termini, indicata con $\boldsymbol{v}$ la velocità della molecola che al tempo t passa per la posizione M, occorre conoscere $\boldsymbol{v}$, p e ρ in funzione di M e t. Per esempio, se un fluido scorre entro un tubo, sovente non importa tanto determinare il moto di ciascuna molecola, quanto le quantità $\boldsymbol{v}$, p e ρ in ogni sezione e in ogni punto della sezione.

A tal fine conviene sviluppare la (7) sostituendo $\boldsymbol{v}$ a $\frac{dM}{dt}$ e considerando $\boldsymbol{v}$ funzione di M e t. Si trova subito

$$\frac{\partial \boldsymbol{v}}{\partial t} + \frac{d\boldsymbol{v}}{dM}\boldsymbol{v} = \mathbf{F} - \frac{1}{\rho}\,\mathrm{grad}\, p, \tag{10}$$

detta *equazione d'* EULERO. Anche alla (9) si può dare la forma

$$\frac{\partial \rho}{\partial t} + \mathrm{div}\,(\rho \boldsymbol{v}) = 0, \tag{11}$$

notando che

$$\rho\,\mathrm{div}\,\boldsymbol{v} = \mathrm{div}\,(\rho\boldsymbol{v}) - \mathrm{grad}\,\rho \times \boldsymbol{v}, \quad \frac{d\rho}{dt} = \frac{\partial\rho}{\partial t} + \mathrm{grad}\,\rho \times \boldsymbol{v}.$$

L'integrazione del sistema formato dall'equazioni (8) (10) (11) conduce appunto alla conoscenza di $\boldsymbol{v}$, p e ρ in funzione di M e t. Se si volesse dopo ciò determinare il moto di ciascuna molecola, non ci sarebbe altro da fare che integrare ulteriormente l'equazione

$$\frac{dM}{dt} = v(M, t). \tag{12}$$

Questa in sostanza è l'equazione differenziale delle traiettorie delle molecole.

È bene far notare una difficoltà analitica che si presenta nella risoluzione generale del problema impostato alla maniera d'EULERO. Per lo studio d'una funzione $f(t\,x\,y\,z)$ occorre conoscere il suo campo d'esistenza. Nel problema in discorso il campo è in massima variabile, perchè il fluido si muove; il determinarlo in ogni tempo equivale a risolvere il problema. Solo nel caso dei moti stazionarî (vedi numero seguente) cotesta difficoltà sparisce del tutto; onde il metodo Euleriano riesce allora convenientissimo.

10. Considerando il fluido in un dato istante t_1, pensiamo tracciate nel suo campo le curve definite dell'equazione differenziale

$$dM = \lambda v(M, t_1), \tag{13}$$

ove λ è un fattore arbitrario infinitesimo. Esse godono manifestamente della proprietà che la tangente in ogni loro punto coincide con la direzione della velocità della molecola che trovasi attualmente in quel punto. Si chiamano *le linee di corrente o di flusso* relative all'istante t_1; mutano da istante a istante; ma in ciascun istante danno un'imagine precisa dello stato cinetico del fluido, per quanto riguarda la direzione del moto delle singole molecole.

Le linee di corrente non sono in massima traiettorie delle molecole; ma diventan tali quando v è indipendente dal tempo; giacchè in tal caso esse non mutano più da istante a istante, e l'equazioni (13) e (12) diventano equivalenti. Si dice allora che il moto è *stazionario*, o *permanente*. Per esempio, stazionario è il moto d'un getto d'acqua uscente spontaneamente da un orifizio d'un recipiente, in cui l'acqua sia mantenuta a livello costante. In ciascuna sezione del getto il moto avviene ugualmente in ogni tempo; le linee di corrente sono anche le traiettorie delle molecole.

Supponiamo, per stare nei casi più importanti, che le forze di massa sian dotate di potenziale. Posto allora

$$\mathbf{F} = \operatorname{grad} \varphi, \quad \psi = \varphi - \int \frac{f(p)}{dp},$$

la (10) diventa

$$\frac{d\boldsymbol{v}}{dM}\boldsymbol{v} = \operatorname{grad} \psi, \tag{10'}$$

giacchè $\rho = f(p)$, e $\boldsymbol{v}$ è supposta indipendente da t. Consideriamo ora una linea di corrente (l) e una molecola M che la percorre, e sia s l'arco di (l) contatto a partire da una certa origine. Si avrà

$$\boldsymbol{v} = v \frac{dM}{ds} \qquad (v = \operatorname{mod} \boldsymbol{v});$$

talchè, sostituendo nella (10'), risulta

$$v \frac{d\boldsymbol{v}}{dM} \frac{dM}{ds} = \operatorname{grad} \psi.$$

Poichè $\dfrac{dM}{ds}$ è il vettore unitario che definisce in M la tangente a (l), il primo membro, a parte il fattore v, è la derivata di $\boldsymbol{v}$ nella direzione di quella tangente, ossia è $\dfrac{d\boldsymbol{v}}{ds}$. Si ha dunque lungo (l)

$$v \frac{dM}{ds} \times \frac{d\boldsymbol{v}}{ds} = \operatorname{grad} \psi \times \frac{dM}{ds};$$

o meglio

$$\boldsymbol{v} \times \frac{d\boldsymbol{v}}{ds} = \frac{1}{2} \frac{dv^2}{ds} = \frac{d\psi}{ds};$$

da cui, integrando,

$$\frac{v^2}{2} - \psi = C. \tag{14}$$

Dunque, *lungo ciascuna linea di corrente* (*traiettoria*) *la quantità* $\frac{1}{2}v^2 - \psi$ *è costante* (la costante cambia di valore da linea a linea). È il teorema di BERNOULLI.

Applichiamolo alla determinazione della velocità con cui un liquido omogeneo contenuto in un vaso esce da una apertura praticata nel fondo o nella parete. Sia σ (Fig. 72) l'area dell'orifizio e v la velocità d'uscita del liquido; Ω l'area della superficie libera; v_0 la velocità con cui il livello s'abbassa. Sarà manifestamente $\Omega v_0 = \sigma v$, ossia $v_0 = \frac{\sigma}{\Omega} v$; la quale mostra che v_0 è assai piccola, se σ è piccola di fronte a Ω. Ammettendo che questo sia e che in un momento qualunque il livello AB del liquido sia mantenuto costante, si può ritenere $v_0 = 0$ e il moto stazionario (come prova l'esperienza).

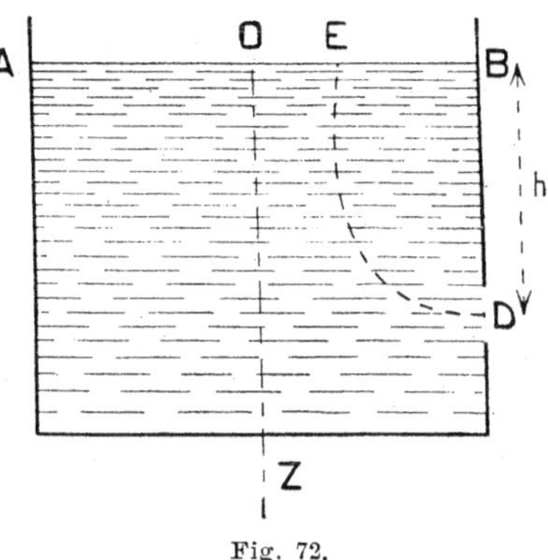

Fig. 72.

Ciò posto, osservando che ρ è costante e il potenziale φ della gravità uguale a gz (z distanza d'una molecola da AB), la (14) fornisce l'equazione

$$(14') \qquad \frac{1}{2}v^2 - gz + \frac{p}{\rho} = c,$$

valida lungo una linea di corrente ED che parte dal piano AB e termina all'orifizio. Ma in E è $z = 0$, $v = v_0 = 0$, $p = p_0$ (pressione atmosferica); per conseguenza si ricava $c = \frac{p_0}{\rho}$, e la precedente diventa

$$(15) \qquad v^2 = 2gz + \frac{2}{\rho}(p_0 - p).$$

Se si vuole la velocità d'uscita, cioè la velocità in D (centro dell'orifizio), basta osservare che anche in D, ove la molecola esce nell'atmosfera, la pressione uguaglia quella atmosferica p_0; perciò si ottiene

$$v = \sqrt{2gh},$$

essendo h la distanza di D da AB. *È la stessa velocità che assume un punto pesante cadente nel vuoto da un'altezza* h. Questa proprietà è denominata *il teorema di* Torricelli.

Supponendo invece che il liquido esca sotto l'azione di una forte pressione p_0 esercitata sopra AB, e che il getto avvenga entro un altro vaso ove regna la pressione p, l'azione della gravità è trascurabile; onde la (15) può ridursi in tal caso alla forma

$$v = \sqrt{\frac{2(p_0 - p)}{\rho}}.$$

Questa formula è usata anche per il getto dei gas, giacchè anche per essa l'azione della gravità è trascurabile; ma non dà sempre risultati sufficientemente approssimati; il che è prevedibile, essendo la densità ρ variabile nei gas. Più rigorosamente si dovrà sostituirla con la formula

$$v^2 = 2\int_p^{p_0} \frac{dp}{\rho},$$

che si deduce pure dalla (14'), ritenuto ρ variabile e trascurabile la gravità. Prendendo per ρ, secondo la legge di Mariotte a temperatura costante, l'espressione $\rho = \rho_0 \dfrac{p}{p_0}$, si ricava

$$v^2 = \frac{2p_0}{\rho_0} \log \frac{p_0}{p}.$$

Assumendo invece la legge della trasformazione adiabatica (nessuna perdita di calore per conducibilità e radiazione) espressa da

$$\rho = \rho_0 \left(\frac{p}{p_0}\right)^{\frac{1}{\lambda}},$$

ove λ è il rapporto dei calori specifici a pressione costante e a volume costante, si ottiene

$$v^2 = \frac{2\lambda}{\lambda - 1} \frac{p_0}{\rho_0} \left[1 - \left(\frac{p}{p_0}\right)^{\frac{\lambda - 1}{\lambda}} \right].$$

11. Quando il campo vettoriale delle velocità $v(M, t)$ è in qualunque istante del moto un campo potenziale, si dice che esiste per quel moto *un potenziale cinetico.* Questo caso è importante. Essendo per ipotesi

$$(o) \qquad v(M, t) = \operatorname{grad} \chi(M, t), \qquad (\operatorname{rot} v = 0)$$

l'equazione di continuità (11) diventa

$$(16) \qquad \frac{\partial \rho}{\partial t} + \operatorname{div} (\rho \operatorname{grad} \chi) = 0.$$

Riferendoci ora a un sistema di vettori fondamentali, o assi cartesiani, si ha

$$\operatorname{grad} \chi = \frac{\partial \chi}{\partial x} \boldsymbol{i} + \frac{\partial \chi}{\partial y} \boldsymbol{j} + \frac{\partial \chi}{\partial z} \boldsymbol{k};$$

quindi, per una nota proprietà dell'omografie vettoriali, risulta

$$\frac{d(\operatorname{grad} \chi)}{dM} \operatorname{grad} \chi = \frac{\partial \chi}{\partial x} \frac{d(\operatorname{grad} \chi)}{dM} \boldsymbol{i} + \dots\dots$$

Ma la derivata di $\operatorname{grad} \chi$ nelle direzioni $\boldsymbol{i}$, $\boldsymbol{j}$, $\boldsymbol{k}$ coincidono con le derivate rispetto a x, y, z; per conseguenza si può scrivere

$$\frac{d(\operatorname{grad}\chi)}{dM}\operatorname{grad}\chi=\frac{\partial\chi}{\partial x}\frac{\partial(\operatorname{grad}\chi)}{\partial x}+\frac{\partial\chi}{\partial y}\frac{\partial(\operatorname{grad}\chi)}{dy}+\frac{\partial\chi}{\partial z}\frac{\partial(\operatorname{grad}\chi)}{\partial z}$$

$$=\frac{\partial\chi}{\partial x}\operatorname{grad}\left(\frac{\partial\chi}{\partial x}\right)+\ldots\ldots\ldots\ldots\ldots$$

$$=\frac{1}{2}\operatorname{grad}\left[\left(\frac{\partial\chi}{\partial x}\right)^2+\left(\frac{\partial\chi}{\partial y}\right)^2+\left(\frac{\partial\chi}{\partial z}\right)^2\right]=\frac{1}{2}\operatorname{grad}\left(\overline{\operatorname{grad}\chi}^2\right).$$

Dopo ciò l'equazione (10) del moto si riduce nell'ipotesi (o) alla forma

$$\operatorname{grad}\left(\frac{\partial\chi}{\partial t}+\frac{1}{2}\overline{\operatorname{grad}\chi}^2\right)=\mathbf{F}-\frac{1}{\rho}\operatorname{grad}p. \quad [\rho=f(p)]$$

Questa prova che *non può esistere il potenziale cinetico senza il potenziale delle forze*; ossia, la (o) non può sussistere se non è

$$\mathbf{F}=\operatorname{grad}\varphi.$$

Ammesso dunque che ciò sia, e introdotta la funzione ψ del n. 9, la precedente equazione diventa

$$\operatorname{grad}\left[\frac{\partial\chi}{\partial t}+\frac{1}{2}\overline{\operatorname{grad}\chi}^2-\psi\right]=0;$$

la quale, integrata, da

$$\frac{\partial\chi}{\partial t}+\frac{1}{2}\overline{\operatorname{grad}\chi}^2-\psi=f(t). \tag{17}$$

Le tre equazioni (16) (17) e $\rho=f(p)$, che contengono le tre incognite χ, ρ, p, servono a risolvere i problemi di moto quando esiste un potenziale cinetico.

Nel caso dei liquidi, essendo $\rho=\text{cost}$, la (16) si riduce a

$$\operatorname{div}\operatorname{grad}\chi=\Delta\chi=0;$$

la quale esprime che il potenziale χ è armonico. Se dippiù il moto è stazionario, χ e φ risultano indipendenti da t;

perciò la (17) diventa

$$\frac{1}{2}(\operatorname{grad}\chi)^2 - \psi = \frac{1}{2}v^2 + \frac{p}{\rho} - \varphi = c\,(\text{cost.});$$

che serve, determinata χ, al calcolo di p. Come si vede, pei liquidi il campo potenziale delle velocità è analogo ai campi potenziali Newtoniani.

Considerando una particella infinitesima del fluido in moto nei suoi due stati al tempo t e al tempo $t + dt$, si può sempre farla passare dall' una all' altra mediante un moto di corpo rigido seguito da una deformazione. Lo stato cinetico di rotazione del primo moto risulta definito dal vettore $\frac{1}{2}\operatorname{rot}\boldsymbol{v}\cdot dt$. Si dice perciò che rot $\boldsymbol{v}$ rappresenta *la vorticità* della particella; e il moto si dice *vorticoso* quando rot $\boldsymbol{v}$ non è nullo, *irrotazionale* nel caso opposto. Questo è il caso considerato di sopra, perchè rot $\boldsymbol{v} = 0$ equivale a $\boldsymbol{v} = \operatorname{grad}\chi$. Il potenziale cinetico χ potrà essere monodromo o polidromo, secondo ciò che fu detto al Cap. I. Per la dimostrazione di quanto abbiamo qui affermato, e per la conoscenza delle proprietà fondamentali dei moti vorticosi, rimandiamo il lettore alle opere speciali sulla teoria dei fluidi.

12. È naturale domandarsi se sia possibile giudicare *a priori* dell' esistenza del potenziale cinetico. Per rispondere, consideriamo le molecole M_0 che inizialmente si trovano sopra una linea chiusa (l_0) rappresentata dall' equazione parametrica (O punto di riferimento)

$$M_0 - O = u(s).$$

Alla fine del tempo t si troveranno sopra un' altra linea chiusa (l) rappresentata da

$$M - O = w(s, t),$$

M essendo la stessa molecola che era prima in M_0.

La *circolazione* del vettore velocità $v(M, t)$ lungo (l) è dato da (vedi teorema di STOCKES)

$$I = \int_{(l)} v \times dM;$$

che nel caso presente può scriversi

$$I = \int_{s_0}^{s_1} v \times \frac{\partial (M - O)}{\partial s} \, ds,$$

ove s_0 e s_1 sono i valori estremi fra i quali varia s quando si fa percorrere ad M tutta la linea (l). Orbene, calcoliamo l'incremento che subisce I corrispondentemente all'incremento dt del tempo; o, più semplicemente, calcoliamo $\frac{dI}{dt}$; tenendo presente che il moto in quel tempuscolo è regolato dall'equazione (ammesso l'esistenza d'un potenziale delle forza)

$$\frac{dv}{dt} = \operatorname{grad} \psi.$$

Si trova

$$\frac{dI}{dt} = \int_{s_0}^{s_1} \left[\operatorname{grad} \psi \times \frac{\partial (M - O)}{\partial s} + v \times \frac{\partial}{\partial s} \left(\frac{dM}{dt} \right) \right] ds.$$

Ma

$$\operatorname{grad} \psi \times \frac{\partial (M - O)}{\partial s} \, ds = \operatorname{grad} \psi \times dM = d\psi = \frac{\partial \psi}{ds} \, ds$$

$$v \times \frac{\partial}{\partial s} \left(\frac{dM}{dt} \right) = v \times \frac{\partial v}{\partial s} = \frac{1}{2} \frac{\partial v^2}{\partial s};$$

per conseguenza

$$\frac{dI}{dt} = \int_{s_0}^{s_1} \frac{\partial}{\partial s} \left(\psi + \frac{1}{2} v^2 \right) ds = 0,$$

giacchè a $s = s_0$ e $s = s_1$ corrisponde il medesimo punto in cui $\psi + \frac{1}{2} v^2$ ha un valore unico (1). Si conclude pertanto che *la circolazione lungo la linea* (l) *rimane costante al variare del tempo* (Teorema di THOMSON).

Ne segue che il valore attuale di I è uguale al suo valore iniziale; ossia

$$\int_{(l)} \boldsymbol{v} \times dM = \int_{(l_0)} \boldsymbol{v}_0 \times dM_0 .$$

Questa uguaglianza deve sussistere per tutte le linee (l_0) e (l) corrispondenti; perciò $\boldsymbol{v} \times dM$ e $\boldsymbol{v}_0 \times dM_0$ non possono differire che per il differenziale df d'una funzione monodroma $f(M_0, t)$, il cui integrale è appunto nullo lungo ogni linea chiusa. Dunque

$$\boldsymbol{v} \times dM = \boldsymbol{v}_0 \times dM_0 + df;$$

ove si deve sempre intendere la posizione M funzione di M_0 e t.

Ne consegue il seguente *teorema di* LAGRANGE: *Se esiste un potenziale cinetico nello stato iniziale del fluido, esiste anche in qualunque altro stato che segue a quello per effetto del moto.* Infatti, se $\boldsymbol{v}_0 = \text{grad}\, \varphi_0$, la precedente dà

$$\boldsymbol{v} \times dM = d(\varphi_0 + f);$$

la quale dimostra appunto che $\boldsymbol{v}$ è il gradiente d'una funzione. In particolare, *durante il moto d'un fluido inizialmente in quiete e sollecitato da forze dotate d'un potenziale esiste il potenziale cinetico.* Ecco dunque un criterio per stabilire *a priori*, dall'esame delle condizioni iniziali, l'esistenza del potenziale cinetico.

Questo potenziale esiste anche in un altro caso: *quando il fluido è posto in moto da forze impulsive agenti in superficie.* Infatti, nel brevissimo intervallo τ in cui agiscono

(1) Si ammette che ψ sia funzione monodroma.

coteste grandi forze, essendo il moto ancora regolato dall'equazione (7)

$$\frac{dv}{dt} = \mathbf{F} - \text{grad}\, f,$$

si deduce

$$v_1 - v_0 = \int_0^\tau \mathbf{F}\, dt - \int_0^\tau \text{grad}\, f \cdot dt\, ;$$

ove v_1 e v_0 sono rispettivamente i valori di v per $t = 0$ e $t = \tau$. Ma l'impulso dovuto alle forze ordinarie nel tempuscolo τ è piccolissimo dell'ordine di τ; perciò il primo integrale è trascurabile. Dippiù, per cose note, mentre le velocità e le pressioni acquistano incrementi finiti per effetto delle forze istantanee, le posizioni delle molecole non mutano sensibilmente. Per queste due ragioni la precedente equazione si riduce a

$$v_1 - v_0 = - \text{grad} \left[\int_0^\tau f\, dt \right].$$

Posto $v_0 = 0$ secondo l'ipotesi, risulta di qui che le velocità dopo l'impulso son dotate di potenziale. E allora il teorema di Lagrange assicura che il potenziale cinetico esisterà sempre.

CAPITOLO III

SOMMARIO — 1. Corpi solidi elastici; isotropia — 2. Potenziale d'elasticità — 3. Condizioni necessarie e sufficienti per l'equilibrio — 4. Omografia degli sforzi interni — 5. Equilibrio dei corpi isotropi — 6. Deformazioni potenziali — 7. Esempi di corpi deformati mediante pressioni normali e uniformi in superficie.

1. I corpi solidi, a differenza dei fluidi, oppongono sempre una grande resistenza alle forze che tendono a deformarli in una maniera qualunque. Si chiama *elasticità* quella proprietà dei corpi in virtù della quale occorrono delle forze per mantenerli in uno stato di deformazione. Rimosse le forze, le deformazioni prodotte, dette *deformazioni elastiche*, o spariscono interamente, o solo in parte. Nel primo caso il corpo è detto *perfettamente elastico*. Effettivamente nessun corpo è perfettamente elastico se le deformazioni oltrepassano un certo limite. Perciò quando si parla d'elasticità perfetta ci si deve riferire a deformazioni che restano inferiori a un certo limite, variabile da sostanza a sostanza, detto *limite d'elasticità*. Con questa limitazione quasi tutti i metalli sono perfettamente elastici.

Il fatto che un corpo elastico può stare in equilibrio in un certo stato di deformazione per virtù di forze applicate, rimosse le quali l'equilibrio vien rotto e la deformazione scompare, si spiega meccanicamente dicendo che all'atto della deformazione si sviluppano in corrispondenza certe forze molecolari che reagiscono sulle forze agenti, onde impedire a queste di produrre deformazioni ulteriori, e che son capaci di riportare il corpo alla configurazione primitiva appena cessi l'azione di quelle. Son chiamate *tensioni elastiche*, o più generalmente *sforzi interni*. Quando, prima d'applicare le forze, coteste tensioni son nulle in tutto il corpo, si dice che il corpo è allo *stato naturale*.

In un corpo allo stato naturale si possono far dei tagli, o dividerlo in più parti, senza che avvengano perturbazioni di sorta; per modo che il corpo, o le sue parti, restano nello stato primitivo. Ma se tagliandolo opportunamente nascono delle perturbazioni, vuol dire che le tensioni interne non eran nulle; ossia, che il corpo già si trovava in uno stato di coazione elastica, malgrado l'assenza di forze esterne. Prendiamo, per esempio, un anello di *caoutchouc* e, mediante due tagli vicini, esportiamone una piccola fetta, indi portiamo a coincidere i piani dei due tagli e manteniamoli in contatto con una saldatura. In questo modo si ottiene un altro anello mediante una deformazione del primo, e che perciò si trova rispetto a quello in uno stato di coazione elastica senza forze esterne. Se si ritaglia questo anello lungo la saldatura, esso non conserva la forma attuale, ma ritorna ad aprirsi, com'era prima della saldatura.

In natura i solidi si distinguono fra loro non solo per la loro struttura osservata a occhio nudo o al microscopio, ma più ancora per certe loro proprietà termiche, ottiche, elastiche ecc., dette in massima *proprietà vettoriali* (perchè sono caratterizzate, ciascuna nella sua categoria, da un numero e da una direzione). Manifestamente queste dipendono da quella; ma non è sempre possibile, ed anzi è raro, poter dedurre dalla diretta analisi della struttura le leggi relative a coteste proprietà. Due corpi apparentemente identici al microscopio possono differire tra loro per le proprietà vettoriali; rivelando così una differenza di struttura ultra-microscopica. Per cui lo studio di codeste proprietà costituisce un potente mezzo per giungere alla conoscenza dell'intima struttura dei corpi.

Quando in un corpo una certa proprietà fisica risulta indipendente dalla direzione, si dice che il corpo è *isotropo* rispetto a quella proprietà. In particolare si dirà *elasticamente isotropo* quel corpo le cui proprietà elastiche non dipendono dalla direzione. Se in un tal corpo si ritagliano comunque due cilindretti e si sottopongono allo stesso sistema di pressioni o trazioni, le deformazioni che ne nascono sono identiche. I corpi non isotropi son detti *anisotropi*. Il vetro di buona fabbricazione e i metalli puri sono da considerarsi elasticamente isotropi (almeno nei limiti dei nostri mezzi d'osservazione); i cristalli sono anisotropi.

Nei paragrafi che seguono daremo succintamente i fondamenti della teoria matematica dell'elasticità, limitandoci ai fenomeni d'equilibrio per deformazioni molto piccole, e supponendo il materiale perfettamente elastico nei limiti di quelle.

2. Fondandosi sui principî della *termodinamica* è possibile dimostrare (almeno in casi assai generali) l'esistenza d'un *potenziale d'elasticità*; ossia, d'una funzione della pura deformazione il cui incremento uguaglia il lavoro degli sforzi interni nel passaggio del corpo dallo stato naturale a quello deformato (pei moti rigidi delle particelle gli sforzi interni non fanno lavoro). Noi ammetteremo senz'altro, come un *principio*, l'esistenza di cotesto potenziale; e, relativamente alla particella dV, lo indicheremo con HdV; talchè H sarà chiamato *il potenziale unitario*, e $\int_V HdV$ *il potenziale totale*. La temperatura del corpo è considerata costante.

In base a ciò H è una funzione delle sei caratteristiche $\varepsilon_i \eta_i$ della deformazione; le quali, ricordiamolo, sono quantità infinitesime, perchè tali si considerano qui le deformazioni. Ne consegue, per lo sviluppo di TAYLOR (opportunamento limitato)

$$H = H_0 + \left(\frac{\partial H}{\partial \varepsilon_1}\right)_0 \varepsilon_1 + \left(\frac{\partial H}{\partial \varepsilon_2}\right)_0 \varepsilon_2 + \dots + \left(\frac{\partial H}{\partial \eta_3}\right)_0 \eta_3$$
$$+ \frac{1}{2}\left[\left(\frac{\partial^2 H}{\partial \varepsilon_1^2}\right)_0 \varepsilon_1^2 + 2\left(\frac{\partial^2 H}{\partial \varepsilon_1 \partial \varepsilon_2}\right)_0 \varepsilon_1 \varepsilon_2 + \dots + \left(\frac{\partial^2 H}{\partial \eta_3^2}\right)_0 \eta_3^2\right].$$

Il valore H_0 di H nello stato naturale è costante; onde può porsi $H_0 = 0$. Inoltre, poichè rimosse le forze produttrice della deformazione il corpo ritorna spontaneamente alla configurazione naturale, questa deve ritenersi una configurazione d'equilibrio stabile. Per modo che, logicamente ampliando un noto teorema relativo ai sistemi rigidi, il valore $H_0 = 0$ di H in quella configurazione dovrà essere *un massimo*. Ammesso questo, ne consegue, per cose note di calcolo, che in H la parte lineare deve esser nulla per ogni deformazione e la parte quadratica negativa. Dunque la funzione $-H$ sarà della forma

$$-2H = c_{11}\varepsilon_1^2 + 2c_{12}\varepsilon_1\varepsilon_2 + \dots + 2c_{56}\eta_2\eta_3 + 2c_{66}\eta_3^2; \quad (c_{rs} = c_{sr})$$

ossia, una funzione quadratica omogenea positiva delle sei componenti di deformazione [1], avente perciò 21 coefficienti dipendenti dalla natura del corpo che si considera, e chiamati *coefficienti d'elasticità.*

Per un noto teorema d'EULERO sulle funzioni omogenee, si può anche scrivere

$$2H = \frac{\partial H}{\partial \varepsilon_1}\varepsilon_1 + \frac{\partial H}{\partial \varepsilon_2}\varepsilon_2 \dots + \frac{\partial H}{\partial \eta_3}\eta_3;$$

o più esplicitamente, posto come al solito $s = ui + vj + wk$

[1] Una forma quadratica è positiva quando son positivi tanto il

$$\begin{vmatrix} c_{11} & c_{12} & \dots & c_{16} \\ c_{21} & c_{22} & \dots & c_{26} \\ \dots & \dots & \dots & \dots \\ \dots & \dots & \dots & \dots \\ c_{61} & c_{62} & \dots & c_{66} \end{vmatrix}$$

discriminante qui scritto, quanto tutti i determinanti che si ottengono da questo cancellando l'ultima linea e l'ultima colonna, poi le due ultime linee e colonne, e così via. Vedi, per es., « Corso d'analisi algebrica » di E. CESÀRO, pag. 76.

(n. 2, 3, Cap. II)

$$2H = \frac{\partial H}{\partial \varepsilon_1}\frac{\partial u}{\partial x} + \frac{\partial H}{\partial \varepsilon_2}\frac{\partial v}{\partial y} + \frac{\partial H}{\partial \varepsilon_3}\frac{\partial w}{\partial z} + \frac{1}{2}\frac{\partial H}{\partial \eta_1}\left(\frac{\partial w}{\partial y} + \frac{\partial v}{\partial z}\right) +$$
$$+ \frac{1}{2}\frac{\partial H}{\partial \eta_2}\left(\frac{\partial u}{\partial z} + \frac{\partial w}{\partial x}\right) + \frac{1}{2}\frac{\partial H}{\partial \eta_3}\left(\frac{\partial v}{\partial x} + \frac{\partial u}{\partial y}\right);$$

talchè introducendo i vettori

$$(1)\qquad \begin{aligned} \boldsymbol{\tau}_1 &= \frac{\partial H}{\partial \varepsilon_1}\boldsymbol{i} + \frac{1}{2}\frac{\partial H}{\partial \eta_3}\boldsymbol{j} + \frac{1}{2}\frac{\partial H}{\partial \eta_2}\boldsymbol{k} \\ \boldsymbol{\tau}_2 &= \frac{1}{2}\frac{\partial H}{\partial \eta_3}\boldsymbol{i} + \frac{\partial H}{\partial \varepsilon_2}\boldsymbol{j} + \frac{1}{2}\frac{\partial H}{\partial \eta_1}\boldsymbol{k} \\ \boldsymbol{\tau}_3 &= \frac{1}{2}\frac{\partial H}{\partial \eta_2}\boldsymbol{i} + \frac{1}{2}\frac{\partial H}{\partial \eta_1}\boldsymbol{j} + \frac{\partial H}{\partial \varepsilon_3}\boldsymbol{k}, \end{aligned}$$

risulta manifestamente

$$(e)\qquad 2H = \boldsymbol{\tau}_1 \times \operatorname{grad} u + \boldsymbol{\tau}_2 \times \operatorname{grad} v + \boldsymbol{\tau}_3 \times \operatorname{grad} w,$$

od anche (Cap. I, n. 2)

$$(e')\qquad 2H = \operatorname{div}(\boldsymbol{\tau}_1 u + \boldsymbol{\tau}_2 v + \boldsymbol{\tau}_3 w) - (u \operatorname{div} \boldsymbol{\tau}_1 + v \operatorname{div} \boldsymbol{\tau}_2 + w \operatorname{div} \boldsymbol{\tau}_3).$$

Facciamo ora variare gli spostamenti $\boldsymbol{s}(P)$ del corpo relativi all'attuale stato di deformazione, e rappresentiamo con

$$\delta \boldsymbol{s} = \delta u \cdot \boldsymbol{i} + \delta v \cdot \boldsymbol{j} + \delta w \cdot \boldsymbol{k}$$

i loro incrementi. In corrispondenza le ε e η diventeranno $\varepsilon + \delta\varepsilon$, $\eta + \delta\eta$. Ma poichè

$$\delta\left(\frac{\partial u}{\partial x}\right) = \frac{\partial(\delta u)}{\partial x}, \qquad \delta\left(\frac{\partial u}{\partial y}\right) = \frac{\partial(\delta u)}{\partial y} \ldots., \qquad \delta\left(\frac{\partial w}{\partial z}\right) = \frac{\partial(\delta w)}{\partial z},$$

si vede chiaramente che le $\delta\varepsilon$ e $\delta\eta$ risultano le caratteristiche della nuova deformazione rappresentata dagli spostamenti $\delta\boldsymbol{s}$. Ne consegue che la corrispondente variazione del potenziale unitario, rappresentata da

$$\delta H = \frac{\partial H}{\partial \varepsilon_1}\delta\varepsilon_1 + \frac{\partial H}{\partial \varepsilon_2}\delta\varepsilon_2 + \ldots + \frac{\partial H}{\partial \eta_3}\delta\eta_3;$$

assumerà la stessa forma (e') di $2H$, posto δu, δv, δw in luogo di u, v, w. Risulta dunque

$$\delta H = \operatorname{div}(\boldsymbol{\tau}_1\delta u + \boldsymbol{\tau}_2\delta v + \boldsymbol{\tau}_3\delta w) - (\delta u \operatorname{div}\boldsymbol{\tau}_1 + \delta v \operatorname{div}\boldsymbol{\tau}_2 + \delta w \operatorname{div}\boldsymbol{\tau}_3)$$

Quanto alla variazione del potenziale totale si ottiene subito, applicando il teorema della divergenza,

$$(2) \quad \delta\int_V H dV = \int_V \delta H dV = -\int_\sigma (\boldsymbol{\tau}_1\delta u + \boldsymbol{\tau}_2\delta v + \boldsymbol{\tau}_3\delta w)\times \boldsymbol{n} d\sigma$$
$$-\int_V (\operatorname{div}\boldsymbol{\tau}_1\delta u + \operatorname{div}\boldsymbol{\tau}_2\delta v + \operatorname{div}\boldsymbol{\tau}_3\delta w) dV$$

essendo σ la superficie limite del corpo e $\boldsymbol{n}$ il solito vettore che definisce la normale interna.

3. Ciò posto, abbiasi un corpo in equilibrio sotto l'azione delle forze di massa

$$\rho\mathbf{F}dV = \rho(X\boldsymbol{i} + Y\boldsymbol{j} + Z\boldsymbol{k})dV \qquad (\rho = \text{densità})$$

e delle forze superficiali

$$\mathbf{F}_\sigma d\sigma = (X_\sigma \boldsymbol{i} + Y_\sigma \boldsymbol{j} + Z_\sigma + Z_\sigma \boldsymbol{k})\, d\sigma$$

in uno stato di deformazione infinitesima definita dagli spostamenti $\boldsymbol{s}(P)$. In tali condizioni l'equilibrio è assicurato dall'azione degli sforzi interni che impediscono ogni ulteriore deformazione.

Se ora si assoggetta il corpo a una *deformazione virtuale* definita da $\delta\boldsymbol{s}(P)$, la somma dei lavori virtuali delle forze applicate e degli sforzi interni dovrà esser nulla. Si avrà dunque

$$\int_\sigma \mathbf{F}_\sigma \times \delta\boldsymbol{s}\cdot d\sigma + \int_V \rho\mathbf{F}\times\delta\boldsymbol{s}\cdot dV - \int_\sigma (\boldsymbol{\tau}_1\delta u + \boldsymbol{\tau}_2\delta v + \boldsymbol{\tau}_3\delta w)\times\boldsymbol{n}d\sigma -$$
$$-\int_V (\operatorname{div}\boldsymbol{\tau}_1\delta u + \operatorname{div}\boldsymbol{\tau}_2\delta v + \operatorname{div}\boldsymbol{\tau}_3\delta w)dV = 0$$

giacchè il lavoro degli sforzi interni è dato dalla variazione del potenziale, che ha l'espressione (2). Dovendo ciò sussistere per ogni $(\delta u, \delta v, \delta w)$, ne risulta

$$\text{(I)}\quad \text{in ogni punto}\begin{cases}\rho X = \operatorname{div}\boldsymbol{\tau}_1\\ \rho Y = \operatorname{div}\boldsymbol{\tau}_2\\ \rho Z = \operatorname{div}\boldsymbol{\tau}_3\end{cases}\qquad \text{(II)}\quad \text{sopra } \sigma\begin{cases}X_\sigma = \boldsymbol{\tau}_1 \times \boldsymbol{n}\\ Y_\sigma = \boldsymbol{\tau}_2 \times \boldsymbol{n}\\ Z_\sigma = \boldsymbol{\tau}_3 \times \boldsymbol{n}.\end{cases}$$

Queste sono *condizioni necessarie per l'equilibrio.* Sono anche *sufficienti?* Saranno tali se, in corrispondenza alle date forze, non potrà esistere che un sol sistema di spostamenti $\boldsymbol{s}(P)$ soddisfacenti alle (I) e (II). Esaminiamo dunque questa questione.

Ammettiamo che, oltre $\boldsymbol{s}(P)$, esista un altro sistema di spostamenti $\bar{\boldsymbol{s}}(P)$ soddisfacenti alle (I) o (II). La deformazione che ne risulta avrà le caratteristiche $\bar{\varepsilon}_1, \bar{\varepsilon}_2 \ldots \bar{\eta}_3$. Con esse possiamo formare la corrispondente $\bar{H}$ e i vettori $\bar{\boldsymbol{\tau}}_1, \bar{\boldsymbol{\tau}}_2, \bar{\boldsymbol{\tau}}_3$; indi scrivere l'equazioni

$$\rho X = \operatorname{div}\bar{\boldsymbol{\tau}}_1 \qquad X_\sigma = \bar{\boldsymbol{\tau}}_1 \times \boldsymbol{n}$$

e analoghe; le quali, dovendo sussistere per ipotesi insieme alle (I) e (II), danno luogo alle condizioni

$$) \quad \operatorname{div}(\boldsymbol{\tau}_i - \bar{\boldsymbol{\tau}}_i) = \operatorname{div}\boldsymbol{\tau}_i' = 0 \quad (\boldsymbol{\tau}_i - \bar{\boldsymbol{\tau}}_i)\times \boldsymbol{n} = \boldsymbol{\tau}_i' \times \boldsymbol{n} = 0 \quad (i = 1, 2, 3).$$

Si noti che, essendo $\boldsymbol{\tau}_i$ e $\bar{\boldsymbol{\tau}}_i$ lineari rispettivamente nelle ε, η e $\bar{\varepsilon}, \bar{\eta}$, i vettori $\boldsymbol{\tau}_i - \bar{\boldsymbol{\tau}}_i = \boldsymbol{\tau}_i'$ sono pure lineari rispetto alle caratteristiche $\varepsilon' = \varepsilon - \bar{\varepsilon}$, $\eta' = \eta - \bar{\eta}$ della deformazione definita da $\boldsymbol{s} - \bar{\boldsymbol{s}} = \boldsymbol{s}'$, ed hanno rispetto a quelle la stessa espressione dei vettori (1).

Ora dalla formula

$$\begin{aligned}\operatorname{div}(\boldsymbol{\tau}_1' u' + \boldsymbol{\tau}_2' v' + \boldsymbol{\tau}_3' w') = u' \operatorname{div}\boldsymbol{\tau}_1' + v' \operatorname{div}\boldsymbol{\tau}_2' + w' \operatorname{div}\boldsymbol{\tau}_3'\\ + \operatorname{grad} u' \times \boldsymbol{\tau}_1' + \operatorname{grad} v' \times \boldsymbol{\tau}_2' + \operatorname{grad} w' \times \boldsymbol{\tau}_3',\end{aligned}$$

integrando a tutto il volume del corpo e applicando il teorema della divergenza, si trae, in virtù delle (3),

$$0=\int_V(\operatorname{grad} u' \times \boldsymbol{\tau}_1' + \operatorname{grad} v' \times \boldsymbol{\tau}_2' + \operatorname{grad} w' \times \boldsymbol{\tau}_2')dV;$$

ossia

$$\int_V H' dV = 0,$$

indicando con H' il potenziale unitario relativo alla deformazione $\boldsymbol{s}'$ (formula (e)). Ma questo potenziale è negativo; perciò quella condizione non potrà essere soddisfatta se non è $H=0$; o più esplicitamente (appunto perchè è forma quadratica omogenea negativa)

$$\varepsilon_i' = \varepsilon_i - \bar{\varepsilon}_i = 0, \quad \eta_i = \eta_i' - \bar{\eta}_i = 0 \quad (i=1,2,3).$$

Se ne conclude che la pura deformazione corrispondente agli spostamenti $\boldsymbol{s}'$ è nulla; perciò o $\boldsymbol{s}'=0$, o $\boldsymbol{s}'$ definisce un moto di corpo rigido. Dunque $\boldsymbol{s}$ e $\bar{\boldsymbol{s}}$ differiranno tutt'al più per spostamenti di corpo rigido. Con ciò resta dimostrato che non esistono due soluzioni $\boldsymbol{s}$ e $\bar{\boldsymbol{s}}$ delle (I) e (II) che diano luogo a deformazioni diverse. Coteste condizioni sono dunque sufficienti ([1]).

4. Vediamo ora il significato meccanico dei vettori $\boldsymbol{\tau}$ che figurano nelle (I) e (II). Per un punto P del corpo in equilibrio elastico facciamo passare una superficie qualunque chiusa σ' tutta compresa nel corpo, la quale abbia in P la normale interna parallela a $\boldsymbol{i}$. Se asportiamo la materia esterna a σ', per mantenere in equilibrio nella sua deformazione attuale l'altra porzione entro σ' occorrerà distribuire sopra σ' certe forze

$$\boldsymbol{\tau}_{n'} d\sigma' = (X_{n'}\boldsymbol{i} + Y_{n'}\boldsymbol{j} + Z_{n'}\boldsymbol{k})d\sigma'$$

([1]) In questa dimostrazione sono ammesse per gli spostamenti $\boldsymbol{s}'$ quelle condizioni di *regolarità* che permettono l'applicazione diretta del teorema della divergenza. — Le condizioni cambiano nell'ipotesi contraria.

indicando $\boldsymbol{n}'$ la normale all'elemento generico $d\sigma'$. Pensando d'aver fatto ciò, l'equazioni indefinite per l'equilibrio sono ancora le (I); quelle ai limiti invece diventano

$$X_{n'} = \boldsymbol{\tau}_1 \times \boldsymbol{n}', \quad Y_{n'} = \boldsymbol{\tau}_2 \times \boldsymbol{n}', \quad Z_{n'} = \boldsymbol{\tau}_3 \times \boldsymbol{n}'.$$

In particolare, per l'elemento in P normale a $\boldsymbol{i}$, si ha per le (1)

$$X_i = \boldsymbol{\tau}_1 \times \boldsymbol{i} = \frac{\partial H}{\partial \varepsilon_1}, \quad Y_i = \boldsymbol{\tau}_2 \times \boldsymbol{i} = \frac{1}{2}\frac{\partial H}{\partial \eta_3}, \quad Z_i = \boldsymbol{\tau}_3 \times \boldsymbol{i} = \frac{1}{2}\frac{\partial H}{\partial \eta_2},$$

e quindi

$$\boldsymbol{\tau}_i = \boldsymbol{\tau}_1 .$$

Potendosi scegliere il punto P a piacere e ripetere il ragionamento per elementi normali a $\boldsymbol{j}$ od a $\boldsymbol{k}$; ed osservando d'altra parte che generalmente le forze $\boldsymbol{\tau}_{n'}$ equivalgono alla azioni attraverso σ' della materia esterna a σ' su quella interna; ne segue che $\boldsymbol{\tau}_1$ $\boldsymbol{\tau}_2$ $\boldsymbol{\tau}_3$ rappresentano in ogni punto P gli forzi interni, o le tensioni elastiche, che si esercitano attraverso elementi passanti per P normali rispettivamente a $\boldsymbol{i}$ $\boldsymbol{j}$ $\boldsymbol{k}$. Attraverso il generico elemento $d\sigma'$ normale a $\boldsymbol{n}'$, la tensione elastica è data da

$$\boldsymbol{\tau}_{n'} = (\boldsymbol{\tau}_1 \times \boldsymbol{n}')\,\boldsymbol{i} + (\boldsymbol{\tau}_2 \times \boldsymbol{n}')\,\boldsymbol{j} + (\boldsymbol{\tau}_3 \times \boldsymbol{n}')\,\boldsymbol{k};$$

la quale, posto $\boldsymbol{n}' = \alpha \boldsymbol{i} + \beta \boldsymbol{j} + \gamma \boldsymbol{k}$, e sviluppata mediante le (1), prende la forma

$$\boldsymbol{\tau}_n = \alpha \boldsymbol{\tau}_1 + \beta \boldsymbol{\tau}_2 + \gamma \boldsymbol{\tau}_3,$$

trascurando ora l'accento.

Si noti che, come $\boldsymbol{\tau}_1$ $\boldsymbol{\tau}_2$ $\boldsymbol{\tau}_3$ non sono in massima paralleli rispettivamente a $\boldsymbol{i}$ $\boldsymbol{j}$ $\boldsymbol{k}$ (ossia normali ai corrispondenti elementi), così $\boldsymbol{\tau}_n$ non è parallela a $\boldsymbol{n}$. Per ogni punto P la tensione elastica varia da elemento a elemento secondo l'orientazione dell'elemento.

Per farsi un' idea più sintetica di cotesta variazione interpretiamo le (1), conformemente al significato delle $\boldsymbol{\tau}$, come una trasformazione, per ogni P, che fa corrispondere ai vettori $\boldsymbol{i}$, $\boldsymbol{j}$, $\boldsymbol{k}$ rispettivamente i vettori $\boldsymbol{\tau}_1$ $\boldsymbol{\tau}_2$ $\boldsymbol{\tau}_3$ definiti appunto dalle (1) stesse. Allora a un vettore generico $\boldsymbol{v} = v_1 \boldsymbol{i} + v_2 \boldsymbol{j} + v_3 \boldsymbol{k}$ corrisponderà in quella trasformazione il vettore

$$\boldsymbol{w} = v_1 \boldsymbol{\tau}_1 + v_2 \boldsymbol{\tau}_2 + v_3 \boldsymbol{\tau}_3 .$$

Dippiù essa è manifestamente lineare; per conseguenza è *un' omografia vettoriale.* Al vettore $\boldsymbol{n} = \alpha \boldsymbol{i} + \beta \boldsymbol{j} + \gamma \boldsymbol{k}$, corrisponde in questa trasformazione omografica il vettore $\boldsymbol{\tau}_n$ definito di sopra. Pertanto si conclude che *esiste una omografia vettoriale funzione di P, definita nella rappresentazione cartesiana dai coefficienti delle* (1), *la quale, per ogni P, fa corrispondere al vettore unitario* $\boldsymbol{n}$ *un vettore rappresentante la tensione elastica che si esercita attraverso l' elemento piano normale a* $\boldsymbol{n}$ (nel senso di $\boldsymbol{n}$); *o, come suol dirsi, lo sforzo sopportato dall'elemento normale a* $\boldsymbol{n}$ (teorema di CAUCHY).

I limiti imposti a queste lezioni non ci consentono di dare più ampio sviluppo a queste considerazioni. Il lettore, sviluppando l' equazioni $\boldsymbol{\tau}_n \times \boldsymbol{n} = 0$ e $\boldsymbol{\tau}_n = m\boldsymbol{n}$, vedrà facilmente che *possono esistere infiniti elementi che sopportano sforzi puramente tangenziali, e in massima tre soli elementi fra loro perpendicolari che sopportano sforzi puramente normali.*

5. Quando il corpo possiede certe *simmetrie elastiche*, il potenziale, e perciò anche l'equazioni per l'equilibrio, si semplificano. Qui vogliamo solamente considerare l'importante caso dei *corpi omogenei isotropi.* Tali sono quei corpi nei quali le proprietà elastiche non dipendono dalla direzione, nel senso già spiegato. Questo fatto fisico si traduce matematicamente nel fatto analitico che i ventun coefficienti d'elasticità che figurano in H devono essere per quei corpi e per qualsiasi loro parte delle costanti indipendenti dalla orientazione degli assi, o dai vettori $\boldsymbol{i}\ \boldsymbol{j}\ \boldsymbol{k}$. Per esprimer questo basta manifestamente imporre la condizione che la variazione di H sia nulla per qualsiasi rotazione infinitesima della terna fondamentale.

Indichiamo con $\delta\omega = \delta p \boldsymbol{i} + \delta q \boldsymbol{j} + \delta r \boldsymbol{k}$ la rotazione infinitesima, con $\delta\varepsilon$ e $\delta\eta$ le variazioni che subiscono le caratteristiche ε e η per effetto dello spostamento degli assi. Notando che $\dfrac{d\boldsymbol{s}}{dP}$ è un' operazione indipendente dagli assi, e perciò indipendente dall'operatore δ che assegna la variazione corrispondente al cambiamento degli assi, si ha

$$\delta\varepsilon_1 = \delta\left(\boldsymbol{i} \times \frac{d\boldsymbol{s}}{dP}\boldsymbol{i}\right) = \delta\boldsymbol{i} \times \frac{d\boldsymbol{s}}{dP}\boldsymbol{i} + \boldsymbol{i} \times \frac{d\boldsymbol{s}}{dP}\delta\boldsymbol{i}.$$

Ma per le formule di Poisson (Cinematica, Cap. III) avendosi

$$\delta\boldsymbol{i} = \delta r \boldsymbol{j} - \delta q \boldsymbol{k}, \quad \delta\boldsymbol{j} = \delta p \boldsymbol{k} - \delta r \boldsymbol{i}, \quad \delta\boldsymbol{k} = \delta q \boldsymbol{i} - \delta p \boldsymbol{j},$$

risulta subito

$$\delta\varepsilon_1 = \delta r\left(\boldsymbol{j} \times \frac{d\boldsymbol{s}}{dP}\boldsymbol{i} + \boldsymbol{i} \times \frac{d\boldsymbol{s}}{dP}\boldsymbol{j}\right) - \delta q\left(\boldsymbol{k} \times \frac{d\boldsymbol{s}}{dP}\boldsymbol{i} + \boldsymbol{i} \times \frac{d\boldsymbol{s}}{dP}\boldsymbol{k}\right) = 2(\eta_3 \delta r - \eta_2 \delta q).$$

In modo analogo si trova

$$\delta\varepsilon_2 = 2(\eta_1 \delta p - \eta_3 \delta r), \quad \delta\varepsilon_3 = 2(\eta_2 \delta q - \eta_1 \delta p)$$

$$\delta\eta_1 = (\varepsilon_3 - \varepsilon_2)\delta p + \eta_3 \delta q - \eta_2 \delta r, \quad \delta\eta_2 = -\eta_3 \delta p + (\varepsilon_1 - \varepsilon_3)\delta q + \eta_1 \delta r,$$

$$\delta\eta_3 = \eta_2 \delta p - \eta_1 \delta q + (\varepsilon_2 - \varepsilon_1)\delta r.$$

Orbene, affinchè la variazione del potenziale

$$\partial H = \frac{\partial H}{\partial \varepsilon_1}\delta\varepsilon_1 + \frac{\partial H}{\partial \varepsilon_2}\delta\varepsilon_2 \ldots + \frac{\partial H}{\partial \eta_3}\delta\eta_3$$

corrispondente alle variazioni $\delta\varepsilon$ e $\delta\eta$ qui calcolate sia nulla per ogni $\delta\omega$, occorre che, a sostituzione fatta, risultino nulli i coefficienti di δp, δq, δr; ossia

$$2\eta_1\left(\frac{\partial H}{\partial \varepsilon_2} - \frac{\partial H}{\partial \varepsilon_3}\right) + (\varepsilon_3 - \varepsilon_2)\frac{\partial H}{\partial \eta_1} - \eta_3 \frac{\partial H}{\partial \eta_2} + \eta_2 \frac{\partial H}{\partial \eta_3} = 0$$

$$2\eta_2\left(\frac{\partial H}{\partial \varepsilon_3} - \frac{\partial H}{\partial \varepsilon_1}\right) + \eta_3 \frac{\partial H}{\partial \eta_1} + (\varepsilon_1 - \varepsilon_3)\frac{\partial H}{\partial \eta_2} - \eta_1 \frac{\partial H}{\partial \eta_3} = 0$$

$$2\eta_3\left(\frac{\partial H}{\partial \varepsilon_1} - \frac{\partial H}{\partial \varepsilon_2}\right) - \eta_2 \frac{\partial H}{\partial \eta_1} + \eta_1 \frac{\partial H}{\partial \eta_2} + (\varepsilon_2 - \varepsilon_1)\frac{\partial H}{\partial \eta_3} = 0.$$

Ma queste devono aver luogo identicamente qualunque sia la deformazione; ossia qualunque siano le ε e η; perciò devono esser nulli i coefficienti dei quadrati e dei prodotti delle ε e η. Esprimendo questo fatto, dopo un calcolo un po' lungo ma facilissimo, si trova che i coefficienti c_{rs} della H si riducono a due soli distinti, per modo che la H assume la forma semplice

$$-H=\frac{1}{2}(\Omega^2-2\omega^2)(\varepsilon_1+\varepsilon_2+\varepsilon_3)^2+\omega^2(\varepsilon_1{}^2+\varepsilon_2{}^2+\varepsilon_3{}^2+2\eta_1{}^2+2\eta_2{}^2+2\eta_3{}^2$$

I coefficienti Ω^2 e ω^2 son chiamate *le costanti d'isotropia*. Affinchè la $-H$ risulti una forma positiva occorre che Ω e ω siano reali e $3\Omega^2-4\omega^2>0$ ([1]).

Quanto alle tensioni elastiche, sostituendo nelle (1) l'espressione di H ora trovata, si ottiene

$$\boldsymbol{\tau}_1=-2\omega^2\left\{\left(\frac{\Omega^2-2\omega^2}{2\omega^2}\operatorname{div}\boldsymbol{s}+\varepsilon_1\right)\boldsymbol{i}+\eta_3\boldsymbol{j}+\eta_2\boldsymbol{k}\right\}$$

$$\boldsymbol{\tau}_2=-2\omega^2\left\{\eta_3\boldsymbol{i}+\left(\frac{\Omega^2-2\omega^2}{2\omega^2}\operatorname{div}\boldsymbol{s}+\varepsilon_2\right)\boldsymbol{j}+\eta_1\boldsymbol{k}\right\}$$

$$\boldsymbol{\tau}_3=-2\omega^2\left\{\eta_2\boldsymbol{i}+\eta_1\boldsymbol{j}+\left(\frac{\Omega^2-2\omega^2}{2\omega^2}\operatorname{div}\boldsymbol{s}+\varepsilon_3\right)\boldsymbol{k}\right\},$$

notando che $\varepsilon_1+\varepsilon_2+\varepsilon_3=\operatorname{div}\boldsymbol{s}$. *Tali sono nei corpi isotropi le semplici relazioni fra le tensioni elastiche e la deformazione.*

Con queste possiamo sviluppare le condizioni (I) e (II) per l'equilibrio elastico. Si ha

$$-\operatorname{div}\boldsymbol{\tau}_1=2\omega^2\left\{\frac{\Omega^2-2\omega^2}{2\omega^2}\frac{\partial}{\partial x}(\operatorname{div}\boldsymbol{s}+\frac{\partial\varepsilon_1}{\partial x}+\frac{\partial\eta_3}{\partial y}+\frac{\partial\eta_2}{\partial z}\right\}$$

$$=(\Omega^2-\omega^2)\frac{\partial}{\partial x}(\operatorname{div}\boldsymbol{s})+\omega^2\left[-\frac{\partial}{\partial x}\operatorname{div}\boldsymbol{s})+2\frac{\partial\varepsilon_1}{\partial x}+2\frac{\partial\eta_3}{\partial y}+2\frac{\partial\eta_2}{\partial z}\right];$$

([1]) Per veder questo basta sviluppare le condizioni ricordate nella precedente nota a piè di pagina.

talchè, sostituendo alle ε e η i loro valori (Cap. II), si ottiene facilmente

$$-\operatorname{div} \boldsymbol{\tau}_1 = (\Omega^2 - \omega^2)\frac{\partial}{\partial x}(\operatorname{div} \boldsymbol{s}) + \omega^2 \Delta u.$$

Ripetendo lo stesso calcolo per div $\boldsymbol{\tau}_2$ e div $\boldsymbol{\tau}_3$, l'equazioni indefinite (I) diventano

$$(\mathrm{I}') \qquad \begin{aligned} &(\Omega^2 - \omega^2)\frac{\partial}{\partial x}(\operatorname{div} \boldsymbol{s}) + \omega^2 \Delta u + X = 0 \\ &(\Omega^2 - \omega^2)\frac{\partial}{\partial y}(\operatorname{div} \boldsymbol{s}) + \omega^2 \Delta v + Y = 0 \\ &(\Omega^2 - \omega^2)\frac{\partial}{\partial z}(\operatorname{div} \boldsymbol{s}) + \omega^2 \Delta w + Z = 0, \end{aligned}$$

immaginando la costante ρ unita, per divisione, alle costanti Ω^2 e ω^2. Questa terna d'equazioni si compendia nell'unica equazione vettoriale

$$(\mathrm{I}'') \qquad (\Omega^2 - \omega^2) \operatorname{grad} \operatorname{div} \boldsymbol{s} + \omega^2 \Delta' \boldsymbol{s} + \mathbf{F} = 0,$$

come facilmente si vede (Cap. I, n. 2).

L' equazioni ai limiti risultano della forma (posto $\boldsymbol{n} = \alpha \boldsymbol{i} + \beta \boldsymbol{j} + \gamma \boldsymbol{k}$)

$$-X_\sigma = (\Omega^2 - 2\omega^2) \operatorname{div} \boldsymbol{s} \cdot \alpha + 2\omega^2(\varepsilon_1 \alpha + \eta_3 \beta + \eta_2 \gamma)$$

e analoghe. Ma

$$\begin{aligned} 2\varepsilon_1\alpha + 2\eta_3\beta + 2\eta_2\gamma &= 2\frac{\partial u}{\partial x}\alpha + \left(\frac{\partial u}{\partial y} + \frac{\partial v}{\partial x}\right)\beta + \left(\frac{\partial u}{\partial z} + \frac{\partial w}{\partial x}\right)\gamma \\ &= 2\left(\frac{\partial u}{\partial x}\alpha + \frac{\partial u}{\partial y}\beta + \frac{\partial u}{\partial z}\gamma\right) + \left(\frac{\partial v}{\partial x} - \frac{\partial u}{\partial y}\right)\beta - \left(\frac{\partial u}{\partial z} - \frac{\partial w}{\partial x}\right)\gamma \\ &= 2 \operatorname{grad} u \times \boldsymbol{n} + \left(\frac{\partial v}{\partial x} - \frac{\partial u}{\partial y}\right)\beta - \left(\frac{\partial u}{\partial z} - \frac{\partial w}{\partial x}\right)\gamma; \end{aligned}$$

per conseguenza

$$
\begin{aligned}
& -X_\sigma = (\Omega^2 - 2\omega^2)\operatorname{div} \boldsymbol{s}\cdot\alpha + 2\omega^2 \operatorname{grad} u \times \boldsymbol{n} + \omega^2 \left[\left(\frac{\partial v}{\partial x} - \frac{\partial u}{\partial y}\right)\beta - \left(\frac{\partial u}{\partial z} - \frac{\partial w}{\partial x}\right)\right.\\
(\mathrm{I}')\quad & -Y_\sigma = (\Omega^2 - 2\omega^2 \operatorname{div} \boldsymbol{s}\cdot\beta + 2\omega^2 \operatorname{grad} v \times \boldsymbol{n} + \omega^2 \left[\left(\frac{\partial w}{\partial y} - \frac{\partial v}{\partial z}\right)\gamma - \left(\frac{\partial v}{\partial x} - \frac{\partial u}{\partial y}\right)\right.\\
& -Z_\sigma = (\Omega^2 - 2\omega^2)\operatorname{div} \boldsymbol{s}\cdot\gamma + 2\omega^2 \operatorname{grad} w \times \boldsymbol{n} + \omega^2 \left[\left(\frac{\partial u}{\partial z} - \frac{\partial w}{\partial x}\right)\alpha - \left(\frac{\partial w}{\partial y} - \frac{\partial v}{\partial z}\right)\right.
\end{aligned}
$$

che si possono compendiare nell'unica equazione vettoriale

$$
(\mathrm{II}'')\quad \mathbf{F}_\sigma + (\Omega^2 - 2\omega^2)\operatorname{div} \boldsymbol{s}\cdot\boldsymbol{n} + 2\omega^2 \frac{d\boldsymbol{s}}{dP}\boldsymbol{n} - \omega^2 \operatorname{rot}\boldsymbol{s} \wedge \boldsymbol{n} = 0,
$$

come facilmente si verifica.

Nella teoria della elasticità si sogliono anche usare *le costanti di* LAMÉ definite da

$$
\frac{\lambda}{\rho} = \Omega^2 - 2\omega^2 \quad \frac{\mu}{\rho} = \omega^2; \qquad (\rho = \text{densità})
$$

oppure *i moduli di* YOUNG e POISSON rispettivamente definiti da

$$
E = \eta \frac{3\lambda + 2\lambda}{\lambda + \mu}, \quad k = \frac{\lambda}{2(\lambda + \mu)}
$$

Con le costanti di LAMÉ (fatto $\rho = 1$) le (I'') e (II'') diventano

$$
(\mathrm{III})\quad
\begin{aligned}
& (\lambda + 2\mu) \operatorname{grad} \operatorname{div} \boldsymbol{s} - \mu \operatorname{rot} \operatorname{rot} \boldsymbol{s} + \mathbf{F} = 0\\
& \mathbf{F}_\sigma + \lambda \operatorname{div} \boldsymbol{s}\cdot\boldsymbol{n} + 2\mu \frac{d\boldsymbol{s}}{d\rho}\boldsymbol{n} - \mu \operatorname{rot} \boldsymbol{s} \wedge \boldsymbol{n} = 0.
\end{aligned}
$$

I moduli di YOUNG e POISSON sono le costanti che l'esperienza permette di determinare direttamente. Il loro significato fisico apparirà dagli esempi che seguono.

6. Le più semplici deformazioni sono *le deformazioni longitudinali o potenziali* caratterizzate dalla condizione

$$
\boldsymbol{s} = \operatorname{grad} \varphi.
$$

Ammettiamo che siano equilibrate da sole forze superficiali. La prima delle (III) dà

$$\operatorname{grad}(\operatorname{div}\operatorname{grad}\varphi) = 0;$$

da cui

$$\operatorname{div}\operatorname{grad}\varphi = \Delta\varphi = h \ (\text{cost.});$$

ossia

$$\Delta\psi = 0 \ \text{con} \ \psi = \varphi - \frac{hr^2}{6}$$

essendo $r = \operatorname{mod}(P - O)$; giacchè $\Delta r^2 = 6$. La seconda delle (III) diventa

$$\mathbf{F}_\sigma + \lambda h \boldsymbol{n} + \frac{2\mu}{3} h \frac{d(r \operatorname{grad} r)}{dP} \boldsymbol{n} + 2\mu \frac{d \operatorname{grad}\psi}{dP} \boldsymbol{n} = 0.$$

Ma

$$r \operatorname{grad} r = P - O, \quad \frac{d(P-O)}{dP} = 1;$$

perciò

$$\mathbf{F}_\sigma + \frac{3\lambda + 2\mu}{3} h \boldsymbol{n} + 2\mu \frac{d \operatorname{grad}\psi}{dP} \boldsymbol{n} = 0 \tag{4}$$

Questa formula definisce *le più generali forze superficiali capaci da sole di mantenere il corpo in equilibrio in una deformazione longitudinale o potenziale.* La dilatazione cubica unitaria è costante e precisamente uguale a h.

7. *1° esempio.* Prendiamo

$$\psi = cz^2 - \frac{c}{3} r^2,$$

ove z è la distanza del generico punto P da un piano fisso (π) passante per l'origine O, e c una costante assai piccola. Essa soddisfa alla condizione $\Delta\psi = 0$ (ossia è *armonica*; Cap. I).

In questo caso

$$\varphi = \frac{h - 2c}{6} r^2 + cz^2, \quad \operatorname{grad}\varphi = \frac{h - 2c}{3}(P - O) + 2cz \operatorname{grad} z.$$

Fissiamo la forma del corpo. Sia costituito da un cilindro pieno di sezione qualunque con una base sul piano (π) e l'altra in un piano parallelo (π_1).

Prendiamo O nel baricentro della base in (π), e diciamo $\boldsymbol{k}$ il vettore unitario da (π) verso (π_1) parallelo all'asse del cilindro. Sarà $\operatorname{grad} z = \boldsymbol{k}$,

$$\begin{array}{ll} \boldsymbol{n} \times \boldsymbol{k} = 0 & \text{sulla superficie laterale } (\sigma) \\ \boldsymbol{n} = \boldsymbol{k} & \text{sulla base } (\pi) \\ \boldsymbol{n} = -\boldsymbol{k} & \text{sulla base } (\pi_1). \end{array}$$

Notando che la derivata nella direzione $\boldsymbol{n} = \boldsymbol{k}$ è la derivata rispetto a z, la (4) dà

$$\begin{array}{ll} \boldsymbol{F}_\pi = -\left\{ \dfrac{3\lambda + 2\mu}{3} h + \dfrac{8}{3} \mu c \right\} \boldsymbol{k} & \text{su } (\pi) \\ \boldsymbol{F}_{\pi_1} = -\boldsymbol{F}_\pi & \text{su } (\pi_1). \end{array}$$

Introduciamo i moduli di JOUNG e POISSON e poniamo

$$h = \varepsilon(1 - 2k) \quad c = \varepsilon a \quad (\varepsilon \text{ assai piccolo});$$

si ottiene

$$\boldsymbol{F}_\pi = -\frac{E\varepsilon}{3}\left(1 + \frac{4a}{1+k}\right)\boldsymbol{k}. \tag{5}$$

Sulla superficie laterale si ha

$$\frac{d \operatorname{grad} \psi}{dP} \boldsymbol{n} = \frac{d}{dP}\left[2cz\boldsymbol{k} - \frac{2c}{3}(P - O)\right] \boldsymbol{n} = -\frac{2c}{3} \boldsymbol{n},$$

perchè la derivata di $z\boldsymbol{k}$ nella direzione $\boldsymbol{n}$ normale a $\boldsymbol{k}$ è nulla; per conseguenza

$$\boldsymbol{F}_\sigma = \left(-\frac{3\lambda + 2\mu}{3} h + \frac{4}{3} \mu c\right) \boldsymbol{n} = -\frac{E\varepsilon}{3}\left(1 - \frac{2a}{1+k}\right) \boldsymbol{n} \quad \text{su}\,(\sigma). \tag{5'}$$

Si fissi la base (π_1) per modo che l'asse del cilindro risulti verticale; indi si agisca sulla sola base inferiore mediante pesi equamente distribuiti per unità di area. In tal caso, essendo $F_\sigma = 0$, dovrà prendersi $2a = 1 + k$; e la (5) dà

$$P = \varepsilon E, \tag{6}$$

ove P è la grandezza del peso unitario. Inoltre

$$\boldsymbol{s} = -\varepsilon k (P - O) + \varepsilon (1 + k) \boldsymbol{k} z.$$

Di qui risulta, ricordando i calcoli precedenti,

$$\frac{d\boldsymbol{s}}{dP} \boldsymbol{k} \times \boldsymbol{k} = \varepsilon \quad \frac{d\boldsymbol{s}}{dP} \boldsymbol{n} \times \boldsymbol{n} = -\varepsilon k;$$

ossia ε e $\eta = -2k$ rappresentano i coefficienti di dilatazione lineare (Cap. II, n. 2) nella direzione $\boldsymbol{k}$ e $\boldsymbol{n}$. *Il cilindro* dunque *si allunga uniformemente nel senso dell'asse e si contrae, pure uniformemente, in tutte le direzioni perpendicolari all'asse.* Prova, come si suol dire, una *estensione semplice.* Come risulta dalla (6), *il modulo di Joung è il rapporto fra il carico* (peso unitario) e *l'allungamento unitario.* Inoltre l'uguaglianza $k = \frac{\eta}{\varepsilon}$ (in valore assoluto) dice che il *modulo di Poisson è il rapporto fra la contrazione trasversale unitaria e la dilatazione longitudinale unitaria.* Tale è il significato fisico delle costanti E e k, il quale suggerisce i metodi sperimentali per determinarli (vedi i trattati di fisica). La legge espressa dalla (6) è detta *legge di Hooke.*

2° *esempio* — Prendiamo $\varphi = \frac{c}{r}$. Il corpo sia una sfera cava di centro O; r_0 il raggio interno, r_1 quello esterno. La (4) dà

$$\mathbf{F}_{\sigma_1} = \frac{3\lambda + 2\mu}{3} h \operatorname{grad} r + 2\mu c \frac{d}{dP}\left(\operatorname{grad} \frac{1}{r}\right) \operatorname{grad} r, \quad (r = r_1) \tag{4'}$$

$$\mathbf{F}_{\sigma_0} = -\frac{3\lambda + 2\mu}{3} h \operatorname{grad} r - 2\mu c \frac{d}{dP}\left(\operatorname{grad} \frac{1}{r}\right) \operatorname{grad} r, \quad (r = r_0)$$

perchè sulla superficie interna σ_1 è $\boldsymbol{n} = -\operatorname{grad} \boldsymbol{r}$ e sull'interna $n = \operatorname{grad} r$.

Ma

$$\frac{d}{dP}\left(\text{grad}\,\frac{1}{r}\right)\text{grad}\,r = \frac{\partial}{\partial r}\left(\text{grad}\,\frac{1}{r}\right) = -\,\text{grad}\,\frac{1}{r^2} = \frac{2}{r^3}\,\text{grad}\,\boldsymbol{r}\,;$$

per conseguenza:

$$\mathbf{F}_{\sigma_1} = \left(\frac{3\lambda + 2\mu}{3}\,h + \frac{4\mu c}{r_1^{\,3}}\right)\text{grad}\,r$$

$$\mathbf{F}_{\sigma_0} = -\left(\frac{3\lambda + 2\mu}{3}\,h + \frac{4\mu c}{r_0^{\,3}}\right)\text{grad}\,r.$$

Supponiamo che $\mathbf{F}_{\sigma_1}$ e $\mathbf{F}_{\sigma_0}$ sian pressioni; ossia

$$\mathbf{F}_{\sigma_1} = P_1\,\text{grad}\,r \quad \text{e} \quad \mathbf{F}_{\sigma_0} = P_0\,\text{grad}\,r$$

essendo P_1 e P_0 le loro intensità unitarie.

Allora

$$-P_1 = \frac{3\lambda + 2\mu}{3}\,h + \frac{4\mu c}{r_1^{\,3}}, \qquad -P_0 = \frac{3\lambda + 2\mu}{3}\,h + \frac{4\mu c}{r_0^{\,3}};$$

dalle quali si possono ricavare le costanti h e c in funzione di P_0 e P_1. Si ottiene

$$c = \frac{(P_1 - P_0)\,r_0^{\,3} r_1^{\,3}}{4\mu(r_1^{\,3} - r_0^{\,3})}, \quad \frac{h}{3} = \frac{r_1^{\,3} P_1 - r_0^{\,3} P_0}{(3\mu + 2\mu)(r_0^{\,3} - r_1^{\,3})} = b$$

Lo spostamento è definito da

$$\boldsymbol{s} = \text{grad}\left(\frac{b}{2}\,r^2 + \frac{c}{r}\right);$$

ove b e c hanno i valori precedenti.

Se si vuol calcolare la pressione $\boldsymbol{\tau}_n$ che si esercita attraverso un elemento per P normale a $P - O$, in luogo di ricorrere alla formula

$$\boldsymbol{\tau}_n = \boldsymbol{\tau}_1\alpha + \boldsymbol{\tau}_2\beta + \boldsymbol{\tau}_3\gamma \quad (\alpha\boldsymbol{i} + \beta\boldsymbol{j} + \gamma\boldsymbol{k} = \text{grad}\,\boldsymbol{r} = \boldsymbol{n}),$$

basta osservare che il secondo membro della (4′) rappresenta appunto la pressione sugli elementi della superficie di raggio r; quella pressione che per $r = r_1$, ossia per le superficie esterna deve essere uguale alla pressione data. Dunque

$$\boldsymbol{\tau}_n = \left\{ (3\lambda + 2\mu)b + \frac{4\mu c}{r^3} \right\} \operatorname{grad} r ;$$

la quale esprime che tale pressione è normale (diretta come il raggio) e che, e meno d'un termine addittivo costante, varia inversamente al cubo della distanza dell'elemento del centro.

Se la sfera è piena si farà $r_0 = 0$ nelle formule precedenti e si avrà

$$c = 0 \qquad b = \frac{-P_1}{2(3\lambda + 6\mu)} \qquad \boldsymbol{s} = \operatorname{grad} \frac{br^2}{2} = 3br \operatorname{grad} r .$$

La grandezza dello spostamento d'un punto è proporzionale alla distanza del punto dal centro. Per $P_1 = 1$ il valore di $h = 3b$ è l'inverso di $\frac{3\lambda + 2\mu}{3}$; perciò questo coefficente è chiamato *il modulo di compressione uniforme*.

3° esempio — Il corpo sia un cilindro circolare cavo di asse $\boldsymbol{k}$; r_0 il raggio interno, r_1 l'esterno; $z = l$, $z = -l$ le due basi. Prendiamo

$$\psi = \frac{a}{2}(\rho^2 - 2z^2) + c \log \rho \qquad \rho = \operatorname{mod}(P_1 - 0),$$

P_1 essendo la proiezione del generico punto P sopra il piano $(x\ y)$ (piano mediano del cilindro). È una funzione armonica, come è facile verificare.

Essendo $\boldsymbol{n} = -\operatorname{grad} \rho$ sulla superficie laterale esterna σ_1, $\boldsymbol{n} = \operatorname{grad} \rho$ su quella interna σ_0, $\boldsymbol{n} = \pm \boldsymbol{k}$ sulle basi, la (4) dà

$$\mathbf{F}_{\sigma_1} = \frac{3\lambda + 2\mu}{3} h \operatorname{grad} \rho + 2\mu \frac{d \operatorname{grad} \psi}{dP} \operatorname{grad} \rho \qquad \text{per } r = r_1$$

$$\mathbf{F}_{\sigma_0} = -\frac{3\lambda + 2\mu}{3} h \operatorname{grad} \rho - 2\mu \frac{d \operatorname{grad} \psi}{dP} \operatorname{grad} \rho \qquad \text{per } r = r_0$$

$$\pm \mathbf{F}_\pi = -\frac{3\lambda + 2\mu}{3} h \boldsymbol{k} - 2\mu \frac{d \operatorname{grad} \psi}{dP} \boldsymbol{k} \qquad \text{per } z = \pm l .$$

Ma

$$\frac{d\,\mathrm{grad}\,\psi}{d\rho}\,\mathrm{grad}\,\rho = \frac{\partial\,\mathrm{grad}\,\psi}{d\rho} = \mathrm{grad}\,\frac{\partial\psi}{\partial\rho} = \left(a - \frac{c}{\rho^2}\right)\mathrm{grad}\,\rho$$

$$\frac{d\,\mathrm{grad}\,\psi}{d\rho}\,\boldsymbol{k} = \frac{\partial\,\mathrm{grad}\,\psi}{\partial z} = \mathrm{grad}\,\frac{\partial\psi}{\partial z} = -2a\boldsymbol{k};$$

quindi

$$\mathbf{F}_{\sigma_1} = \left\{\frac{3\lambda+2\mu}{3}h + 2\mu\left(a - \frac{c}{r_1^2}\right)\right\}\mathrm{grad}\,\rho$$

$$\mathbf{F}_{\sigma_0} = -\left\{\frac{3\lambda+2\mu}{3}h + 2\mu\left(a - \frac{c}{r_0^2}\right)\right\}\mathrm{grad}\,\rho$$

$$\pm\mathbf{F}_{\pi} = -\left\{\frac{3\lambda+2\mu}{3}h - 4\mu\right\}\boldsymbol{k};$$

dalle quali risulta che le forze superficiali sono pressioni o trazioni costanti. Supponiamo che siano pressioni. Allora, posto

$$\mathbf{F}_{\sigma_1} = -P_1\,\mathrm{grad}\,\rho \qquad \mathbf{F}_{\sigma_0} = P_0\,\mathrm{grad}\,\rho \qquad \mathbf{F}_{\pi} = T\boldsymbol{k},$$

sarà

$$-P_1 = \frac{3\lambda+2\mu}{3}h + 2\mu\left(a - \frac{c}{r_1^2}\right),$$

$$-P_0 = \frac{3\lambda+2\mu}{3}h + 2\mu\left(a - \frac{c}{r_0^2}\right), \quad T = -\frac{3\lambda+2\mu}{3}h + h\mu a.$$

Di qui si ricava

$$2\mu c = \frac{(P_1 - P_0)\,r_0^2 r_1^2}{r_0^2 - r_1^2}, \qquad 6a\mu = \frac{(T - P_1)r_1^2 - (T - P_0)r_0^2}{r_1^2 - r_0^2}$$

$$\frac{3\lambda+2\mu}{3}h = h\mu a - T$$

si hanno così le costanti che entrano nell'espressione dello spostamento in funzione delle pressioni unitarie P_0, P_1, T.

La pressione $\boldsymbol{\tau}_n$ attraverso un elemento normale a $\boldsymbol{n} = \mathrm{grad}\,\rho$ (che riesce perpendicolare all' elemento) si calcola con un' osservazione analoga a quella fatta nell' esempio precedente.

DISCORSO

SULLO SVILUPPO STORICO DELLA MECCANICA

AVVERTENZA

In questo discorso non ho inteso far opera di storico. Di rado son risalito alle fonti, se non a quelle più note, o men rare, o più classiche. Ho compendiato dagli storici in quella maniera che m'è sembrata più efficace pei giovani e più rapida per chi dal testo ha già appresa questa scienza; scegliendo o sostituendo fra opinioni contrarie secondo mio giudizio, senza la pretesa d'aver sempre ben scelto o sostituito. Ai quali storici, che con somma dottrina e diuturne fatiche ci posero in grado di conoscere lo sviluppo del pensiero scientifico attraverso i secoli, vada la riconoscenza perpetua degli studiosi. Cito qui i maggiori e i più moderni da cui attinsi; anche perchè il lettore sia invogliato a leggerne le opere.

LAGRANGE - *Mécanique analitique* (vi sono tre paragrafi sulla storia dei principi della meccanica.

E. CAVERNI - *Storia del metodo sperimentale in Italia* - 5 volumi.

P. DUHEM - *Les origines de la statique* - 2 volumi.
- *Études sur Leonardo da Vinci* - 3 volumi.

E. MACH - *La mécanique;* Exposé historique et critique de son dèveloppement; traduit de l'allemande par E. BERTRAND - 1 volume.

G. VAILATI - Articoli varî sulla storia della meccanica in « *Scritti di G. Vailati* ».

E. JOUGUET - *Lectures de Mécanique* - 2 volumi.

Lo svolgimento puramente razionale della meccanica esposto in queste lezioni avrà posto in grado il lettore di spiegare e prevedere i fenomeni meccanici con quella maggior economia di tempo e di pensiero che il presente stato della scienza ha resa possibile. Ma il lettore stesso avrà tosto intuito ch' ella non nacque in quella forma nè si sviluppò con quei procedimenti; la rivestì e li acquistò di poi; quando, estratti, per dir così, dall' accurata osservazione dei molteplici fatti meccanici i principi fondamentali ed essenziali che li governano, fu inventata ed applicata quell' analisi matematica che è il più potente, il più esatto, il più ammirabile strumento d' indagine e di deduzione della filosofia naturale. Onde gli sarà nato senza dubbio il desiderio di sapere qualche cosa intorno alle origini di questa scienza e de' suoi successivi progressi. Per il che ho creduto far cosa utile e insieme dilettevole aggiungere alla mia modesta opera didattica il presente cenno storico; nel quale, discorrendo de' principali attori che agirono in questo millennario dramma del pensiero, si vedrà quali lunghe e travagliate vie dovette correre lo spirito umano per uscir dalla nebbia dell' errore, in che si trovò al principio del suo essere, e salire alla luce di quella verità che ancor non c' è dato contemplare in tutti i suoi molteplici aspetti.

Come il fanciullo che appena ha l' uso della ragione confonde dapprima la realtà con l' apparenza, la sostanza con la forma, l' eccezione con le regole; finchè, col maturar degli anni e del senno a più maturo esame condotto dagl' insuccessi e dai disinganni, impara a distinguere il certo dall' incerto, il vero dal falso, a ordinare e coordinare i frutti delle proprie esperienze, a riassumerle in leggi, ad usarle per prevedere gli avvenimenti, in che consisterà tutta la saggezza della sua vita; così, in maggior scala, si vedrà proceder l' umanità nell' acquisto e nell'uso delle conoscenze scientifiche. Nessuna idea, nessuna scoperta sbocciò d' un tratto, come per prodigio e per virtù d' un sol uomo; da Aristotile all' ultimo Alessandrino, da Giordano Nemorario a Galileo e Newton, da questi a Lagrange e più oltre ancora, è continuità di germogliazione, è processo e progresso di svolgimento. I grandi son gli strateghi nelle battaglie del pensiero; i minori i soldati che le combattono.

E come cotesto sviluppo della mentalità individuale dall' età della giovinezza a quella della maturità è imposta in vario grado dalla natura stessa quale condizione essenziale di vita prospera e feconda, così è probabile che non altrimenti sia per essere per l' intera umanità il progredir costante delle scienze.

Dalle quali cose uscirà un doppio insegnamento, che all' infuori degl' immediati vantaggi individuali ci spronerà a salire con tenacia la faticosa via del sapere: la certezza che il lavoro di ciascuno, per quanto modesto, purchè ispirato al puro amore della verità, concorre al progresso delle nostre conoscenze; la fede che questo sì arcano desiderio del vero corrisponda a un disegno tracciato dalla natura per la prosperità e la perfezione del genere umano. Che se veramente insieme all' utilità e al diletto il lettore trarrà da questo discorso quella certezza e quella fede, sarà toccato il più alto e nobile fine cui queste lezioni tendevano.

Dalla Grecia, regina delle antiche civiltà e madre delle nuove, dove probabilmente approdò quasi in un unico porto quanto del sapere umano restò dell' età anteriori, vennero i primi lumi intorno alla scienza della meccanica. L'immortale ARISTOTILE, nel quarto secolo a. C., capo d'una scuola detta dei Peripatetici, li chiarì nelle sue opere, specie nel libretto sulle questioni meccaniche, e li tramandò all' età future.

Presso Lui e tutti i greci solo la statica trovasi trattata scientificamente nel moderno senso della parola; nella dinamica non seppero elevarsi oltre la cerchia delle più grossolane osservazioni passive, su cui fondarono teorie false e strane. Nondimeno non v' è separazione netta tra l' una parte e l' altra; chè anzi la scienza dell' equilibrio trovasi intimamente collegata a quella del moto.

Il fondamentale assioma aristotelico era questo in sostanza: che se una potenza (forza costante) è capace in un dato tempo d' imprimere una certa velocità a un dato corpo, a un altro maggiore o minore imprimerà nel medesimo tempo una velocità proporzionalmente minore o maggiore. E questo parve sì fedel traduzione della quotidiana osservazione dei fatti, che variamente espresso e interpretato (forza proporzionale alla velocità), rimase dippoi fino ai tempi di GALILEO uno dei cardini della meccanica.

Con esso e con la proposizione che le velocità dei punti d' un corpo rotante intorno a un asse sono proporzionali alle loro distanze dall' asse, ARISTOTILE diè esatta ragione dell' equilibrio della leva e della bilancia; e, esaminando per ogni altro meccanismo le relazioni esistenti tra i moti compatibili coi vincoli delle loro parti, al principio di quella ridusse, o tentò ridurre non sempre felicemente, le leggi per l' equilibrio delle altre macchine semplici (argano, taglie, cuneo, vite). Qui sostanzialmente, pel modo d'applicazione dell' assioma alla bilancia e alle altre macchine, trovasi in germe quel fecondissimo principio delle velocità o dei lavori virtuali, che, come vedemmo nelle lezioni, domina tutta la meccanica moderna. E qui veramente sta tutta la pura gloria del sommo Stagirita in questa scienza. Ma la fecondità di quel principio non si mostrò tutta intera che il giorno in cui, liberatolo dal particolare assioma a cui l'aveva legato Aristotile, gli studiosi conobbero che occorreva limitarsi da un lato alla considerazione di spostamenti infinitesimi, dall'altro a quella parte di spostamento che è nella direzione della forza. E quel giorno non venne che dopo una lenta e faticosa elaborazione di venti secoli.

Nè meno felice fu in quella parte che noi chiamiamo cinematica; dove dimostrò che due movimenti traslatori, in cui gli spazî percorsi in un medesimo tempo stanno in rapporto costante, si compongono in un unico moto traslatorio definito dalla diagonale del parallelogramma i cui lati stanno in quello stesso rapporto; e che al contrario il moto è curvilineo, se il detto rapporto varia. E di qui trasse qualche interessante considerazione circa il moto d'un grave sopra una circonferenza verticale; ritenendo essere nelle proprietà del circolo tutto che di mirabile presentano i fenomeni meccanici; e vagamente sfiorando quell'importante teorema della decomposizione delle forze che ai tempi nostri è uno dei fondamenti della statica. Ma in verità non seppe dedurre conseguenze chiare; che le varie divagazioni che sopra vi fece bene spesso disorientarono le menti de' suoi commentatori.

Pur nella dinamica propriamente detta ebbe qualche felice intuizione, quando distinse il moto naturale dal violento ([1]), e quando riconobbe ed esplicitamente enunciò che un corpo quanto più pesa tanto maggior sforzo richiede per esser posto in moto, anche quando la gravità non ha alcuna diretta azione; come nel caso d'una ruota mobile intorno a un asse orizzontale. Con la quale osservazione si potrebbe credere che Aristotile mirasse alla nozione di massa. Ma in tali interpretazioni bisogna andar molto guardinghi; chè pur sotto il manto filosofale degli antichi, in accurato travestimento, mal si cela il critico d'altre civiltà e d'altri tempi.

([1]) Distinzione però che riuscì spesso dannosa, perchè male interpretata; come quando si volle attribuire a quei moti natura affatto diversa.

Tutto il resto della dinamica aristotelica è un cumulo di errori, di stranezze e talvolta di contraddizioni. Egli riteneva ogni corpo in moto soggetto a due forze, una potenza e una resistenza; la prima soltanto capace di produrre moto, la seconda impedendo al mobile di giungere al suo termine istantaneamente. La velocità riusciva proporzionale al rapporto della potenza alla resistenza. Ne seguiva da un lato la dipendenza della gravità dal mezzo in cui il grave muovevasi, dall' altro l' impossibilità del vuoto. Conobbe bensì l' accelerazione nella caduta dei gravi, che troppo appariva manifesta anche alla più grossolana osservazione; ma l' attribuì a un graduale aumento della gravità dall' alto verso il basso; e la virtù della gravità ritenne fosse nel grave stesso, mentre considerava il peso indipendente dalla sua distanza al centro della terra.

Sostenne senz' ombra di dubbio che la freccia ed ogni altro proietto lanciato nell' aria si allontana dal luogo di proiezione per effetto dell' aria che immediatamente lo circonda; la quale, messa in moto dal proicente, accompagna il proietto e lo sostiene lungamente contro l' azione della gravità. Inoltre, conformemente al suo principio che il motore accompagna necessariamente la cosa che muove, ammise che il proicente, per un certo tempo, comunichi moto accelerato al proietto. In sostanza Egli non seppe analizzare il fenomeno del moto e scinderlo ne' suoi elementi; si fermò alle apparenze, e dove queste eran troppo complesse, diè ala alla sua fervida immaginazione.

Che una dinamica sì falsa e strana e contraria al comune buon senso abbia potuto in parte sopravvivere per molti secoli al suo autore sarà per recare gran meraviglia al lettore; ma la meraviglia cadrà, se si pone mente che l' opera d' Aristotile nella sua interezza per unità di sintesi, per universalità di dottrina, per straordinaria potenza dialettica, per valore estetico, è veramente, data l' epoca della sua creazione, uno de' più stupendi monumenti dell' ingegno. Sì prodigioso edifizio s'impose lungamente all'ammirazione degli uomini; tanto che alcuni ritenevano sacrilegio il corromperlo. Non s' abbattè che pel logorìo lento dei secoli, sotto i colpi di nuovi popoli e nuove civiltà; ma fu pur sempre dal materiale delle sue rovine che sorse la nuova scienza.

Nella meccanica d' ARISTOTILE lo strumento matematico è ridotto al minimo; tutto è gioco di semplici proporzioni dirette o inverse. Della geometria sì progredita ai suoi tempi, fiorente PLATONE e nascente EUCLIDE, Egli non seppe pienamente valersi, quando con essa pur qualche buon frutto avrebbe potuto raccogliere. Geometra invece altissimo quanto altri mai fu il siracusano ARCHIMEDE, vissuto nel terzo secolo a. C.; in filosofia seguace di PLATONE, in geometria discepolo de' discepoli d' EUCLIDE. Con quel grande s' iniziò una nuova trattazione della statica, alla maniera logica d' EUCLIDE (1). A questa parte soltanto Egli volse il suo pensiero, facendone una scienza autonoma.

Nei tre libri *sull' equilibrio dei piani e sulla quadratura della parabola* pose a fondamento delle sue speculazioni alcune ipotesi di grande evidenza; quali, ad esempio, che due pesi uguali applicati all' estremità d' una bilancia a braccia uguali stanno in equilibrio; e che la bilancia scende dal lato del braccio maggiore se applicati a braccia disuguali, ecc.; e da esse, per via di deduzione sussidiata dalla geometria e da talune nozioni e proprietà dei baricentri, trasse una serie di proposizioni concludenti alla nota condizione d' equilibrio della leva. Di questa poi si rivalse per la determinazione dei centri di gravità di talune figure piane e per la quadratura della parabola. Con le quali ricerche fu genialissimo promotore di nuovi procedimenti matematici e fondatore d' una teoria (baricentri) senza

(1) Anche questo indirizzo, del resto, pare dovuto agli stessi greci contemporanei o di poco posteriori ad ARISTOTILE; giacchè trovasi adottato in alcune operette frammentarie degli arabi, che gli storici competenti giudicano essere traduzioni di originali greci. Comunque sia, quanto a perfezione l' opera d'ARCHIMEDE le avanza di molto; ond' è lecito ritenere il siracusano (anche per la maggior divulgazione de' suoi scritti) quale iniziatore efficace di cotesto metodo.

dubbio indispensabile nella statica; ma se in questa parte superò ARISTOTILE per chiarezza, purità e precisione, gli rimase inferiore riguardo alla generalità e fecondità dei principi. Perciò si vedrà la futura meccanica nutrirsi dapprima alla scuola Peripatetica per estendere e rinvigorire le proprie radici, che son gli organi vitali; e solo dippoi ispirarsi al metodo archimedeo per elevarsi, in un finale connubio dei due metodi, alla perfezione di scienza deduttiva.

Nella statica dei liquidi, al contrario, fu primo ed insuperato maestro. Il trattato « *de Insidentibus humido* » è il fondamento dell' odierna teoria dei galleggianti. Ivi trovasi quel famoso principio che un corpo immerso in un liquido perde tanto del suo peso quant' è il peso del liquido che sposta. Il fatto bruto lo trasse dall'esperienza; ma il principio quantitativo lo fe' scaturire rigorosamente, alla maniera euclidea, con successive deduzioni da poche ipotesi fondamentali. Valendosi poi delle sue ricerche intorno ai centri di gravità, studiò in particolare le condizioni per l' equilibrio d' un segmento retto di paraboloide ellittico immerso nell'acqua. Così in questa teoria avanzò di tanto e sì elevatamente ciò che la comune scienza de' suoi tempi consentiva, che per quasi diciotto secoli niuno seppe seguirlo.

Meditò pure sui moti equabili; dalla considerazione dei quali dedusse la descrizione meccanica e le proprietà delle spirali, in modo sì nuovo e bello, che fu giudicato dai posteri un capolavoro di geometriche eleganze.

Già prima d' ARCHIMEDE la scienza ellenica, a cagione de' mutamenti politici prodottisi alla morte d' Alessandro Magno, cominciò a fluire in Alessandria d' Egitto; dopo di lui questa città, sotto il munifico imperio dei Tolomei, diventò, e rimase anche dopo la conquista romana, il centro della cultura scientifica mondiale. Ivi fiorì nel primo secolo a. C. il grande matematico e fisico ERONE, che meglio d' ogni altro, se pur altri in quel tempo vi furono, raccolse in parte ed illustrò la meccanica d' ARISTOTILE e d' ARCHIMEDE in un libretto intitolato l' *Elevatore*; il quale, pei fini pratici cui mira, può ben chiamarsi, come scrisse il compianto nostro storico Vailati, il primo manuale dell' ingegnere.

Dalla teoria dei centri di gravità creata da Archimede e dal principio della leva trasse la regola, già accennata da Aristotile, per calcolare la distribuzione dei carichi sui sostegni; istituì la teoria delle macchine semplici (verricello, taglie, cuneo, vite); adottando promiscuamente i due diversi indirizzi, l'aristotelico e l'archimedeo, e rivelando in varie forme che per ogni macchina sussiste quel principio che oggi è detto dei lavori virtuali. Nondimeno, considerandolo come un fatto e non come un principio atto a servir di base alla scienza dell'equilibrio, non pensò di applicarlo ad altre macchine, e in particolare alla determinazione degli sforzi occorrenti per sostenere o far salire un peso lungo un piano inclinato; sicchè non riuscì a dar la soluzione esatta di questo problema, che fu poi nell' evo medio e nel rinascimento il punto di partenza dei nuovi sviluppi della statica.

La dinamica poco curò; ma ebbe felice intuito quando intravvide, conformemente alla teoria degli Atomisti combattuta da Aristotile, che la legge della caduta dei gravi non dipende dal peso; quando riconobbe, contro l' opinione dei più, che una forza comunque piccola sarebbe capace di spostare qualunque peso sopra un piano orizzontale, se l' attrito non s' opponesse; e quando infine presentì che la quantità di materia influiva sul suo comportamento rispetto a una forza.

Così Erone, costringendo le teorie d' Aristotile e d' Archimede, l' una mal ferma, l' altra troppo astratta, a venire in contatto con le questioni pratiche, diè loro un punto d' appoggio più sicuro e concreto, chiarendole in qualche luogo di nuova luce; talchè l' opera sua avrebbe senza dubbio contribuito a provocar nuovi progressi in avvenire, se per ignavia dei tempi non fosse rimasta lungamente obliata. Solo Pappo alessandrino, circa quattro secoli dopo nella sua celebre *Collezione matematica*, che è il repertorio scientifico dell' antichità, fe' cenno dell' opera di Erone, ma in termini brevi ed incompleti.

Il qual PAPPO pur come studioso di meccanica va commemorato nel presente discorso, come quegli che fu autore d'una soluzione errata del problema dell'equilibrio sopra un piano inclinato, che ebbe notevole influenza sulle ricerche posteriori; scopritore del teorema della conservazione del moto del baricentro in un caso particolarissimo; divulgatore insigne della scienza per il suo grande lavoro di compilazione e di comento.

E pur menzione merita un altro scrittore di poco posteriore a PAPPO, GIOVANNI D'ALESSANDRIA detto FILOPONE (o Filopono), le cui idee sulla dinamica si ricollegano a quelle d'ERONE. Egli fu il primo a combattere apertamente con salace critica le strane teorie aristoteliche sulla caduta dei gravi e sul moto dei proietti. Affermò in base al buon senso e all'esperienza esser carattere del peso d'un corpo il moto verso il basso che acquisterebbe nel vuoto; moto che segue con determinata legge; mentre la resistenza del mezzo altro non fa che ritardarne la caduta; e citò come esempio manifesto d'un movimento nel vuoto quello dei corpi celesti. Dippiù sostenne che l'aria, non che spingere il proietto, si oppone al suo moto; talchè la ragione del sussistere di quello va cercata nella virtù comunicata al proietto dal proicente. Difese gli antichi Atomisti contro ARISTOTILE, sostenendo l'opinione, tramandata in forma poetica da LUCREZIO, che tutti i corpi cadrebbero nel vuoto con la stessa legge.

In queste idee sì chiare e semplici e conformi al buon senso sta il germe della nuova dinamica che comincerà a svilupparsi nel XIV secolo.

Malgrado quest'opere e poche altre venute in luce nei primi secoli dopo Cristo, i germi lasciati da ARISTOTILE e ARCHIMEDE rimasero dimenticati e infecondi per lunga età di barbarie.

> « Passa l'istoria operatrice eterna
> tela tessendo di sventure e glorie »;

e in quei secoli la storia passò, ma non tessè che sventure.

Solo nel secolo che fu di Dante, nel secolo delle gagliarde democrazie tumultuanti alla libertà e alla vita, le reliquie della meccanica conservate e diffuse dagli arabi, eredi della Scuola Alessandrina, tornarono alfine a gettar nuovi germogli in occidente. E fu germogliazione sana e rigogliosa; fu evoluzione lenta, ma continua; fu incitamento, esempio e sussidio a tutte le scienze naturali.

Quando dunque la scienza pagana sotto la veste dell'arabo s'introdusse nella nascente civiltà cristiana, passò dapprima di convento in convento quasi merce di contrabbando, dove trovò i primi nuovi compilatori e comentatori. I quali però, anzichè chiarire e rinnovare il pensiero ellenico, spesso lo deturparono, stranamente confondendo la dialettica con la scienza. Ma era ben naturale. La mente umana prima di riacquistare la potenza di osservare e filosofare alla maniera larga degli antichi dovette risanarsi dalla febbre dell'ascetismo, nella quale, per una cieca interpretazione della morale di Cristo, erasi consunta.

Ai quali primi altri seguirono di poi, monaci, secolari, arabi e europei. Ma qui ricorderemo solo con Dante

« Averroïs, che il gran comento feo »,

perchè capo di una scuola detta degli averroisti, i quali, riconoscendo in lui, erroneamente, il più fedele interprete del pensiero aristotelico, e questo solo venerando (ARCHIMEDE era appena mentovato), s'opposero tenacemente e per lungo tempo ad ogni rinnovamento.

Nondimeno per opera di cotesti commentatori si riaccese la fiaccola dell'antico sapere, che illuminò i grandi pensatori ne' primi loro passi in mezzo alla tenebre del medio evo. Il primo ad agitarla efficacemente ravvivandola con nuovo alimento fu GIORDANO NEMORARIO [1] (o Giordano di Nemore) vissuto, credesi, nel tredicesimo secolo; autore, oltre che di scritti matematici che non fanno al nostro

(1) Alcuni credono fosse tedesco; altri italiano di Nemi (p. Roma).

argomento, d'un trattato *De Ponderibus*, ch'ebbe gran voga in quel secolo e nel successivo.

Caratteristica importante di quell'opera è l'uso del concetto di decomposizione dei pesi in varie direzioni. Il GIORDANO, ben persuaso che per un grave discendente lungo un cammino non verticale la sola forza efficace è la componente del peso nella direzione del moto, introdusse esplicitamente la nozione di *gravitas secundum situm* (che è appunto nel linguaggio moderno la proiezione del vettore-peso sulla tangente alla traiettoria); osservando che quanto più obliquo è il cammino tanto minore è la gravità *secundum situm*, e traendone varie conseguenze; ma non seppe valutarla quantitativamente. Inoltre per paragonare l'inclinazione delle traiettorie, essendo ricorso al confronto delle proiezioni verticali di quelle (come già ARISTOTILE), dedusse talvolta conseguenze errate. Ma le menti non erano ancora aperte alla considerazione degli infinitesimi; sicchè altro criterio non parendo possibile, fu poi pienamente adottato dai suoi successori.

Per dar ragione dell'equilibrio della leva ordinaria Egli si scostò dal principio aristotelico, introducendo implicitamente, come ha fatto osservare il DUHEM, quest'altro: la potenza che può elevare un dato peso a una data altezza eleverebbbe un peso n volte maggiore ad un'altezza n volte minore; che è sostanzialmente una particolare enunciazione del principio dei lavori virtuali.

In queste nuove o più perfezionate idee introdotte dal GIORDANO nella prima parte del *De Ponderibus*, scaturite non dalle arguzie dialettiche, ma da un più assennato esame della natura delle cose, c'è già reale progresso, c'è rinnovamento del pensiero ellenico, c'è lo spunto a meditazioni nuove e feconde, c'è l'occulto germe da cui uscirà la statica dei popoli d'occidente. E il frutto già si vede maturare sano e bello negli altri libri del *De Ponderibus*; rappresentino essi opera più compiuta e meditata dal GIORDANO stesso, come opinò il VAILATI, o d'un suo discepolo assai dotto di scienza greca ed araba, come giudicò recentemente

il DUHEM [1]. Ivi è dedotta la prima soluzione esatta dell'equilibrio della leva a braccia tra loro inclinate, mediante un'ingegnosa applicazione del principio dei lavori virtuali nella forma enunciata di sopra; nella quale s'incomincia a intravvedere abbastanza chiaramente quel concetto di momento d'un peso rispetto a un asse che è ora una delle nostre nozioni fondamentali. Invero, l'autore dimostra che due pesi pendenti dagli estremi d'una leva ad angolo si fanno equilibrio quando le distanze de' loro punti di sospensione dalla verticale passante pel fulcro stanno nel rapporto inverso dei pesi. Inoltre trovasi precisata la condizione di stabilità e d'instabilità d'una bilancia secondo la posizione del fulcro: problema che fu posto, ma non ben risoluto, da ARISTOTILE.

Insieme a cotesti bei risultati ne figura un altro che costituisce certo il maggior progresso rispetto alla statica degli antichi: la risoluzione esatta del problema del piano inclinato, tentata invano da ERONE e PAPPO. « Se due gravi discendono per linee rette diversamente inclinate e il rapporto dei pesi è uguale al rapporto delle inclinazioni, essi avranno la stessa virtù di discesa » (ossia la *gravitas secundum situm* dell'uno è uguale a quello dell'altro); dove per rapporto delle inclinazioni è giustamente inteso, non il rapporto degli angoli, ma, come diciamo noi oggi, quello dei seni di cotesti angoli. La qual proposizione è dedotta dall'osservare che, se quei gravi fossero collegati con un filo, le proiezioni verticali d'un loro spostamento sarebbero inversamente proporzionali ai pesi; con che si viene

[1] Il DUHEM, uno de' maggiori storici odierni della meccanica, ritiene, in base a pazienti ricerche, che non tutti i libri dei *Ponderibus* siano da attribuirsi al GIORDANO. Solo una parte, che trovasi anche separata « *Elementa super demonstrationem ponderis* » gli spetterebbe veramente; mentre degli altri libri, uno sarebbe da attribuire a un ignoto discepolo di GIORDANO, gli altri a un geniale raccoglitore e comentatore di opere framentarie greche, pure ignoto, che il DUHEM chiama il Precursore di Leonardo. Per non entrare in distinzioni che non hanno molta importanza pei fini del nostro discorso, noi parleremo di quell'opera come fosse tutta del GIORDANO; tanto più che venne alla luce tutta in quel secolo ed Egli la iniziò.

implicitamente ad affermare essere circostanza determinatrice dell'equilibrio l'uguaglianza dei prodotti di ciascun peso pel relativo spostamento verticale. Ricompare in sostanza e in forma più netta il principio dei lavori virtuali.

Ne meno notabile è l'esplicita enunciazione della verità strettamente legata a quella che uno stesso grave discendente lungo due piani diversamente inclinati acquista delle velocità che stanno nello stesso rapporto delle due « *gravitas secundum situm* »; giacchè questa è forse la prima esatta legge quantitativa di moto che sia stata enunciata.

Tanta chiarezza e perfezione d'idee, e sì belle e nuove applicazioni dei principi suscitò ben presto un intenso e benefico lavorìo intellettuale, che si propagò via via attraverso i secoli, per culminare poi nella sistemazione della statica.

Come con GIORDANO NEMORARIO si rinnovò la statica, così nel successivo secolo la dinamica per opera di GIOVANNI BURIDAN, rettore dell'allora fiorente Università di Parigi (1327-58). Egli pose nettamente in evidenza gli errori e le contraddizioni della dinamica peripatetica; come già poco prima di lui, il salacissimo contraddittore d'ARISTOTILE GUGLIELMO d'OCKMAN; ma, non che arrestarsi a una semplice critica demolitrice, edificò sulle traccie di FILOPONE e dello stesso OCKMAN quella *teoria dell'impeto*, che servì poi di base alla dinamica dei tempi nostri.

« Mentre il motore — Egli scrisse — muove il mobile, gl'imprime un certo *impeto*, una certa potenza capace di muoverlo nella direzione stessa del motore, o verso l'alto, o il basso, o da un lato. Quanto più grande è la velocità con la quale il motore muove il mobile, tanto più potente è *l'impeto* che gli comunica. È appunto *quest'impeto* che muove la pietra dopo ch'è stata lanciata; ma sia per la resistenza dell'aria, sia per l'azione della gravità, che costringono la pietra a muoversi in senso contrario o diverso da quello nel quale l'impeto ha la potenza di muovere, *quest'impeto* s'affievolisce continuamente; per modo che il movimento della pietra diventa più lento; finchè, vinto l'impeto e distrutto, rimane la sola gravità a muovere la pietra verso il suo luogo naturale ». Ed aggiunse: « tutte le forme e disposizioni naturali son ricevute nella materia in proporzione alla sua quantità; perciò un corpo riceve tanto più *impeto* quanto più ha materia »; col quale principio spiegò il diverso comportamento al lancio dei corpi leggeri e pesanti. Indi, procedendo all'esame della caduta dei gravi, riconobbe che « la gravità imprime un certo *impeto* al corpo; impeto che muove il corpo insieme alla gravità; sicchè il moto diventa più rapido; ma più egli è rapido e più *l'impeto* s'accresce; perciò il movimento andrà continuamente accelerandosi ».

Al BURIDAN devesi ancora l'audace e geniale tentativo di trasporto della teoria dell'impeto ai movimenti celesti; audace, perchè a quei tempi ritenevasi la sostanza celeste diversa dalla terrestre; geniale, perchè ciò malgrado manifesta l'intuizione che una sola dinamica doveva governare tutti i fenomeni di moto dell'universo. Nel qual tentativo Egli si trovò condotto ad affermare « che l'impeto durerebbe indefinitamente, se non fosse diminuito e distrutto da qualche cosa che gli resiste ». È questo il primo enunciato esplicito di quel principio, che, completato dippoi, fu chiamato *legge d'inerzia.*

Nessuno prima del BURIDAN aveva saputo descrivere in modo sì chiaro e perfetto il fenomeno del moto d'un proiettile; nessuno erasi tanto avvicinato al concetto di massa e alla legge d'inerzia; nessuno era riuscito, in mezzo ai tenebrosi errori dei peripatetici e degli averroisti, a discernere sì nettamente la causa dell'accelerazione dei gravi. Qui veramente son gli albori della nuova dinamica. Ch'altro restava a fare se non completare e precisare sì bella teoria con lo strumento matematico? Ma davanti a tanta novità e semplicità le titubanze furono grandi; lo stesso BURIDAN finì per confessare che la sua teoria recava qualche grave difficoltà. Specialmente si disputò sulla natura dell'impeto, senza accorgersi che v'era in quello una nozione primitiva che non potevasi analizzare·

Inoltre lo spirito matematico non s'era ancora ben sviluppato nei fisici e nei filosofi. Talchè la lotta fra la nuova e la vecchia teoria s'impegnò aspra e lunga; tutti i maggiori ingegni dal XIV al XVI secolo vi presero parte. Esempio non unico, ma insigne questo, dell'enorme lavoro che deve compiere lo spirito umano per giungere alla verità; la quale egli non può contemplare d'un tratto, ma solo intravvedere a poco a poco attraverso il velo dell'errore; così come dobbiamo assuefarci gradatamente alla luce prima di fissar gli occhi nel sole.

Alle idee del Buridan fecero plauso alcuni filosofi contemporanei o di poco posteriori; fra i più insigni Alberto di Sassonia e Nicola Oresme, entrambi della scuola di Parigi. L'opera del primo, più filosofo che matematico e fisico, con la grande autorità ch'ebbe in quel secolo e nel successivo, valse a divulgare la dinamica del Buridan. E se non illuminò gl'ingegni di propria luce, li provocò nondimeno alla meditazione, chiarendo alcune nozioni di cinematica, come quella di velocità angolare e di moto vario, e ponendo nettamente alcune questioni, tra le quali principalissima la legge con cui varia la velocità nel moto accelerato dei gravi. Non la risolse Egli esattamente; chè anzi rimase indeciso se proporzionalità vi fosse tra velocità e tempo, o velocità e spazio; ma con la discussione che sopra vi fece, richiamando l'attenzione degli altri matematici e fisici, ne promosse la buona soluzione.

Contro coloro che, non osando opporsi interamente ad Aristotile, pensavano che le singole particelle d'un corpo dovevano disturbarsi a vicenda nella caduta (ciascuna tendendo a cadere per la linea più breve), cagionando così un ritardo nel moto, che, quasi istantaneo per ogni parte, compievasi pel tutto a velocità finita; Alberto sostenne l'opinione che non le singole particelle, ma solo il centro di gravità del corpo tendesse a quello della terra, generalmente considerato come il centro dell'universo. E a tal proposito distinse *la gravità potenziale* posseduta dal corpo nel suo *luogo naturale*, dalla *gravità attuale* posseduta dallo stesso corpo in un altro luogo; osservando che l'una trasformavasi nell'altra. Qui c'è un primo barlume di quel concetto di potenziale, che acquistò poi tanta importanza.

L'Oresme fu il più geniale continuatore e divulgatore delle teorie del Buridan. A Lui spetta la gloria d'averle completate in un punto importantissimo; giacchè, supponendo che il moto dei gravi fosse *uniformemente* accelerato, formulò la giusta legge che collega gli spazii percorsi ai tempi impiegati a percorrerli, in questa forma: in un moto uniformemente vario il cammino percorso in un dato tempo è uguale a quello che descriverebbe nello stesso tempo un mobile dotato di moto uniforme con velocità uguale alla media delle velocità estreme nel primo moto ».

E pari al risultato e notabilissimo il suo modo di dimostrazione e di ricerca, perchè in esso figura per la prima volta l'impiego delle coordinate (dette poi cartesiane) per definire la posizione d'un punto in un piano.

Sì bella scoperta non apparve ai contemporanei in tutta la sua importanza; onde rimase lungamente sterile. Se a tanta profondità di concezione era matura la mente d'Oresme, educato alla scuola del Buridan, non lo erano sfortunatamente i tempi. Occorsero quasi due secoli di meditazione per snebbiare le menti, e indi un Galileo per riscoprire quella legge e darle definitiva stanza nel regno della scienza. Tant'è; una pianta per quanto bella e rigogliosa ella sia non dà frutti se non cresce su fertile terreno!

Nondimeno quelle teorie si diffusero rapidamente in tutte le università d'Europa, lottando contro le antiche tradizioni ancor vivissime ne' più dotti di quei tempi. Ma prive di una soda armatura matematica che potesse reggerle, e spogliate pur anche da quella che l'Oresme aveva tentato d'edificare, offrirono buon alimento alla verbosa dialettica dei filosofi e dei teologi. La scienza non erasi ancora affrancata dalla teologia, che tenevasi per infallibil dominatrice d'ogni conoscenza; e fin che durava lo sterile connubio, il vero metodo scientifico non poteva scaturire.

In quel ribollimento delle nuove idee, in quell' urto tra l' antica e la nuova scienza, tra la fede e la ragione, la verità appariva e spariva con alterna vicenda; come la luce d' una lanterna non bene alimentata, che a tratto a tratto manda vividi sprazzi di luce per poi languire. La dialettica in varie università, ed anche a Parigi, salì a sì gran fortuna che trionfò come mai per lo innanzi; a tal punto che la scienza si ridusse a un gioco di barbare parole e concezioni strane, faticoso quanto vano, sottilizzante fino al ridicolo, inintelligibile ai più, ripugnante al buon senso e in contrasto coi gusti artistici di quei tempi. *I sophismata insolubilia* erano la delizia di parecchi maestri e la tortura di tutti i giovani. Mai la mente fu obbligata a sforzo più tormentoso e malsano di quello; mai subì crisi più profonda; paragonabile alla crisi morale che alcuni secoli prima si esplicò nell' ascetismo. Ma come questa si risolse per naturale reazione in una più verace interpretazione della legge di Cristo; così quella si sciolse lentamente in un ritorno alla diretta contemplazione della natura, sola ispiratrice di buona scienza. A tanto cooperò in gran parte il genio italiano.

Nel quattrocento BIAGIO PELACANI da Parma, GAETANO da Vicenza ed altri con le opere e i pubblici insegnamenti divulgarono in Italia le teorie meccaniche venute da settentrione, approvandole in parte con commenti non sempre felici. Fu quello anche per l' Italia un secolo di fermentazione e di ritorno allo studio degli antichi; talchè molto fiorirono anche i peripatetici, che forti dell' autorità di ARISTOTILE combatterono tenacemente i così detti moderni; ma, combattendoli, divulgarono pur essi le nuove idee. Peripatetici tra i più autorevoli per dottrina e pubblica estimazione furono in quel secolo e dopo ALESSANDRO ACHILLINI e PIETRO POMPONAZZI dello Studio di Bologna, NICOLA VERNIA da Chieti di quello di Padova, il Cardinale veneziano GASPARE CONTARINI, il milanese VICOMERCATI e il celebre medico aretino ANDREA CESALPINO.

Nel mezzo di questa schiera, per ordine di tempo, come

bella querce tra minori arbusti, fiorì in quell'alba primaverile del genio italico Leonardo da Vinci (1451-1519), che per mirabile equilibrio di facoltà insigni grandeggia tra i maggiori uomini di tutti i popoli e di tutti i tempi. Ammonendo i filosofi che « l'esperienza non falla mai, ma fallano i loro giudizi », Egli studiò la natura ne' suoi molteplici aspetti, cimentandola ove occorreva, con infinito amore e pazienza: sommo nell'arte di rappresentarla coi disegni e coi colori; sommo nella scienza di osservarne e interpretarne i fenomeni e scoprirne le leggi; sommo nel correggerla e piegarla a benefizio degli uomini. Artista, fisico, geologo, botanico, anatomico, architetto, ingegnere, alimentandosi delle tradizioni scientifiche dei secoli precedenti, le compenetrò del suo genio, determinando veramente la rinascita di tutte le scienze naturali e della meccanica in particolare.

Allo studio della quale, introdottovi da Luca Paciolo, che gli educò la mente alla comprensione dei greci e degli alessandrini, attinse, prima dal trattato del Pelacani, indi direttamente dalle opere di Giordano, di Alberto di Sassonia e de' loro discepoli, le nuove idee che la civiltà occidentale aveva introdotte. Ma essendo caratteristica del genio il non sottostare ai cànoni d'alcuna particolare scuola, Egli non fu nè peripatetico, nè accademico, nè scolastico; s'ispirò a ciascuna in ciò che contenevano di vero, di utile, di bello, e lungamente osservando e meditando ne trasse motivi a fondamentali scoperte. Fu veramente, come altri scrisse, il grande iniziatore del pensiero moderno.

Delle quali scoperte fu splendido faro nel mar della scienza la regola del parallelogramma delle forze, ispiratagli dalla già nota composizione e decomposizione di forze parallele e dal concetto di gravità *secundum situm*. Con essa aggiunse nella trattazione della statica un nuovo principio a quelli già in via d'elaborazione: principio della leva e principio dei lavori virtuali. Vedremo poi che nelle mani di Varignon potè da solo regger tutta la scienza dell'equilibrio. Nei numerosi e difficili problemi che risolse e illustrò, o durante il lungo processo di scoperta, o nel possesso di quella, riuscì maggiore, non che dei contemporanei, di tutti i successori fin oltre GALILEO; talchè, quando le sue speculazioni furon note, stupirono i più come divinazioni. In particolare l'applicò con felici risultati all'equilibrio delle funi e delle travate cariche di pesi; poi al problema delle percosse, dimostrando la giusta legge che l'urto d'un mobile contro un piano è misurato dal seno dell'angolo d'incidenza, e non dall'angolo stesso come generalmente credevasi. E in varie altre questioni l'applicò insieme alla nozione di momento d'un peso rispetto a un asse, ch'egli mise in piena luce togliendola dal NEMORIARO; per la qual nozione, ad esempio, venendo a congiungersi le dottrine d'ARCHIMEDE e d'ARISTOTILE concernenti la leva ordinaria o ad angolo, il principio del suo equilibrio acquistò una chiarezza nuova.

E non meno originale e profondo fu nello speculare sui centri di gravità. Riguardo alla loro positura enunciò la esatta regola che assegna il centro di gravità nella piramide; e riguardo alle proprietà statiche riconobbe il principio che più gravi in qualunque modo vincolati insieme permangono in equilibrio, quando la verticale passante pel centro di gravità del tutto cada precisamente nel punto o nel luogo che gli fa da sostegno. Del quale fece numerose e interessanti applicazioni alle macchine, agli esseri animati, al volo degli uccelli, che fu uno de' costanti pensieri della sua vita. Sì bella scoperta poteva bastare alla fama d'un uomo; e bastò invero al VILLALPAND nella seconda metà del XVI secolo, il quale riproducendo ed illustrando quel principio e le sue conseguenze, senza citare e fors'anche senza conoscere gli studi del LEONARDO, ebbe onore dai contemporanei.

Nell'idrostatica fu, come fisico, pari ad ARCHIMEDE. Con ingegnose considerazioni sulla nota moltiplicazione delle forze mediante ruote e ingranaggi, sulle pompe e sui vasi comunicanti, Egli pervenne a formulare l'esatta legge di distribuzione delle pressioni idrostatiche, riconoscendone i legami che la collegano al principio dell'uguaglianza del lavoro motore al lavoro resistente. A chi pensi che a quei tempi, ed anche alquanto dopo, ritenevasi evidente da alcuni che l'acqua dei bassi strati del mare potesse elevarsi sulle vette alpine per la pressione degli strati superiori; e da altri, al contrario, anche sommi (ALBERTO DI SASSONIA), che nessuna pressione s'esercitasse tra i diversi strati; il progresso compiuto da LEONARDO apparirà immenso. Aggiungeremo, per non tornar più a lungo su quest'argomento, che cotesta legge rimessa poi in evidenza da BENEDETTI, indi illustrata e collegata ai principi di STEVIN dal Padre MERSENNE, ricomparve in veste più moderna e genialmente sviluppata da BIAGIO PASCAL, cui la posterità attribuì l'onore della scoperta.

Meditando sui problemi dei piani inclinati e usufruendo delle analogie con quelli dei liquidi nei vasi comunicanti, pervenne a importanti leggi dinamiche, che intrecciarono poi come nuove gemme la corona di gloria del GALILEO. Ben sapendo che « gl'impeti di scendere » d'uno stesso grave lungo piani diversamente inclinati stanno come i seni delle declinazioni, ingegnosamente dedusse che i gravi discendenti per rette variamente oblique passano attraverso la medesima orizzontale con velocità uguali. E combinando questo fatto coi principi aristotelici fu condotto alla conclusione che i tempi di discesa stanno nella stessa proporzione degli spazï. Di qui poi trasse la bella conseguenza che se un grave partisse per risalire il piano inclinato con la velocità acquistata nella caduta, giungerebbe, tolti gl'impedimenti, alla precisa altezza primitiva. Rispetto alle conoscenze moderne è questo il primo enunciato particolare del principio dell'energia, del quale pur intravedevasi qualche barlume a quei tempi.

Ma forza nel senso odierno, impeto, energia cinetica non erano nozioni ben distinte; e qui anzi stava il più imbrogliato nodo da sciogliere. LEONARDO, vedendo che nel mondo tutto è gioco di forze, con immaginoso linguaggio scrisse: « Forza dico essere una virtù spirituale, una potenza invisibile, la quale per accidentale estrema violenza è causata dal moto e collocata e infusa nei corpi, i quali sono dal loro naturale uso ritratti e piegati, dando a questa vita di meravigliosa potenza, che costringe tutte le create cose a mutazione di forma e di sito. Corre con furia alla sua desiderata morte e vassi diversificando secondo le cagioni. Tardità la fa grande e prestezza la fa debole; nasce per violenza e muore per libertà ». « La forza è causa del moto, e il moto causa della forza, e il moto infonde la forza e il colpo nel peso, mediante l' obietto ». « La forza non si estende se non in tre effetti, i quali ne contengono infiniti; i quali effetti sono tirare, spingere, fermare ». « Il peso è naturale, la forza è accidentale ». E proseguendo in queste considerazioni riconobbe l' impossibilità del moto perpetuo nelle macchine gravi: « alcuna cosa senza vita può spingere o tirare senza accompagnare la cosa mossa; e questi motori non possono essere che forza e peso. Se il peso spinge o tira, esso produce moto nella cosa, perchè questa desidera quiete; e nessuna cosa, mossa dal suo peso, essendo capace di risalire alla prima altezza, il moto si termina. E se la cosa che muove è la forza, essa accompagna la cosa mossa, e la muove in guisa che consuma se stessa, ed essendo consunta, nessuna di quelle cose può essere in grado di riprodurla ».

Riguardo alle leggi dei corpi gravi naturalmente cadenti o proiettati, Leonardo, pur conoscendo indirettamente la teoria dell' impeto del Buridan e fors' anche le speculazioni d' Oresme, fermo nel principio aristotelico della proporzionalità fra la potenza del motore e il peso mosso, e troppo preoccupato dei fenomeni concernenti la resistenza dell' aria, che del resto mirabilmente indagò come niun' altro prima, non seppe afferrare la verità, malgrado le pazientissime e svariate esperienze che fece. L' affermazione che « ogni peso desidera di scendere al centro per la via più breve, e dov' è maggior ponderosità ivi è maggior desiderio, e quella cosa che più pesa, essendo libera, più presto cade », in contrasto coi giusti insegnamenti di Filopone ed altri, provenne dal non scindere gli effetti della gravità da quelli del mezzo resistente. Respinse la spiegazione dell'accelerazione dei gravi fondata sulla nozione d'impeto; ma riconobbe, seguendo altri, che la velocità nella caduta cresce proporzionalmente al tempo. Non conoscendo o non accettando la regola d'ORESME, tentò di determinare la legge di dipendenza degli spazï ai tempi, suddividendo il tempo di caduta non in intervalli infinitesimi, come facciamo noi oggi esattamente, ma in tratti finiti; talchè giunse alla falsa conclusione che in intervalli di tempo uguali gli spazï percorsi crescono come la progressione de' numeri interi.

Circa il moto dei proietti distinse tre periodi: nel primo l'impeto annulla interamente la gravità; talchè il proietto avanza in linea retta di moto violento, ch'Egli, seguendo ARISTOTILE, riteneva fosse per un tratto accelerato (e fu forse quest'errore che lo indusse a modificare la teoria del BURIDAN); nel secondo si muove *d'impeto composto*, intervenendo l'azione della gravità; nel terzo, spento l'impeto, il mobile ubbidisce alla sola forza di gravitazione. E questa teoria ebbe poi gran voga.

Muove pure da LEONARDO la nozione di centro dell'impeto, o centro della gravità accidentale, o centro di fuga; accettata poi ed illustrata da BALDI, e messa in circolazione da MERSERNE col nome di centro d'agitazione. Essa ispirò gl'importanti studï sui centri d'oscillazione e percussione, come vedremo in seguito.

Tale fu nella pura meccanica (per tacere della meccanica applicata, ove fu pure maestro) l'opera di quest'uomo, cui natura, « quasi a miracol mostrare », diè in dono ogni bellezza d'animo, di mente, di corpo. Ma sopraffatto Egli stesso da sì prodigioso lavoro durato tutta la lunga vita per saziare l'inestinguibile sete del vero e del bello, non ebbe, pur desiderando, nè tempo nè quiete di raccogliere e ordinare in trattati la miglior parte de' suoi studi; onde, morendo, li lasciò sparsi in numerosi manoscritti, che per incuria degli eredi subirono, in quei secoli avventurosi, avventurose vicende. Frugate da artisti e scienziati, che presero quel che a lor conveniva, copiando e poi ad altri cedendo, le preziose carte si dispersero per l'Europa, rimanendo in gran parte obliate fino ai tempi nostri. E fu grande jattura! Che non avrebbe fatto il secolo che si nomò da GALILEO, che già per propria forza tant'ala nella scienza distese, se avesse potuto attingere direttamente alla fresca fonte delle idee vinciane? Nondimeno non tutte rimasero sterili; chè già pochi lustri dopo la morte di LEONARDO, GIROLAMO CARDANO e NICOLÒ TARTAGLIA, i due maggiori geometri e filosofi della prima metà del XVI secolo, con fortunato plagio ne fecero rivivere alcune (non sempre le migliori), perfezionandole talvolta con sagacia e fortuna; onde la scienza della meccanica potè progredire nell'ascendente cammino, fino a impennarsi poi di nuove ali nel genio di GALILEO e di STEVIN.

Il CARDANO in *De Subtilitate* e in *Opus novum de proportionibus*, che contengono tutto che interessava i pensatori di quel tempo, matematico sommo qual'era, trattò dapprima la statica delle bilancie alla maniera archimedea, perfezionandola in qualche modo col renderla meno astratta; indi, passando a sviluppare l'assioma aristotelico nelle macchine semplici alla maniera di NEMORARIO e di LEONARDO, mise in viva luce, meglio che per lo innanzi, il principio dei lavori virtuali. Inoltre formulò chiaramente e diè rilievo con varie illustrazioni a un'idea, già accennata qua e là nelle note vinciane, che è la forma primordiale del principio di TORRICELLI: quando un grave libero o vincolato si move di moto naturale il suo centro di gravità sempre discende. Son questi i contributi maggiori ch'Egli portò alla meccanica. Ma del principio dei lavori non ne intuì la generalità; talchè provatosi nel problema del piano inclinato, forse ignaro dell'esatta soluzione data più d'un secolo prima, non vi riuscì.

Nella dinamica dichiarò essere causa del moto dei proietti l'impeto acquisito; ma solo questo spunto accettò della teoria del Buridan; chè nel resto professò le opinioni del LEONARDO; pur aggiungendo qual suo frutto che nella parte centrale la traiettoria era da rassomigliarsi a una parabola. Nè valse a salvarlo dai patenti errori la mordace critica del dotto veronese G. Cesare Scaligero, il più efficace divulgatore in Italia delle sane dottrine dinamiche d'oltr'alpe; chè anzi, o per orgoglio, o per convinzione, ripetutamente la sostenne con tenacia. Con LEONARDO provò l'impossibilità del *perpetuum mobile*; tramandando così quel famoso principio a STEVIN, che ne fece un caposaldo della sua statica. Fu tra i primi ad attirare l'attenzione sulla meccanica dei pendoli, come quelli che, sottraendosi agli attriti, manifestano meglio gli effetti della gravità.

Degno emulo di CARDANO, col quale ebbe mordacissime contese, fu il bresciano NICOLÒ TARTAGLIA, algebrista sommo; autore, per quanto riguarda la meccanica, di « *Quesiti e invenzioni diverse* » e di « *Nova scentia* ». Nella statica trattò dell'equilibrio e della sensibilità delle bilancie, non superando per originalità e perfezione i suoi antecessori; e diede l'esatta teoria del piano inclinato quale trovasi in *De Ponderibus*, senz'accennare a quella fonte, che pur ben conosceva. In questo modo, per la sua grande autorità, riuscì, se non altro, un efficace divulgatore delle sane dottrine di GIORDANO e della sua scuola.

In quel secolo le armi da fuoco erano già in uso. Quest'invenzione, come scrisse il VAILATI, « mettendo a disposizione degli osservatori nuovi fatti, nei quali le due principali circostanze determinatrici della traiettoria d'un grave lanciato si sottraevano più energicamente all'influenze perturbatrici delle rimanenti, ha contribuito assai più che non si creda alla scoperta di quelle leggi fondamentali che resero possibile la costituzione della dinamica come scienza deduttiva ». Il TARTAGLIA fu il primo autore di balistica nel moderno senso della parola. Inventò strumenti per gli artiglieri e dettò regole pel tiro delle bombarde. Nella teoria ripetè dapprima in *Nova scientia* i principî peripatetici; ma più tardi in *Quesiti*, o fosse per frutto di sua più meditata scienza, o per plagio de' manoscritti vinciani, espose interamente la teoria del LEONARDO; spingendo anzi il concetto d'impeto composto fino alla sua giusta conseguenza, che tutta cioè la traiettoria doveva essere curva; ma ritenendo per le pratiche speculazioni quasi rettilinee le parti estreme, circolare la media. Dippiù affermò, senza chiara dimostrazione, che la massima gittata avevasi a 45 gradi d'inclinazione; e che una medesima gittata potevasi ottenere in due modi diversi. Le quali verità nondimeno, toccando più i fatti che i principi, non promossero di molto la scienza del moto. S'ignoravano ancora, benchè da taluni accennate, come fu visto, le leggi che regolano separatamente il moto naturale e il violento; ma ben s'intravvedeva che qui era il nodo da sciogliere; e « ciò che lo spirito concepisce — come scrisse il De Sanctis — presto o tardi viene a maturità ». E a maturità venne in meno d'un secolo.

Chi più d'ogni altro diffuse buona parte delle teorie vinciane verso la fine del cinquecento fu l'urbinate Bernardino Baldi, che scrisse « *In mechanica Aristotilis problemata exercitationis* »; dov' Egli figurando comentare di propria scienza le dottrine aristoteliche, in realtà comentò Leonardo; al quale ebbe simigliante la straordinaria versatilità dell'ingegno.

In Baldi è notabile l'uso costante ch'ei fece di quel principio vinciano già posto in evidenza dal Cardano; che il centro di gravità d'un sistema pesante qualunque non può salire per moto naturale. Con esso trattò buona parte della statica d'allora, assumendo come misura dello sforzo necessario per deviare un sistema dal suo stato d'equilibrio il prodotto del peso per l'altezza del baricentro. Particolarmente felice fu nello studio della stabilità e sensibilità delle bilancie, dove superò in precisione tutti i predecessori.

Nella dinamica adottò pienamente le idee del Leonardo, illustrandole talvolta assai bene, spingendole tal'altra fino a conseguenze illogiche. Non fu Egli dunque originale; ma per suo mezzo le idee di Leonardo ispirarono i pensatori del successivo secolo e promossero la scienza.

E ormai i tempi maturavano. Il gusto per le scienze matematiche e naturali erasi rapidamente diffuso. Nelle corti italiane accanto ai poeti, che cantavano i cavalieri, l'armi gli amori, stavano pensosi matematici, filosofi e statisti; i quali ultimi nel sogno d'una redenzione politica avevan elevata la storia a dignità di scienza. I teologi nell'impotenza di seguire il movimento scientifico eran rimasti indietro, pur fulminando i più ribelli innovatori con censure e anatemi; e contro l'autorità d'ARISTOTILE si combattevano tenacemente le ultime vittoriose battaglie. Sorsero in quella lotta gli apostoli della ragione: BRUNO, TELESIO, CAMPANELLA. Parimenti fuori d'Italia; dove da un lato un miglior assestamento politico, dall'altro la riforma religiosa, avevan concessa maggior quiete agli studî, più libertà al pensiero.

COPERNICO, educato del pensiero italiano, aveva iniziata già la rivoluzione astronomica; per la quale cadde la teoria geocentrica sì brillantemente illustrata in occidente, sulle traccie dei Greci, da ALBERTO DI SASSONIA, e vi subentrò la teoria eliocentrica, che trovò poi in KEPLERO il suo immortale trionfatore.

In quanto alla pura meccanica occorre notare che l'esumazione di alcune opere dell'antichità, specie di talune d'ARCHIMEDE, valse maggiormente a mantenere viva la fiamma del sapere. Per il che avvenne tosto un ritorno alle ricerche baricentriche. I metodi e i risultati d'ARCHIMEDE, in sul finire del cinquecento, furono ampiamente analizzati, perfezionati e alquanto estesi da FEDERICO COMMANDINO, da FRANCESCO MAUROLICO, da LUCA VALERIO, geometri valentissimi; indi, nel seicento, dal viennese PAOLO GULDINO (Guldin) che ritrovò il bel teorema (Pappo): essere l'area o il volume d'una superficie o d'un solido di rotazione uguale alla lunghezza o all'area della linea o della figura rotante moltiplicata per la circonferenza descritta dal loro baricentro. Belli e utili questi studi non solo, ma famosi; giacchè, eccitando i più eletti ingegni a trovarne generale dimostrazione, ispirarono a BONAVENTURA CAVALIERI la sublime *geometria degl' indivisibili*; per la quale tanto si trovò promosso il metodo archimedeo degl'inscritti e circoscritti (detto metodo d'exaustione), che nelle menti di NEWTON e LEIBTNIZ si trasformò poi nel moderno calcolo differenziale e integrale.

Ma non tutto che sorse dalle rinovellate opere archimedee tracciò tosto nuovo sentiero al progresso. La statica ebbe un poco a soffrirne; chè, nell'ammirazione della purezza logica d'ARCHIMEDE, si dimenticò che per penetrare nell'intima natura delle cose e in quella far prendere radici e nutrimento alla scienza occorre anzitutto l'intuizione; onde i fecondi e intuitivi principi di GIORDANO e LEONARDO furono per qualche tempo criticati e abbandonati. E qui ci occorre riprendere il filo della nostra particolare istoria, che troncammo un momento per lumeggiarla con una rapida visione generale.

Reazionari contro la nuova scuola, come li chiama il DUHEM, furono GUIDOBALDO Marchese DAL MONTE e GIOVANNI BATTISTA BENEDETTI della seconda metà del XVI secolo, uomini ingegnosissimi, i cui trattati ebbero grande fortuna. GUIDOBALDO, più geometra che fisico, pel desiderio di dare sistemazione logica alla statica, fu condotto a spogliarla de' suoi rami più vitali: della nozione generale di momento, quale fu messa in luce da LEONARDO, e del principio dei lavori virtuali; talchè la impoverì, riducendola ad alimentarsi del solo principio della leva. Non che negasse la verità contenuta nel principio; chè anzi ebbe cura di verificarlo per ogni macchina; e più ancora, ebbe la felice idea di sostituire, come facciamo noi oggi a suo esèmpio, lo spostamento alla velocità virtuale sempre considerata dai suoi predecessori; ma, non essendo di natura intuitivo, lo relegò tra le conseguenze secondarie, come cosa che non potevasi elevare alla dignità di principio. Tanto che nel problema del piano inclinato e negli altri dipendenti da questo non lo scorse e tornò all'errata soluzione di PAPPO. Ma sommo matematico qual'era promosse con MAUROLICO e gli altri autori citati la bella teoria dei baricentri.

GUIDOBALDO fu pur di coloro che sconcertarono non

poco il nascente edifizio statico con la pretesa di sostituire alla tacita ipotesi archimedea del parallelismo delle verticali la più reale condizione della loro convergenza. Ne nacque una animatissima discussione che durò gran tempo e terminò per la chiaroveggenza di TORRICELLI e VIVIANI. Insomma non gli mancò del tutto il senso fisico; come prova anche il fatto che ricorse a una bella e nuova esperienza per indagare la forma della traiettoria d' un proietto, che rassomigliò a una catenaria; ma ebbe troppo prevalente lo spirito geometrico. Nondimeno il suo tentativo di sistemazione fu molto lodato e richiamò gli studiosi al rigore scientifico.

Avversario delle dottrine peripatetiche più geniale di GUIDOBALDO fu il veneziano G. BATTISTA BENEDETTI, allievo di TARTAGLIA. Se con la sua critica non promosse la statica, come il suo amico GUIDODALDO, nella dinamica eccelse sopra tutti del suo secolo e preparò la via a GALILEO. Adottando la teoria dell' impeto del BURIDAN, completò la legge d' inerzia, facendo osservare che non solo persiste la velocità impressa, ma anche la direzione del moto. Quando una ruota, sottratta all' influenza della gravità, è mossa per impeto, il moto de' suoi punti non è il circolare, come comunemente credevasi, bensì il rettilineo. Sono i vincoli che costringono i punti a muoversi circolarmente; onde ne nascono certe reazioni; per modo che se i legami si spezzassero ogni punto riprenderebbe il rettilineo cammino.

Ne meno perspicace fu nell'indagare la caduta dei gravi. Già da taluno, come ad esempio dal CARDANO, erasi scoperta per mezzo dell' esperienza la fallacia del principio aristotelico: esser la velocità dei gravi cadenti proporzionale ai pesi. Il BENEDETTI, dopo aver analizzato con avvedutezza il comportarsi dei gravi di differente peso ed ugual densità, ne concluse con ingegnoso ragionamento « *quod in vacuo corpora æquali velocitate moverentur* ». Così vennero in piena luce dopo molti secoli i due fondamentali principi, intuiti in parte dai primi avversari delle dottrine peripatetiche. Dippiù c' è il nuovo accenno alle reazioni dei vincoli e alle forze centrifughe.

In possesso di quei principi il BENEDETTI vide chiaramente, come già il BURIDAN, doversi attribuire il continuo accelerarsi dei gravi cadenti all' accumularsi degli effetti dovuti all' azione continua d' una forza costante. Circa il moto dei proietti non avanzò di molto i suoi predecessori. Solo avvertì esser la traiettoria curva in ogni punto per effetto della composizione che si fa in ogni istante dei due moti esistenti, il naturale e il violento.

Così per opera d' una scuola che volle combattere ARISTOTILE con le armi d'ARCHIMEDE, dimenticando GIORDANO e LEONARDO, la scienza della meccanica oscillava incerta tra il vecchio e il nuovo; rintuzzata da un lato verso le ormai esauste sorgenti alessandrine; spinta dall' altro verso vie nuove, ma nondimeno impraticabili senza il sussidio di più profonda analisi ed esperienza; quando sorse conquistator sommo del vero GALILEO GALILEI a raccogliere e fecondare del suo genio gli sparsi semi della nuova scienza, e diffondere pel mondo un' onda nuova e potente di vita scientifica. Seguace di PLATONE, in quanto sentenziava come il sommo greco non potersi studiare la natura senza la geometria, ripudiò anch' Egli la vana dialettica aristotelica, che alcuni ristretti spiriti ancor tenevano per sublime fonte di verità, altamente affermando e con l' esempio provando che la vera filosofia è scritta solo nel gran libro della natura. Fu appunto l' esperienza interpretata con la geometria e la deduzione geometrica controllata con l' esperienza il succo vitale del fecondo metodo galileiano; non da lui scoperto, che è anzi antichissimo, ma efficacemente applicato e promosso; pel quale poi andò anche troppo famoso BACONE DA VERULAMIO, che lo promosse sì e con qualche efficacia, specie presso i connazionali, ma più col magistero della parola, quasi in severo abito di predicatore, che con l' esempio di varie e importanti scoperte. Di queste invece fu tutta piena la vita intellettuale di GALILEO.

Non occorre qui parlare delle sue scoperte fisiche e astronomiche, per le quali ancor la fama dura

e durerà quanto il moto lontana;

ma solo delle meccaniche; che, se appaiono meno brillanti al volgo, alla mente esercitata dello scienziato glorificano più d'ogni altra la forza intellettuale di GALILEO. Nondimeno è da notare che la sua grandissima fama come astronomo gli aggiunse autorità in ogni altra dottrina; talchè gli fu più facile porre in fuga gli ultimi difensori della meccanica peripatetica, che pur dinanzi all'evidenza non volevano arrendersi. Ed invero dopo GALILEO l'urto tra l'antica scienza e la nuova andò rapidamente estinguendosi; la millenaria trasformazione era avvenuta. ARISTOTILE scese dalla cattedra di maestro « di color che sanno », e la sua opera, che tanto visse e fecondò, passò agl'immortali onori della storia. Aggiungasi che l'opera di GALILEO con la trattazione per volgare delle materie schiettamente scientifiche, in quello stile, come dice il DE SANCTIS, « tutto cose e tutto pensiero scevro di ogni pretensione e maniera; in quella forma diretta e propria, che è l'ultima perfezione della prosa », segna il primo passo importante alla secolarizzazione della scienza.

L'affermazione del BENEDETTI, sussidiata dal ragionamento, « quod in vacuo corpora eiusdem materiae aequali velocitate moverentur », diede in quei tempi impulso a numerose esperienze e materia a calorose controversie. In particolare le accuratissime esperienze istituite dal dotto gesuita G. BATTISTA RICCIOLI sulla torre degli Asinelli in Bologna, per le quali vedevansi due corpi di ugual forma e materia, ma di peso diversi, giungere al suolo in diversi tempi, furono interpretate come contrarie al principio Benedettiano. Il qual del resto non potevasi accettare e porre a capo della dinamica dei corpi gravi senza dare a quelle esperienze la loro giusta interpretazione; malgrado l'acutissima osservazione del genovese BALIANI, degno competitore di GALILEO in parecchie ricerche: « se i gravi cadono senza impedimento verticalmente, si devono muovere tutti con la stessa velocità, perchè *quelli che hanno più peso hanno anche più materia* ». E l' interpretazione fu data appunto da GALILEO; che, aggiungendo a quelle l' esperienze proprie, pervenne per via d' induzione a sancire la verità del principio e a mostrarne poi la fecondità.

Nel primo dialogo « *Intorno a due scienze nuove* », dopo aver posto l' assioma che « l' istesso mobile nell' istesso mezzo abbia una statuita e da natura determinata velocità », la quale non se gli può accrescere o diminuire senza nuovo impeto o impedimento, GALILEO, seguendo il BENEDETTI, argomentò per bocca del SALVIATI in questo modo: « Quando noi avessimo due mobili, le naturali velocità dei quali fossero ineguali, è manifesto che se noi congiungessimo il più tardo col più veloce, questo dal più tardo sarebbe in parte ritardato, ed il tardo in parte velocitato dall' altro più veloce. Ma se questo è, ed è insieme vero, che una pietra grande si muove per esempio con otto gradi di velocità ed una minore con quattro, adunque congiungendole amendue insieme, il composto di loro si muoverà con velocità minore di otto gradi; ma le due pietre congiunte insieme fanno una pietra maggiore di quella di prima che si muoveva con otto gradi di velocità; adunque questa maggiore si muove men velocemente che la minore »; il che è contro la proposizione d' ARISTOTILE. Ed aggiunse l' acuta osservazione, che non si deve credere che durante il moto una pietra graviti sull' altra a cui è unita, perchè « questo sarebbe un voler ferire con la lancia colui che vi corre innanzi con tanta velocità, con quanta, o con maggiore di quella, colla quale voi lo seguite ».

Dimostrata inoltre con la stessa chiarezza la fallacia dell' altra dottrina aristotelica, che ammette essere le velocità inversamente proporzionali alla densità del mezzo, cascò nell' opinione, come disse Egli stesso, « che se si levasse totalmente la resistenza del mezzo, tutte le materie discenderebbero con eguali velocità ». E per confermarsi in questa ricorse, come diciamo noi oggi, a un passaggio al limite: « se noi troveremo in fatto i mobili differenti di gravità meno e meno differir di velocità, secondo che i mezzi più e più cedenti si troveranno; e che finalmente, ancorchè estremamente disuguali di peso nel mezzo più d'ogni altro tenue, sebben non vuoto, piccolissima si scorge e quasi inosservabile la diversità delle velocità, parmi, che ben potremo con molto probabile conghiettura credere, che nel vacuo sarebbero le velocità loro del tutto uguali ». E corroborò questa sua tesi con « palpabili esperienze », eseguite per mezzo dei pendoli. Intorno alle quali discutendo minutamente, giunse a chiarire tutti i luoghi controversi; mostrando in sostanza, come si direbbe con linguaggio moderno, che la resistenza del mezzo non è proporzionale al peso; dal che ne viene, come nell'esperienze del RICCIOLI, che pur essendo uguali i corpi e di materia e di forma, non possono cadere nell'aria da una medesima altezza in tempi uguali, se hanno pesi diversi. Così GALILEO, con esperienze ed argomentazioni seducenti per semplicità ed evidenza, quetò alfine tutte le menti, e al principio del BENEDETTI, intravveduto fin dalla più remota antichità, diè definitiva stanza nel regno della scienza.

Fu certamente in quelle esperienze, più che nell'oscillare della lampada del Duomo di Pisa, che GALILEO ebbe occasione di osservare attentamente le oscillazioni dei pendoli, e di trarne la persuasione che si compiessero tutte, ampie o piccole, nel medesimo tempo. Non riuscendo di darne matematica dimostrazione — e non poteva riuscire, come il lettore sa —, nei dialoghi citati ne diede errata ragione ricorrendo a quella sua bella e nuovissima proposizione, che assicura essere uguali i tempi di caduta d'un grave discendente lungo le varie corde (concorrenti nel punto più basso) d'un circolo verticale. Nondimeno sì abilmente esperimentò che giunse all'importante legge, che in diversi pendoli i quadrati dei tempi delle vibrazioni stanno come le loro lunghezze; con la quale tentò poi, ma invano, di determinare il pendolo che battesse il secondo.

Molti furono i contemporanei di GALILEO che accettarono per vera l'assoluta legge dell'isocronismo, parendo evidente che le piccole differenze manifestate dall'esperienza fossero da attribuirsi unicamente agli effetti della resistenza dell'aria. GUIDOBALDO, ch'ebbe gran commercio scientifico con GALILEO, fu il primo a contraddirla; ma senza buone ragioni. In breve gli studiosi si divisero in due partiti, che lungamente discussero e variamente sperimentarono. Fu VINCENZO VIVIANI, il celebre discepolo e biografo di GALILEO, che vent'anni dopo la morte del Maestro ne dimostrò la fallacia con sicure esperienze. Ma frattanto la medesima questione veniva studiata da HUYGHENS, e vedremo fra poco quali progressi Ei vi facesse.

Coteste prime speculazioni sulla caduta dei gravi spinsero il GALILEO alla ricerca delle precise leggi che la governano. Definito il moto uniformemente accelerato, come quello in cui le velocità crescono proporzionalmente al tempo; e ammesso in base all'esperienza il principio, che già apparve al LEONARDO, essere uguali le velocità acquistate da uno stesso mobile cadente lungo piani diversamente inclinati, quando eguali siano le altezze dei detti piani; in varî modi, con geometriche eleganze, taluna ispirata alla geometria degl'indivisibili, dedusse prima la legge d'ORESME; indi la proporzionalità degli spazî percorsi ai quadrati dei tempi; e infine, quale corollario, che gli spazî percorsi in eguali intervalli successivi crescono come la serie dei numeri dispari. A tale nuovissima e importantissima legge Egli non pervenne d'un tratto; chè anzi lungamente titubò intorno all'opinione di ALBERTO DI SASSONIA e di LEONARDO; ma infine, dimostratane con solida argomentazione la fallacia, potè proseguire sulla retta via.

Che poi cotesta legge, scaturita da un puro studio cinematico, fosse realmente quella seguita dai gravi nel loro natural moto discendente, Egli lo provò con varie esperienze. E infine per assodare sì belle e nuove conclusioni e renderle manifeste anche ai più ritrosi, riprese in esame il principio da cui era partito, confortandolo con bellissime considerazioni meccaniche; dalle quali vedesi spuntare l'idea feconda di misurare la tendenza al moto o *l'impeto* (come diceva GALILEO) mediante la forza statica capace d'opporvisi. Ma la ritrosia dei più non fu vinta sì tosto, chè infinite furono le dispute, parendo che l'esperienze galileiane non fossero — e non erano infatti — sufficientemente precise. Fu quel G. B. RICCIOLI, di cui parlammo, l'abilissimo esperimentatore che tolse ogni dubbio e consacrò al GALILEO la gloria della scoperta. Più tardi PIETRO GASSEND, detto GASSENDI, ne diede nuova riconferma, e istituì la teoria completa dei moti uniformemente accelerati.

Da questi studî del GALILEO scaturì il concetto di forza quale produttrice d'accelerazione; benchè Egli non lo vedesse chiaramente; chè anzi ne' suoi scritti sempre notasi a questo riguardo l'influenza d'ARISTOTILE. E neppure seppe ben distinguere il peso dalla massa; benchè a quei tempi il BALIANI avesse acutamente scritto: « il peso si comporta come *un agente*, la materia come *un paziente*; quindi i gravi si muovono secondo la proporzione dei loro pesi alla loro materia ». Ma perchè la massa figurasse come un concetto fondamentale e come un fattore nella legge di proporzionalità tra la forza e l'accelerazione bisognò speculare più alto, del moto dei pianeti e dei satelliti. E a tanto i tempi non eran maturi.

Nei suoi bellissimi studi concernenti la caduta dei gravi lungo i piani inclinati, GALILEO, passando per legge di continuità al caso limite del piano orizzontale levigato, pervenne incidentalmente al principio d'inerzia, che già il BENEDETTI in altro modo aveva messo in evidenza. In possesso del quale e della legge della libera caduta dei gravi potè affrontare il famoso problema dei proietti, che tanto aveva affaticate le menti de' suoi predecessori, e dimostrare finalmente con tutta esattezza che la traiettoria nel vuoto è una parabola. Nel principio dell'indipendenza dei due moti il naturale ed il violento, che per quella risoluzione Egli riconobbe ed ammise, trovasi — come ben dice il MACH — non solo uno dei germi più fecondi della dinamica ordinaria, ma di tutte le scienze affini.

Del piano inclinato s'occupò eziandio nei riguardi della statica; e non poteva essere altrimenti, essendo in quello, come abbiam visto, il punto di partenza delle sue fortunate ricerche. Ritrovò l'esatta soluzione del NEMORARIO e di TARTAGLIA, ponendo in evidenza il principio dei lavori virtuali, quale proprietà generale dei meccanismi. Del qual principio fece poi nuova applicazione all'equilibrio dei liquidi nei vasi comunicanti in quel suo celebre « *Discorso intorno alle cose che stanno in su l'acqua* », che segna in questa teoria uno dei primi passi importanti dopo le ricerche d'ARCHIMEDE. Così quel principio ritornava a nuova vita; ma non era ancora accettato, neppure nel particolar caso dei meccanismi, a postulato fondamentale. C'era un dubbio che tutti tormentava e tormentò pure GALILEO: « come mai una condizione che non è, ma ha ancora da essere, può produrre un effetto presente? » Noi oggi facciamo fatica a attribuire un senso a questa domanda.

Per le istanze di GUIDOBALDO, GALILEO fu pure condotto a meditare sulla teoria dei centri di gravità. Accettata e precisata la teoria d'ALBERTO DI SASSONIA, pervenne alla conclusione, che un sistema qualunque di pesi non può da solo porsi in moto senza che il centro di gravità s'abbassi. Conclusione non nuova del tutto; ma dedotta e presentata in forma sì netta, che già acquista parvenza d'un generale principio statico, da sostituirsi al meno intuitivo principio dei lavori virtuali.

Morì GALILEO nel 1642; ma rimase a continuar l'opera sua e a diffonderla pel mondo una numerosa ed eletta schiera di discepoli; tra i più insigni BENEDETTO CASTELLI, NICCOLÒ AGGIUNTI, VINCENZO VIVIANI, BONAVENTURA CAVALIERI, G. ALFONSO BORELLI, ANTONIO NARDI e il più celebre di tutti, l'inventore del barometro, EVANGELISTA TORRICELLI. Nel principio, ispiratogli dal Maestro; essere un sistema di pesi in equilibrio in quelle posizioni in cui il comun centro di gravità non può nè alzarsi nè abbassarsi; Egli riconobbe un postulato atto a fondarvi tutta la statica, mostrando coll'applicazione al piano inclinato come potesse facilmente usarsi. Per la quale applicazione acquistò maggior rigore ed evidenza anche la teoria galileiana del moto accelerato. Invero per Galileo, come abbiam visto, la determinazione della gravità d'un mobile scorrente lungo un piano inclinato era il problema essenziale di tutta cotesta teoria. Orbene, « la déduction — come ha scritto il Duhem — qui lui donnait cette détermination se tirait, plus ou moins explicitement, de l'axiome d'Aristote ou d'un axiome équivalent, c'est-à-dire de la dynamique même que la nouvelle science allait renverser et supplanter; d'una manière plus ou moins manifeste, il y avait là cercle vicieux; en fondant la théorie du plan incliné sur un postulat qui semblait avoir pour lui l'évidence expérimentale immédiate, Torricelli brisait ce cercle ».

Il principio di Torricelli, perfezionato dippoi mediante la teoria dei massimi e minimi, acquistò quella definitiva forma, che abbiamo enunciata nelle nostre lezioni.

Mentre per opera di Galileo e de' suoi discepoli correva sì maestoso fiume di sapienza a irrigare di sua limpida vena in Italia e fuori la moderna civiltà nascente, un'altra corrente di studi fluiva contemporaneamente nel settentrione d'Europa per opera di Simone Stevin, di Marco Marci e di Cartesio; correnti, che pur procedendo per vie diverse, s'incontrarono e si sovrapposero come per arcana legge in più punti; segno che a tanto rifiorir della scienza erano i tempi maturi.

Stevin (1548-1620), più geometra che filosofo, fu, come già Guidobaldo, un grande ammiratore d'Archimede, del quale adottò la purezza del metodo e il rigore matematico, trattando la statica come scienza autonoma. Nei suoi « *Mathematicorum Hypomnematum de Statica* (1516) » Eglì distinse le macchine in cui i pesi tirano verticalmente da quelle in cui tirano obliquamente; facendo poggiare la teoria delle prime sul principio della leva, quella delle seconde sulla legge d'equilibrio del piano inclinato. Nella nuova e geniale dimostrazione di questa legge e nell'importanti conseguenze che seppe trarne sta la sua maggior gloria in questa scienza.

Considerando un triangolo solido appoggiato sopra un piano orizzontale, in modo che i suoi due lati formino due piani inclinati; Egli imaginò di poggiarvi sopra una collana di pesi uguali, che, aderendo ai due piani, si chiudesse al disotto liberamente, nella forma, come diciamo oggi, di catenaria. Indi osservò, che non potendo iniziarsi un moto di strisciamento (tolti gli attriti) nè da un lato nè dall'altro, senza che il moto, a cagione della permanente simmetria, non si perpetui indefinitamente; il che è assurdo; la collana deve trovarsi in equilibrio. Ma la parte che pende liberamente sta in equilibrio da sola; perciò si devono equilibrare le due porzioni distese sui piani, i cui pesi stanno evidentemente nel rapporto delle lunghezze dei medesimi piani. E di qui trasse le conclusioni ben note. In questo modo buona parte della statica veniva fondata sopra quel principio dell'impossibilità del moto perpetuo che un secolo prima LEONARDO aveva messo in evidenza.

Formulando poi in altra maniera la regola per equilibrare un peso sopra un piano inclinato, STEVIN pervenne alla legge del parallelogramma delle forze; la quale, sepolta coi manoscritti Vinciani, era rimasta ignota (salvo che in qualche particolar caso) fino a quel tempo. Malgrado l'insufficienza della dimostrazione ch'Ei ne diede, cotesta regola gli permise di dare un nuovo e più rigoglioso sviluppo alla statica.

Nella statica dei liquidi STEVIN fu il primo e il più degno continuatore dell'opera d'ARCHIMEDE, fino allora negletta (le ricerche di LEONARDO erano in gran parte obliate). Usando il principio dell'impossibilità del moto perpetuo e il principio di solidificazione (un liquido in equilibrio rimarrebbe in equilibrio, se tutto o in parte venisse solidificato) Egli determinò la pressione esercitata da un liquido sul fondo e sulle pareti del vaso che lo racchiude, qualunque sia la sua forma. Notabile in queste ricerche è l'uso del metodo dei limiti; quello stesso che formò più tardi la base del calcolo integrale. Così l'idrostatica veniva a formare una scienza a sè, con principi e metodi proprï, nella qual forma si conservò presso altri autori, anche moderni. Fu GALILEO, come vedemmo, il primo a collegarla ai principi usati nella statica dei solidi.

Alla morte di STEVIN fioriva in Praga, dove insegnava, MARCO MARCI di Crownland, medico, matematico e fisico; autore d'un trattato « *De proportione motu* (1639) » notabile per molti rispetti. In talune ricerche di dinamica s'incontrò con GALILEO, l'opera del quale pare che gli fosse ignota; come, ad esempio, in quelle relative alla caduta dei gravi ed alle oscillazioni dei pendoli. In altre, come nel moto dei proietti, ripetè gli antichi errori; ma nel problema degli urti fu nuovo e originale, e preparò la via a HUYGHENS; laddove GALILEO, al contrario, pretendendo di neutralizzare l'effetto d'un urto mediante una pressione, non giunse a conclusioni soddisfacenti.

Mentre SEVIN invecchiava nella gloria, sorse in Francia a illuminare di sua vivida luce la filosofia del XVII secolo il genio di RENATO DESCARTES (1596-1650). Egli fu, sotto molti rispetti, l'ARISTOTILE dell'età nuova; « l'eroe — come scrisse HEGEL — che riprese le cose da principio », e che tentò di dare nel suo pensiero nuova unità all'universo. Non è qui il luogo di esaminare dove riuscì e dove naufragò, chè la complessa opera sua sorpassa di molto i limiti del nostro argomento. Ci basti accennare ch'Egli precorse i tempi con stupendo intuito, quando, affermando l'unità delle forze fisiche, riconobbe nel moto l'essenza di tutti i fenomeni della natura; onde gli uscì dall'animo esaltato il superbo motto: « donnez-moi l'étendue et le mouvement, je construirai le monde ».

Questo suo spirito filosofico, portandolo a guardar le cose da un punto elevato e a cercar l'unità nel tutto, gli permise di vedere nel principio dei lavori virtuali, già elaborato attraverso i secoli, non tanto una proprietà, quanto la causa stessa dell'equilibrio, e perciò il fondamento di tutta la statica. Invero, in un libretto intitolato « *Explication des engins par l'ayde desquels on peut, avec une petite force, lever un fardeau fort pesant* », Egli dedusse la teoria delle macchine semplici dell'unico principio, implicito nelle ricerche del NEMORARIO,

« qu'il ne faut ny plus ny moins de force, pour lever un corps pesant à une certaine hauteur, que pour en lever un autre moins pesant a une hauteur plus grande qu'il est moins pesant, ou pour en lever un plus pesant à une hauteur d'autant moindre. Comme, par exemple, que la force qui peut lever un poids de 100 livres à la hauteur de deux pieds, en peut aussi lever un de 200 livres à la hauteur d'un pied, ou un de 50 à la hauteur di 4 pieds, et ainsi des autres, si tant est qu'*elle leur soit appliquée* ». E altrove meglio si spiegò scrivendo: « lorsq'on dit qu'il faut employer moins de force à un effet qu'à un autre, ce n'est pas dire qu'il faille avoir moins de puissance : ma seulement qu'il y faut moins *d'action* » ; e quando dice « qu'elle (la force) le peut si tant est qu'elle lui soit appliquée », vuole intendere che sia applicata per mezzo d'una macchina, che faccia alzare le duecento libbre d'un piede, mentre l'altra forza agisce in tutta la lunghezza di quattro piedi. Dal che ne risulta che vi sarà equilibrio fra due pesi, quando saran collegati in guisa che i cammini verticali, che possono percorrere insieme, siano in ragione inversa dei pesi. La forza o l'azione del Cartesio coincide dunque con la nostra nozione di *lavoro*; Egli fu il primo a introdurla. Dippiù nelle applicazioni mise nettamente in evidenza che bisognava considerare gli spazî percorsi nei primi istanti del moto, e non in un intervallo finito; attribuendo così al principio il suo esatto carattere infinitesimale. Infine mediante il concetto di lavoro, sostituendo alla velocità lo spostamento, lo staccò interamente dai principi dalla dinamica che risentiva ancora degli errori aristotelici, e rese la statica rigorosa e autonoma.

Nella dinamica, posto in evidenza le relatività della nozione di moto, Cartesio fu condotto a pensare che c'è *qualche cosa* che non si crea nè si distrugge, ma si trasforma. « Lorsqu'une partie de la matèrie se meut deux foi plus vite qu'une autre et que cette autre est deux fois plus grande que la première, nous devons penser qu'il y a tout autant de mouvement dans la plus petite que dans la plus grande, et que, toutes fois et quantes que le mouvement d'une partie diminue, celui de quelque autre partie augmente en proportion »; pensiero profondo, che prelude al principio della conservazione dell'energia. Ma quel *quid* non poteva scaturire che da un'accurata analisi di molti problemi particolari, prematura per quei tempi; e però CARTESIO errò, quando, fidandosi del solo intuito, asserì essere *quella cosa* la quantità di moto. L'importanza della quale ben mise in evidenza nei speciali fenomeni dell'urto, dove veramente ha il suo dominio; ma anche qui, badando al solo valore di quella grandezza e non al segno, ne dedusse conseguenze false.

Come corollario alle suesposte considerazioni CARTESIO dedusse la legge d'inerzia. Deduzione in verità poco scientifica e di molto inferiore alle belle argomentazioni del BENEDETTI e alla felice induzione sperimentale del GALILEO; ma per l'autorità di tant'uomo quel principio acquistò maggior voga, e fu in breve universalmente accettato.

Con CARTESIO incominciarono le celebri ricerche sui centri (o assi) d'oscillazione, che tanto promossero la dinamica. Il Padre MERSENNE, che per le sue opere di divulgazione e di critica e per la benefica influenza che personalmente esercitò sui maggiori uomini di quel tempo devesi onorevolmente citare fra i promotori della scienza, propose al DESCARTES di determinare quel corpo che sospeso a un punto o a un asse oscilla come un dato pendolo semplice. CARTESIO, conoscendo forse le speculazioni del BALDI sui centri di violenza (centro di fuga di LEONARDO), osservò che in tal corpo deve esistere un *centro d'agitazione*, attorno al quale le forze d'agitazione delle singole parti devono compensarsi; per modo che, liberato da quelle, esso compierebbe le oscillazioni con la stessa legge d'un punto materiale sopra una circonferenza verticale. E per la determinazione di quel centro diede una regola ch'Egli credette generale, ma ch'è veramente particolarissima, e conduce perciò a risultati falsi.

Nella meccanica del CARTESIO adunque scorgesi più

l'opera del filosofo che quella dello scienziato. Sintetizzò mirabilmente dove ebbe dai predecessori il materiale già elaborato; ma nelle ricerche nuove, pur lanciando qua e là qualche vivo raggio di luce, non arrichì la dinamica di particolari scoperte. E però in quella sintesi è tutto il maggior progresso che devesi al CARTESIO. Inoltre con Lui cominciò a svilupparsi quell'insigne geometria analitica, che, in unione col calcolo, ebbe la potenza di dare alla meccanica il rigore e la perfezione della più eminente scienza deduttiva.

Le due correnti di studi, delle quali abbiamo brevemente tracciato il percorso, confluirono dapprima nell'opere dell'olandese CRISTIANO HUYGHENS (1629-95). Egli pubblicò all'Aia, nel 1673, il trattato « *De Horologium oscillatorium* »; opera celeberrima ed immortale, tanto per gl'insegnamenti circa la pratica applicazione del pendolo quale regolatori degli orologi, quanto, e più ancora, per le altissime speculazioni e le recondite verità meccaniche ch'essa contiene. Chè se a cotesta insigne applicazione, alla quale attesero con GALILEO e VIVIANI anche altri, poteva bastare la sottigliezza dell'ingegno, a quelle richiedevasi niente di meno che la virtù del genio. La teoria dei centri d'oscillazione; l'invenzione degli orologi a bilanciere e a scappamento; la determinazione dell'accelerazione delle gravità con osservazioni pendolari; i teoremi fondamentali sulle forze centrifughe; le proprietà meccaniche e geometriche della cicloide e con esse la teoria dell'evolute, furon i nuovi e stupendi frutti delle sue profonde ricerche.

I quali frutti maturarono in buona parte da un nuovo principio che l'HUYGHENS introdusse nella dinamica, al fine di risolvere il problema fondamentale dei centri d'oscillazione, proposto dal MERSENNE e tentato da CARTESIO. A tanto i principi di GALILEO non bastavano.

Considerando che al collegamento rigido delle varie particelle del corpo oscillante non si poteva attribuire la virtù di far salire il baricentro del corpo nè più alto nè più basso del luogo di sua iniziale discesa; senza cadere, non solo nel primo supposto, ma eziandio nel secondo (che al primo si riduce invertendo il senso dell' oscillazione) in una patentissima assurdità; HUYGHENS ammise che le velocità acquistate dalle particelle nella discesa sian così distribuite, che per esse il baricentro del tutto, si conservino o si distruggano i vincoli fra le particelle, risalga alla medesima altezza primitiva. Si riconosce in questo un' estensione dei principi di GALILEO relativi alla discesa dei gravi lungo i piani inclinati. Di lì, usando il corollario galileiano, secondo il quale gli spazï in libera caduta stanno come i quadrati delle velocità, Egli dedusse l' unica equazione da cui dipende il proposto problema; la quale esprime sostanzialmente, come diciamo noi oggi, che durante il moto l' energia totale del corpo si conserva. Così venne in luce per la prima volta quell'insigne principio della conservazione dell'energia, che doveva poi dominare tutta la fisica moderna. Aggiungasi che in quelle ricerche l' HUYGHENS si trovò condotto al nuovo concetto di momento d' inerzia d' un corpo rispetto a un asse; il quale diede poi luogo alla bella teoria esposta nelle lezioni, dovuta principalmente a EULERO, a SEGNER, a POINSOT.

E riguardo al pendolo HUYGHENS, scoperto per propria scienza l' errore in cui era caduto GALILEO circa la legge dell' isocronismo, si diede a cercare la curva lungo la quale doveva cadere un punto materiale perchè compiesse qualunque oscillazione nel medesimo tempo. La trovò nella cicloide; e questo studio gli porse occasione di dare sviluppi matematici fondamentali alla teoria della curvatura.

Muovono pure da HUYGHENS le prime esatte considerazioni concernenti le forze centripede e centrifughe, che aprirono il campo delle ammirabili ricerche Newtoniane. Intuendo, dopo le scoperte di GALILEO e le osservazioni del BENEDETTI, che occorreva l' azione d' una forza non solo a modificar la grandezza della velocità, ma anche la sua direzione, Egli seppe trovare, tra l' altro, la formula che serve alla sua valutazione.

Infine, per tacer d' altre cose, devesi ad HUYGHENS uno dei primi e più felici studi sistematici sulla legge degli urti dei corpi elastici; esposto prima in una Memoria (1669), e indi, con maggior compiutezza, nel trattato « *De motu corporum ex percussione* » pubblicato dopo la sua morte. Postulata la legge d'inerzia, ed ammesse alcuni particolari ipotesi evidentissime, fu sostanzialmente dal principio della conservazione dell'energie cinetiche nell'urto ch'Egli dedusse quell' esatte leggi che noi oggi conosciamo.

In queste ultime ricerche ebbe un competitore contemporaneo nell'eminente matematico inglese GIOVANNI WALLIS (1618-1703); autore d'un trattato « *Mechanica, sive De Motu* »; « un véritable monument élévé à la mécanique — come dice il DUHEM — le plus ample, le plus systématique qui ait été composé depuis l'œuvre de STEVIN ». Nello studio degli urti dei corpi non elastici Egli prese a fondamento, come già CARTESIO, il principio che il prodotto del peso per la velocità, o sostanzialmente la *quantità di moto*, è la condizione determinante dei fenomeni d'urto e misura la forza di percossa. Ma a differenza di CARTESIO, Egli riconobbe la necessità di attribuire un segno a cotesta grandezza. Così pervenne all'esatta legge che la somma algebrica delle quantità di moto prima e dopo l'urto devono essere uguali.

Ma il maggior merito dell'opera sua è nell'adozione del principio dei lavori virtuali. Non solo, accogliendo le idee di CARTESIO, lo riconobbe principio fondamentale della statica, ma gli diede una forma più ampia, valida per sistemi più complicati delle macchine semplici e per forze di qualunque natura (prima di lui era soltanto la forza di gravità che si considerava). Veramente il WALLIS in cotesto enunciato non mise in evidenza il carattere infinitesimale del principio; forse perchè sempre si limitò nelle applicazioni a forze di grandezza e direzione invariabile.

Dopo WALLIS, per circa cinquant' anni, quel principio fu nuovamente combattuto e ridotto a corollario alle leggi dell'equilibrio; finchè GIOVANNI BERNOULLI nel 1717, in una lettera a VARIGNON, enunciandolo nella sua forma più generale e perfetta, lo elevò a principio classico della scienza.

A quella nuova opposizione al principio in discorso (lo combatterono prima anche i discepoli di Galileo) diede certo buon alimento l'opera di Pietro Varignon (1655-1722). Dopo che Stevin ebbe rimessa in luce la regola del parallelogramma delle forze e dimostratane la fecondità, Varignon giudicò che tutti gli autori che dedussero e deducevano le leggi dell'equilibrio dai principi della leva e dei lavori virtuali si preoccupavano piuttosto di provare la necessità dell'equilibrio (s'intende in certe tali condizioni) « qu'à montrer la manière dont il se fait ». Ond'Egli, applicandosi « à cherchèr l'équilibre lui-même dans sa source, ou pour mieux dire, dans sa génération », ed esaminando perciò tutti i problemi d'equilibrio più noti ai suoi tempi, si persuase che « la raison physique des effets qu'on admire le plus dans les machines » stava veramente nella legge dei movimenti composti. Talchè a questa legge tentò di riferir tutta la statica; e vi riuscì interamente, prima nel celebre « *Projet d'un nouvelle méchanique* » (1687), poi in un trattato « *Nouvelle méchanique statique* », che fu pubblicato dopo la sua morte.

Ma per render solida cotesta bella ricostruzione della statica, che segnò sotto certi rispetti un grande progresso, occorreva che la sua base, cioè la regola del parallelogramma, fosse appoggiata su principi sicuri. Già Gilles Persone de Roberval (1602-75), rilevando l'insufficienza della dimostrazione di Stevin, l'aveva sostituita con due altre più rigorose, che ottenne deducendo l'equilibrio d'un peso sostenuto da due corde, una volta dal principio della leva, un'altra dal principio dell'eguaglianza del lavoro motore e del lavoro resistente. E questi principi costituivano appunto, senza uscir dalla statica, quella sicura base che occorreva. Ma al Varignon parve più semplice, più naturale, più conforme alla ragion fisica delle cose, poggiarsi sui principi della dinamica. E accettò quelli d'Aristotile: proporzionalità della forza alla velocità; regola della composizione dei moti traslatorï uniformi. Con che rese malferme le fondamenta stesse del suo bel edifizio.

Nello stesso anno in cui morì GALILEO (1642), nacque a Woolstrop in Inghilterra ISACCO NEWTON, il maggior astro della filosofia naturale. Fino a quei tempi la meccanica fu, per così dire, terrestre, in quanto si limitò allo studio dei fenomeni che accadono alla superficie del globo; con NEWTON passò a cimentarsi coi fenomeni celesti e diventò la meccanica dell'universo. Talchè può dirsi che da NEWTON

« incomincia la novella istoria ».

Se già non fosse manifestamente apparso dalla nostra corsa attraverso i secoli quanta difficoltà ebbero a incontrare gli uomini per discernere nella grande complessità de' fenomeni meccanici i pochi principi fondamentali che li governano, lo sviluppo delle idee in NEWTON sarebbe ben atto in più breve spazio a dimostrarcelo. Quest'uomo straordinario ch'ebbe l'immensa fortuna di ereditare la scienza da GALILEO, da KEPLERO, da HUYGHENS, e la gloria immortale di ridurre a mirabile unità i fenomeni dell'universo, facendoli germogliare come rami d'una stessa pianta da un'unica radice, a trent'anni ancora dubitava del principio d'inerzia, e scriveva a un amico che la traiettoria dei proietti non poteva essere una parabola.

Ma a trent'anni Egli era già de' primi matematici e fisici del suo tempo, e nella profondità della mente intravvedeva già l'attrazione universale. Talchè quando, illuminato dalle scoperte e dagli scritti di GALILEO, KEPLERO e HUYGHENS, si diede a più lunghe e profonde meditazioni, ritrovò alfine la via maestra; dove raccolse sì nuovi e abbondanti frutti, che nel 1686 potè pubblicare quei « *Philosofia naturalis Principia mathematica* » che stupirono il mondo e furono giudicati da LAGRANGE « la plus haute production de l'esprit humain ». La profondità delle concezioni, l'universalità dei principi, la novità e bellezza e grandiosità dei risultati, l'eleganza tutta greca della forma geometrica, l'armonia nell'insieme sono l'impronta di quell'opera immortale.

Nel 1679 l'inglese Robert Hooke aveva proposto di determinare la legge della caduta d'un grave da una grande altezza, onde scoprire in quella gli effetti della rotazione terrestre. Fu probabilmente questo problema, più che l'osservazione del pomo cadente, come comunemente si narra, che spinse Newton all'indagine dei moti celesti. Il gran volo da compiere era la deduzione matematica delle leggi planetarie scoperte empiricamente da Keplero circa cinquant'anni prima con l'esame delle osservazioni astronomiche fatte da lui stesso e da Tycho Brahé. Già alcuni uomini illustri, come Borelli prima, Hooke, Wreen, Halley dopo e quasi contemporaneamente a Newton, avevano tentato di batter l'ali dell'ingegno a tanta mèta; ma si eran fermati alle ipotesi.

Newton, meditando sulle leggi dei gravi rivelate da Galileo, pensò che la forza di gravità doveva agire non solo in prossimità del suolo e fino a limitata altezza, bensì a qualunque altezza, anche nelle regioni dell'orbita lunare e più oltre. Ma in tal caso per qual ragione la luna non cade sulla terra? Sapendosi che un proietto orizzontalmente od obliquamente lanciato non cade a perpendicolo, ma a considerevole distanza; la quale può aumentarsi a piacere tirando da un luogo più elevato e con maggior impeto; è logico dedurne, per legge di continuità, che quando fosse lanciato da una sommità di 384.000 Km. con una velocità di un chilometro al secondo, corrispondenti circa alla distanza e velocità medie della luna, esso, anzichè cadere sulla terra (che ha un raggio 60 volte minore di quella distanza), perennemente le si rivolgerebbe intorno; trattenutovi appunto da cotesta gravità, che gl'impedisce di allontanarsi indefinitamente nella direzione e con la velocità acquistata a un certo momento. Le speculazioni di Huyghens sulle forze centripede porsero a Newton il mezzo di calcolare quella forza e di risalire per tal modo dalla gravità terrestre alla gravitazione dei corpi celesti. Scambiando quindi la terra col sole, il satellite coi pianeti, tutto il complesso problema dei moti celesti apparì allora in una luce nuova e splendidissima. E tale concezione Egli spinse fino alle ultime conseguenze. Poichè la gravità non è una forza locale appartenente in particolare alla terra, e emanata, per così dire, dal suo baricentro, come comunemente credevasi; e non è neppure propria d'una determinata quantità di materia; qualunque particella materiale deve avere in proporzione la medesima virtù. Così la meccanica veniva a dominare d'un tratto la materia in tutta l'immensa scala dei suoi fenomeni; da quelli che si evolvono nell'immensità dello spazio, agli altri ch'han sede nel piccolo mondo delle molecole.

Per costruire il grandioso edifizio, NEWTON dovette anzi tutto stabilire i principî fondamentali della dinamica del punto materiale libero. Li trasse dall'analisi e dalla sintesi di tutti i fenomeni meccanici terrestri e celesti; guidato in ciò dalle ricerche dei suoi predecessori. Nei « *Principia* » mise dapprima nettamente in evidenza il concetto di massa e la sua importanza; indi enunciò quelle tre leggi che abbiamo spiegate nelle lezioni. La prima è una forma più generale di quella legge d'inerzia che fu già enunciata da BENEDETTI e GALILEO; la seconda esprime la proporzionalità tra la forza e l'accelerazione, e tra la forza e la massa; proporzionalità che già appariva in un caso fondamentale dalle speculazioni di GALILEO; la terza afferma l'uguaglianza dell'azione e della reazione; e questo è un principio nuovo che NEWTON aggiunse nella dinamica a quelli espliciti ed impliciti di GALILEO, insufficienti da soli per lo studio delle mutue azioni dei corpi celesti. Come corollario ai principî Egli diede la prima dimostrazione rigorosa della regola del parallelogramma delle forze; sulla quale, come vedemmo, poggiava allora i suoi rigogliosi germogli la statica.

Ben dice il MACH: « dei concetti e principi fondamentali indispensabili alla meccanica NEWTON ebbe un senso meraviglioso ». Invero da quelli l'edificio Newtoniano s'innalza solido e maestoso come su roccie granitiche; in quelli trova ancor oggi le sue solide basi la scienza del moto.

Svelati alfine, dopo un lavoro di tanti secoli, i più reconditi secreti de' fenomeni meccanici, era giunto il momento di trarne tutte le conseguenze e le applicazioni possibili. Occorreva passare dai fenomeni semplici ai più complessi; occorreva uscire dalla statica delle macchine semplici e dalla dinamica del punto materiale e pervenire con metodo deduttivo a leggi più generali e feconde; ed occorreva eziandio porger sussidi alle scienze fisiche che cominciavano a svilupparsi con meraviglioso rigoglio. Lo strumento per cotesto difficile ed immenso lavoro lo diede il NEWTON stesso contemporaneamente con LEIBTNIZ: e fu l'analisi infinitesimale, chiamata nel XVIII secolo il calcolo sublime. Così s' iniziò il secol d' oro della meccanica.

Secolo meraviglioso cotesto, in cui con entusiasmo senza pari una schiera di pensatori, impadronitisi del possente strumento analitico, affrontarono le difficoltà di svariatissimi problemi, che un mezzo secolo prima eran giudicati superiori alle forze dell' umano intelletto. I fratelli BERNOUILLI, EULERO, CLAIRAUT, D' ALEMBERT, per non citar che i maggiori, furono di quella schiera gloriosa. Nelle loro mani lo strumento del calcolo si temperò, si perfezionò, s' affilò; penetrò nei più intimi secreti dei fenomeni terrestri e celesti; svelò fenomeni fino allora insospettati; costruì leggi generali, nel rigor delle quali vennero a serrarsi e a collegarsi un mondo di fatti in apparenza diversi.

Per restare nel solo campo dei principî, e di quelli principalmente che formarono soggetto delle nostre lezioni, accenneremo solamente all' opera di D' ALEMBERT.

Il principio usato da HUYGHENS per trattare il moto del pendolo composto, benchè sia estendibile a tutti i sistemi vincolati soggetti a forze conservative, non basta quando il grado di libertà del sistema è maggior d' uno, e non sussiste per forze qualunque. Mentre per la scienza dell' equilibrio si possedeva già in quel tempo un principio generale, che tutto dominandola, la elevava alla perfezione di scienza deduttiva; nella dinamica dei sistemi vincolati, al contrario, s' inceppava contro gravi difficoltà ad ogni problema nuovo; a cagione dell'ignote forze vincolari, che caso per caso bisognava con opportuni artifizi introdurre nell'equazioni e poi eliminare. D'ALEMBERT nel 1743, incontrate coteste difficoltà all'inizio de' suoi studi sulla dinamica, ed ispiratosi ad alcune considerazioni particolari di G. BERNOULLI, con geniale intuizione le superò d'un tratto, enunciando quel celebre principio che abbiamo spiegato nelle lezioni; mediante il quale fu tosto possibile usufruire per lo studio dei problemi di moto di tutti i progressi compiuti nella statica.

La fecondità del qual principio mise in bella luce Egli stesso con varie applicazioni; e anzitutto nello studio d'un nuovo e difficile problema concernente *la precessione degli equinozï*. « Son livre sur ce sujet — scrisse il BERTRAND — suffirait pour le rendre immortel ».

IPPARCO, alcuni secoli a. C., aveva scoperto che gli equinozï si spostano sull'eclittica, compiendo un'intera rivoluzione in circa 26 mila anni; scoperta confermata poi dalle osservazioni astronomiche accumulate in tutti i secoli. Ciò è conseguenza del fatto che l'asse di rotazione terrestre, pur rimanendo quasi fisso rispetto alle terra, descrive nello spazio un cono di 47° d'apertura. Orbene D'ALEMBERT, intuendo, come NEWTON, esser causa del fenomeno la forma non sferica e l'eterogenità della terra; per cui, risultando eccentrica la forza attrattiva, l'asse di rotazione deve spostarsi nello spazio; sottopose la questione al calcolo, e vincendo difficoltà meccaniche e analitiche gravissime per quei tempi, riuscì a tradurre cotesta intuizione in evidente verità scientifica.

Con questo studio, e con altri che vi aggiunse, Egli diè vita alla dinamica dei corpi rigidi; la quale per opera d'EULERO in quegli anni medesimi, di LAGRANGE e POINSOT alcun tempo dopo, acquistò quel grado di perfezione, che il lettore avrà ammirato nella nostra succinta esposizione. In particolare scaturì da quelle ricerche il concetto di moto istantaneo e di asse istantaneo di rotazione, che più tardi ispirò a due geometri italiani, GIULIO MOZZI DEL GARBO e PAOLO FRISI, quei bellissimi teoremi concernenti i moti istantanei e le leggi della loro composizione, sui quali si potè poi fondare tutta la cinematica dei corpi rigidi.

In altre questioni di meccanica celeste D'ALEMBERT fu il continuatore di NEWTON e il precursore di LAPLACE; e fu eziandio dei maggiori nell'ampliare il campo della fisica-matematica; dove, a proposito del problema delle corde vibranti, ebbe la gloria di creare la teoria dell'equazioni a derivate parziali. Infine, nel 1752, dopo le belle ricerche statiche di CLAIRAUT, D'ALEMBERT si trovò in grado di applicare il suo principio alla teoria dei fluidi, creando così le solide basi di quell'idrodinamica analitica, che per l'opera successiva di EULERO, LAGRANGE, THOMSON, HELMOLTZ ed altri acquistò grande sviluppo e perfezione.

Con D'ALEMBERT termina lo storia dei principi essenziali della meccanica. Per uno sforzo intellettuale durato venti secoli, dall'analisi dei fenomeni meccanici erasi pervenuti finalmente alla loro sintesi. Decomporre per analizzare, ricomporre poscia per sintetizzare, e della sintesi farne una nuova base per proceder più celermente e sicuramente, e indi con più potenti mezzi rianalizzare di nuovo, è l'alterno lavoro del pensiero nelle conquiste scientifiche.

Dopo D'ALEMBERT occorreva dunque fare il cammino inverso; occorreva dai frutti della sintesi derivare con metodi generali e sicuri tutte le leggi d'equilibrio e di moto note ed ignote di qualsiasi corpo o gruppo di corpi sollecitati da forze qualunque; ed occorreva eziandio ridurre la meccanica a dottrina che più non fosse solamente il cibo sostanziale di pochi eletti ingegni, ma il pane di tutti gli studiosi, onde nutrire il loro intelletto, e, abilitandolo alle varie speculazioni scientifiche e pratiche, cooperare in tal guisa all'incremento e alla diffusione della civiltà. Questa era l'opera da compiere; e questa, già iniziata da EULERO, compiè il sommo LAGRANGE con la sua classica « *Mécanique analytique* ». Opera invero stupenda, che prodigò la cultura fisica fondamentale a tutte le generazioni del XIX secolo; che vive tuttora quasi intatta; e che nelle sue linee generali e migliori, salvo i perfezionamenti che vi portò quel secolo e il presente, è quella medesima che il lettore ha veduta esposta, per quanto ci han consentito le nostre deboli forze, in queste brevi lezioni. Opera che vivrà anche quando, penetrato l'umano ingegno ne' più riposti fenomeni della materia, la meccanica d'oggi apparirà come una prima approssimata imagine del vero.

INDICE

Elementi di Calcolo vettoriale

Cinematica

CAPITOLO I

CAPITOLO II

CAPITOLO III

CAPITOLO IV

CAPITOLO V

Statica

Capitolo I

Capitolo II

Capitolo III

Capitolo IV

Dinamica

Capitolo I

CAPITOLO II

CAPILOLO III

CAPITOLO IV

CAPITOLO V

CAPITOLO VI

CAPITOLO VII

Meccanica dei corpi deformabili

CAPITOLO I

Capitolo II

Capitolo III

ERRATA-CORRIGE

			invece di	leggi
pag.	11	ultima linea	di u	di un vettore u qualunque
»	52	linea 21 dall'alto	$j_r - \frac{d^2 r}{dt^2} = r\left(\frac{d\theta}{dt}\right)^2$	$j_r = \frac{d^2 r}{dt^2} - r\left(\frac{d\theta}{dt}\right)^2$
»	60	nota a pie' di pag.	elicoidale	di rotazione
»	152	linea prima	$A_2 A_1$	$A_3 A_1$
»	172	» 19	(Fig. 49)	(Fig. 40)
»	195	» 12	$\frac{\partial q_i}{\partial q_h} \times \delta q_h$	$\frac{\partial P_i}{\partial q_h} \delta q_h$
»	224	» 16	forma	forza
»	245	» 6	$\frac{k^2}{2g_1} = \lambda$	$\frac{K}{2g_1} = \lambda$
»	248	» 9	$z = \frac{a^2 \operatorname{sen}^2 \alpha}{2g}$	$z = \frac{b^2 \operatorname{sen}^2 \alpha}{2g}$
»	257	» 5	Cap. VI	Cap. VII
»	261	» 12	$\gtreqless 0$	$\lesseqgtr 0$
»	270	» 21	D'HUYGHENS	di HUYGHENS
»	281	» 10	$mv^2 : \rho$	$- mv^2 : \rho$
»	302	» 21	$= \Omega$	$+ F$
»	302	» 21	$= \cos\theta$	$= P \cos\theta$
»	329	» 11	$\operatorname{cotg} \alpha = \operatorname{tag} \varphi$	$\cos(\alpha + \varphi) = 0$
»	355	» 16	$2\omega y \operatorname{sen} \lambda \cdot t$	$2\omega y \operatorname{sen} \lambda \cdot t$
»	360	» 14	$\boldsymbol{\omega}$	ω
»	360	ultima	$\frac{N\omega}{I}$	$\frac{N}{I\omega}$
»	416	» 9	$R^2 \boldsymbol{a}$	$R^2 \boldsymbol{u}$

Finito di stampare
nella Tipografia della Cooperativa Azzoguidi
di Bologna
il giorno 22 Maggio 1919.

LABORAVI · FIDENTER

www.ingramcontent.com/pod-product-compliance
Lightning Source LLC
LaVergne TN
LVHW011251110826
845149LV00001B/103

* 9 7 8 1 4 1 8 1 8 5 3 8 1 *